融媒体图书使用说明

建筑工程制图与识图（思政版）

『互联网+』新形态信息化教材

全国高职高专院校土建大类专业规划教材

双高工程

主　编／颜功兴　曾　静

JIANZHU GONGCHENG ZHITU YU SHITU (SIZHENG BAN)

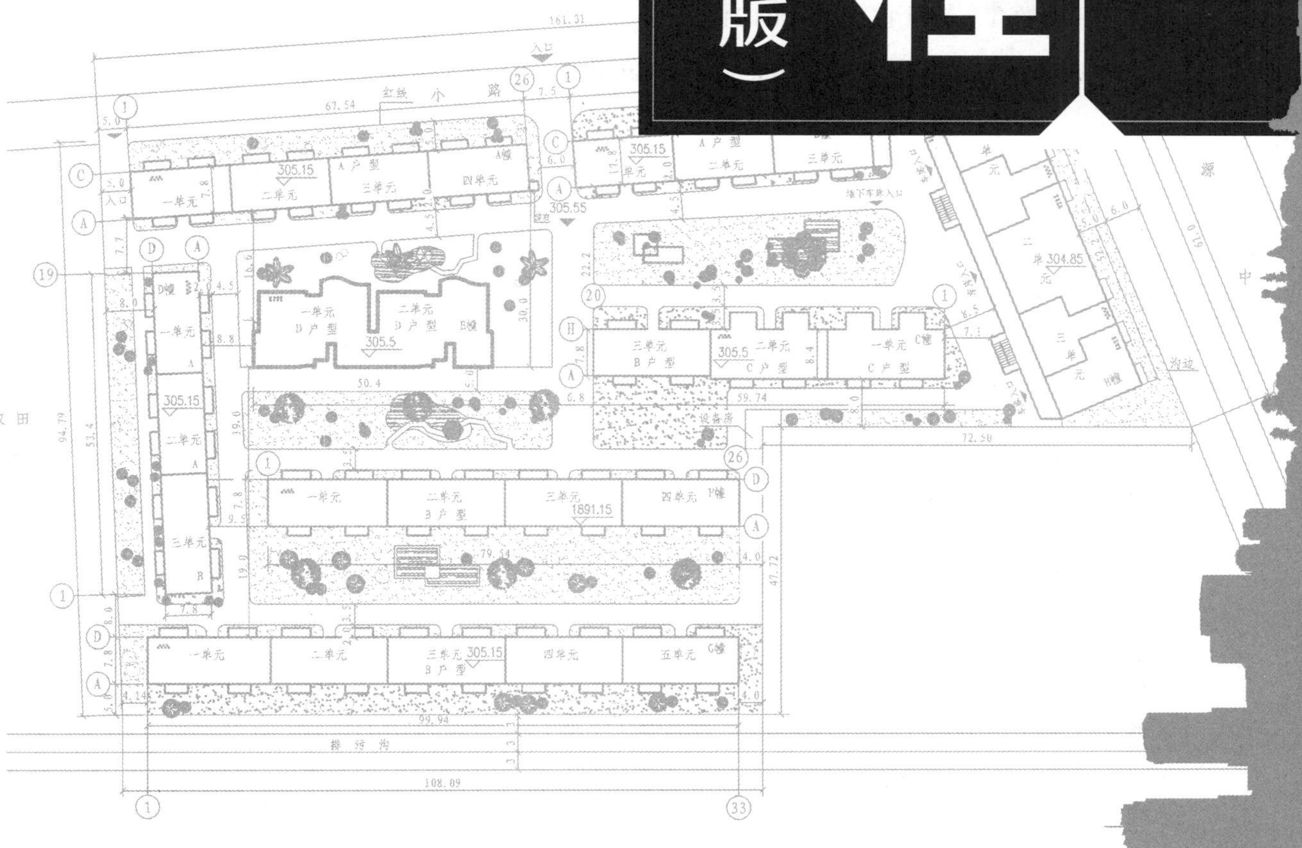

天津大学出版社
TIANJIN UNIVERSITY PRESS

内容提要

为满足土建大类专业人才培养目标及教学改革的要求，作者依据党的二十大报告相关精神和新版《中华人民共和国职业教育法》的相关规定，基于工作过程系统化的理念编写本书，书中采用了最新的建筑制图标准。除课程导入外，共分4个学习模块：建筑施工图；结构施工图；安装施工图；装饰装修施工图。教材内容凸显实用性和可操作性，体现工学结合和课证融通等特色。

本书可作为高职高专院校建筑工程技术、工程造价、给排水等专业的建筑制图教材，也可供其他类型学校，如职工大学、函授大学、电视大学等相关专业选用。此外，还同时出版与本书配套的《建筑工程制图与识图习题集》，供读者选用。

图书在版编目(CIP)数据

建筑工程制图与识图：思政版 / 颜功兴，曾静主编
. -- 天津：天津大学出版社，2023.1
"互联网+"新形态信息化教材　全国高职高专院校土建大类专业规划教材
ISBN 978-7-5618-7411-0

Ⅰ. ①建… Ⅱ. ①颜… ②曾… Ⅲ. ①建筑制图－识别－高等职业教育－教材 Ⅳ. ①TU204.21

中国国家版本馆CIP数据核字(2023)第021449号

出版发行 天津大学出版社
地　　址 天津市卫津路92号天津大学内（邮编:300072）
电　　话 发行部:022-27403647
网　　址 www.tjupress.com.cn
印　　刷 北京盛通印刷股份有限公司
经　　销 全国各地新华书店
开　　本 880mm×1230mm　1/16
印　　张 13.5
字　　数 447千
版　　次 2023年1月第1版
印　　次 2023年1月第1次
定　　价 48.00元

前言

《中华人民共和国职业教育法》的新修订，首次以法律形式确定了职业教育是与普通教育具有同等重要地位的教育类型，进一步加快构建面向全体人民、贯穿全生命周期、服务全产业链的职业教育体系，加快建设国家重视技能、社会崇尚技能、人人学习技能、人人拥有技能的技能型社会。

党的二十大报告提出，建设现代化产业体系、全面推进乡村振兴、加快发展方式绿色转型、积极稳妥推进碳达峰碳中和，深入实施科教兴国战略、人才强国战略、创新驱动发展战略，并且再次强调"坚持教育优先发展"，这为推动职业教育高质量发展提供了强大动力。高等职业教育肩负着培养更多高技能人才、大国工匠的国家战略使命，既要着重培养一线的生产、经营、管理、服务人员，又要培养促进中国制造和服务迈向中高端，适应高端化、智能化、绿色化发展所需人才，为以中国式现代化全面推进中华民族伟大复兴贡献力量。

本书遵循《房屋建筑制图统一标准》(GB/T 50001—2017)、《总图制图标准》(GB/T 50103—2010)、《建筑制图标准》(GB/T 50104—2010)、《建筑结构制图标准》(GB/T 50105—2010)、《建筑给水排水制图标准》(GB/T 50106—2010)、《暖通空调制图标准》(GB/T 50114—2010)、《建筑电气制图标准》(GB/T 50786—2012)、《民用建筑设计统一标准》(GB 50352—2019)、《混凝土结构施工图平面整体表示方法制图规则和构造详图(现浇混凝土框架、剪力墙、梁、板)》(16G101—1)、《混凝土结构施工图平面整体表示方法制图规则和构造详图(现浇混凝土板式楼梯)》(16G101—2)、《混凝土结构施工图平面整体表示方法制图规则和构造详图(独立基础、条形基础、筏形基础、桩基础)》(16G101—3)、《建筑与市政工程施工现场专业人员职业标准》(JGJ/T 250—2011)、《装配式混凝土建筑技术标准》(GB/T 51231—2016)等相关标准，后续随着标准的更新会更新内容。

由于院校专业设置和课程内容的取舍充分考虑了企业和毕业生就业岗位的需求，毕业生主要在施工员、安全员、质检员、档案员、监理员等岗位和岗位群工作，所以本书在选取内容时，涉及建筑施工图、结构施工图、安装施工图、装饰装修施工图等4部分。由于毕业生就业核心岗位为施工员，所以在4部分内容的编排和选取上有所侧重。

本书具有以下特色。

● 实现课证融通：书中列出1+X考点内容，重点讲解例题或案例，实现学历证书与"1+X"建筑工程识图职业技能等级证书的衔接融通、等值互认。

● 丰富的视频资源：打造职业教育新形态融媒体教材，将数字化教学资源通过二维码方式融入纸质教材中，利用不同媒体的互补优势，充分展示教材内容，服务教学过程，满足信息化和个性化的教学需要。

●融入课程思政：将学科教育与思政教育结合，把思政元素融入课程教学，提升育人水平，强调工匠精神，旨在提高读者职业能力和综合素养。

●体现工学结合：教材编写体现培养复合型技术技能人才的需要，教材内容反映新知识、新技术、新标准、新工艺。

本书课程导入和学习模块1的任务1、任务2由颜功兴编写，任务3由李忠洪编写，任务4由李洁编写；学习模块2由周霞编写；学习模块3由陈誉源编写；学习模块4由谭琴和李保平编写。书中所有PPT、练习题、课程思政等资源由曾静完成，附录由李保平完成，全书视频资源由周霞整理完成。

本书中采用的部分施工图由王孝雄建筑设计事务所设计和提供，在此表示感谢。编者在编写本书的过程中，参阅了大量文献，引用了同类书刊及影像中的一些资料，在此谨向有关作者表示谢意！

本书除了重点难点视频讲解、课后练习、课程思政、教材附图，还配有课件等教学资源，欢迎任课教师索取，书中二维码使用办法参见书后“图书资源使用说明”。（联系邮箱：ccshan2008@sina.com）

由于编者水平有限，书中的错误在所难免，恳请专家和广大读者不吝赐教，批评指正，以便我们在今后的工作中改进和完善。

编　者

2023年1月

目录

学习模块 0　课程导入

学习模块 1　建筑施工图

学习模块 2 结构施工图

学习模块 3 安装施工图

学习模块 4 装饰装修施工图

学习模块 0　课程导入

课堂目标　能正确领悟并表述为什么学和如何学制图与识图。

教学准备　准备建筑物施工过程演示视频、港珠澳大桥的施工视频。

教法建议　学生线下先行观看视频并进行学习，课堂或线上进行讨论：建筑物与施工图之间的关系，如何理解建筑大国和建筑强国。

思政元素　鲁班精神、精美建筑、传承规矩、勇于创造、实体建筑、历史人物、建筑文献、建筑类型、建筑思想。

育人思政

《营造法式》是代表我国建筑文化的古籍，是我国宋代李诫所著的第一部记录建筑技术和制图工艺的典籍（如图 1 所示），是传统建筑工艺与文化价值的一种体现。图 2 为斗拱部分名称图，从这张详图可以看出，古代匠人制作斗拱的工艺流程和各个节点的专业术语。

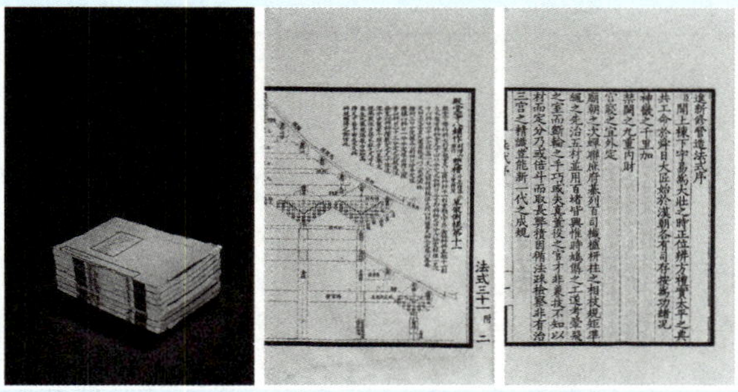

图 1　《营造法式》古籍

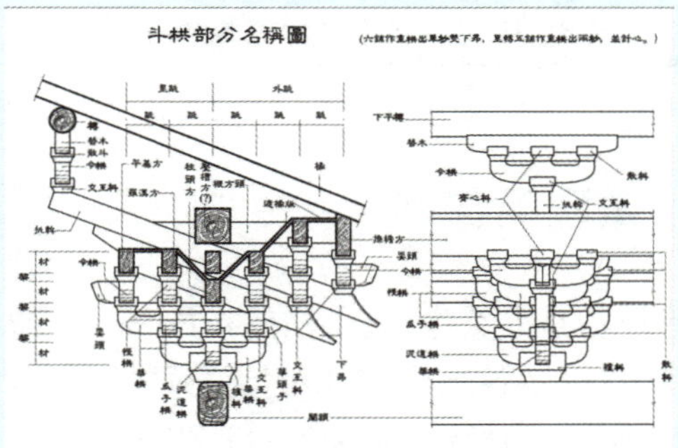

图 2　斗拱部分名称图

这两张图和视频演示充分证明了我国古代建筑成就及图学发展的地位，向世人展示了我国文化自信的力量。文化自信是一个国家、民族对自身文化价值的充分肯定，是对自身文化生命力的坚定信念，坚定文化自信是事关国运兴衰、事关文化安全、事关民族精神独立性的大问题。坚定文化自信，充分体现了中国高度的文化自觉和文化担当，凸显出中国特色社会主义的根基、文化价值和文化理想。

扫描观看

文化自信：中国古代建筑结构构件——斗拱分解演示

语言、符号、图像、文字，伴随人们的社会生存演化多年，作为信息的载体显得尤为重要。随着社会不断发展，绘图的方式越来越成熟，逐渐形成人们认知的专业，对于现在的每一位工程从业人员来说，读图是一种基本功，建筑制图与识图就是对这种基本功的解读与认可。

扫描观看

视频:建筑物施工过程演示

扫描观看

工匠精神:港珠澳大桥

建筑产品需消耗大量的财力、物力和人力,具有不可逆性,一经建成,很难随意推倒重建,因此建筑产品的安全性、适用性、经济性及其随后的影响是长远的。所以,作为建筑行业的准从业人员,既要树立为中国特色社会主义服务的道德理念,又要做好自己的本职工作,认真履行行业职责、遵守行业规范。

0.1 课程的定位

识读与绘制工程图是每个工程技术人员必须具备的能力,识图与绘图的准确性与建筑物的正确施工密切相关。"建筑工程施工图及安装工程施工图等的识读与绘制"是建筑工程建设项目的一个行动领域,转换为课程后是建筑工程技术专业人才培养方案中的核心专业课程之一。其课程定位如表 1 所示。

表 1 课程定位

课程性质	专业课程、核心课程
课程功能	以培养学生识图为主、绘图为辅的技能为主要目标,同时兼顾后续专业课程的需要
前导课程	无
平行课程	建筑工程材料的检测与选择
后续课程	建筑功能及建筑构造分析、建筑工程测量、土石方工程施工、基础工程施工、砌体结构工程施工、装饰装修工程施工、钢筋混凝土主体结构施工、建筑工程计价与管理、建筑工程施工组织编制与实施

0.2 课程的作用

建筑物是人类生产、生活的场所,是一个社会科技水平、经济实力、物质文明的象征。表达建筑物形状、大小、构造以及各组成部分相互关系的图纸称为建筑工程图样。建筑工程图样是建筑工程中一种重要的技术资料,是工程技术人员表达设计思想、进行技术交流、组织现场施工不可缺少的工具,是工程界的语言,每个建筑工程技术人员都必须能够阅读和绘制建筑工程图样。

在建筑工程的实践活动中,无论设计、预算,还是施工、管理、维修,都离不开图纸,设计师把人们对建筑物的使用要求、空间想象和结构关系绘制成图样,工程师根据图样把建筑物建造出来。常见的建筑工程图样有建筑施工图(简称"建施图")、结构施工图(简称"结施图")、安装施工图、装饰装修施工图。

小组讨论:为什么说建筑工程图样是工程界的语言?

0.3 课程的内容

本课程以图纸类型为载体,设计了 4 大学习模块,每个学习模块均以"国家制图标准基本规定及应用、仪器绘图、形体投影图的识读与绘制、××施工图的识读与绘制"等任务为引领组织教学,培养学生的空间想象能力、空间构形能力和工程图样的识读与绘制能力。目的是为顺利完成"识读与绘制建筑工程施工图(综合识图)、识读工程相关图集"这两个典型工作任务奠定基础。

①"国家制图标准基本规定及应用"部分主要介绍制图的基础知识和基本规定。

②"仪器绘图"部分主要培养学生手工绘图的技能。

③“形体投影图的识读与绘制”部分主要培养学生点、线、面、体的投影认知能力和用投影图表达物体内外形状、大小的绘图能力，以及根据投影图想象出物体内外形状的读图能力。

④“××施工图的识读与绘制”部分主要培养学生识读和绘制各类建筑图样的基本能力。

0.4　课程目标

①能够贯彻制图标准及相应规定。

②能够正确使用制图工具，规范选用线型、书写字体及尺寸标注等。

③能利用点、线、面、体的投影规律分析建筑物的构造。

④能正确绘制建筑构件的剖面图、断面图和轴测图。

⑤能正确表述工程图的类型及相应的图示方法和图示内容，正确识读与绘制工程图。

⑥能利用计算机绘图软件绘制工程图并打印出图。

⑦具有认真细致的工作作风、较好的团队协作精神和诚实、守信的优秀品质。

0.5　课程的学习方法及要求

1. 理论联系实际

在认知点、线、面、体的投影规律时不断地由物画图，由图想物，分析和想象空间形体与图纸上图形之间的对应关系，逐步提高空间想象能力和空间分析能力。

2. 主动学习

本课程前后知识的关联度较大，在每个学习模块中对相同的过程均有重复，因此在课堂上应专心听讲，在小组活动中应积极发言和思考，配合教师循序渐进，捕捉要点，记下重点。

3. 及时复习并完成作业

本课程作业量较大，且前后联系紧密，环环相扣，须做到每一次学习前后，及时完成相应的线上学习任务、练习和作业，否则将直接影响下次的学习效果。

4. 遵守国家标准的有关规定

以国家最新标准为基础，按照正确的绘图方法和步骤作图，养成正确使用绘图工具、仪器和软件的习惯。

5. 认真负责、严谨细致

建筑图纸是施工的依据，图纸上一根线条的疏忽或一个数字的差错均会造成严重的返工与浪费，因此应严格要求自己，培养认真负责的工作态度和严谨细致的工作作风。

观摩学习：观看并点评历届好、中、差的习题集和大作业。

0.6　课程的发展状况

工程图样在人类认识自然、创建文明社会的过程中发挥着不可替代的重要作用。近年来，计算机绘图技术的发展在很大程度上改变了传统作图方法，提高了绘图的质量和效率，降低了劳动强度。基于工作过程的理念，我们认为本课程中一些复杂的三维形体均可用二维的方法准确、充分地表示。工程图样是工程信息的有效载体。所以，在内容编排上本书采取了制图标准介绍及选用→手工绘图→投影认知→施工图识读与绘制的顺序，加强投影认知的训练，加强对学生空间思维能力和空间构形能力的培养，加强对学生阅读工程图样能力的训练。

0.7　课程考核方法

1. 形成性评价

形成性评价是教师在教学过程中对学生的学习态度及各类作业、任务单完成情况进行的评价。

2. 总结性评价

总结性评价是教师在教学活动结束时,对学生整体技能情况的评价。

在每个学习模块中,建议平时的学习态度占10%、书面作业占15%、任务单完成情况占15%、实训实作占30%、总结性评价占30%。具体的评价内容及方式见表2。

表2 评价内容及方式

序号	学习模块	评价内容	评价方式	评价分值
1	建筑施工图	评价学生对建筑施工图制图标准的应用能力;对建筑形体的空间想象能力;识读建筑施工图的能力;手工绘制建筑施工图的能力	形成性评价 总结性评价	30
2	结构施工图	评价学生对结构施工图制图标准的应用能力;对建筑结构构造及钢筋形体的空间想象能力;识读结构施工图的能力;手工绘制结构施工图的能力		35
3	安装施工图	评价学生对安装施工图制图标准的应用能力;对给排水、供电、防雷布置的空间想象能力;识读安装施工图的能力;手工绘制安装施工图的能力		25
4	装饰装修施工图	评价学生对装饰装修施工图制图标准的应用能力;对装饰装修构造的空间想象能力;识读装饰装修施工图的能力;手工绘制装饰装修施工图的能力		10
合计				100

本课程按百分制考核,60分及以上为合格。

学习模块 1　建筑施工图

课堂目标　①能正确使用绘图工具、仪器和用品绘制图形。

②能正确使用和查阅建筑制图规范、标准等。

③能将物体的平面图形和空间形状进行联系，初步建立空间想象能力；能运用投影知识分析点、线、面的位置。

④能将平面图形向空间形体转化，构建空间想象能力；具备运用投影知识对物体内部进行剖视分析的能力。

⑤能读懂建筑施工图；具备结合建筑物和建筑施工图进行施工的意识。

教学准备　各类标准的线上资源或网址；绘图工具及仪器的使用视频或微课；制图规范或标准使用正误对照、一套施工图、开放讨论的问题等。

教法建议　学生线下先行观看视频或微课并进行学习，在建筑技能实训基地或施工现场进行对照学习，课堂或线上进行讨论：绘图工具、仪器与施工图绘制的关系，施工图与标准或规范的关系，建筑物与标准或规范的关系，投影与施工图的关系，施工图与建筑物的关系。

思政元素　标准意识、规矩意识、创造意识、包容意识、对等意识、独立意识、尊重意识、关联意识、家庭意识、不可分割意识、便捷意识、竞争意识、选择意识、顺序意识。

育人思政

近年来，我国交通、能源、水利和新型基础设施发展取得历史性成就，现代综合立体交通运输体系、现代能源体系加快构建，基础设施整体水平实现跨越式提升，有力支撑保障了经济社会发展。中国制造、中国创造、中国建造共同发力，不断改变着中国的面貌，从“嫦娥”奔月到“祝融”探火，从“北斗”组网到“奋斗者”深潜，从北京大兴国际机场“凤凰展翅”到港珠澳大桥飞架三地……在这些傲人成绩的背后有一群默默付出的平凡人，展示着大国匠人的工匠精神。工匠精神是宝贵的精神财富，是新时代的精神指引，是执着专注、精益求精、一丝不苟、追求卓越。

图 1　北京大兴国际机场

图 2　港珠澳大桥

大国崛起，匠心筑梦。回望中国的百年征程，正是这一批批执着、卓越、勇于奉献的能工巧匠们，为社会主义建设事业做出了杰出贡献。展望新时代的未来征途，没有工匠精神，就不可能打造金字招牌的中国制造，时光不尽，匠心不止。

扫描观看

工匠精神：超级工程

1+X 考点

1. 识图部分

①能应用制图标准,设置图幅尺寸;能规范应用图线、字体;能规范应用比例、图例符号、定位轴线、尺寸标注等。

②掌握投影的基本知识、规则、特征和方法,识读点、线、面、体的三面投影图;掌握识读剖面图、断面图的基本方法,准确区分和识读剖面图、断面图;能识读常见轴测图的投影、正等轴测图、斜二轴测图。

③能识读小型工程建筑平面图、立面图、剖面图的主要技术信息(平面及空间布局、主要空间控制尺寸、水平及竖向定位);能识读相关图例及符号等。

④能准确阅读建筑设计说明、门窗统计表和其他建筑设计文件。

2. 绘图部分

①能按照绘制图形的类型,设置绘图比例及图形界线;能按照工作任务要求,设置绘图环境相关参数、图层、文字样式、尺寸标注样式;能依据制图标准,绘制图幅与图框线,完成样板文件的创建。

②能按照工作任务要求,绘制点、线、面的三面投影图,绘制基本形体、组合体的三面投影图。

任务1　国家制图标准基本规定及应用

为了统一房屋建筑制图标准,保证制图质量,提高制图效率,做到图面清晰、简明以满足设计、施工、存档的要求,同时也为了适应工程建设需要,必须制定相关的建筑制图国家标准。

现行有关建筑制图的国家标准主要有《房屋建筑制图统一标准》(GB/T 50001—2017)、《总图制图标准》(GB/T 50103—2010)、《建筑制图标准》(GB/T 50104—2010)、《建筑结构制图标准》(GB/T 50105—2010)、《建筑给水排水制图标准》(GB/T 50106—2010)、《暖通空调制图标准》(GB/T 50114—2010)等。

其中,《房屋建筑制图统一标准》是房屋建筑制图的基本规定,适用于总图、建筑、结构、给水排水、暖通空调、电气等专业制图。房屋建筑制图除应符合《房屋建筑制图统一标准》外,还应符合国家现行有关强制性标准的规定以及各有关专业的制图标准。所有工程技术人员在设计、施工、管理中必须严格执行相关标准。下面介绍标准中的部分内容。

扫描观看

视频:国家制图标准基本规定

扫描下载

习题:国家制图标准基本规定练习

1.1　图幅、标题栏及会签栏

1.1.1　图纸幅面

图纸幅面是指图纸宽度与长度组成的图面,也称图幅;图框是指图纸上绘图范围的界线。图纸幅面及图框尺寸应符合表1.1.1的规定。

表 1.1.1 图纸幅面及图框尺寸 （mm）

尺寸代号	幅面代号				
	A0	A1	A2	A3	A4
$b \times l$	841 × 1 189	594 × 841	420 × 594	297 × 420	210 × 297
c	10			5	
a	25				

需要微缩复制的图纸，其一个边上应附有一段准确米制尺度，四个边上均附有对中标志，米制尺度的总长应为 100 mm，分格应为 10 mm。对中标志应画在图纸内框各边长的中点处，线宽应为 0.35 mm，并应伸入内框边，在框外应为 5 mm。对中标志的线段，应于图框长边尺寸 l_1 和图框短边尺寸 b_1 范围取中。

图纸的短边一般不应加长，A0~A3 幅面长边尺寸可加长，但应符合表 1.1.2 的规定。

《房屋建筑制图统一标准》对图纸标题栏、图框线、幅面线、装订边线、对中标志和会签栏的尺寸、格式及内容都有规定，如图 1.1.1 所示。

表 1.1.2 图纸长边加长尺寸 （mm）

幅面代号	长边尺寸	长边加长后尺寸
A0	1 189	1 486，1 783，2 080，2 378
A1	841	1 051，1 261，1 471，1 682，1 892，2 102
A2	594	743，891，1 041，1 189，1 338，1 486，1 635，1 783，1 932，2 080
A3	420	630，841，1 051，1 261，1 471，1 682，1 892

注：有特殊需要的图纸，可采用 $b \times l$ 为 841 mm × 891 mm 与 1 189 mm × 1 261 mm 的幅面。

图纸以短边作为垂直边应为横式，以短边作为水平边应为立式。A0~A3 图纸宜横式使用；必要时，也可立式使用。

一个工程设计中，每个专业所使用的图纸不宜多于两种幅面，不含目录及表格所采用的 A4 幅面。

1.1.2 标题栏及会签栏

《房屋建筑制图统一标准》对图纸标题栏和会签栏的尺寸、格式和内容都有规定。

1. 标题栏

标题栏如图 1.1.2 所示，应根据工程的需要选择、确定其尺寸、格式及分区。

对于学生在学习阶段的制图作业，建议采用图 1.1.3 所示的标题栏，不设会签栏。

2. 会签栏

会签栏应包括实名列和签名列，并应符合下列规定。

①涉外工程的标题栏内，各项主要内容的中文下方应附有译文；设计单位的上方或左方，应加“中华人民共和国”字样。

②在计算机制图文件中使用电子签名与认证时，应符合《中华人民共和国电子签名法》的有关规定。

③会签栏是工程建设图纸上由会签人员填写所代表的有关专业、姓名、日期等的一个表格，见图 1.1.4。不需要会签的图纸，可不设会签栏。

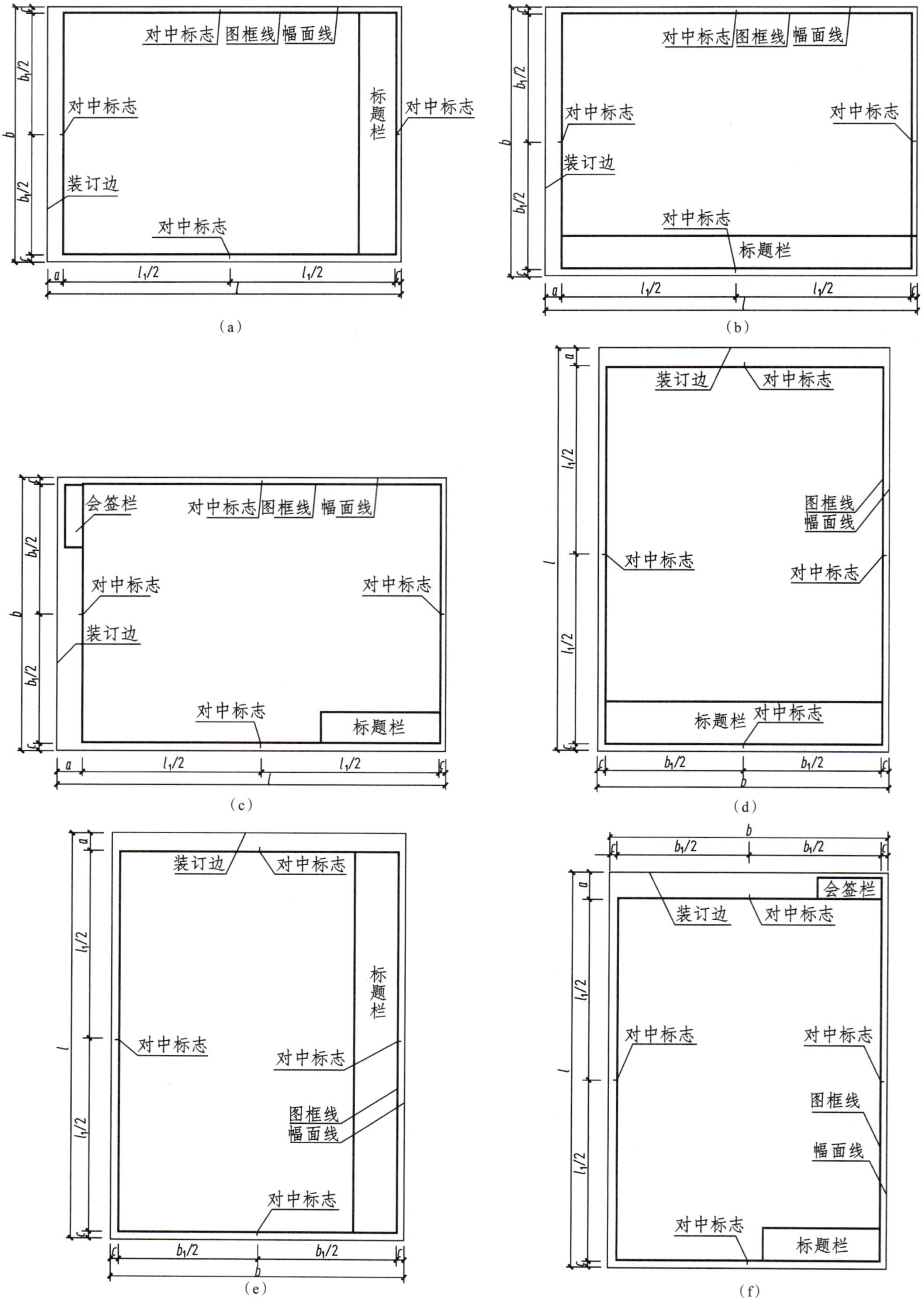

图 1.1.1　图纸幅面及图框尺寸的格式

(a)A0~A3 横式幅面(一)　(b)A0~A3 横式幅面(二)　(c)A0~A1 横式幅面

(d)A0~A4 立式幅面(一)　(e)A0~A4 立式幅画(二)　(f)A0~A2 立式幅画

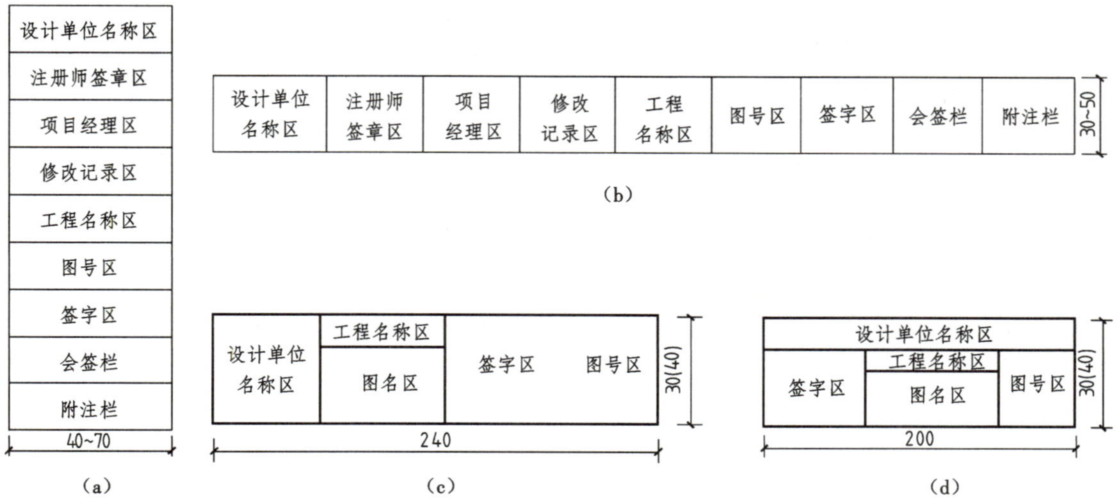

图 1.1.2　标题栏

(a)标题栏(一)　(b)标题栏(二)　(c)标题栏(三)　(d)标题栏(四)

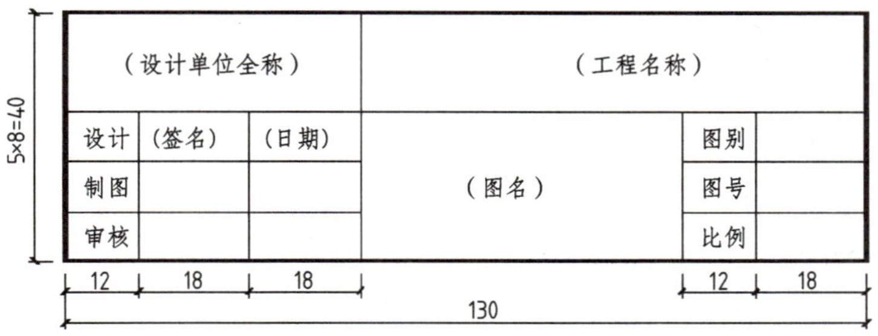

图 1.1.3　制图作业的标题栏格式

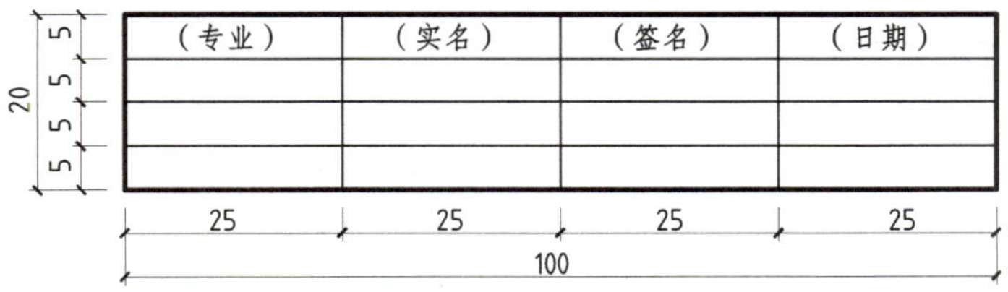

图 1.1.4　会签栏格式

实习实作：在 A4 纸上以 1∶10 的比例画出 A0 的横向图幅，并在其内部表示出其他图幅，标出标题栏和会签栏。

1.2　图线

1.2.1　线宽与线型

图线的基本宽度 b，宜按照图纸比例及图纸性质从 1.4 mm、1.0 mm、0.7 mm、0.5 mm 线宽系列中选取。每个图样应根据复杂程度与比例大小，先选定基本线宽 b，再选用表 1.1.3 中相应的线宽组。

表 1.1.3　线宽组

(mm)

线宽比	线宽组			
b	1.4	1.0	0.7	0.5
$0.7b$	1.0	0.7	0.5	0.35

续表

线宽比	线宽组			
0.5b	0.7	0.5	0.35	0.25
0.25b	0.35	0.25	0.18	0.13

注：①需要微缩的图纸，不宜采用 0.18 mm 或更细的线宽；

②同一张图纸内，各不同线宽中的细线可统一采用较细的线宽组的细线。

任何工程图样都是采用不同线型与线宽的图线绘制而成的。工程建设制图中的各类图线的线型、线宽及用途见表 1.1.4。

表 1.1.4　图线的线型、线宽及用途

名称		线型	线宽	一般用途
实线	粗		b	主要可见轮廓线
	中粗		0.7b	可见轮廓线、变更云线
	中		0.5b	可见轮廓线、尺寸线
	细		0.25b	图例填充线、家具线
虚线	粗		b	见各相关专业制图标准
	中粗		0.7b	不可见轮廓线
	中		0.5b	不可见轮廓线、图例线
	细		0.25b	图例填充线、家具线
单点长画线	粗		b	见各相关专业制图标准
	中		0.5b	见各相关专业制图标准
	细		0.25b	中心线、对称线、轴线等
双点长画线	粗		b	见各相关专业制图标准
	中		0.5b	见各相关专业制图标准
	细		0.25b	假想轮廓线、成型前原始轮廓线
波浪线	细		0.25b	断开界线
折断线	细		0.25b	断开界线

同一张图纸内，相同比例的各图样应选用相同的线宽组。图纸的图框和标题栏线可采用表 1.1.5 的线宽。

表 1.1.5　图框和标题栏线的宽度　（mm）

幅面代号	图框线	标题栏外框线、对中标志	标题栏分格线、幅面线
A0、A1	b	0.5b	0.25b
A2、A3、A4	b	0.7b	0.35b

1.2.2　图线画法

在图线与线宽确定后，具体画图时还应注意如下事项。

①相互平行的图例线，其净间隙或线中间隙不宜小于 0.2 mm。

②虚线、单点长画线或双点长画线的线段长度和间隔，宜各自相等。

③单点长画线或双点长画线，当在较小图形中绘制有困难时，可用实线代替。

④单点长画线或双点长画线的两端不应是点。点画线与点画线交接点或点画线与其他图线交接时，应是线段交接。

⑤虚线与虚线交接或虚线与其他图线交接时，也应是线段交接。虚线为实线的延长线时，不得与实线相接。

⑥图线不得与文字、数字或符号重叠、混淆，不可避免时，应首先保证文字清晰。

各种图线正误画法示例见表 1.1.6。

表 1.1.6　各种图线的正误画法示例

图线	正确	错误	说明
虚线与单点长画线	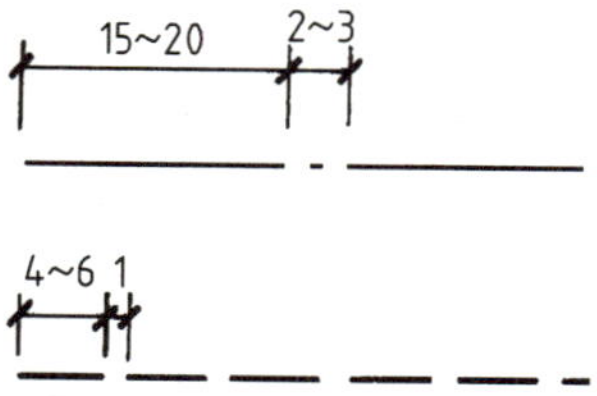	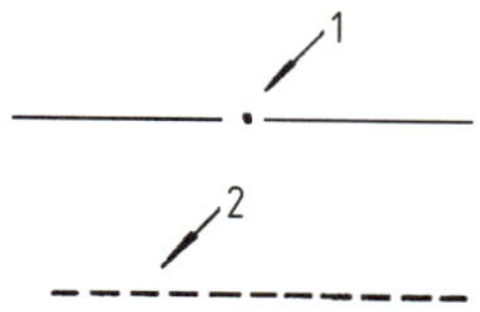	1. 单点长画线的线段长，通常画 15~20 mm，间隙与点共 2~3 mm。点常常画成很短的短画线，而不是画成小黑圆点 2. 虚线的线段长度通常画 4~6 mm，间隙约 1 mm，不要画得太短、太密
圆的中心线	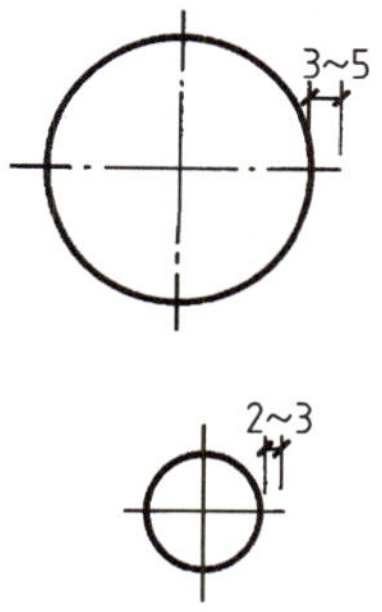	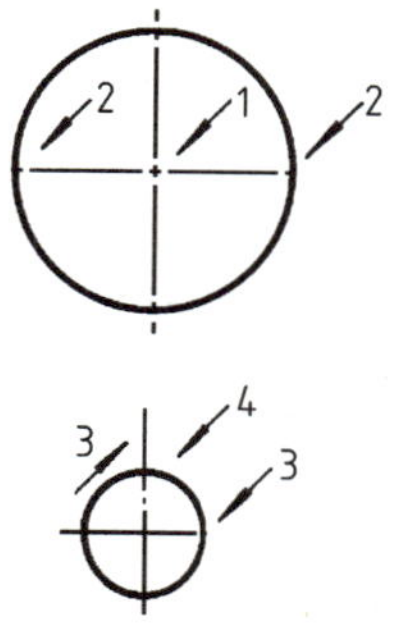	1. 两条单点长画线相交，应在线段处相交，单点长画线与其他图线相交，也应在线段处相交 2. 单点长画线的起始和终止处必须是线段，不应是点 3. 单点长画线应出头 3~5 mm 4. 单点长画线很短时，可用细实线代替
图线相交	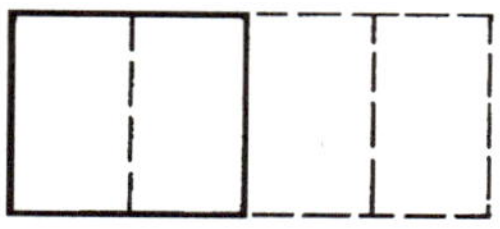	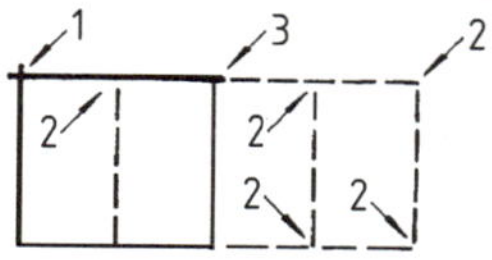	1. 两粗实线相交，应画到交点处，线段两端不出头 2. 两虚线相交，应在线段处相交，不要留间隙 3. 虚线是实线的延长线时，应留有间隙
折断线与波浪线	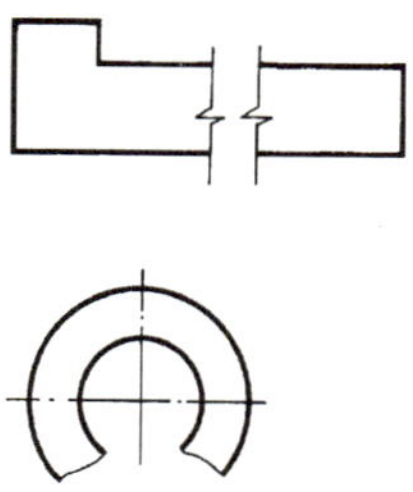	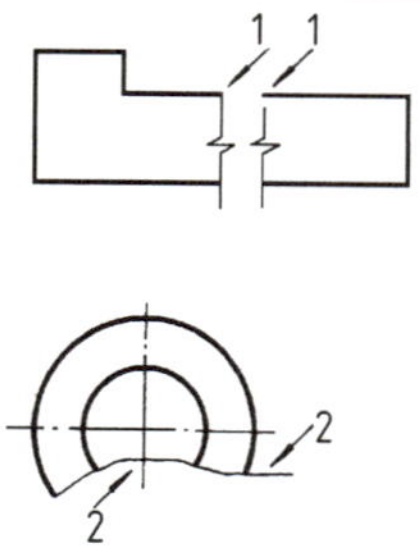	1. 折断线两端应分别超出图形轮廓线 2. 波浪线画到轮廓线为止，不要超出图形轮廓线

提示：在同一张图纸内，相同比例的各个图样，应采用相同的线宽组。图线不得与文字、数字或符号重叠、混淆，不可避免时，应首先保证文字清晰。

实习实作：在纸上画出两条相交虚线；再画出一个断开的圆环，断开处用折断线表示，并画出圆的轴线。

1.3 字体

图纸上所需书写的汉字、数字、字母、符号等必须做到笔画清晰、字体端正、排列整齐、间隔均匀;标点符号应清楚正确。

字体的号数即为字体的高度 h,文字的高度应从表 1.1.7 中选用。字高大于 10 mm 的文字宜采用 True type 字体,如需书写更大的字,其高度应按 $\sqrt{2}$ 的倍数递增。

表 1.1.7 文字的高度

(mm)

字体种类	汉字矢量字体	True type 字体及非汉字矢量字体
字高	3.5、5、7、10、14、20	3、4、6、8、10、14、20

1.3.1 汉字

图样及说明中的汉字,宜优先采用 True type 字体中的宋体字型,采用矢量字体时应为长仿宋字体字型。同一图纸字体种类不应超过两种。矢量字体的宽高比宜为 0.7,且应符合表 1.1.8 的规定,打印线宽宜为 0.25~0.35 mm;True type 字体宽高比宜为 1。大标题、图册封面、地形图等的汉字,也可书写成其他字体,但应易于辨认,其宽高比宜为 1。

表 1.1.8 长仿宋字高宽关系

(mm)

字高	20	14	10	7	5	3.5
字宽	14	10	7	5	3.5	2.5

图样中的汉字采用国家公布的简化汉字。在图纸上书写汉字时,应画好字格,然后从左向右、从上向下横行水平书写。长仿宋字的书写要领:横平竖直、注意起落、填满方格、结构匀称。

长仿宋字的基本笔画与字体结构见表 1.1.9 和表 1.1.10。

表 1.1.9 长仿宋字的基本笔画

笔画	点	横	竖	撇	捺	挑	折	钩
形状								
运笔	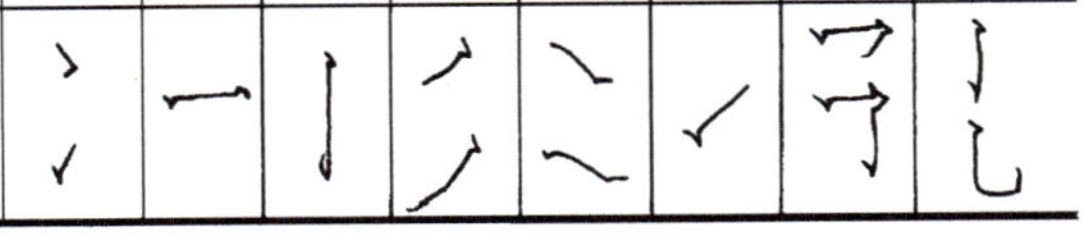							

表 1.1.10 长仿宋字的字体结构

字体	梁	板	门	窗
结构				
说明	上下等分	左小右大	缩格书写	上小下大

1.3.2 字母和数字

拉丁字母、阿拉伯数字、罗马数字分为直体字与斜体字两种。斜体字的斜度为 75°,小写字母高应为大写字母高 h 的 7/10。具体书写规则可查阅 GB/T 14691—1993。图 1.1.5 为书写示例。

提示:数量的数值注写,应采用正体阿拉伯数字。各种计量单位凡前面有量值的,均采用国家颁布的单位符号注写,单位符号应采用正体字母。分数、百分数和比例数的注写,应采用阿拉伯数字。例如,五分之三、百分之二十和一比二十五应分别写成 3/5、20%、1∶25。当注写的数字小于 1 时,必须写出个位的"0",小数点应采用圆点,齐基准线书写,如 0.60。

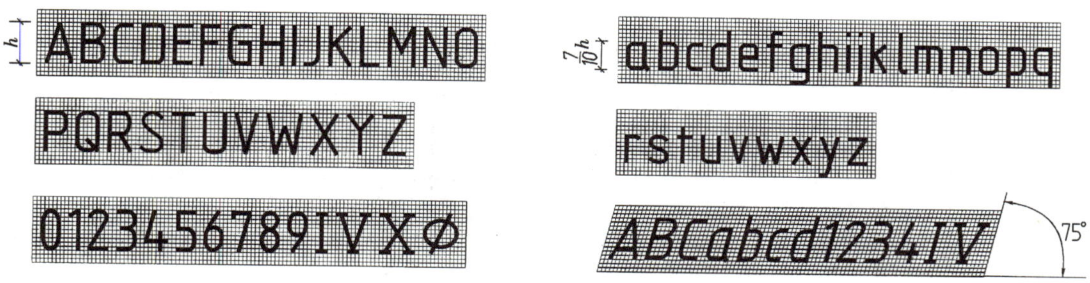

图 1.1.5　书写示例

1.4　比例

建筑工程制图中，建筑物往往用缩得很小的比例绘制在图纸上，而对某些细部构造又要用较大的比例，比例宜注写在图名的右侧，字的底线应取齐，比例的字高应比图名字高小一号或二号，如图 1.1.6 所示。

图 1.1.6　比例的注写

建筑工程图中所用的比例，应根据图样的用途与被绘对象的复杂程度从表 1.1.11 中选用，并应优先选用表中的常用比例。

表 1.1.11　绘图用的比例

常用比例	1 : 1，1 : 2，1 : 5，1 : 10，1 : 20，1 : 30，1 : 50，1 : 100，1 : 150，1 : 200，1 : 500，1 : 1 000，1 : 2 000
可用比例	1 : 3，1 : 4，1 : 6，1 : 15，1 : 25，1 : 40，1 : 60，1 : 80，1 : 250，1 : 300，1 : 400，1 : 600，1 : 5 000，1 : 10 000，1 : 20 000，1 : 50 000，1 : 100 000，1 : 200 000

提示：一般情况下，一个图样应选用一种比例。根据专业制图需要，同一图样也可选择两种比例。特殊情况下也可自选比例，这时除应注出绘图比例外，还可在适当位置绘制出相应的比例尺。需要微缩的图纸应绘制比例尺。

1.5　尺寸标注

扫描观看

视频：尺寸标注

扫描下载

习题：尺寸标注练习

1.5.1　尺寸的组成及尺寸标注的基本规定

如图 1.1.7（a）所示，图样上的尺寸包括尺寸线、尺寸界线、尺寸起止符号和尺寸数字等四要素。

尺寸线、尺寸界线用细实线绘制，如图 1.1.7（b）所示。尺寸界线一般应与被注线段垂直，一端离开图样轮廓线不小于 2 mm，另一端超出尺寸线 2~3 mm。必要时，图样轮廓线可用作尺寸界线。尺寸线应与被注线段平行，不得超出尺寸界线，也不能用其他图线代替或与其他图线重合。

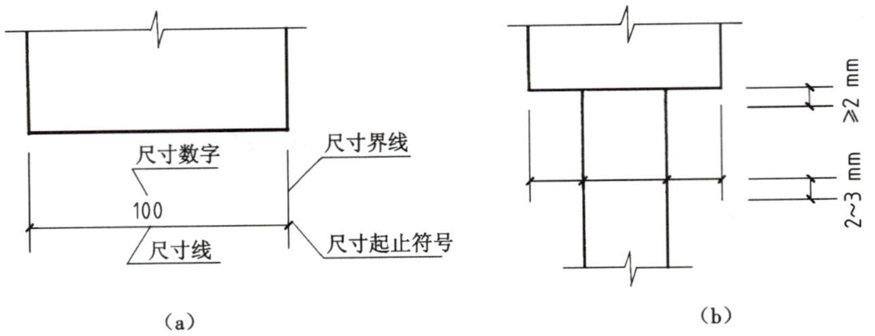

图 1.1.7　尺寸的组成

（a）尺寸四要素　（b）尺寸线、尺寸界线与尺寸起止符号的规定

尺寸起止符号一般用中实线的斜短线绘制，其倾斜方向应与尺寸界线成顺时针 45° 角，长度为 2~3 mm。

提示：图样自身的任何图线均不得用作尺寸线。

图样上所注写的尺寸数字是物体的实际尺寸。除标高及总平面图以米（m）为单位外，其他均以毫米（mm）为单位。尺寸数字的方向，应按图 1.1.8（a）中的规定注写；若尺寸数字在 30° 斜线区内，也可按图 1.1.8（b）中的形式注写。

尺寸数字应依其读数方向写在尺寸线的上方中部，如没有足够的注写位置，最外面的尺寸数字可注写在尺寸界线的外侧，中间相邻的尺寸数字可错开注写，也可引出注写，如图 1.1.8（c）所示。为保证图上的尺寸数字清晰，任何图线不得穿过尺寸数字，不可避免时，应将图线断开，如图 1.1.8（a）所示。

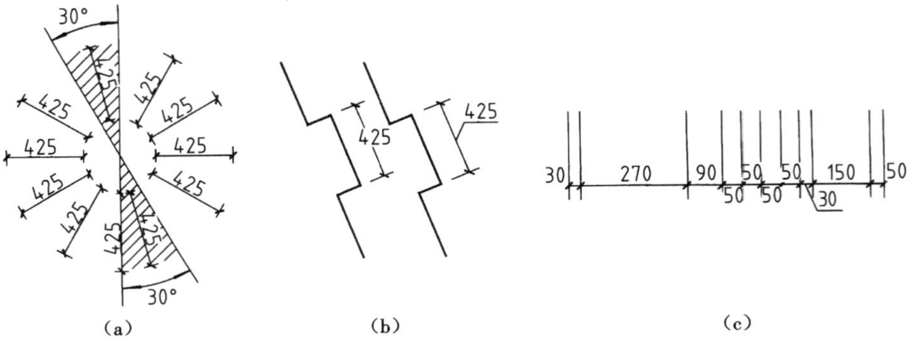

图 1.1.8　尺寸数字的注写形式

（a）30° 斜线区注写　（b）水平注写　（c）错开注写

1.5.2　尺寸的排列和布置

尺寸的排列和布置如图 1.1.9 所示，尺寸的排列与布置应注意以下几点。

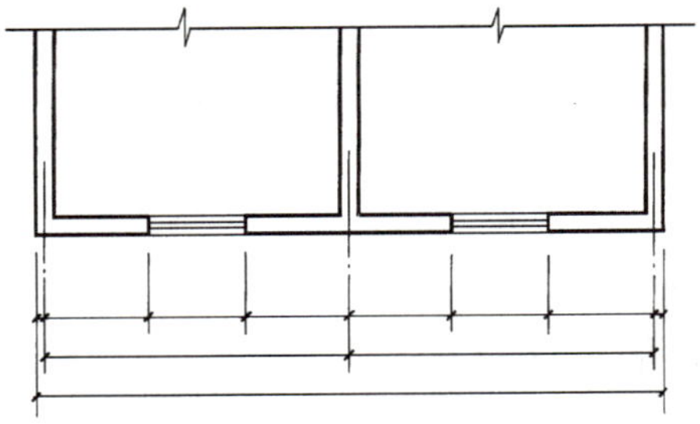

图 1.1.9　尺寸的排列和布置

①尺寸宜注写在图样轮廓线以外，不宜与图线、文字及符号相交。必要时，也可标注在图样轮廓线以内。

②互相平行的尺寸线，应从被注的图样轮廓线由里向外整齐排列，小尺寸在里面，大尺寸在外面。小尺寸与图样轮廓线距离不小于 10 mm，平行排列的尺寸线的间距宜为 7~10 mm。

③总尺寸的尺寸界线，应靠近所指部位，中间分尺寸的尺寸界线可稍短，但其长度应相等。

1.5.3　尺寸标注的其他规定

尺寸标注的其他规定可参阅表 1.1.12。

表 1.1.12　尺寸标注示例

注写内容	注法示例	说明
半径	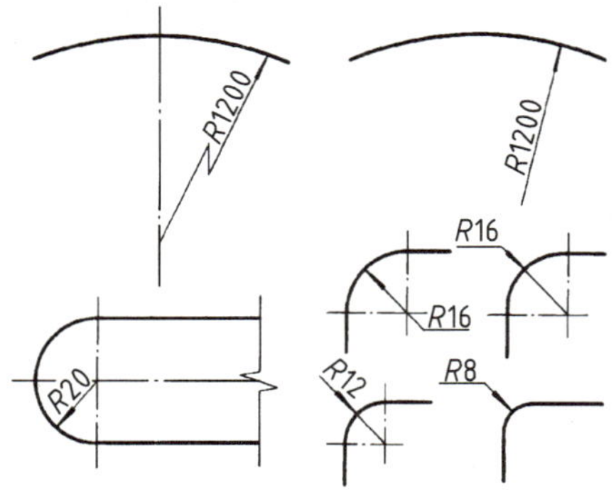	半圆或小于半圆的圆弧，应标注半径。如左下方的例图所示，标注半径的尺寸线，一端应从圆心开始，另一端画箭头指向圆弧，半径数字前应加注符号“*R*” 较大圆弧的半径，可按上方两个例图的形式标注；较小圆弧的半径，可按右下方 4 个例图的形式标注
直径	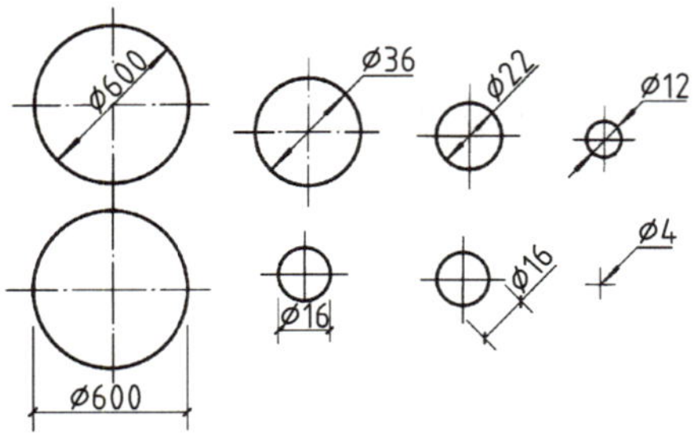	圆及大于半圆的圆弧，应标注直径，如左侧两个例图所示，并在直径数字前加注符号“*ϕ*”。在圆内标注的直径尺寸线应通过圆心，两端画箭头指至圆弧 较小圆的直径尺寸可标注在圆外，如右侧 6 个例图所示
薄板厚度	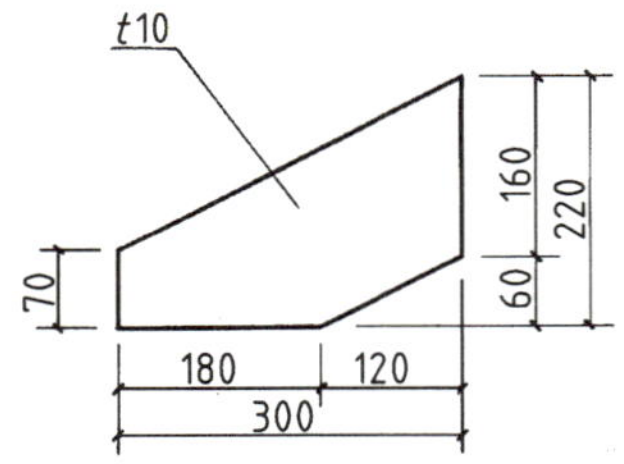	在厚度数字前加注符号“*t*”
正方形	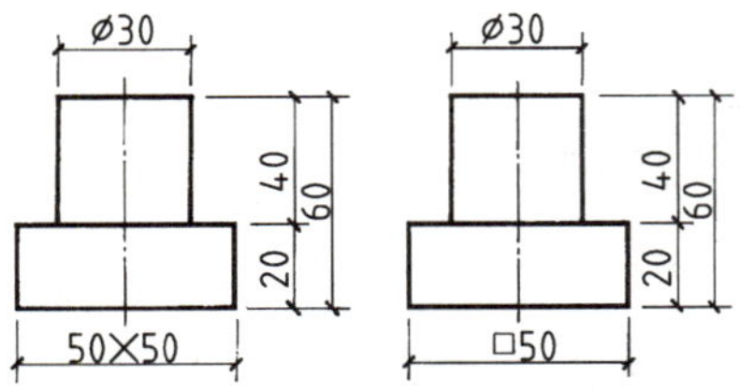	在正方形的侧面标注该正方形的尺寸，可用“边长 × 边长”标注，也可在边长数字前加正方形符号“□”
坡度	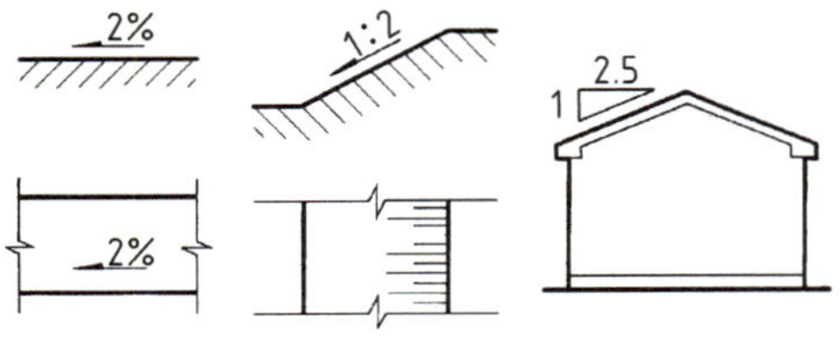	标注坡度时，在坡度数字下应加注坡度符号，坡度符号为单面箭头，一般指向下坡方向 坡度也可用直角三角形形式标注，如例图所示。下方中间图中在坡面高的一侧水平边上所画的垂直于水平边的长短相间的等距细实线，称为示坡线，也可用它来表示坡面

续表

注写内容	注法示例	说明
角度、弧长与弦长	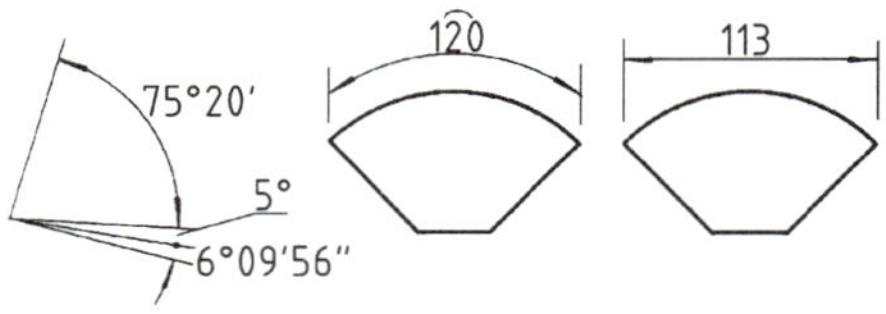	如左边的例图所示，角度的尺寸线是圆弧，圆心是角顶，角边是尺寸界线。尺寸起止符号用箭头，如没有足够的位置画箭头，可用圆点代替。角度的数字应水平方向注写 如中间例图所示，标注弧长时，尺寸线为同心圆弧，尺寸界线垂直于该圆弧的弦，起止符号用箭头，弧长数字上方加圆弧符号 如右边的例图所示，圆弧弦长的尺寸线应平行于弦，尺寸界线垂直于弦
连续排列的等长尺寸	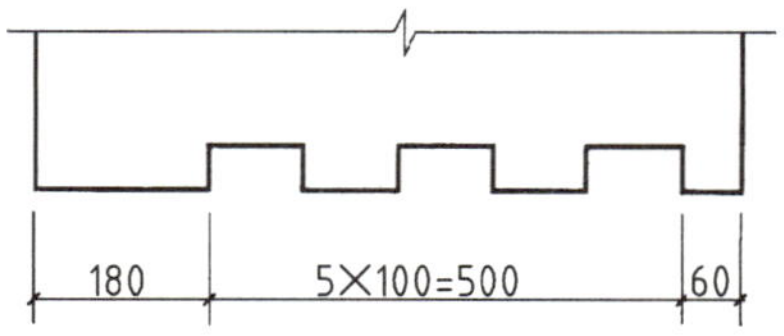	可以用“个数 × 等长尺寸 = 总长”的形式标注
相同要素	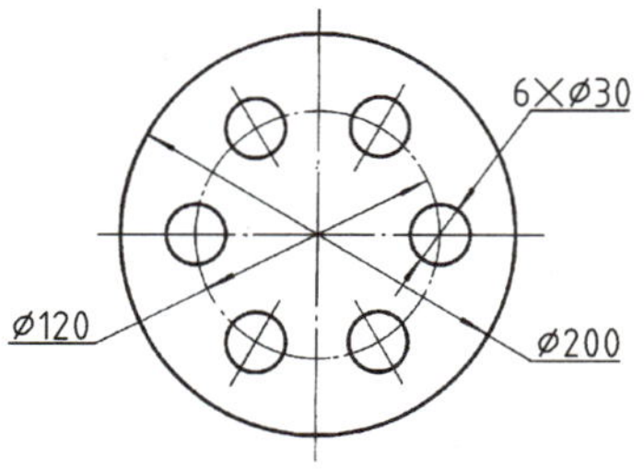	配件内的构造要素（如孔、槽等）相同时，可仅标注其中一个要素的尺寸及个数

实习实作：用 2 : 1 的比例标注下图尺寸，尺寸直接从图中量取。

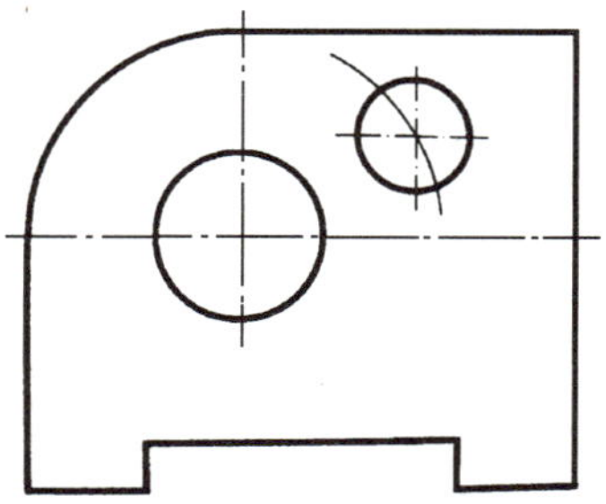

【任务 1 小结】

任务 1 介绍了国家制图标准，包括图幅、标题栏、会签栏、图线及其画法、比例、尺寸标注、字体等。这些内容是建筑施工图识读与绘制的基础，也是必须掌握的技能。读者在学习过程中要经常查阅国家制图标准，读图时以国家制图标准为依据，绘图时严格执行国家标准的有关规定。

在线答题

扫一扫

选择题

扫一扫

判断题

任务 2　仪器绘图

2.1　制图工具及仪器应用

视频：制图工具的应用

视频：制图工具及仪器的使用

习题：制图工具和仪器应用练习

2.1.1　传统制图工具

下面简单介绍一些常用绘图工具和仪器的使用方法。

1. 图板、丁字尺、三角板

如图 1.2.1(a)所示，图板用于固定图纸，作为绘图的垫板，要求板面平整，板边平直。

丁字尺由尺头和尺身两部分组成，主要用于画水平线。使用时，要使尺头紧靠图板左边缘，上下移动到需要画线的位置，自左向右画水平线。应该注意，尺头不可以紧靠图板的其他边缘画线。

三角板可配合丁字尺自下而上画一系列铅垂线，如图 1.2.1(b)所示。用丁字尺和三角板还可画与水平线成 30°、45°、60°、75° 及 15° 的斜线。这些斜线都是按自左向右的方向画出，如图 1.2.1(c)和(d)所示。

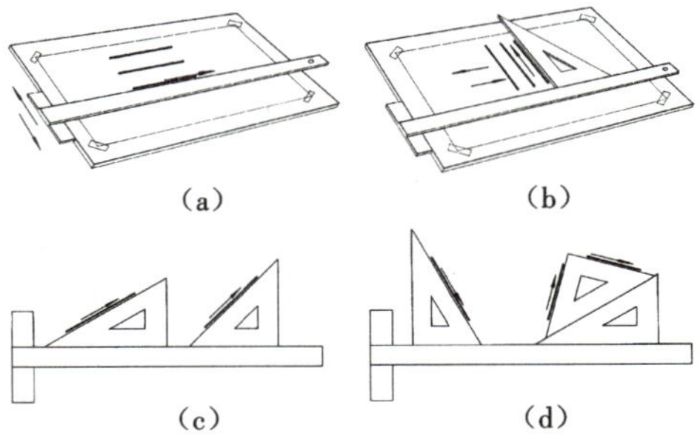

图 1.2.1　图板、丁字尺、三角板的用法

(a)作水平线　(b)作铅垂线

(c)作 30°、45° 斜线　(d)作 60°、75°、15° 斜线

提示：图板不宜暴晒、受潮、敲打、按图钉及用于切纸等。丁字尺应悬挂放置。

实习实作：把图纸固定在图板上，在图纸上练习使用丁字尺、三角板。

2. 比例尺

常见的比例尺如图 1.2.2 所示。比例尺的使用方法如下：首先，在尺上找到所需的比例；然后，看清尺上每单位长度表示的相应长度，就可以根据所需要的长度，在比例尺上找出相应的长度作图。例如，要以 1∶100 的比例画 2 700 mm 的线段，只要从比例尺 1∶100 的刻度上找到单位长度 1 m(实际长度仅是 10 mm)，并量取从 0 到 2.7 m 刻度点的长度，就可量取这段长度绘图了。

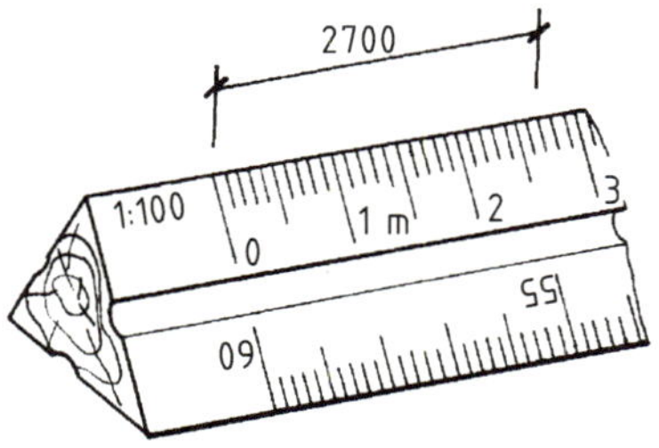

图 1.2.2　比例尺

提示：比例尺不能当直尺或三角板用来画线。

3. 圆规和分规

圆规是画圆和圆弧的主要工具。常见的圆规是三用圆规，定圆心的一条腿为钢针，两端都为圆锥形，应选用有台肩的一端放在圆心处，并按需要适当调节长度；另一条腿的端部则可按需要装上有铅芯的插腿、有墨线笔头的插腿或有钢针的插腿，分别用来绘制铅笔线的圆、墨线圆或当作分规用。在画圆或圆弧前，应将定圆心的钢针台肩调整到与铅芯的端部平齐，铅芯应伸出芯套 6~8 mm，如图 1.2.3(a)所示。在一般情况下画圆或圆弧时，应使圆规按顺时针方向转动，并稍向画线方向倾斜，如图 1.2.3(b)所示。在画较大的圆或圆弧时，应使圆规的两条腿都垂直于纸面，如图 1.2.3(c)所示。

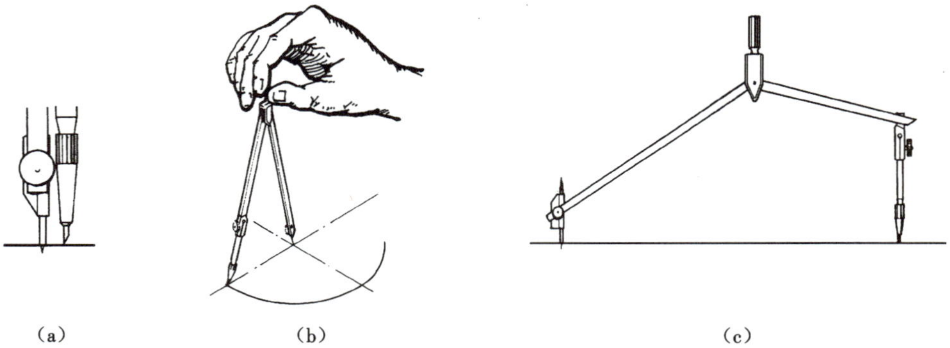

图 1.2.3 圆规的使用方法

(a)钢针台肩与铅芯或墨线笔头端部平齐 (b)一般情况下画圆或圆弧的方法 (c)画较大的圆或圆弧的方法

分规的形状与圆规相似,但两条腿都装有钢针,用它可量取线段长度,也可以等分直线段或圆弧。图 1.2.4 所示是用试分法三等分已知线段 AB 的示例,具体作法如下。

先目测估计,使两针尖的距离调整到大约是 AB 长度的 1/3,在线段上试分,若图中的第 3 个等分点 P_3 正好落在 B 点上,说明试分准确;若 P_3 落在 AB 之内,则应将分规针尖间的距离目测放大 P_3B 的 1/3,再重新试分,这样继续进行,直到准确等分为止。如试分后,P_3 在 AB 线段之外,则应将分规针尖间的距离目测缩小 P_3B 的 1/3,再重新试分。上述试分直线段的方法,也可用于等分圆周或圆弧。

4. 铅笔

绘图铅笔按铅芯的软硬程度可分为 B 型和 H 型两类。“B”表示软铅芯,“H”表示硬铅芯,HB 介于两者之间,画图时,可根据使用要求选用不同的铅笔型号。建议 B 或 2B 用于画粗线;H 或 2H 用于画细线或底稿线;HB 用于画中粗线或书写。

铅芯磨削的长度及形状,建议用如图 1.2.5 所示的规格。写字或打底稿用锥状铅芯,见图 1.2.5(a);加深图线时宜用楔状铅芯,见图 1.2.5(b)。

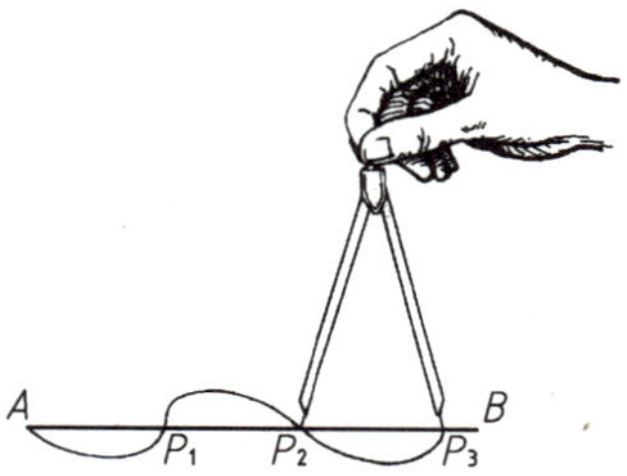

图 1.2.4 用分规等分直线段

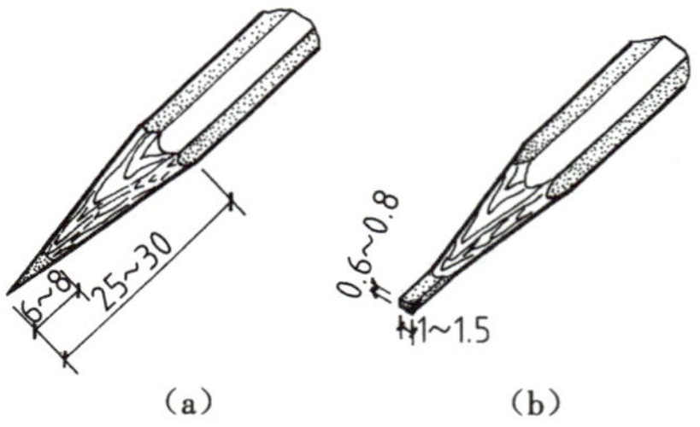

图 1.2.5 铅芯的长度及形状

(a)锥状铅芯 (b)楔状铅芯

5. 曲线板

曲线板是用于画非圆曲线的工具,用曲线板画曲线的方法如图 1.2.6 所示。

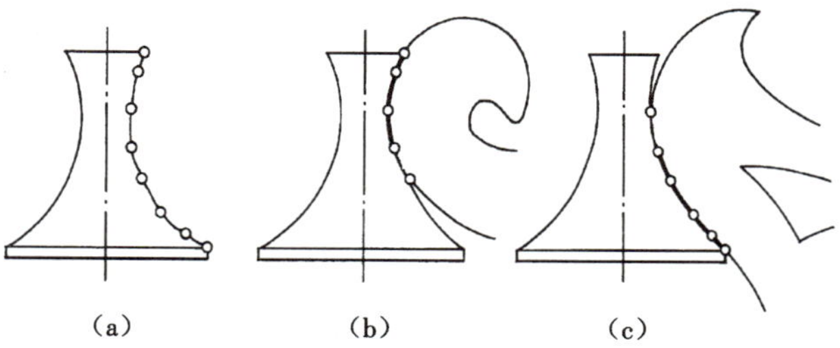

图 1.2.6 用曲线板画曲线

(a)铅笔徒手勾画曲线 (b)曲线板分段画线 (c)分段画线重合,连成整体

如图 1.2.6(a)所示,先将曲线上的点用铅笔轻轻连成曲线。如图 1.2.6(b)所示,在曲线板上选取相吻合的曲线段,从曲线起点开始,至少要通过曲线上的 3~4 个点,并沿曲线板描绘这一段吻合的曲线,但不能把吻

合的曲线段全部描完，而应留下最后一小段。用同样的方法选取第二段曲线，两段曲线相接处，应有一段曲线重合。如此分段描绘，直到描完最后一段，如图 1.2.6(c)所示。

2.1.2　计算机绘图工具

AutoCAD 可以绘制任意的二维和三维图形，同传统的手工绘图相比，其绘图速度更快、精度更高而且便于修改，AutoCAD 已在工程领域得到广泛应用。

2.2　几何作图

扫描观看

视频：几何图形的作图方法

扫描下载

习题：几何作图练习

用传统制图工具绘制平面图形时，常常用到平面几何中的几何作图方法，下面仅对一些常用的几何作图进行简要的介绍。

2.2.1　平行线及垂直线

两块三角板配合使用可画出已知线段的平行线和垂直线，如图 1.2.7 和图 1.2.8 所示。

1. 过已知点作已知线段的平行线

过已知点作已知线段的平行线的作图方法如下：

①已知线段 *BC* 和 *BC* 外一点 *A*，如图 1.2.7(a)所示；

②使第一块三角板的一边与线段 *BC* 重合，第二块三角板与第一块三角板的另一边重合，如图 1.2.7(b)所示；

③推动第一块三角板，经过点 *A* 时画一条线段即为所求的 *BC* 的平行线，如图 1.2.7(c)所示。

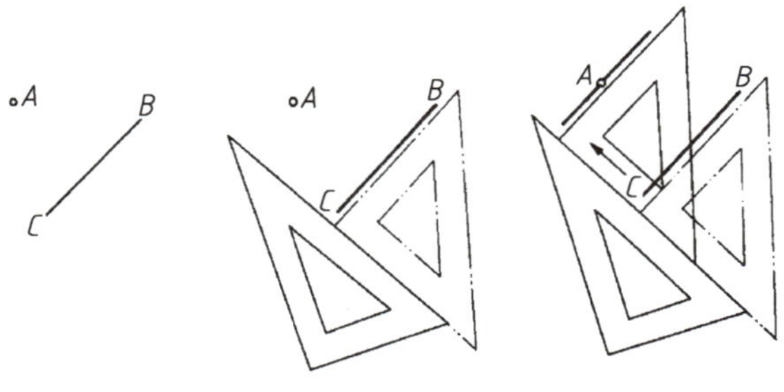

(a)　(b)　(c)

图 1.2.7　过已知点作已知线段的平行线

(a)已知条件　(b)作图过程　(c)作出所求平行线

2. 过已知点作已知线段的垂直线

过已知点作已知线段的垂直线的作图方法如下：

①已知线段 *BC* 和 *BC* 外一点 *A*，如图 1.2.8(a)所示；

②使 45° 三角板的一条直角边与线段 *BC* 重合，它的斜边紧靠另一块三角板，如图 1.2.8(b)所示；

③推动 45° 三角板，当它的另一条直角边经过点 *A* 时画一条线段即为所求的 *BC* 的垂直线，如图 1.2.8(c)所示。

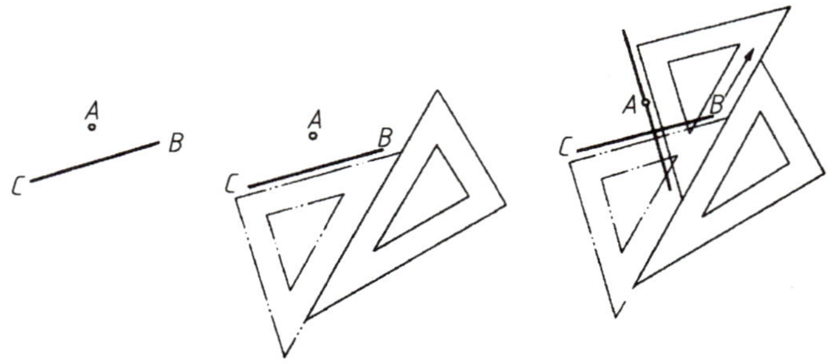

(a)　　(b)　　(c)

图 1.2.8　过已知点作已知线段的垂直线

(a)已知条件　(b)作图过程　(c)作出所求垂直线

实习实作：在课堂上绘制下图（尺寸自定）。

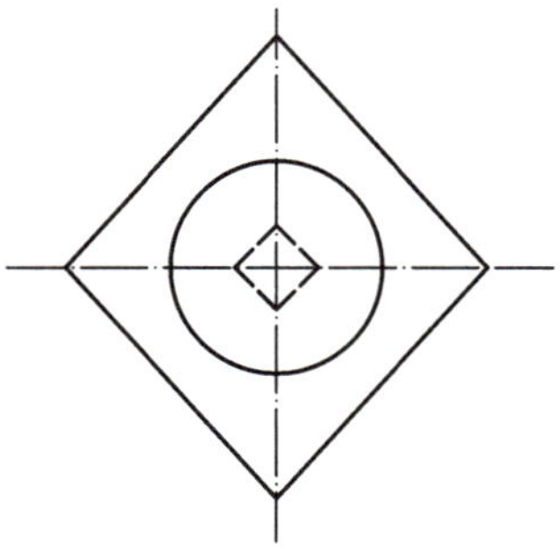

2.2.2　等分线

1. 等分已知线段

除了用试分法等分已知线段外，还可以采用辅助线法。三等分已知线段的作图方法如下：

①已知线段 *AB*，如图 1.2.9(a)所示；

②过点 *A* 作一条射线 *AC*，在射线 *AC* 上取点 *D*、*E*、*F*，使 *AD*=*DE*=*EF*，如图 1.2.9(b)所示；

③连接 *B*、*F*，分别过点 *D*、*E* 作 *BF* 的平行线交 *AB* 于点 *M* 与点 *N*，如图 1.2.9(c)所示，点 *M*、*N* 就是线段 *AB* 的三等分点。

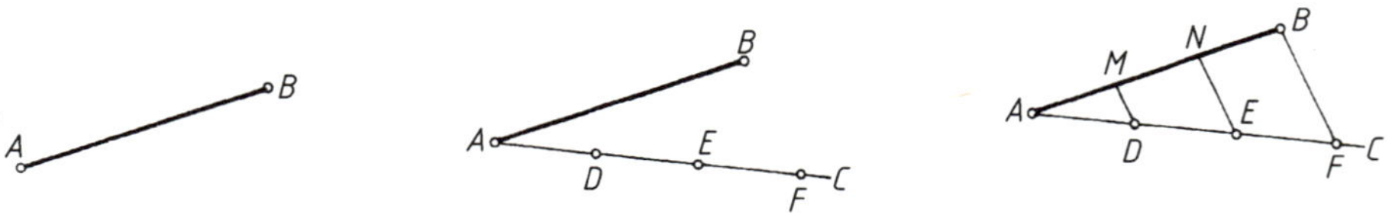

(a)　　(b)　　(c)

图 1.2.9　等分线段

(a)已知条件　(b)取点　(c)得等分点

2. 等分两平行线间的距离

三等分两平行线间的距离的作图方法如下：

①已知两平行线段 *AB* 和 *CD*，将直尺刻度线上的 0 点落在 *CD* 线上，转动直尺，将直线上的 3 点落在 *AB* 线上，分别将刻度尺的 1、2 点取为 *M*、*N* 点，如图 1.2.10(a)所示；

②分别过点 *M*、*N* 作已知线段 *AB*、*CD* 的平行线，如图 1.2.10(b)所示；

③清理图面，加深图线，即得所求的三等分两平行线 *AB* 与 *CD* 之间距离的平行线，如图 1.2.10(c)所示。

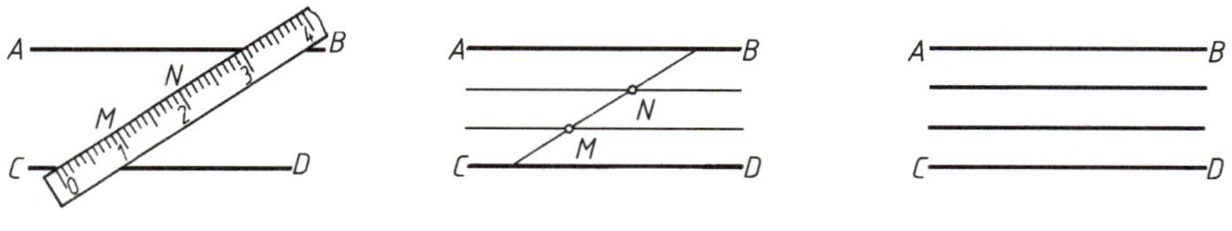

(a)　　(b)　　(c)

图 1.2.10　三等分两平行线间的距离

(a)取点　(b)作平行线　(c)得等分直线

实习实作:将线段 AB 等分为 4 段,并将两平行线 AB 与 CD 间的距离三等分。

2.2.3　正多边形

正多边形可通过分规试分法等分外接圆的圆周作出,也可用三角板配合丁字尺按几何作图等分外接圆的圆周作出。

1. 正四边形的作法

已知外接圆作正四边形的方法如下:

①以 45° 三角板的一条直角边紧靠丁字尺,过圆心 O 作 45° 直线,交圆周于点 A、B,如图 1.2.11(a)所示;

②过点 A、B 分别作水平中心线的平行线和垂直线,与圆周交于点 A' 与 B',如图 1.2.11(b)所示;

③清理图面,加深图线,即得所求的正四边形,如图 1.2.11(c)所示。

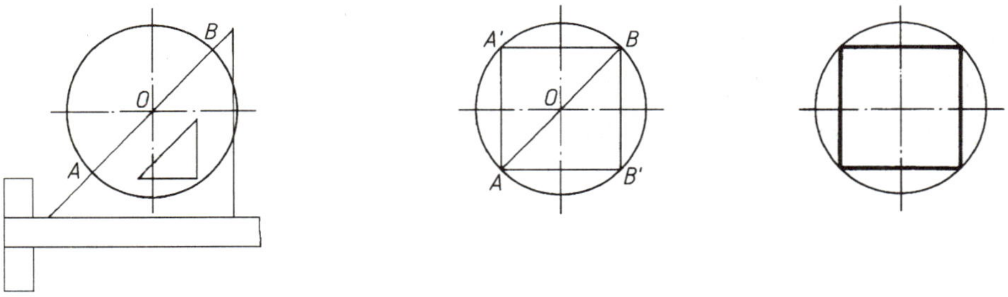

(a)　　(b)　　(c)

图 1.2.11　作正四边形

(a)作斜线　(b)作平行线和垂线　(c)得所求正四边形

2. 正六边形的作法

已知外接圆作正六边形的方法如下:

①以 60° 三角板的一条直角边紧靠丁字尺,分别过水平中心线与圆周的两个交点作 60° 斜线,如图 1.2.12(a)所示;

②翻转三角板,作出另两条 60° 斜线,如图 1.2.12(b)所示;

③过 60° 斜线与圆周的交点,分别作上下两条与水平中心线平行的直线,清理图面,加深图线,即得所求的正六边形,如图 1.2.12(c)所示。

3. 正五边形的作法

已知外接圆作正五边形的方法如下:

①分别以 O、B 为圆心,用圆规求出半径 OB 的中点 C,如图 1.2.13(a)所示;

②以点 C 为圆心、CD 为半径作弧交 OA 于点 E,以 DE 长在圆周上截得各等分点,连接各等分点,如图 1.2.13(b)所示;

③清理图面,加深图线,即得所求的正五边形,如图 1.2.13(c)所示。

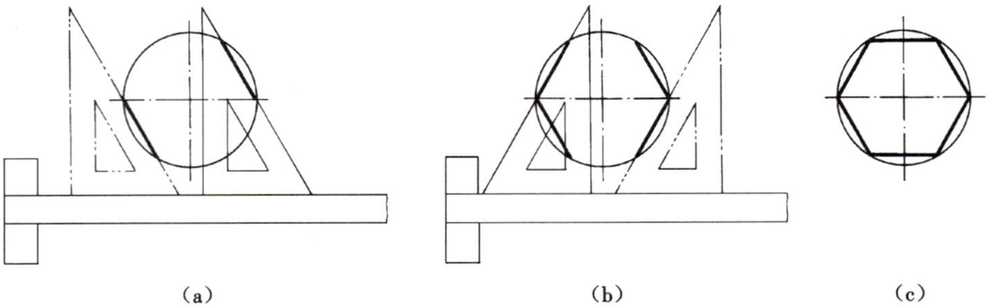

图 1.2.12　作正六边形

(a)作两条斜线　(b)作另两条斜线　(c)得所求正六边形

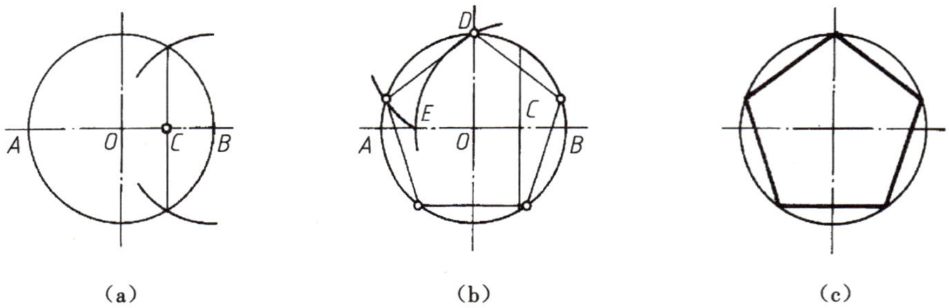

图 1.2.13　作正五边形

(a)取点　(b)作弧　(c)得所求正五边形

4. 任意边数的正多边形的作法

已知外接圆作正七边形的作图方法是一种近似作图法。作图步骤如下:

①将直径 AN 七等分,得 P_1、P_2、P_3、P_4、P_5、P_6 六个等分点,如图 1.2.14(a)所示;

②以点 N 为圆心,AN 长为半径作弧,交水平中心线于点 M_1、M_2,将点 M_1、M_2 分别与等分点 P_2、P_4、P_6 相连,延长后与圆周相交,得到与点 A 相应的其他六个等分点 B、C、D、E、F、G,如图 1.2.14(b)所示;

③清理图面,加深图线,即得所求的正七边形,如图 1.2.14(c)所示。

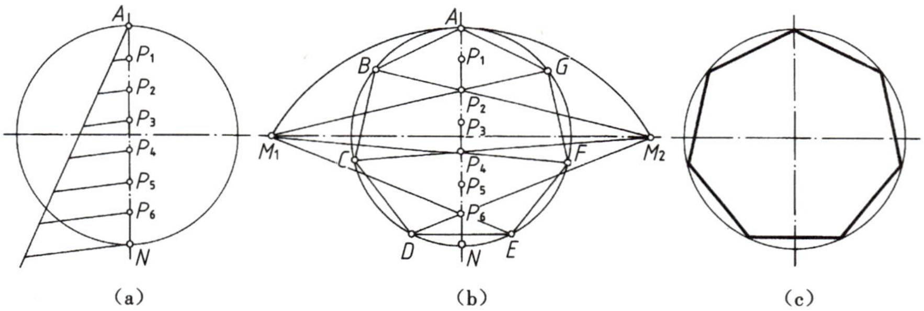

图 1.2.14　作正七边形

(a)取点　(b)作弧,连线　(c)得所求正七边形

实习实作:已知外接圆半径为 35 mm,求作圆内接正七边形。

2.2.4　圆弧连接

使直线与圆弧相切或圆弧与圆弧相切来连接已知图线,称为圆弧连接,用来连接已知直线(或圆弧)与已知圆弧的圆弧称为连接弧,切点称为连接点。为了使线段能准确连接,作图时,必须先求出连接弧的圆心和切点的位置。表 1.2.1 列举了几种直线与圆弧、圆弧与圆弧连接的画法及其作图过程。

视频:圆弧连接

习题:平面图形的绘图练习

表 1.2.1 圆弧连接示例

示例	已知条件与作图要求	作图过程	作图结果
过已知点作已知圆的切线	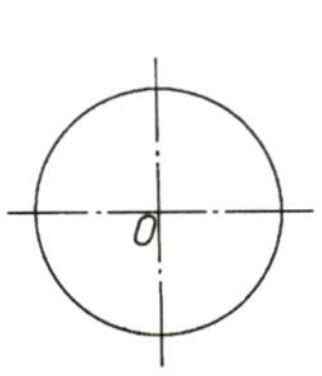 过点 A 作已知圆 O 的切线	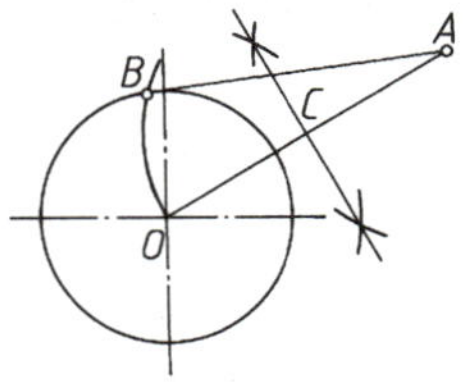 1. 连接 O、A,取 OA 中点 C 2. 以点 C 为圆心,CO 为半径画弧,交圆周于点 B 3. 连接 A、B,即为所求切线	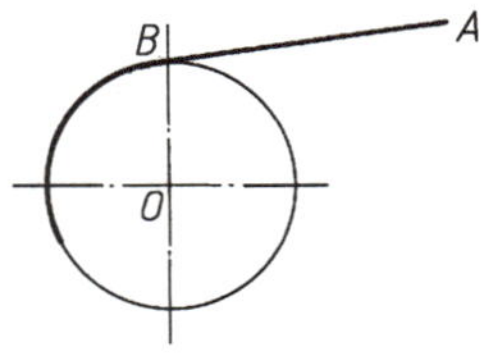 本例有两条切线,另一条切线与 AB 关于 OA 对称,作图过程与求作 AB 相同,未画出。清理图面,加深图线后的作图结果如上图所示
作圆弧连接两斜交直线	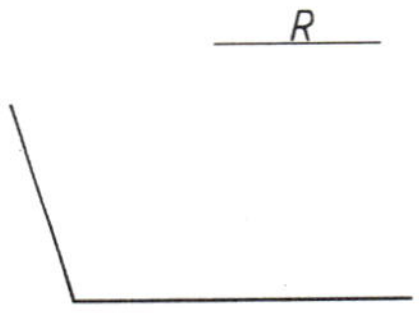 作半径为 R 的圆弧连接两已知的斜交直线	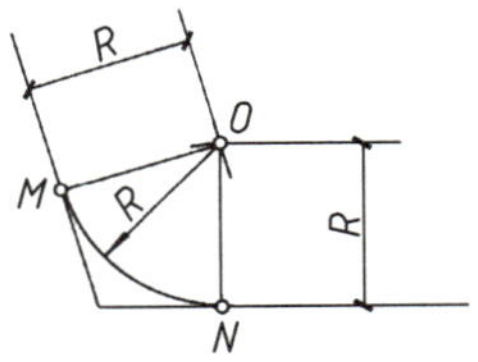 1. 分别作与两已知直线距离为 R 的两条平行线,交点 O 为连接弧的圆心 2. 过圆心 O 作两已知直线的垂线,垂足 M、N 即为切点 3. 以 O 为圆心, R 为半径,自切点 N 向 M 画弧,即为所求	 清理图面,加深图线后的作图结果如上图所示
作圆弧连接两正交直线	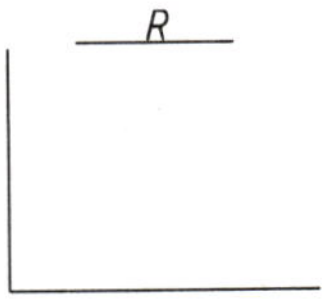 作半径为 R 的圆弧连接两垂直相交的已知直线	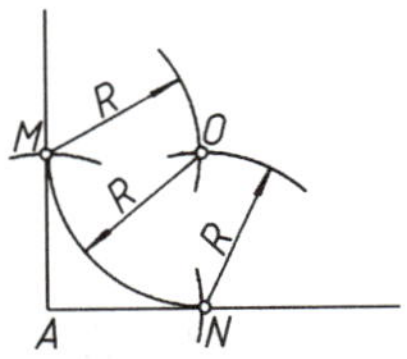 1. 以两已知直线的交点 A 为圆心,R 为半径画弧,交已知直线于点 M、N,点 M、N 即为切点 2. 分别以点 M、N 为圆心, R 为半径画弧,交点 O 为连接弧的圆心 3. 以点 O 为圆心, R 为半径,自切点 N 向 M 画弧,圆弧 MN 即为所求	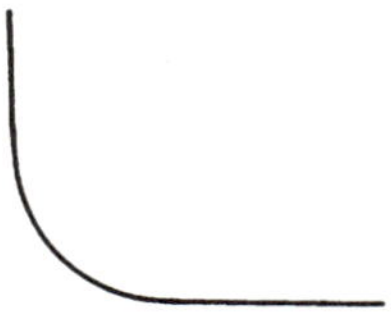 清理图面,加深图线后的作图结果如上图所示

续表

示例	已知条件与作图要求	作图过程	作图结果
作圆弧与两已知圆弧外切	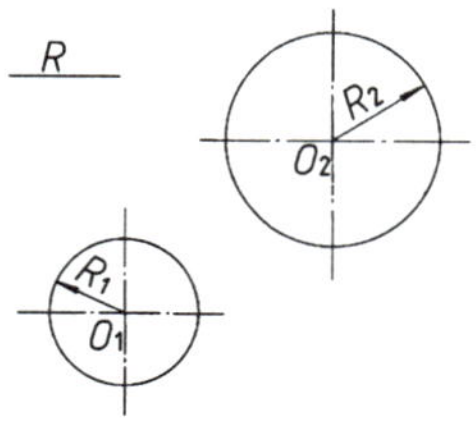 作半径为 R 的圆弧连接两已知圆弧,并与它们同时外切	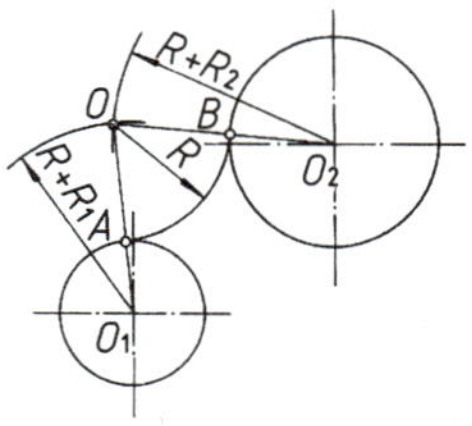 1. 分别以 O_1、O_2 为圆心,R_1+R、R_2+R 为半径画弧,相交得连接弧的圆心 O 2. 连接 O 和 O_1、O 和 O_2,分别与两圆周交于 A、B 两点,A、B 即为切点 3. 以 O 为圆心,R 为半径,自切点 B 向 A 画弧,圆弧 AB 即为所求	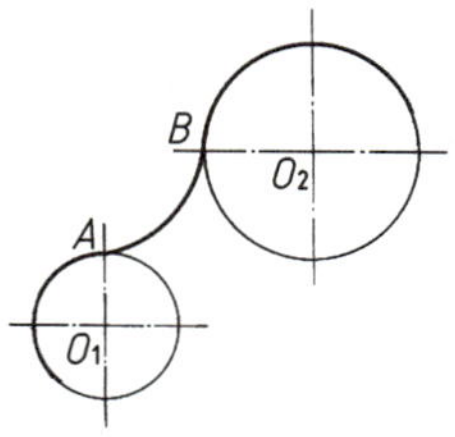 本例可以作出两条圆弧,另一条圆弧与圆弧 AB 关于 O_1O_2 对称,作图过程与求作圆弧 AB 相同,未画出。清理图面,加深图线后的作图结果如上图所示
作圆弧与两已知圆弧内切	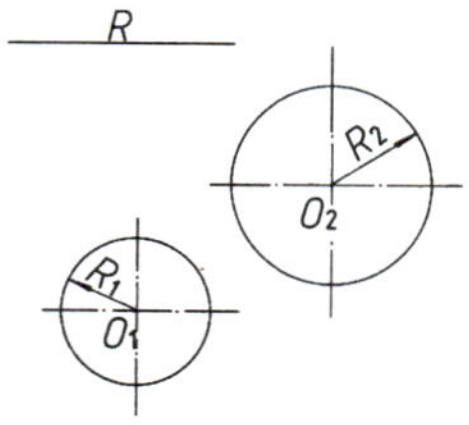 作半径为 R 的圆弧连接两已知圆弧,并与它们同时内切	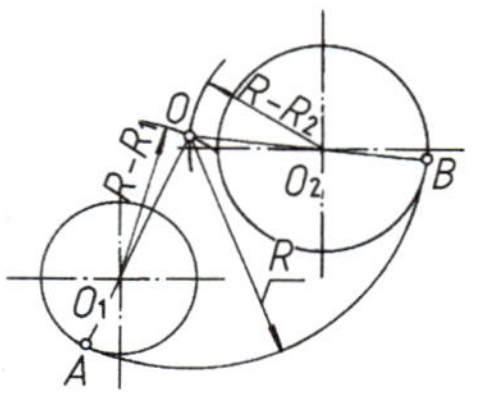 1. 分别以 O_1、O_2 为圆心,$R-R_1$、$R-R_2$ 为半径画弧,相交得连接弧的圆心 O 2. 连接 O 和 O_1、O 和 O_2,OO_1、OO_2 的延长线分别与两圆周交于 A、B 两点,A、B 即为切点 3. 以 O 为圆心,R 为半径,由切点 B 向 A 画弧,圆弧 AB 即为所求	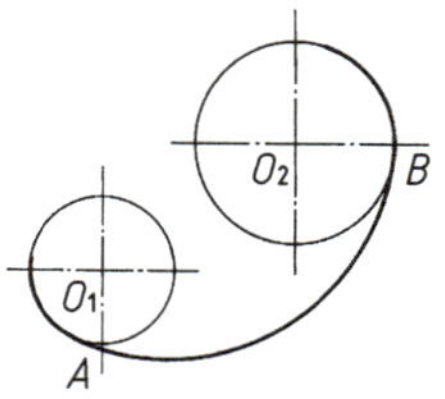 本例可以作出两条圆弧,另一条圆弧与圆弧 AB 关于 O_1O_2 对称,作图过程与求作圆弧 AB 相同,未画出。清理图面,加深图线后的作图结果如上图所示
作圆弧与已知直线相切、与已知圆弧外切	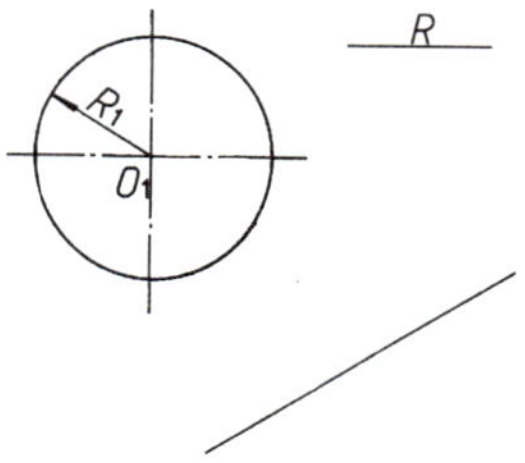 作半径为 R 的圆弧,与已知圆弧外切、与已知直线相切	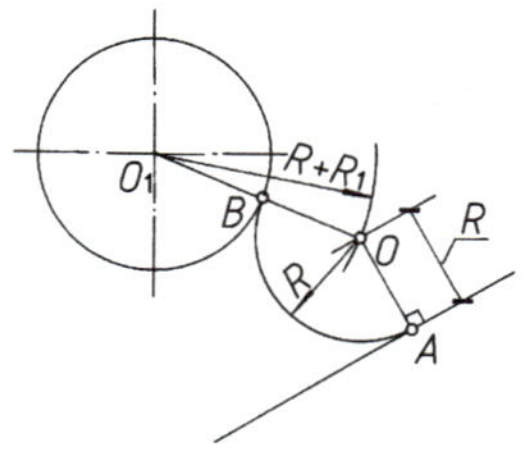 1. 作与已知直线距离为 R 的平行线;以 O_1 为圆心,R_1+R 为半径画弧,与上述平行线相交得连接弧的圆心 O 2. 过 O 向已知直线作垂线,得垂足 A;连接 O_1、O,O_1O 与圆周交于点 B,B 即为切点 3. 以 O 为圆心,R 为半径,自点 A 向 B 画弧,圆弧 AB 即为所求	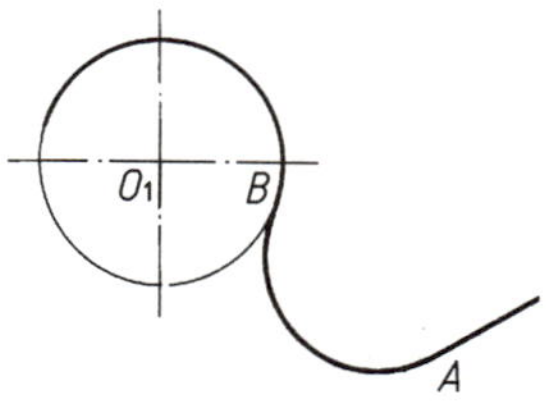 本例可以作出两条圆弧,另一条圆弧的作图过程与求作圆弧 AB 相同,未画出。清理图面,加深图线后的作图结果如上图所示

实习实作:按图示尺寸,补画右侧图线。

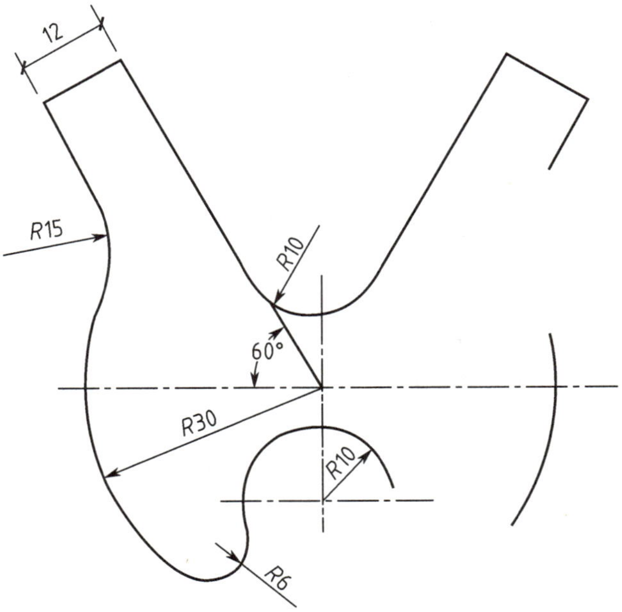

2.2.5　椭圆

表 1.2.2 介绍了已知椭圆长轴 AB 和短轴 CD 作椭圆的几种方法。同心圆法能够比较准确地求作一个椭圆，四心法是一种近似作椭圆法，八点法用于要求不很精确的椭圆作图。

表 1.2.2　已知长、短轴画椭圆

方法	同心圆法	四心法	八点法
图例	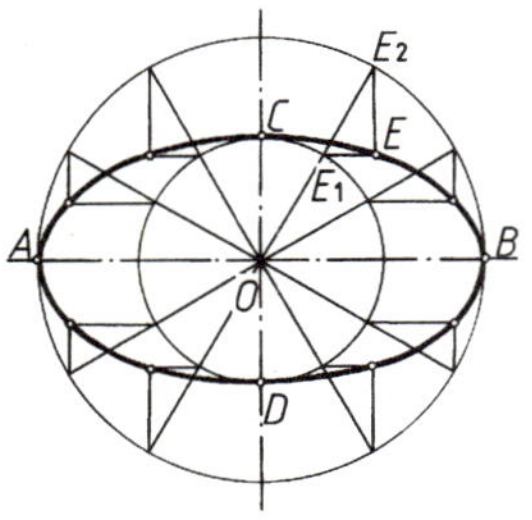	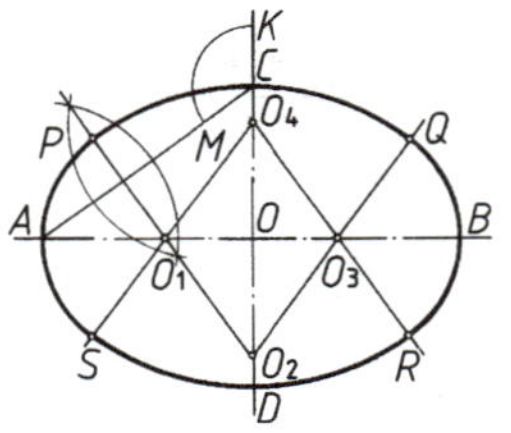	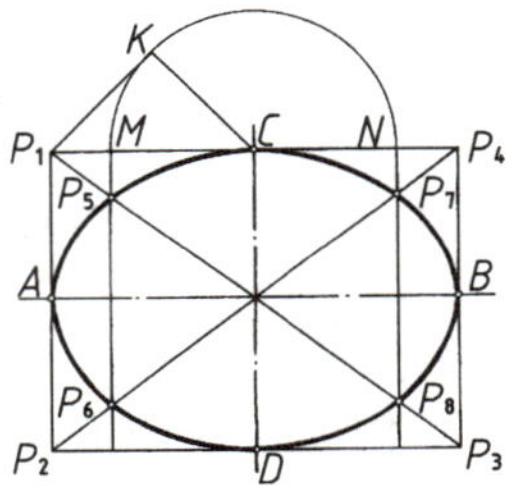
作图过程	1. 以 O 为圆心，分别以 AB、CD 为直径作两个同心圆。过点 O 作若干条射线，例如其中一条交两圆周于点 E_1、E_2 2. 过点 E_1 作水平线，过点 E_2 作竖直线，则交点 E 就是椭圆上的点，其他各点的作法相同 3. 用曲线板光滑连接各点即为所求的椭圆	1. 延长 CD，在延长线上量取 $OK=OA$，得点 K 2. 连接 A、C，并在 AC 上取 $CM=CK$ 3. 作 AM 的中垂线交 OA 于 O_1、交 OD 于 O_2，再取 O_1 和 O_2 的对称点 O_3、O_4 4. 连接 O_1 和 O_2、O_2 和 O_3、O_3 和 O_4、O_4 和 O_1 并延长 5. 分别以 O_1、O_3 为圆心，O_1A、O_3B 为半径画弧，以 O_4、O_2 为圆心，O_4D、O_2C 为半径画弧，两弧分别交接于 O_1O_2、O_2O_3、O_3O_4、O_4O_1 延长线上的点 P、Q、R、S，用曲线板光滑连接各点，即得所求的近似椭圆。P、Q、R、S 分别为两圆弧的切点	1. 过长、短轴的端点 A、B、C、D 作椭圆外切矩形 $P_1P_2P_3P_4$，连接对角线 2. 以 P_1C 为斜边作 45° 等腰直角三角形 P_1KC 3. 以点 C 为圆心，CK 为半径画弧交 P_1P_4 于点 M、N；再自点 M、N 引短边的平行线与对角线相交得 P_5、P_6、P_7、P_8 四点 4. 用曲线板光滑连接点 A、P_5、C、P_7、B、P_8、D、P_6、A，即得所求的椭圆

实习实作：已知长轴为 60 mm，短轴为 40 mm，画出此椭圆。

2.3 平面图形的绘制

2.3.1 仪器绘图的步骤

工程图样通常都是用绘图工具和仪器绘制的,绘图的步骤是先画底稿,然后进行校对,根据需要进行铅笔加深,最后经过复核,由制图者签字。

1. 画底稿

在使用丁字尺和三角板绘图时,光线最好来自左前方。通常用削尖的 2H 铅笔轻绘底稿,底稿一定要正确无误,才能加深。画底稿的顺序:①按图形的大小和复杂程度,确定绘图比例,选定图幅,画出图框和标题栏;②根据选定的比例估计图形及注写尺寸所占的面积,布置图面;③开始画图,画图时,先画图形的基线,再逐步画出细部;④图形完成后,画尺寸界线和尺寸线;⑤对所绘的图稿进行仔细校对,改正画错或漏画的图线,并擦去多余的图线。

2. 铅笔加深

铅笔加深要做到粗细分明,符合国家标准的规定,宽度为 b 和 $0.5b$ 的图线常用 B 或 HB 铅笔加深;宽度为 $0.25b$ 的图线常用削尖的 H 或 2H 铅笔适当用力加深;在加深圆弧时,圆规的铅芯应比加深直线的铅芯软一号。

用铅笔加深时,一般应先加深细单点长画线,可以按线宽分批加深,先画粗实线,再画中实线,然后画细实线,最后画双点长画线、折断线和波浪线。加深同类型图线的顺序是先画曲线,后画直线。画同类型的直线时,通常是先从上向下加深所有的水平线,再从左向右加深所有的竖直线,然后加深所有的倾斜线。

当图形加深完毕后,再画尺寸线、尺寸界线、尺寸起止符号,填写尺寸数字,书写图名、比例等文字说明,填写标题栏。

3. 复核和签字

加深完毕后,必须认真复核,如发现错误,应立即改正,最后由制图者签字。

2.3.2 平面图形的分析与画法

平面图形是由若干条线段围成的,而线段的形状与大小是根据给定尺寸确定的。构成平面图形的各种线段中,有些线段尺寸是已知的,可以直接画出,有些线段的尺寸条件不足,需要用几何作图的方法求出后才能画出。因此,画图前,必须对平面图形的尺寸和线段进行分析。现以图 1.2.15 所示衣帽钩形状的平面图形为例,说明尺寸与线段的关系。

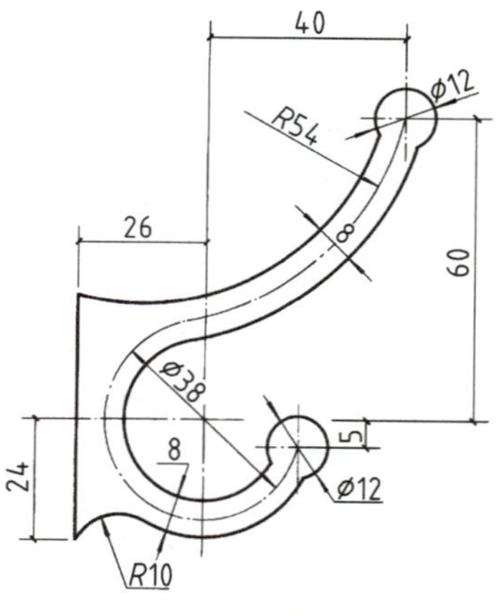

图 1.2.15 平面图形的尺寸和线段分析

1. 平面图形的尺寸分析

(1)尺寸基准

尺寸基准是标注尺寸的起点。平面图形的长度方向和高度方向都要确定一个尺寸基准。尺寸基准常常选用图形的对称线、底边、侧边、图中圆周或圆弧的中心线等。在图 1.2.15 所示的平面图形中,长度、高度的尺寸基准分别取 $\phi38$ 圆的竖直中心线和水平中心线。

(2)定形尺寸和定位尺寸

定形尺寸是确定平面图形各组成部分大小的尺寸,如图 1.2.15 中的 $\phi38$、$\phi12$、$R54$、$R10$ 等;定位尺寸是确定平面图形各组成部分相对位置的尺寸,如图 1.2.15 中的 5、60、40、26、24 等。从尺寸基准出发,通过各定位尺寸,可确定图形中各个部分的相对位置,通过各定形尺寸,可确定图形中各个部分的大小,于是就可以完全确定整个图形的形状和大小,准确地画出这个平面图形。

(3)尺寸标注的基本要求

平面图形的尺寸标注要做到正确、完整、清晰。正确是指标注尺寸应符合国家标准的规定。完整是指标注尺寸应该没有遗漏尺寸，也没有矛盾的尺寸。在一般情况下不注写重复尺寸（包括通过现有尺寸计算或作图后可获得的尺寸在内），但在需要时，也允许标注重复尺寸。清晰是指尺寸标注得清楚、明显，并标注在便于看图的地方。

2. 平面图形的线段分析

平面图形中圆弧连接处的线段，根据尺寸是否完整可分为以下三类。

（1）已知线段

根据给出的尺寸可以直接画出的线段称为已知线段，即这个线段的定形尺寸和定位尺寸都完整，如图 1.2.15 中的 $\phi38$、$\phi(38+8/2)$、$\phi(38-8/2)$、$\phi12$ 等圆弧。

（2）中间线段

有定形尺寸，缺少一个定位尺寸，需要依靠另一端相切、相接或在某圆周上等类似的条件才能画出的线段称为中间线段，如图 1.2.15 中下面的 $\phi12$ 圆弧。

（3）连接线段

有定形尺寸，缺少两个定位尺寸，需要依靠两端相切或相接的条件才能画出的线段称为连接线段，如图 1.2.15 中的 $R54$、$R10$ 等圆弧。

在平面图形中存在这两类或三类线段的圆弧连接处，绘图时，应先画出已知线段，再画中间线段，最后画连接线段。

抄绘平面图形的步骤如下：①分析平面图形及其尺寸基准和圆弧连接的线段，拟定作图顺序；②按选定的比例画底稿，先画与尺寸基准有关的作图基线，再依次画出已知线段、中间线段、连接线段；③图形完成后，画尺寸线和尺寸界线，并校核修正底稿，清理图面；④按规定线型加深，填写尺寸数字，再次校核修正，便完成了抄绘这个平面图形的任务。

【例题】 图 1.2.16（d）是花池金属栏杆的图案，试抄绘这个平面图形。

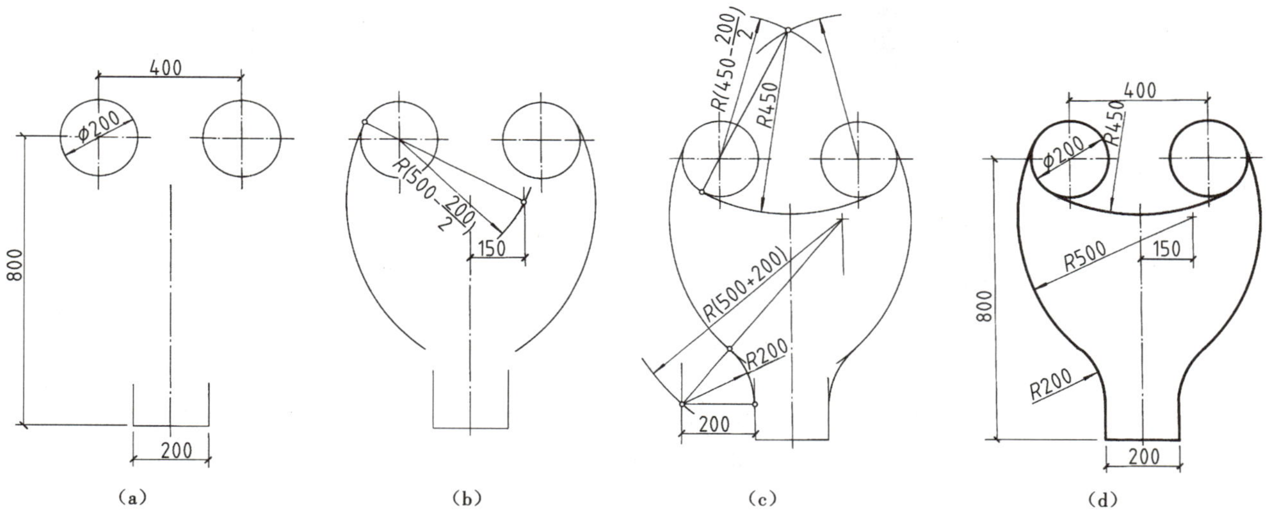

图 1.2.16 抄绘花池金属栏杆图案

（a）画基线和已知线段 （b）画中间线段 （c）画连接线段 （d）标注尺寸，清理图面，校核，加深

【解】 首先，分析这个花池金属栏杆图案的平面图形。它是左右对称的由直线段、圆和圆弧组成的图形，可用左右对称线和底边分别作为长度和高度方向的尺寸基准。底边和两个 $\phi200$ 的圆周是已知线段，底部左右两条铅垂线也可直接画出，但它们的上端点是与 $R200$ 的圆弧的切点，要在作出两个圆弧后才能确定，也可以看作已知线段；$R450$ 的圆弧是两个 $\phi200$ 圆周的连接线段；两侧的 $\phi200$ 的圆周、$R500$ 的圆弧、$R200$ 的圆弧和下部的铅垂线是连续相切的，其中，$R500$ 的圆弧是中间线段，它的两端应分别与 $\phi200$ 的圆周和 $R200$ 的圆弧相切，$R200$ 的圆弧是连接线段，它的两端应分别与 $R500$ 的圆弧和铅垂线相切。

然后，根据上述分析拟定如下的作图顺序，按选定的比例逐步绘图（左右两侧对称的圆弧连接作图，只画了左侧的作图过程，右侧也是用同样的方法作出的）。

作图步骤如下。

①画作图基线和已知线段,如图 1.2.16(a)所示。先画作图基线,即左右对称线和底边,分别是长度和高度方向的尺寸基准。由尺寸 200 画出底边和底部的左右两条铅垂线。由尺寸 400 和 800 画出顶部两个圆周的中心线,用尺寸 200 作出顶部的两个圆周。

②画中间线段,如图 1.2.16(b)所示。用尺寸 150、$R500$ 按与 $\phi 200$ 的圆周内切的圆弧连接作图方法画出中间线段 $R500$ 的圆弧,同时也准确定出切点。

③画连接线段,如图 1.2.16(c)所示。用尺寸 $R200$ 按与 $R500$ 的圆弧外切和与铅垂线相切的圆弧连接的作图方法画出连接线段 $R200$ 的圆弧;用尺寸 $R450$ 按与两个 $\phi 200$ 的圆周相内切的圆弧连接的作图方法画出连接线段 $R450$ 的圆弧。在上述作图过程中,准确定出各切点。

④标注尺寸,清理图面,经仔细校核无误后,加深或上墨,如图 1.2.16(d)所示,最后抄绘全部尺寸,擦去多余的图线和符号及其他内容,校核、修正图稿上的缺点和错误,按规定的线型加深。

【任务 2 小结】

任务 2 介绍了绘图工具、仪器和用品的种类及使用方法,几何作图步骤及要求等。同学们要在了解常用建筑绘图工具、仪器及用品的基础上,熟练掌握常用绘图工具的使用方法和要领,要充分理解与把握建筑制图的基本方法与步骤,学习时要多练习,初步具备建筑施工图识读与绘制的基本技能,为后续内容的学习奠定基础。

在线答题

扫一扫

选择题

扫一扫

判断题

任务 3　形体投影图的识读与绘制

用摄影或绘画的方式来表现建筑物,其外形表现都是立体的。这种图和我们实际看到的物体形象是一致的,建筑物近大远小,很容易看懂,两条空间平行线在无穷远处交于一点。但是这种图不能把建筑物的真正尺寸、形状准确地表示出来,也不能全面表达设计意图,不易表现建筑物内部构造,更不能指导施工。那么,在建筑工程中应如何表达建筑物的尺寸和形状呢?

3.1　基本形投影的识读与绘制

扫描观看

视频:投影的基本知识

3.1.1　投影认知

1. 投影法简介

(1)投影的形成

在工程图样中,通常用投影来图示几何形体。为了表达空间形体和解决空间几何问题,经常要借助图,而投影原理则为图示空间形体和图解空间几何问题提供了理论依据和绘制的方法。

日常生活中，我们经常看到投影现象。在灯光或阳光照射下，物体会在地面或墙面上投下影子，如图 1.3.1（a）所示。影子与物体本身的形状有一定的几何关系，在某种程度上能够显示物体的形状和大小。人们对影子这种自然现象加以科学的抽象，得出了投影法。如图 1.3.1（b）所示，把光源抽象成一点 S，称作投影中心；投影中心与物体上各点的连线（如 SA、SB、SC 等）称为投影线；接受投影的面 P 称为投影面；过物体上各顶点（A、B、C）的投影线与投影面的交点（a、b、c）称为这些点的投影。这种把物体投影在投影面上产生图像的方法称为投影法。工程上常用各种投影法来绘制图样。

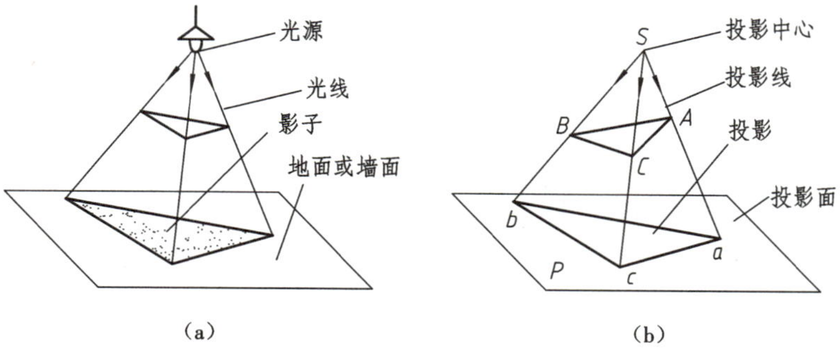

图 1.3.1 投影的形成

（a）成影现象 （b）中心投影法

小组讨论：自然界中出现影子的地方，还可以如何归纳？谁是投影中心、投影面？

（2）投影法的分类

根据投影中心与投影面之间距离的不同，投影法可分为中心投影法和平行投影法两大类。

1）中心投影法

当投影中心距离投影面有限远时，所有投影线都汇交于投影中心一点，如图 1.3.1（b）所示，这种投影法称为中心投影法。

扫描观看

视频：透视图的形成

小组讨论：在日常生活中，有哪些投影是中心投影？可用来干什么？

2）平行投影法

当投影中心距离投影面无限远时，所有投影线都互相平行，这种投影法称为平行投影法。根据投影线与投影面夹角的不同，平行投影可进一步分为正投影和斜投影。工程图样中用得最广泛的是正投影。在平行投影法中，当投射方向垂直于投影面时，称为正投影法，得到的投影称为正投影，如图 1.3.2（a）所示；当投射方向倾斜于投影面时，称为斜投影法，得到的投影称为斜投影，如图 1.3.2（b）所示。本书主要讲述正投影，将正投影简称为投影。

扫描观看

视频：物体的正投影

2. 平行投影的基本性质

①实形性。当线段或平面图形平行于投影面时，其投影反映实长或实形，如图 1.3.3（a）、（d）所示。

②积聚性。当线段或平面图形垂直于投影面时，其投影积聚为一点或一条直线，如图 1.3.3（b）、（e）所示。

③类似性。当线段倾斜于投影面时，其投影为比实长短的直线，如图 1.3.3（c）所示；当平面图形倾斜于投影面时，其投影为原图形的类似图形，如图 1.3.3（f）所示。

3. 土建工程中常用的投影图

用图样表达建筑形体时，由于被表达对象的特性和表达目的不同，可采用的图示法也不同。土木建筑工程中常用的投影图是多面正投影、轴测投影、透视投影和标高投影。

（1）多面正投影

多面正投影是物体在互相垂直的两个或两个以上投影面上的正投影，如图 1.3.4（a）所示。这种图的优点是作图简便，度量性好，在工程中应用广泛。其缺点是缺乏立体感，需经过一定时间的训练才能看懂。

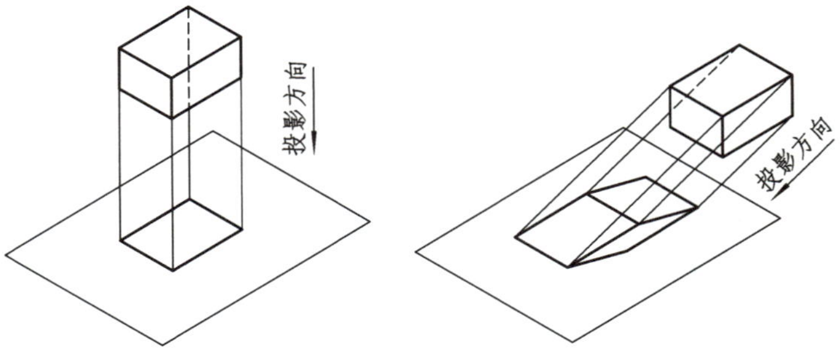

(a)　　(b)

图 1.3.2　平行投影

(a)正投影　(b)斜投影

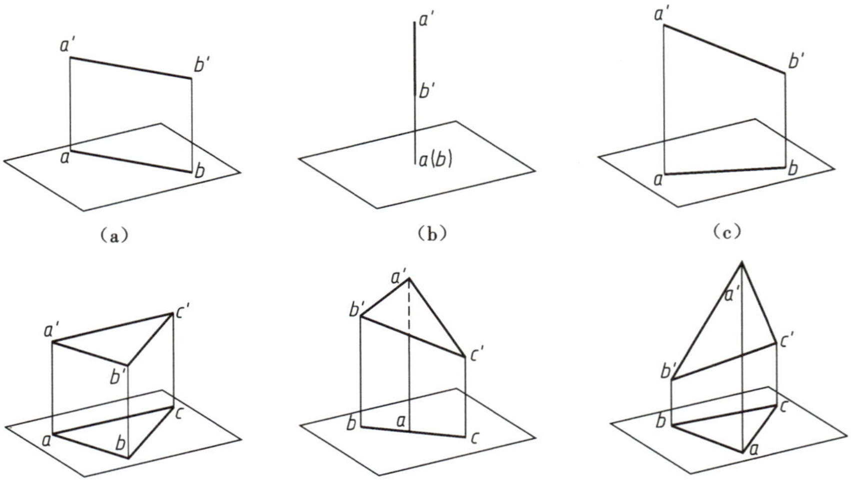

(a)　　(b)　　(c)

(d)　　(e)　　(f)

图 1.3.3　平行投影的基本性质

(a)线段平行于投影面　(b)线段垂直于投影面　(c)线段倾斜于投影面

(d)平面图形平行于投影面　(e)平面图形垂直于投影面　(f)平面图形倾斜于投影面

(2)轴测投影

轴测投影是物体在一个投影面上的平行投影,又称为轴测图,如图 1.3.4(b)所示。这种图的优点是能同时表达出物体的长、宽、高 3 个向度,具有一定的立体感。其缺点是作图较麻烦,不能准确地表达物体形状和大小,只能用作工程辅助图样。

扫描观看

视频:形体轴测图

(3)透视投影

透视投影是物体在一个投影面上的中心投影,又称为透视图,如图 1.3.4(c)所示。其优点是形象逼真,直观性强,常用于建筑设计方案比较、展览。其缺点是作图费时,建筑物的确切形状和大小不能在图中量取。

(4)标高投影

标高投影是一种带有数字标志的单面正投影图,在土建工程中常用来绘制地形图、建筑总平面图和道路、水利工程等方面的平面布置图样。它用正投影反映形体的长度和宽度,其高度用数字标注。图 1.3.4(d)是某小山丘的标高投影。

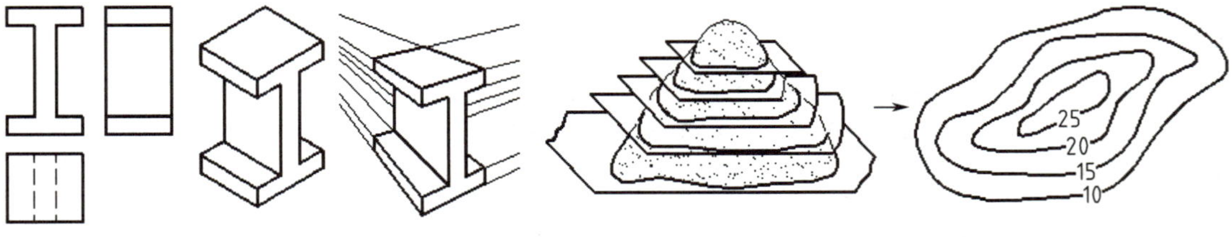

(a)　　(b)　　(c)　　(d)

图 1.3.4　工程中常用的投影图

(a)多面正投影　(b)轴测投影　(c)透视投影　(d)标高投影

4. 投影面体系的建立

（1）三面投影图的形成

任何物体都具有长、宽、高 3 个向度，怎样在一张平面图纸上表达某物体的真实形状与大小，又怎样从一幅投影图想象出物体的立体形状，这是学习制图首先要解决的问题。

投影图是把物体向投影面投影得到的。当物体与投影面的相对位置确定以后，其正投影即唯一地确定。但仅有物体的一个投影不能反映物体的形状和大小。如图 1.3.5 所示，在同一投影面（V 面）上几种不同形状物体的投影可以是相同形状的矩形。因此，工程上常采用物体在 2 个或 3 个互相垂直的投影面上的投影来描述一个物体。

视频：不同形体产生同样的投影图

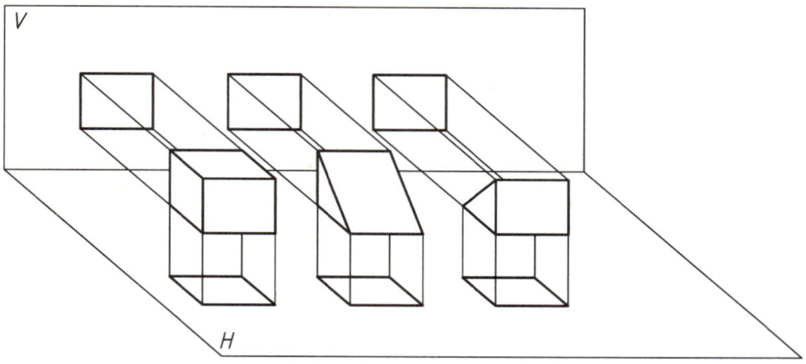

图 1.3.5 物体的两面投影

如图 1.3.6（a）所示，3 个互相垂直的投影面分别为水平面 H、正立面 V、侧立面 W，物体在这 3 个面上的投影分别称为水平投影、正面投影及侧面投影。投影面之间的交线称为投影轴，H、V 面交线为 X 轴；H、W 面交线为 Y 轴；V、W 面交线为 Z 轴。三投影轴交于一点 O，O 称为原点。

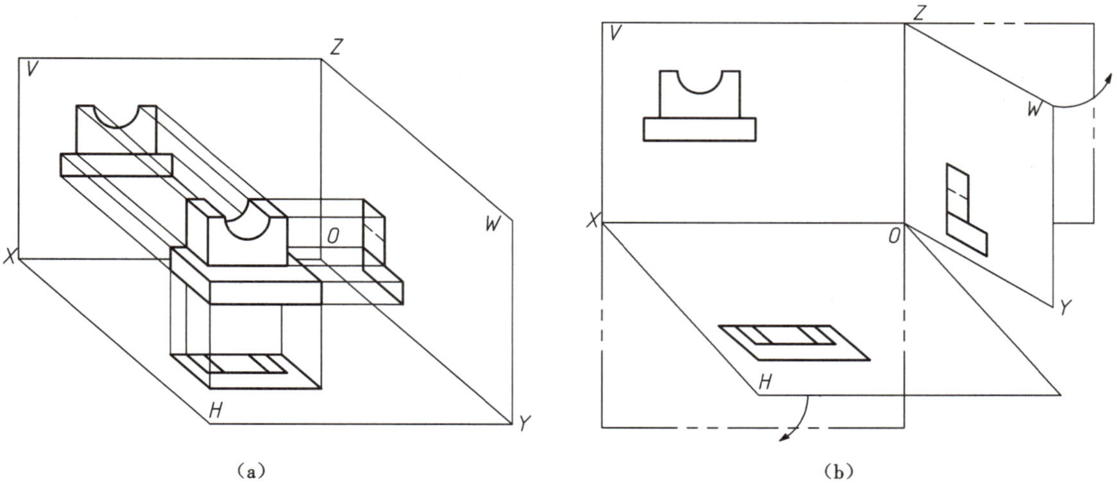

图 1.3.6 三面投影图的形成

（a）立体图 （b）投影图

作物体的投影时，把物体放在 3 个投影面之间，并尽可能使物体的表面平行于相应的投影面，以使它们的投影反映表面的实形。

为了能够把 3 个投影画在一张图纸上，需把 3 个投影面展开成一个平面。展开方法如图 1.3.6（b）所示：V 面保持不动，将 H 面与 W 面沿 Y 轴分开，然后把 H 面连同水平投影绕 X 轴向下旋转 90°，W 面连同侧面投影绕 Z 轴向后旋转 90°。展开后，3 个投影的位置如图 1.3.7（a）所示：正面投影在左上方，水平投影在正面投影的正下方，侧面投影在正面投影的正右方。

视频：三面投影及三等关系

实习实作：找一张白纸，折出第一象限角，然后展开，并与三面投影体系对照，在头脑中形成空间与平面之间的转换。

(2)三面投影图的基本规律

1)度量对应关系

从图 1.3.7(a)可以看出,正面投影反映物体的长和高;水平投影反映物体的长和宽;侧面投影反映物体的宽和高。

扫描观看

视频:三视图的方位关系图

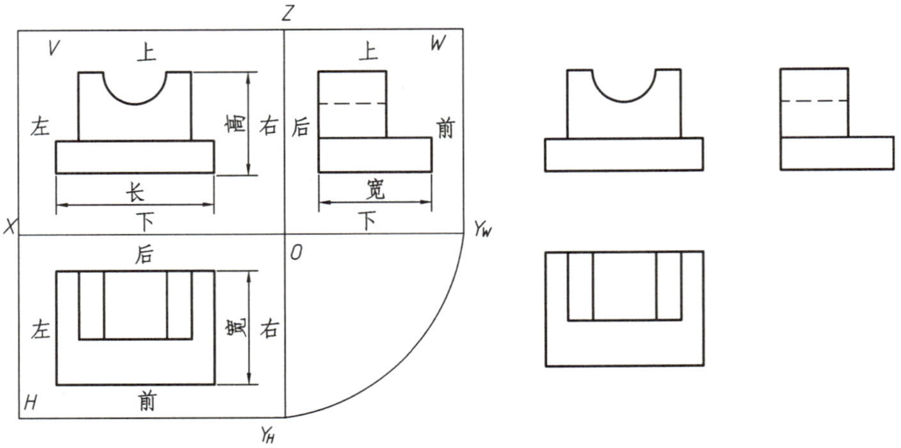

(a) (b)

图 1.3.7 物体的三面投影

(a)三面投影过程 (b)三面投影结果

因为 3 个投影表示的是同一物体,而且物体与各投影面的相对位置保持不变,因此无论是对整个物体,还是物体的每个部分,它们的各个投影之间具有下列关系:

①正面投影与水平投影长度对正;

②正面投影与侧面投影高度对齐;

③水平投影与侧面投影宽度相等。

上述关系通常简称为“长对正、高平齐、宽相等”的三等规律。

2)位置对应关系

投影时,约定观察者面向 V 面,每个视图均能反映物体的两个向度,观察图 1.3.7(a)可知:正面投影反映物体左右、上下关系;水平投影反映物体左右、前后关系;侧面投影反映物体上下、前后关系。

至此,从图 1.3.7(a)中我们可以看出,物体 3 个投影的形状、大小、前后均与物体和投影面的距离无关,故物体的投影均不需再画投影轴、投影面,只要遵守“长对正、高平齐、宽相等”的投影规律,即可画出图 1.3.7(b)所示的 3 个投影图。

(3)三面投影图的作图步骤

①估计各投影图所占范围的大小,在图纸上适当安排 3 个视图的位置,确定各视图基线。

②先画最能反映物体形状特征的投影。

③根据“长对正、高平齐、宽相等”的投影关系,作出其他两面投影。

【例 3.1】 画出图 1.3.8(a)所示物体的三面投影图。

【解】 该物体可看成由一块多边形底板、一块三角形支撑板及一块矩形直墙叠加而成,其作图步骤如图 1.3.8(b)~(d)所示。

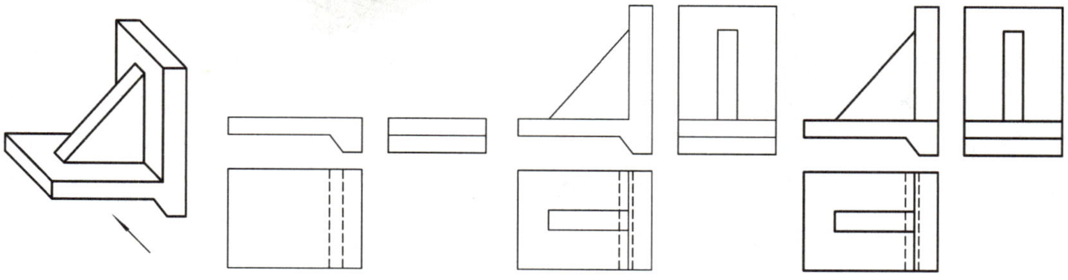

(a)　(b)　(c)　(d)

图 1.3.8　物体三面投影图的作图步骤

(a)已知条件　(b)画底板三面投影　(c)画直墙及支撑板三面投影　(d)加深图线

实习实作：测绘教室课桌（或模型）的三面投影图。

3.1.2　点的投影

扫描观看

视频：点的投影

扫描下载

习题：点的投影练习

任何形体都可看成由点、线、面组成。在点、线、面 3 种几何元素中，点又是组成形体最基本的几何元素。所以，要正确表达形体、理解他人的设计思想，点的投影规律是必须掌握的。

1. 点的两面投影

点的一个投影不能确定点的空间位置。如图 1.3.9 所示，点 a 可以是通过 a 的投影线上任一点（如 A_1、A_2 等）的投影。至少需要点在两个投影面上的投影才能确定点的空间位置。

如图 1.3.10（a）所示，相互垂直的水平投影面 H 和正立投影面 V 构成两面投影体系，V、H 面的交线称为 OX 投影轴。过点 A 分别作 H、V 面的垂线（即投影线）Aa、Aa'，其垂足 a、a' 即点 A 的水平投影和正面投影。

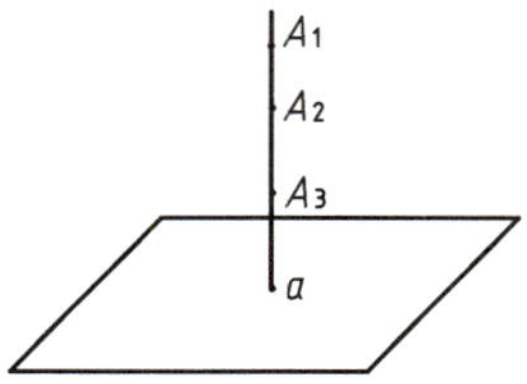

图 1.3.9　点的单面投影

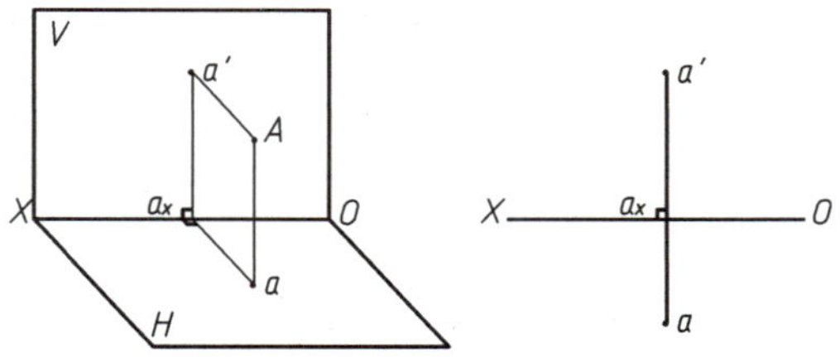

(a)　(b)

图 1.3.10　点的两面投影

(a)立体图　(b)投影图

在图 1.3.10（a）中，容易验证：$aa_X \perp OX$，$a'a_X \perp OX$，$Aa=a'a_X$，$Aa'=aa_X$。

为使用方便，需把 H、V 面展开到同一平面上。展开时，V 面（连同 a'）保持不动，将 H 面（连同 a）绕 OX 轴向下旋转 90°。此时，H、V 面共面，即得点 A 的两面投影图，如图 1.3.10（b）所示。其中，aa_X、$a'a_X$ 与 OX 轴的垂直关系不变，故 $aa' \perp OX$。

综上所述，点的两面投影规律如下：

①点的 H、V 面投影的连线垂直于 OX 轴，即 $aa' \perp OX$；

②点到 H 面的距离等于点的 V 面投影到 OX 轴的距离，点到 V 面的距离等于点的 H 面投影到 OX 轴的距离，即 $Aa=a'a_X$，$Aa'=aa_X$。

2. 点的三面投影

在两面投影体系的基础上,增加一个同时与 H、V 面垂直的侧立投影面 W,这样,构成 3 个投影面,它们两两垂直,称为三面投影体系。V、H 面的交线为 OX 投影轴,V、W 面的交线为 OZ 投影轴,H、W 面的交线为 OY 投影轴,3 条轴的交点为原点 O,如图 1.3.11(a)所示。若在三面投影体系中引进坐标的概念,则 3 个投影面就相当于 3 个坐标面, 3 条投影轴相当于 3 条坐标轴,原点相当于坐标原点。这样,投影体系中空间点的位置可由其三维坐标决定。

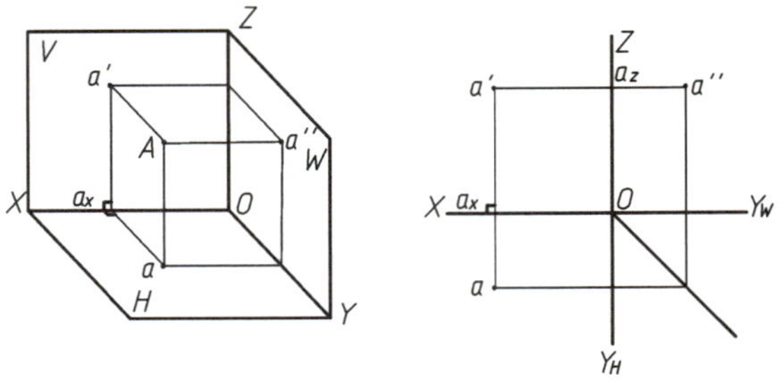

(a)　　(b)

图 1.3.11　点的三面投影

(a)立体图　(b)投影图

在图 1.3.11(a)中,过点 A 分别向 V、H、W 面作垂线,得垂足 a'、a、a'',即点的三面投影。为方便使用,应对投影体系进行展开。投影面展开时,仍规定 V 面不动,将 H 面(连同 a)绕 OX 轴向下、W 面(连同 a'')绕 OZ 轴向右展开到与 V 面重合,去掉投影面边框,即得点 A 的三面投影图,如图 1.3.11(b)所示。其中 OY 轴一分为二,随 H 面向下旋转的 OY 轴用 Y_H 标记,随 W 面向右旋转的 OY 轴用 Y_W 标记。

在图 1.3.11(b)中,有 $a'a \perp OX$,$a'a'' \perp OZ$,$aa_X = a''a_Z$。

提示:在三面投影中,空间上的点用大写字母表示(如 A),H 面的投影点用相应的小写字母表示(如 a),V 面的投影点用相应的小写字母加一撇表示(如 a'),W 面的投影点用相应的小写字母加两撇表示(如 a'')。

综上所述,点的三面投影规律如下:

①点的 H、V 面投影的连线垂直于 OX 轴,即 $aa' \perp OX$;

②点的 V、W 面投影的连线垂直于 OZ 轴,即 $a'a'' \perp OZ$;

③点的水平投影到 OX 轴的距离等于点的 W 面投影到 OZ 轴的距离,即 $aa_X = a''a_Z$。

【例 3.2】　已知点 A(15,10,20),求作它的三面投影点 a、a'、a''。

【解】　由于点的三面投影与点的坐标关系是:$a(x,y)$、$a'(x,z)$、$a''(y,z)$,因此可作出点 A 的投影。

①画出投影轴。

②自原点 O 起分别在 X、Y、Z 轴上量取 15、10、20,得 a_X、a_{Y_H}、a_{Y_W}、a_Z,如图 1.3.12(a)所示。

③过 a_X、a_{Y_H}、a_{Y_W}、a_Z 分别作 X、Y、Z 轴的垂线,它们两两相交,交点即为点 A 的三面投影 a、a'、a'',如图 1.3.12(b)所示。

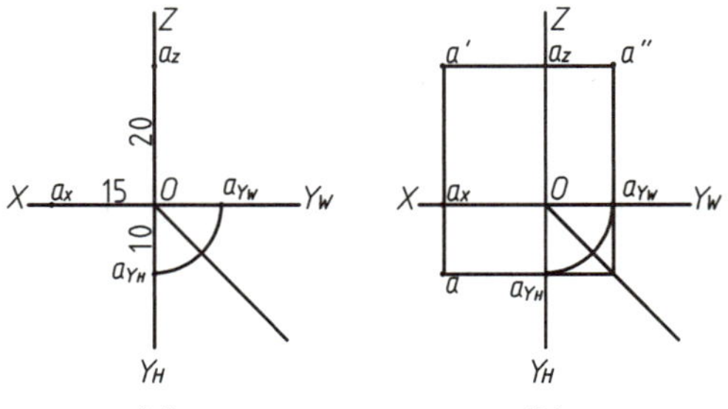

(a)　　(b)

图 1.3.12　点 A 的三面投影

(a)量取尺寸　(b)投影图

实习实作:已知点 B 到 W 面的距离为 25 mm,到 H 面的距离为 30 mm,到 V 面的距离为 20 mm,求作 B

点的三面投影。

3. 两点的相对位置和重影点

(1)两点的相对位置判断

空间两点的相对位置可根据两点同面投影的相对位置或比较同名坐标值来判断。*X*、*Y*、*Z* 坐标分别反映了点的左右、前后、上下位置。如在图 1.3.13 中，点 *a* 在点 *b* 的左、后、上方。

(2)重影点和可见性

位于某一投影面的同一条投影线上的两点，在该投影面上的投影重合为一点，这两点称为对该投影面的重影点。图 1.3.14(a)中，*A*、*B* 两点是对 *H* 面的重影点，它们的 *H* 面投影 *a*、*b* 重合；*C*、*D* 两点是对 *V* 面的重影点，它们的 *V* 面投影 *c*′、*d*′ 重合。

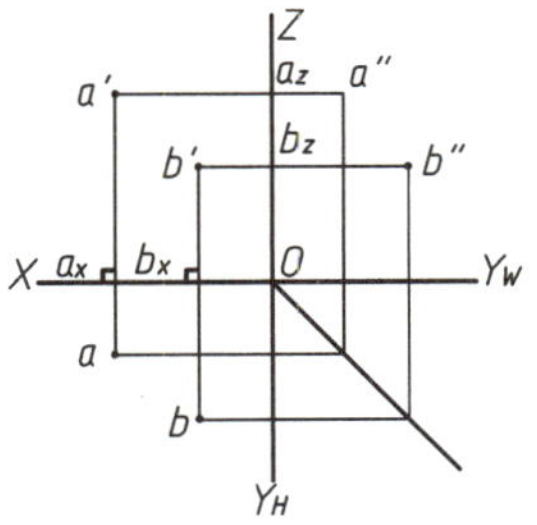

图 1.3.13　两点的相对位置

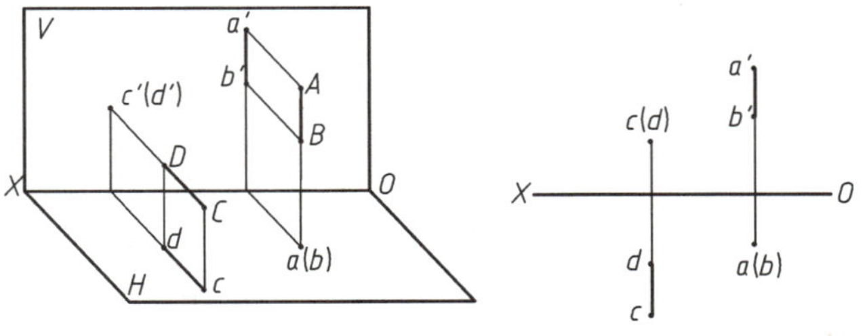

(a)　(b)

图 1.3.14　重影点

(a)立体图　(b)投影图

实习实作：以课堂上两个同学的位置为例，请其他小组的同学说出其相对位置。或给出相对位置，在教室中找出符合条件的任意两个同学。

重影点的重合投影有上遮下、前遮后、左遮右的关系，在上、前、左的点可见，下、后、右的点不可见。重影点的可见与不可见，是通过比较它们不重合的同面投影来判别的，坐标值大者可见，坐标值小者不可见。图 1.3.14(b)中，*a*、*b* 两点是对 *H* 面的重影点，由于 $a_Z>b_Z$，因此点 *a* 可见，点 *b* 不可见，不可见的投影要加括号，写成(*b*)。

实习实作：①以所在教室为例，判断教室各角点、设备所在位置点属于哪类点，对于重影点，判断其可见性；②已知点 *D* 距 *H* 面 35 mm，距 *V* 面 28 mm，距 *W* 面 20 mm，点 *E* 在点 *D* 的左方 10 mm，下方 15 mm，前方 10 mm，点 *F* 在点 *E* 的正下方 20 mm 处，作出点 *D*、*E*、*F* 的三面投影，并判断重影点的可见性。

3.1.3　直线的投影

扫描下载

视频：直线的投影

扫描下载

习题：直线的投影练习

直线的投影一般仍为直线，如图 1.3.15(a)所示。任何直线均可由该直线上的任意两点来确定，因此只要作出直线上任意两点的投影，并将其同面投影相连，即可得到直线的投影。如图 1.3.15(b)所示，要作出直线 *AB* 的两投影，只要分别作出 *A*、*B* 的同面投影 *a*′、*b*′ 及 *a*、*b*，然后将同面投影相连即得 *a*′*b*′、*ab*，如图 1.3.15(c)所示。

1. 各种位置直线的投影

在三面投影体系中，根据直线与投影面的相对位置关系，直线可以划分为一般位置直线、投影面平行线和投影面垂直线三类，后两种直线又统称为特殊位置直线。

(1)一般位置直线的投影

对三个投影面都处于倾斜位置的直线称为一般位置直线。图 1.3.16(a)中，直线 *AB* 同时倾斜于 *H*、*V*、*W*

3 个投影面,它与 H、V、W 的倾角分别为 α、β、γ。

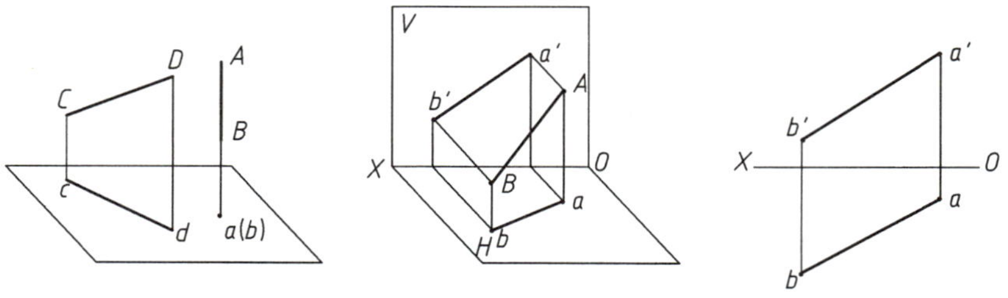

(a)　　(b)　　(c)

图 1.3.15　直线的投影点

(a)直线单面投影点　(b)直线两面投影点　(c)投影图

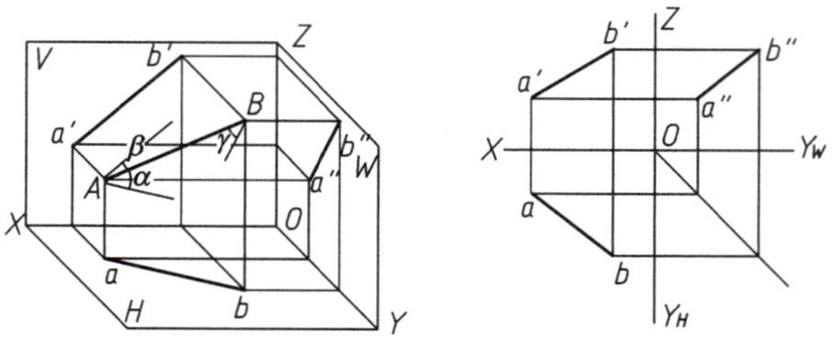

(a)　　(b)

图 1.3.16　一般位置直线

(a)立体图　(b)投影图

一般位置直线具有下列投影特点:直线段的各投影均不反映线段的实长,也无积聚性;直线的各投影均倾斜于投影轴,但其与投影轴的夹角均不反映直线与任何投影面的倾角,如图 1.3.16(b)所示。

(2)投影面平行线的投影

平行于一个投影面而与其他两个投影面倾斜的直线称为投影面平行线。根据平行的投影面不同,投影面平行线可分为 3 种:只平行于水平投影面 H 的直线称为水平线;只平行于正投影面 V 的直线称为正平线;只平行于侧投影面 W 的直线称为侧平线。虽然各种平行线平行的投影面不同,但它们具有相似的投影性质。

各种平行线的立体图、投影图及投影特性如表 1.3.1 所示。现以正平线为例分析如下:

①由于 AB 上任何点到 V 面的距离相同,即 Y 坐标相等,所以有 $ab \parallel OX$,$a''b'' \parallel OZ$;

②由于 $\beta=0$,所以 $a'b'=AB$;$a'b'$ 与 X 轴的夹角等于 α,与 Z 轴的夹角等于 γ,即正面投影反映直线段的实长及倾角 α、γ。

表 1.3.1　投影面平行线

名称	正平线(//V 面)	水平线(//H 面)	侧平线(//W 面)
立体图	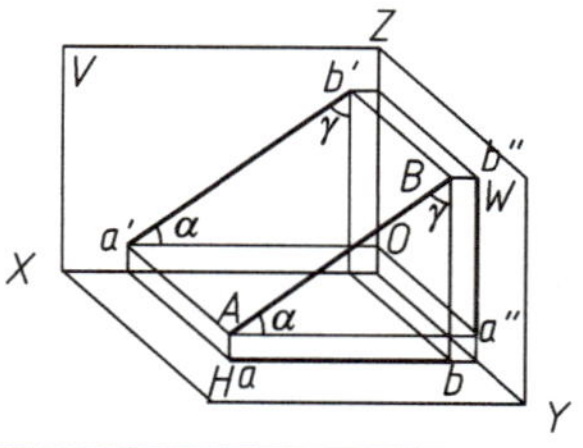	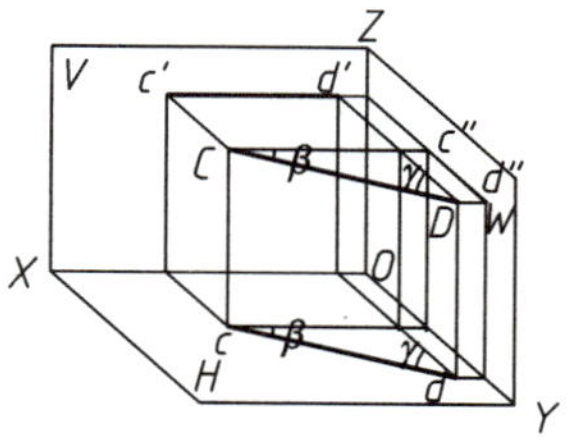	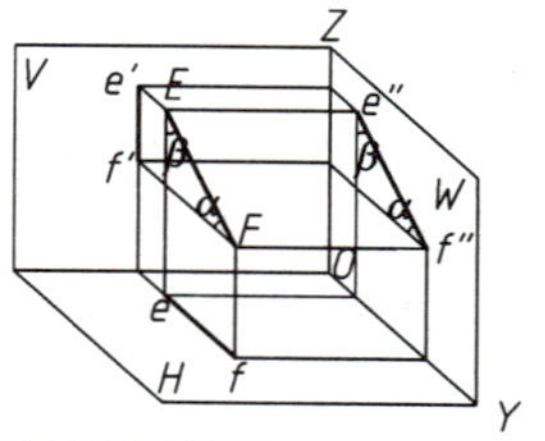

续表

名称	正平线（//V 面）	水平线（//H 面）	侧平线（//W 面）
投影图	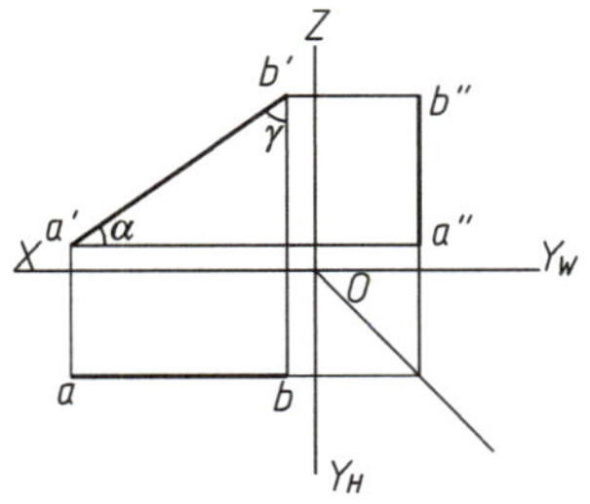	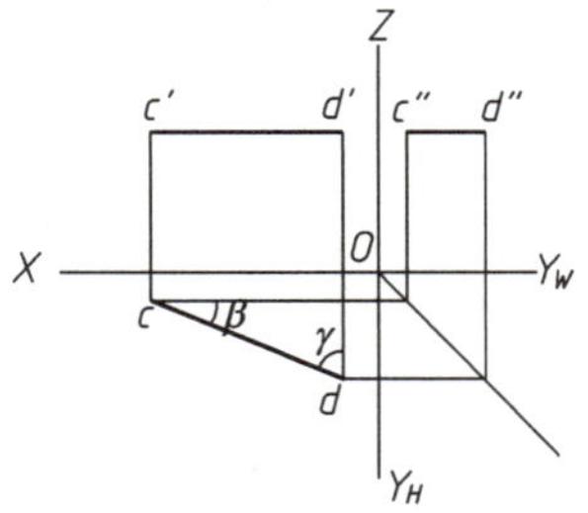	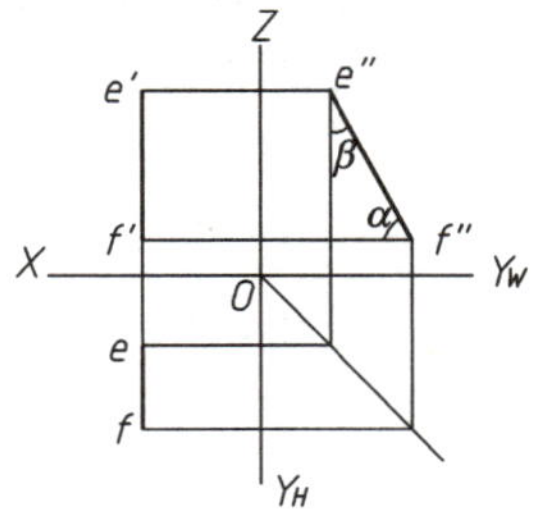
投影特性	1. 正面投影反映实长　2. 正面投影与 X 轴和 Z 轴的夹角，分别反映直线与 H 面和 W 面的倾角　3. 水平投影及侧面投影分别平行于 X 轴及 Z 轴，但不反映实长	1. 水平投影反映实长　2. 水平投影与 X 轴和 Y 轴的夹角，分别反映直线与 V 面和 W 面的倾角　3. 正面投影及侧面投影分别平行于 X 轴及 Y 轴，但不反映实长	1. 侧面投影反映实长　2. 侧面投影与 Y 轴和 Z 轴的夹角，分别反映直线与 H 面和 V 面的倾角　3. 水平投影及正面投影分别平行于 Y 轴及 Z 轴，但不反映实长

由表 1.3.1 可以归纳出投影面平行线的投影特性如下：

①直线在它所平行的投影面上的投影，反映该线段的实长和对其他两投影面的倾角；

②直线在其他两投影面上的投影分别平行于相应的投影轴，且都小于该线段的实长。

（3）投影面垂直线的投影

垂直于一个投影面，同时平行于其他两个投影面的直线称为投影面垂直线。根据垂直的投影面不同，投影面垂直线可分为 3 种：垂直于水平投影面 H 的直线称为铅垂线；垂直于正投影面 V 的直线称为正垂线；垂直于侧投影面 W 的直线称为侧垂线。虽然各种垂直线垂直的投影面不同，但它们具有相似的投影性质。

各种垂直线的立体图、投影图及投影特性如表 1.3.2 所示。现以正垂线为例分析如下：

①由于 $\beta=90°$，所以 a'、b' 积聚成一点；

②由于 AB 上任何点的 X 坐标相等，Z 坐标也相等，所以 ab 及 $a''b''$ 均平行于 Y 轴；

③由于 $\alpha=\gamma=0$，所以 $ab=a''b''=AB$，且 $ab\perp OX$，$a''b''\perp OZ$。

表 1.3.2　投影面垂直线

名称	正垂线（$\perp V$ 面）	铅垂线（$\perp H$ 面）	侧垂线（$\perp W$ 面）
立体图	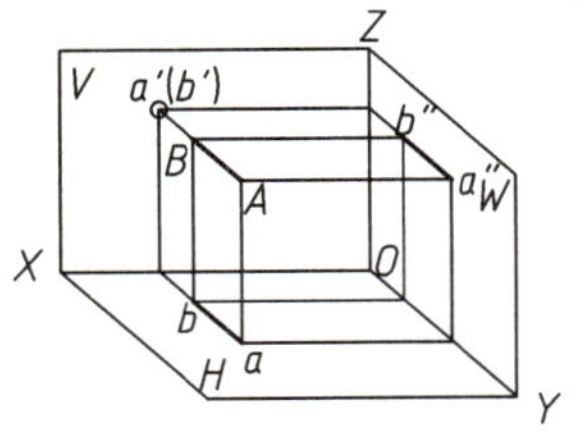	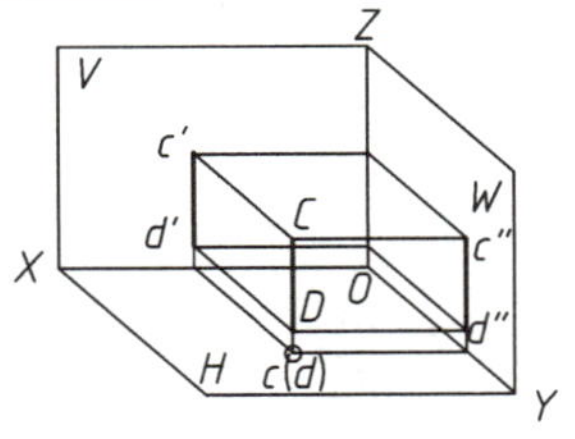	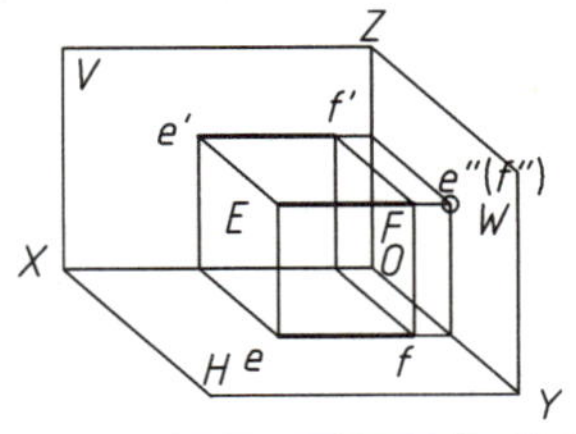
投影图	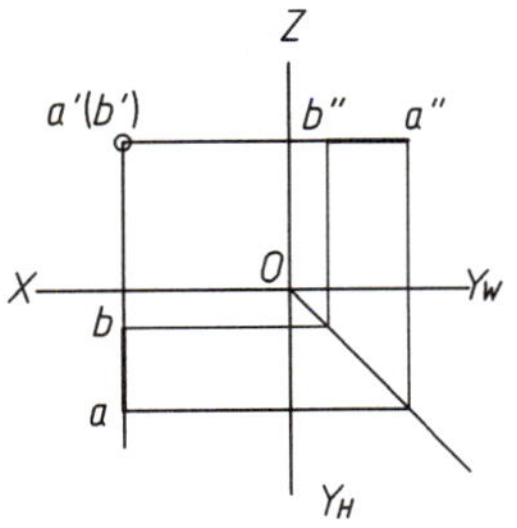	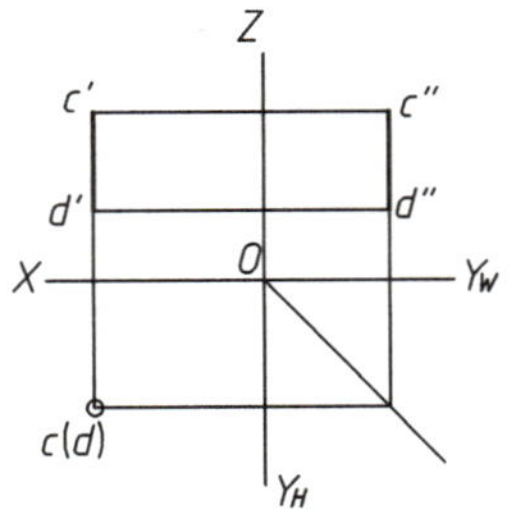	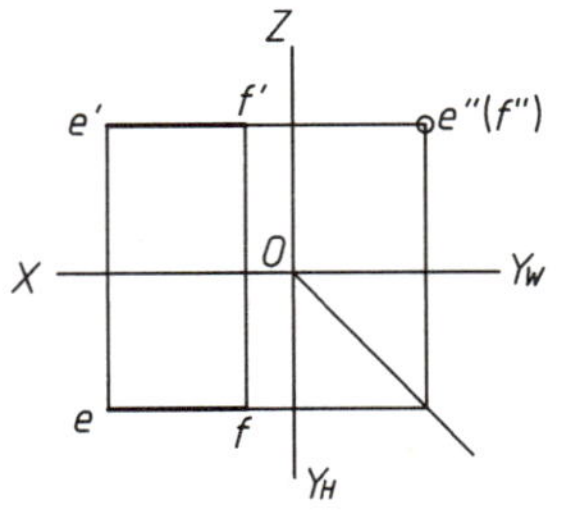
投影特性	1. 正面投影积聚为一点　2. 水平投影及侧面投影分别垂直于 X 轴及 Z 轴，且反映实长	1. 水平投影积聚为一点　2. 正面投影及侧面投影分别垂直于 X 轴及 Y 轴，且反映实长	1. 侧面投影积聚为一点　2. 水平投影及正面投影分别垂直于 Y 轴及 Z 轴，且反映实长

由表 1.3.2 可以归纳出投影面垂直线的投影特性如下：

①直线在它所垂直的投影面上的投影积聚为一点；

②直线在其他两个投影面上的投影分别垂直于相应的投影轴，且都反映该线段的实长。

2. 直线上的点的投影

(1)直线上任意点的投影

在空间中，直线与点的相对位置有两种情况，即点在直线上和点不在直线上。若点在直线上，则该点的各个投影一定在直线的同面投影上，且符合点的投影规律，如图 1.3.17(a)所示。反之，若点的各投影都在直线的同面投影上，且符合点的投影规律，则该点一定在直线上。在图 1.3.17(b)中，由于 c 在 ab 上，c' 在 $a'b'$ 上，且 $cc' \perp OX$，所以点 C 在 AB 上。

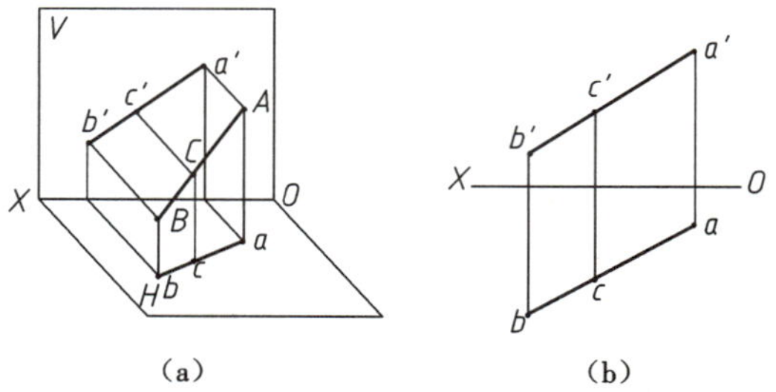

图 1.3.17 直线上的点

(a)立体图 (b)投影图

(2)直线上特定点的投影

图 1.3.17(a)中，点 C 把 AB 分成 AC 和 CB 两段，设这两段长度之比为 $m:n$，则有 $AC:CB=ac:cb=a'c':c'b'=m:n$。即点将直线段分成定比，则该点的各个投影必将该线段的同面投影分成相同的比例。这个关系称为定比关系。

【例 3.3】 已知点 C 把线段 AB 按 2∶1 分成两段，求点 C 的两个投影。

【解】 过 a 作辅助线 aB_0，并在该线段上截取三等份；连接 bB_0；过二等分点 C_0 作 bB_0 的平行线，其与 ab 的交点即为点 C 的水平投影 c；最后利用点的投影性质求出 c'，如图 1.3.18 所示。

【例 3.4】 已知在侧平线 AB 上一点 C 的正面投影 c'，求其水平投影 c。

方法 1：因为点 C 在 AB 上，它的各个投影均应在直线的同面投影上，所以可先作出直线的侧面投影 $a''b''$，由 c' 定出 c''，再求出点 C 的水平投影 c，如图 1.3.19(a)所示。

方法 2：过 a 作辅助线 aB_0，并在该线段上截取 $aC_0=a'c'$，$C_0B_0=c'b'$；连接 bB_0；过 C_0 作 bB_0 的平行线，其与 ab 的交点即为点 C 的水平投影 c，如图 1.3.19(b)所示。

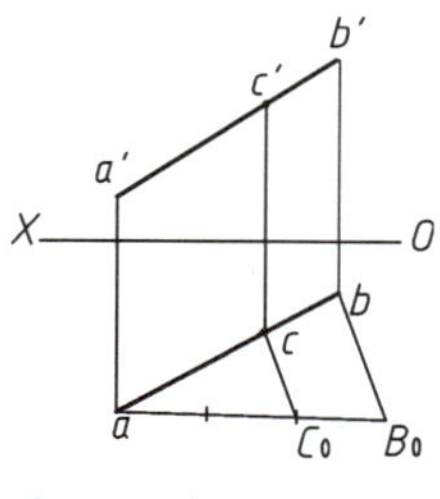

图 1.3.18 一般位置直线上特定点的两面投影

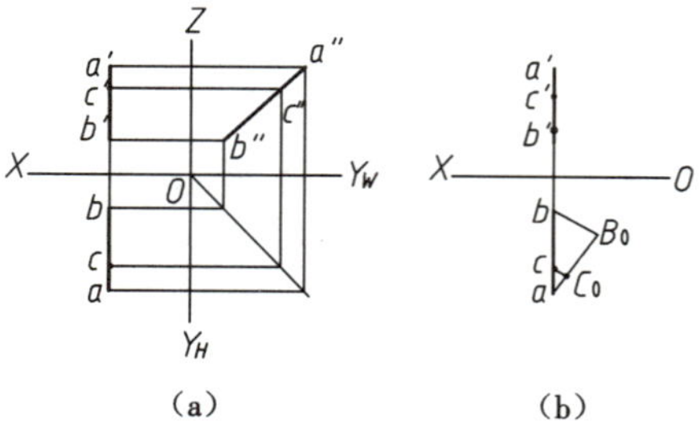

图 1.3.19 侧平线上特定点的水平投影

(a)方法 1 (b)方法 2

思考：如果要判断某一个点是否在侧平线上，可用什么方法？

3. 直角三角形法求实长

由于一般位置直线倾斜于各投影面，因此它的投影不反映线段的实长，且其投影与投影轴的夹角也不反映线段对投影面的倾角。但是线段的两个投影已完全确定它在空间的位置，所以它的实长和倾角是能求出的。

求一般位置直线的实长和倾角的基本方法主要有直角三角形法和变换法两种，本书只介绍直角三角形法。图 1.3.20 中，过点 A 作 $AB_1 // ab$，得直角三角形 AB_1B，其中 AB 为斜边，$\angle B_1AB$ 就是直线 AB 与 H 面的倾角 α，这个直角三角形的一直角边 $AB_1=ab$，而另一直角边 $BB_1=b_Z-a_Z$。所以，根据线段的投影图就可以作出与 $\triangle AB_1B$ 全等的一个直角三角形，从而求得线段的实长及其与投影面的倾角。

【例 3.5】 已知线段 AB 的投影，如图 1.3.21（a）所示，求 AB 的实长和它与 H、V 面的倾角 α、β。

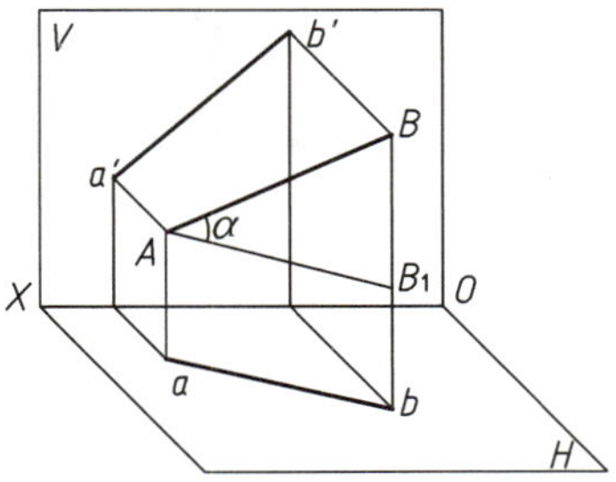

图 1.3.20　立体图

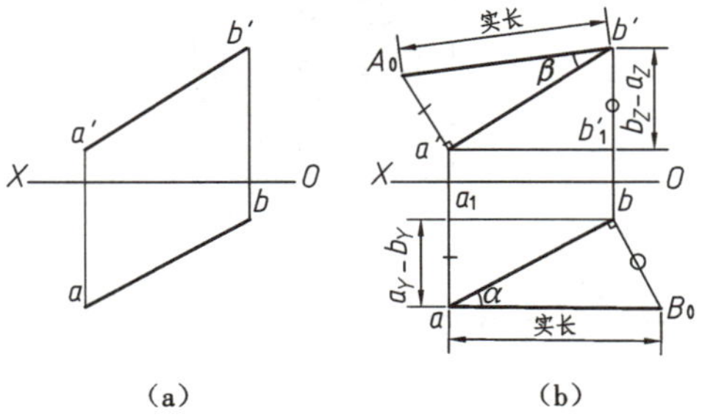

图 1.3.21　投影图

（a）已知条件　（b）作图过程

【解】 作图过程如图 1.3.21（b）所示。

①过 a' 作 OX 轴的平行线，交 bb' 于 b'_1，则 $b'b'_1=b_Z-a_Z$。

②以 ab 为一直角边，过 b 作 ab 的垂线，并在垂线上取 $bB_0=b_Z-a_Z$。

③连接 aB_0，则 aB_0 为线段 AB 的实长，$\angle baB_0$ 是线段 AB 与 H 面的倾角 α。

④过 b 作 OX 轴的平行线，交 aa' 于 a_1，则 $aa_1=a_Y-b_Y$。

⑤以 $a'b'$ 为一直角边，过 a' 作 $a'b'$ 的垂线 $a'A_0$，并在垂线上取 $a'A_0=a_Y-b_Y$。

⑥连接 $b'A_0$，则 $b'A_0$ 为线段 AB 的实长，$\angle a'b'A_0$ 是线段 AB 与 V 面的倾角 β。

从上述求线段实长及倾角的方法中，可归纳出利用直角三角形法作图的一般规则，以线段的某一投影面上的投影为一直角边，以线段两端点到该投影面上的距离差（即坐标差）为另一直角边，所构成的直角三角形的斜边就是线段的实长，而且此斜边与该投影的夹角就等于该线段对投影面的倾角。

提示：在直角三角形的四要素（投影长、坐标差、实长及倾角）中，只要知道其中的任意两个，就可以作出该直角三角形，也可求出其他两要素。

【例 3.6】 已知直线 AB 的水平投影 ab 及点 A 的正面投影 a'，如图 1.3.22（a）所示，并知 AB 对 H 面的倾角 $\alpha=30°$，求 $a'b'$。

【解】 作图过程如图 1.3.22（b）所示。

①以 ab 为一直角边，过 b 作与 ab 成 30° 角的斜线，此斜线与过 a 点的垂线交于 A_0，aA_0 即为另一直角边，所以 $aA_0=|b_Z-a_Z|$。

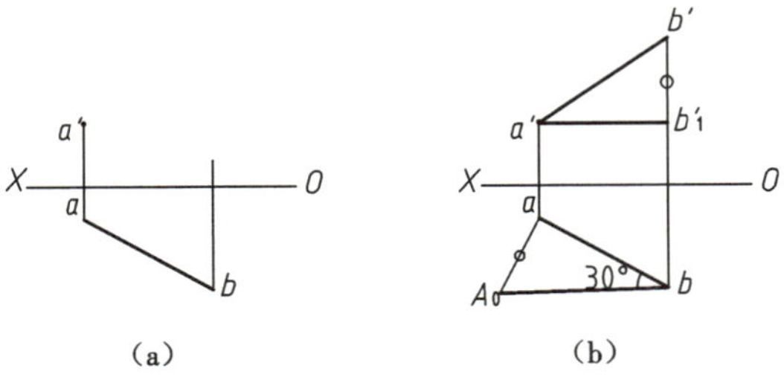

图 1.3.22　求直线的投影

（a）已知条件　（b）作图过程

②过 a' 作 OX 轴的平行线，过 b 作 OX 轴的垂线，两线交于点 b'_1。

③从点 b'_1 沿竖直方向向上或向下（此题有两解）量取 $b'b'_1=aA_0=|b_Z-a_Z|$，所得端点即为点 B 的正面投影 b'。

实习实作：以所在教室为例，判断教室各墙线、设备的轮廓线分别属于哪类直线，并判断两直线之间的关系。以某一具体建筑为例，判断各轮廓线分别属于哪类直线，并判断两直线之间的关系。

3.1.4 平面的投影

扫描观看

视频：平面的投影

扫描下载

习题：平面的投影练习

1. 平面的表示法

（1）几何表示法

由初等几何可知，一平面可由下列任一组几何元素确定它的空间位置：

①不在同一直线上的三点，如图 1.3.23（a）所示；

②直线和直线外一点，如图 1.3.23（b）所示；

③两相交直线，如图 1.3.23（c）所示；

④两平行直线，如图 1.3.23（d）所示；

⑤平面图形，如图 1.3.23（e）所示。

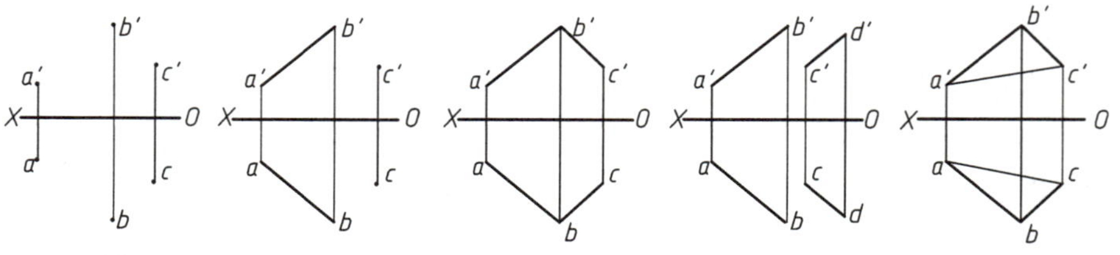

图 1.3.23 平面的表示方法

（a）不共线的三点 （b）直线和直线外一点 （c）两相交直线 （d）两平行直线 （e）平面图形

在投影图中可以用上述任一组几何元素的两面投影来表示平面，并且同一平面在同一位置用任一组几何元素来表示位置都不变。

提示：平面图形 *ABC* 只表示在三角形 *ABC* 范围内的那一部分平面；平面 *ABC* 则应理解为通过三角形 *ABC* 的一个广阔无边的平面。

（2）迹线表示法

平面与投影面的交线称为迹线，如图 1.3.24 所示。平面 P 与 H、V、W 面的交线分别称为水平迹线 P_H、正面迹线 P_V、侧面迹线 P_W。用迹线表示的平面称为迹线平面。图 1.3.25（a）表示的是铅垂面 P，图 1.3.25（b）表示的是一般位置平面 Q。

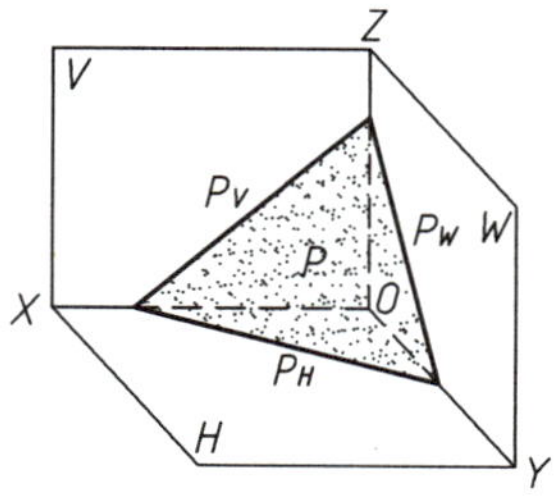

图 1.3.24 迹线立体图

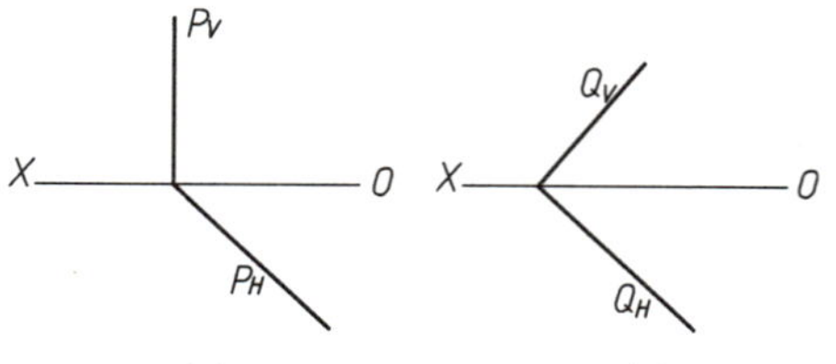

图 1.3.25 迹线平面

（a）铅垂面 （b）一般位置平面

2. 各种位置平面的投影

在三面投影体系中，根据平面与投影面的相对位置，平面可以划分为一般位置平面、投影面平行面和投影面垂直面。后两种平面又统称为特殊位置平面。平面对 H、V、W 面的倾角分别用 α、β、γ 表示。以下分别介绍各种位置平面的投影特点。

（1）一般位置平面的投影

对 3 个投影面都处于倾斜位置的平面称为一般位置平面。以平面图形表示的一般位置平面的 3 个投影都是原平面图形的类似图形，如图 1.3.26 所示。

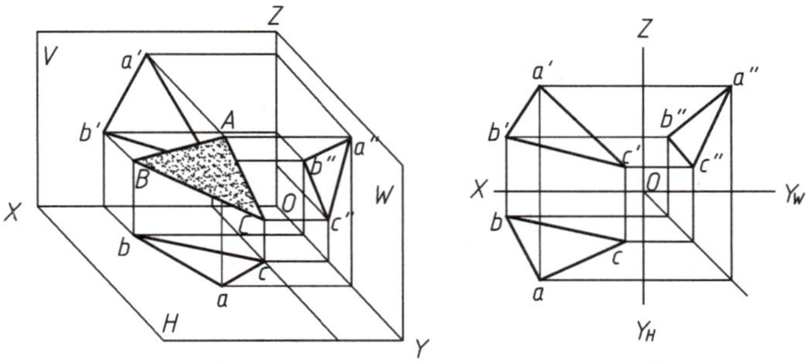

（a）　　（b）

图 1.3.26　一般位置平面

（a）立体图　（b）投影图

一般位置平面投影具有下列特点：

①各投影都是原平面图形的类似图形，均不反映平面的实形；

②平面的各投影也无积聚性，投影图中不能直接反映平面对投影面的倾角。

（2）投影面平行面的投影

平行于一个投影面而与其他两个投影面垂直的平面称为投影面平行面。根据平行的投影面不同，投影面平行面可分为 3 种：平行于水平投影面 H 的平面称为水平面；平行于正投影面 V 的平面称为正平面；平行于侧投影面 W 的平面称为侧平面。虽然平行的投影面不同，但它们具有相似的投影性质。

各种平行面的立体图、投影图及投影特性如表 1.3.3 所示。现以水平面为例分析如下：

① α=0，平面在 H 面上的投影反映实形；

②由于平面上所有点的 Z 坐标相等，平面在 V、W 两投影面上的投影均积聚成一条垂直于 Z 轴的直线。

由表 1.3.3 可以归纳出投影面平行面的投影特性如下：

①平面在它所平行的投影面上的投影反映实形；

②平面在其他两投影面上的投影均积聚成一条直线，其方向与相应投影轴垂直。

表 1.3.3　投影面平行面

名称	正平面（//V 面）	水平面（//H 面）	侧平面（//W 面）
立体图	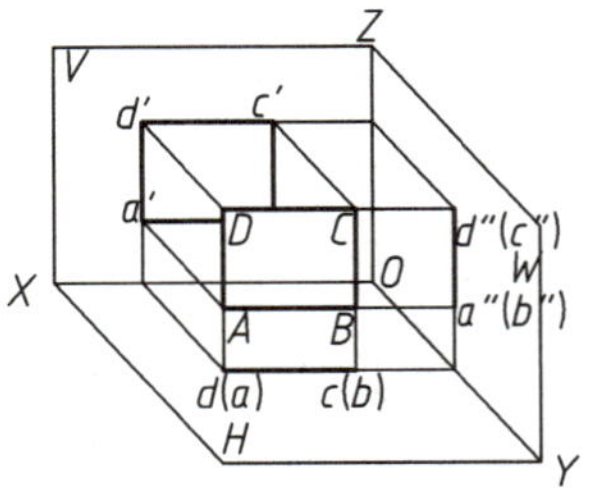	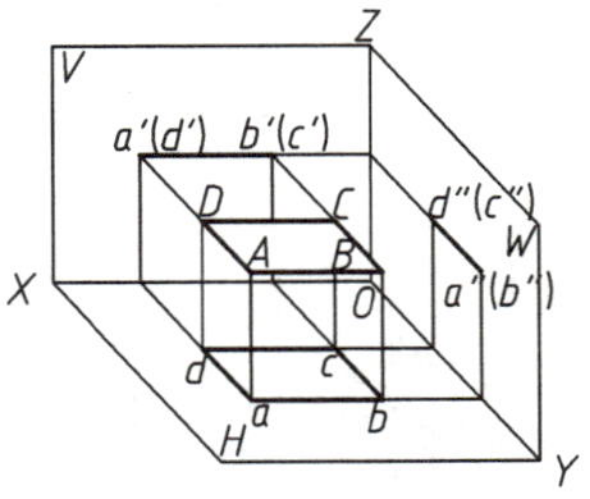	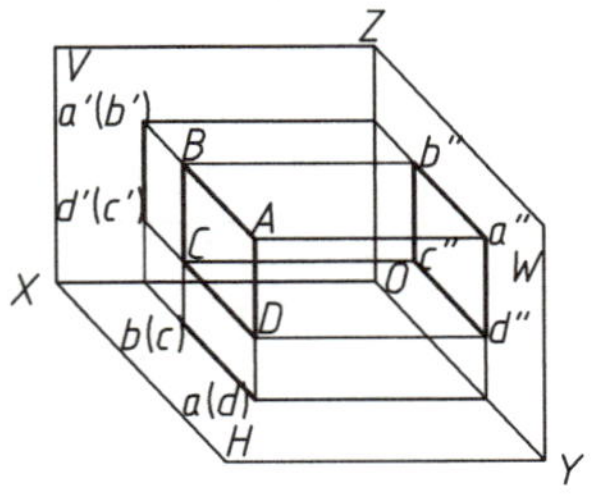

续表

名称	正平面(//V面)	水平面(//H面)	侧平面(//W面)
投影图	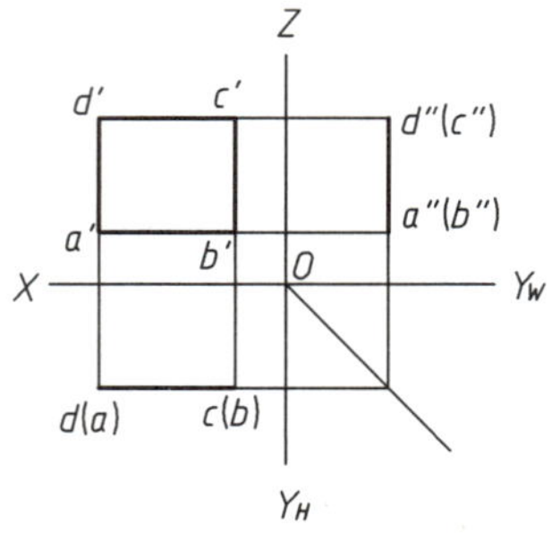	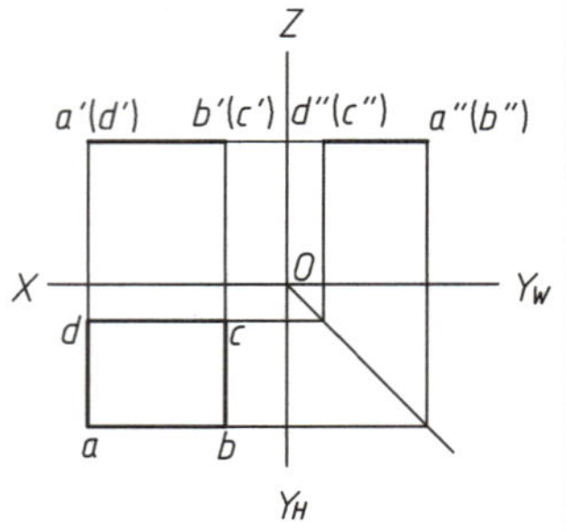	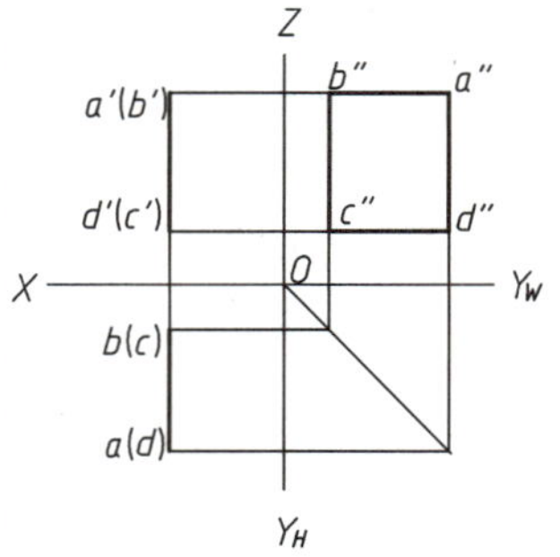
投影特性	1. 正面投影反映实形 2. 水平投影及侧面投影积聚成一直线,且分别平行于 X 轴与 Z 轴	1. 水平投影反映实形 2. 正面投影及侧面投影积聚成一直线,且分别平行于 X 轴与 Y 轴	1. 侧面投影反映实形 2. 水平投影及正面投影积聚成一直线,且分别平行于 Y 轴与 Z 轴

(3)投影面垂直面的投影

只垂直于一个投影面而与其他两投影面倾斜的平面称为投影面垂直面。根据垂直的投影面不同,投影面垂直面可分为 3 种:垂直于水平投影面 H 的平面称为铅垂面;垂直于正投影面 V 的平面称为正垂面;垂直于侧投影面 W 的平面称为侧垂面。虽然各种投影面垂直面垂直的投影面不同,但它们具有相似的投影性质。

各种垂直面的立体图、投影图及投影特性如表 1.3.4 所示。现以铅垂面为例分析如下:

①由于 $\alpha=90°$,所以平面在 H 面的投影积聚成一条直线,其与 OX、OY 轴的夹角分别反映平面对 V、W 面的倾角 β、γ;

②平面的正面投影和侧面投影均为原平面图形的类似形。

由表 1.3.4 可以归纳出投影面垂直面的投影特性如下:

①平面在它所垂直的投影面上的投影积聚成一直线,其与相应投影轴的夹角分别反映平面对其他两投影面的倾角;

②平面在其他两投影面上的投影均为原图形的类似图形。

表 1.3.4 投影面垂直面

名称	正垂面(⊥V面)	铅垂面(⊥H面)	侧垂面(⊥W面)
立体面	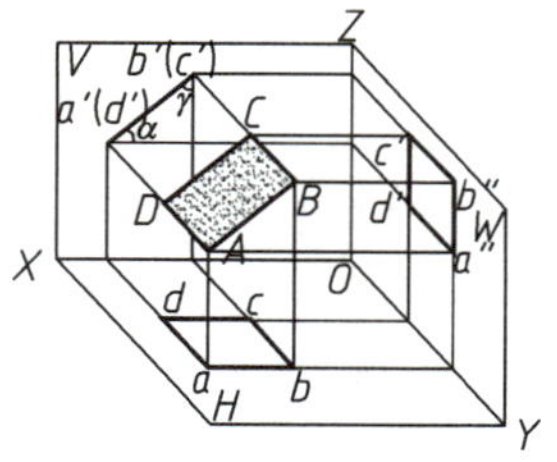	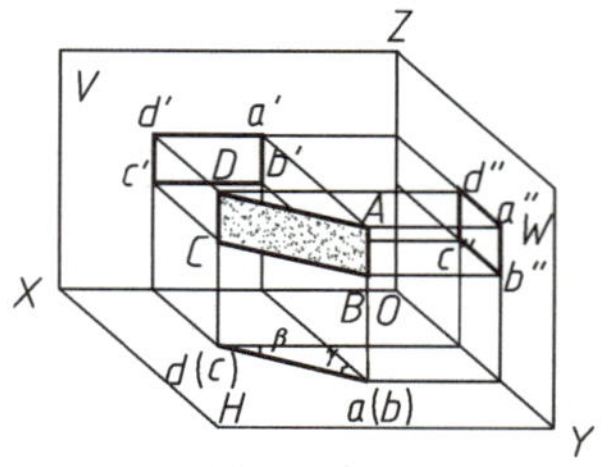	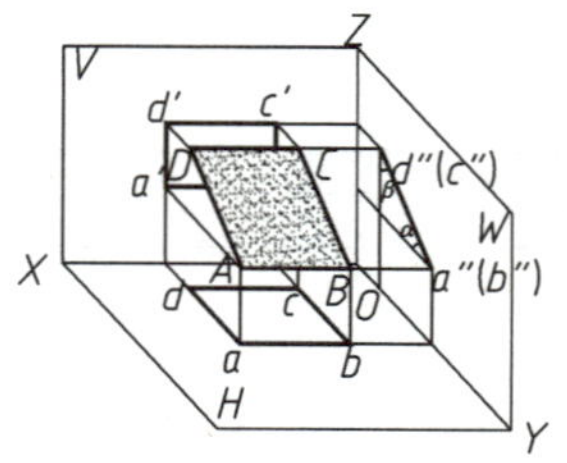
投影面	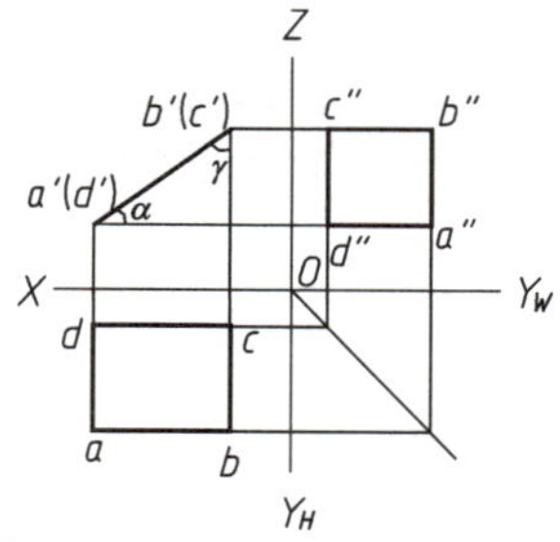	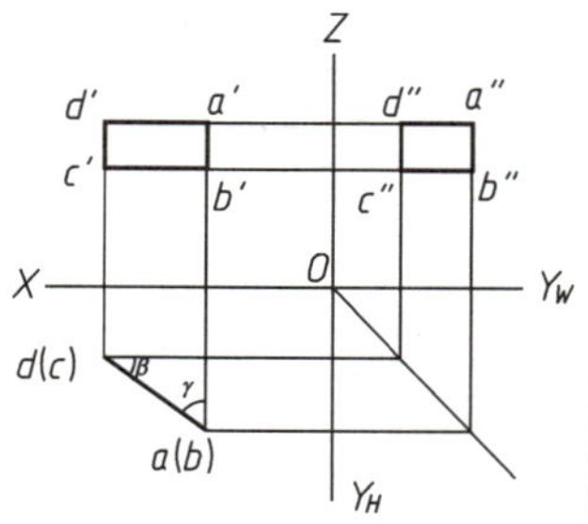	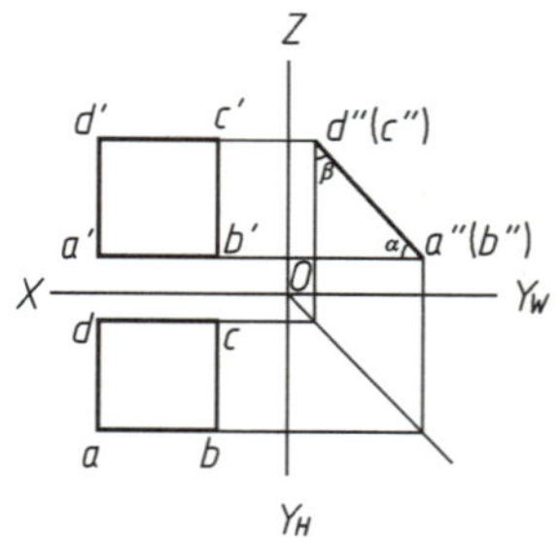

续表

名称	正垂面（⊥ *V* 面）	铅垂面（⊥ *H* 面）	侧垂面（⊥ *W* 面）
投影特性	1. 正面投影积聚成一直线 2. 正面投影与 *X* 轴和 *Z* 轴的夹角分别反映平面与 *H* 面和 *W* 面的倾角 3. 水平投影及侧面投影为平面的类似图形	1. 水平投影积聚成一直线 2. 水平投影与 *X* 轴和 *Y* 轴的夹角分别反映平面与 *V* 面和 *W* 面的倾角 3. 正面投影及侧面投影为平面的类似图形	1. 侧面投影积聚成一直线 2. 侧面投影与 *Y* 轴和 *Z* 轴的夹角分别反映平面与 *H* 面和 *V* 面的倾角 3. 水平投影及正面投影为平面的类似图形

实习实作：以所在教室为例，判断教室各墙面、设备的各表面属于哪类平面，墙、顶棚上的门、窗、灯具、开关、投影仪等点、线的位置；实测某一墙面（包括墙上的门、窗、灯具、开关、投影幕布等），绘出投影图。

3. 平面上的点和直线

扫描观看

视频：平面上的点和直线

扫描下载

习题：平面上的点和直线练习

（1）在平面内取点和直线

1）点和直线在平面上的几何条件

①如果点位于平面内的任一直线上，则此点在平面上。

②如果一直线通过平面上两已知点或过平面上一已知点且平行于平面上一已知直线，则此直线在平面上。

在图 1.3.27 中，*AB*、*BC* 均为平面 *P* 上的直线，在 *AB* 和 *BC* 上各取一点 *E* 和 *F*，则由该两点连接的直线 *EF* 一定在平面 *P* 上。若过点 *C* 作直线 *CM* // *AB*，则直线 *CM* 也一定是平面 *P* 上的直线。

2）在平面上取直线的方法

①在平面上取两已知点连成直线；

②在平面上过一已知点作平面上一已知直线的平行线。

【例 3.7】 在图 1.3.28（a）中，在两相交直线 *AB*、*BC* 所确定的平面上任作一直线。

【解】 在图 1.3.28（b）中，在直线 *AB* 上任取一点 *E*（*e*、*e′*），在直线 *BC* 上任取一点 *F*（*f*、*f′*），则直线 *EF* 一定在已知平面上。或通过平面上一已知点 *C*（*c*、*c′*），作直线 *CM*（*cm*、*c′ m′*）// *AB*，则直线 *CM* 也一定在平面上。

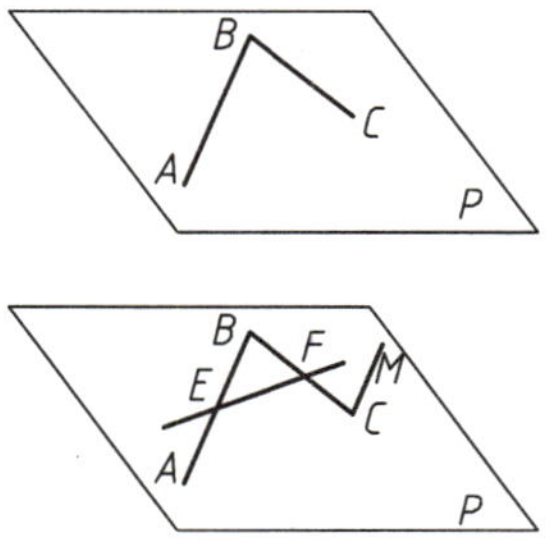

图 1.3.27　立体图

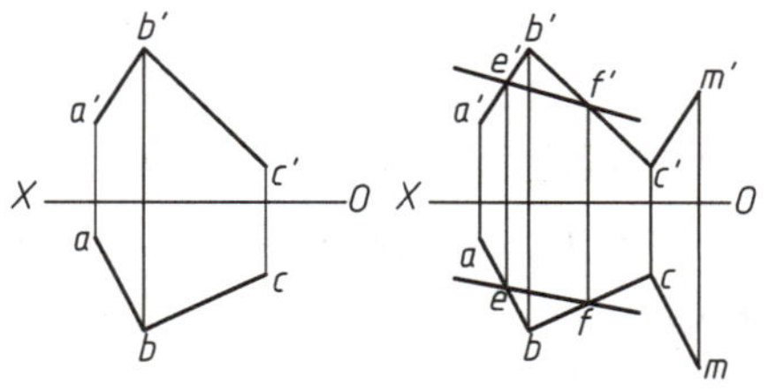

（a）　（b）

图 1.3.28　投影图

（a）已知条件　（b）作图过程

3）在平面上取点的方法

①直接在平面上的已知直线上取点；

②先在平面上取直线，然后在该直线上取点。

【例 3.8】 已知点 E、F 均在平面 ABC 上,如图 1.3.29(a)所示,求 e、f。

【解】 连接 $c'e'$ 并延长交 $a'b'$ 于 m',点 E 为平面内直线 CM 上的点;作出点 M 的水平投影 m 并连接 cm,最后作出点 E 的水平投影 e。同理,连接 $a'f'$ 交 $c'b'$ 于 n',点 F 为平面内直线 AN 上的点;作出点 N 的水平投影 n,连接 an 并延伸,最后作出点 F 的水平投影 f,如图 1.3.29(b)所示。

(2)平面内的投影面平行线

平面内的投影面平行线属于平面内的特殊位置直线。由于投影面有 H 面、V 面、W 面,所以平面内的投影面平行线有水平线、正平线、侧平线 3 种。平面内的投影面平行线既是平面内的直线,又是投影面平行线,它除具有投影面平行线的投影特性外,还应符合直线在平面内的几何条件。

【例 3.9】 已知点 E 在平面 ABC 上,如图 1.3.30(a)所示,试通过点 E 作平面内的水平线 EF。

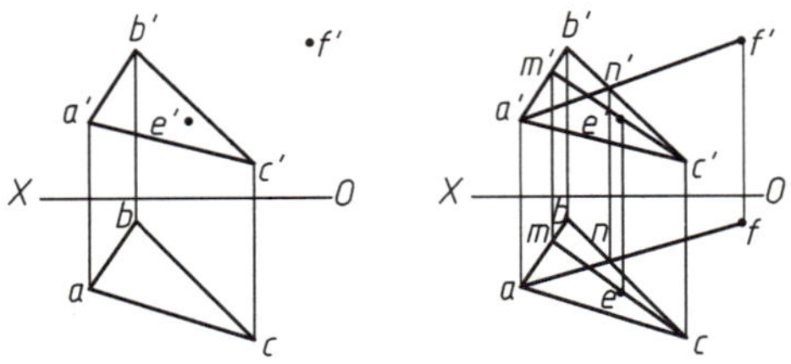

(a)　(b)

图 1.3.29　在平面上取点

(a)已知条件　(b)作图过程

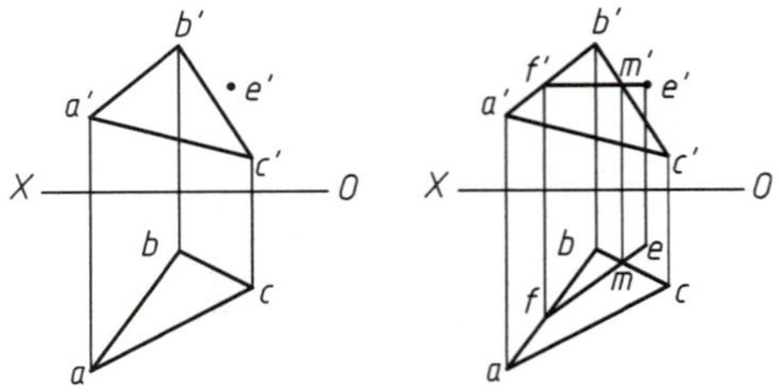

(a)　(b)

图 1.3.30　作平面内的直线

(a)已知条件　(b)作图过程

分析:由于 $EF \parallel H$ 面,因此有 $e'f' \parallel OX$。具体作图过程如图 1.3.30(b)所示。

3.1.5　直线和平面的相对位置

扫描观看

视频:两直线的相对位置

扫描下载

习题:两直线的相对位置练习

1. 两直线的相对位置

空间两直线的相对位置有 3 种,即相交、平行和交叉。前两种为共面直线,最后一种为异面直线。

(1)平行直线

由平行投影性质可知:若两直线平行,则它们的各组同面投影必互相平行。反之,若两直线的各组同面投影互相平行,则两直线在空间上也一定互相平行。

对一般位置的两直线,仅根据它们的水平投影和正面投影互相平行,就可判断其在空间上也互相平行。图 1.3.31(a)中,由于 $ab \parallel cd$、$a'b' \parallel c'd'$,所以 $AB \parallel CD$。但是,当两直线同时平行于某一投影面时,一般还要看两直线在所平行的那个投影面上的投影是否平行,才能确定两直线是否平行。在图 1.3.31(b)中,由于直线 AB 和 CD 都是侧平线,所以有 $ab \parallel cd$、$a'b' \parallel c'd'$,但由于它们的侧面投影不平行,所以直线 AB 不平行于 CD。

(2)相交直线

如果空间两直线相交,则它们的各组同面投影也必相交,且交点的投影必符合点的投影规律。反之,如果两直线的各组同面投影均相交,且各投影的交点符合点的投影规律,则此两直线在空间上也一定相交。

在投影图上判别空间两直线是否相交,对一般位置的两直线,只需观察两组同面投影即可。在图 1.3.32(a)中,由于 $ab \cap cd=k$,$a'b' \cap c'd'=k'$,且 $kk' \perp OX$,所以直线 AB 与 CD 相交。

但是,当两直线中有一条直线平行于某一投影面时,一般还要看直线所平行的那个投影面上的投影才能确定两直线是否相交。在图 1.3.32(b)中,直线 AB 和 CD 的正面投影和水平投影均相交,由于 AB 是侧平线，所以还需检查它们侧面投影的交点是否符合点的投影规律。从图中可以看出，正面投影交点与侧面投影交点的连线不垂直于 *OZ* 轴，所以 *AB* 和 *CD* 不相交。

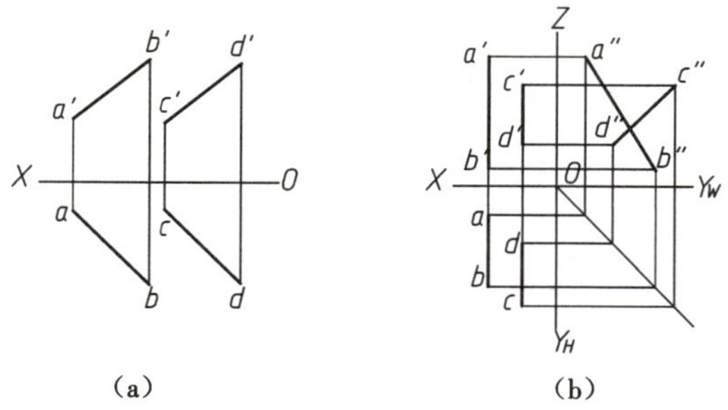

图 1.3.31　两直线的相对位置

(a)两直线平行　(b)两直线不平行

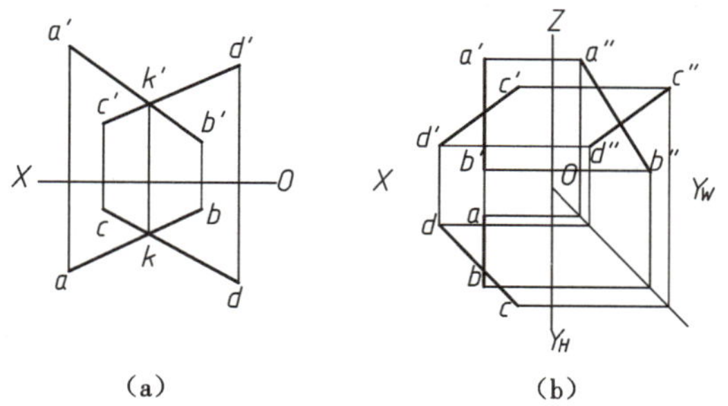

图 1.3.32　两直线的相对位置

(a)两直线相交　(b)两直线不相交

【例 3.10】 已知四边形 *ABDC* 的正面投影及 *AB*、*AC* 的水平投影，如图 1.3.33(a)所示，试完成其水平投影。

【解】 连接 *bc*、*b′ c′*、*a′ d′*，点 *D* 可看成△ *ABC* 平面内一直线 *AE* 上的一点，然后利用在平面内取点的方法求出点 *D* 的水平投影，如图 1.3.33(b)所示。

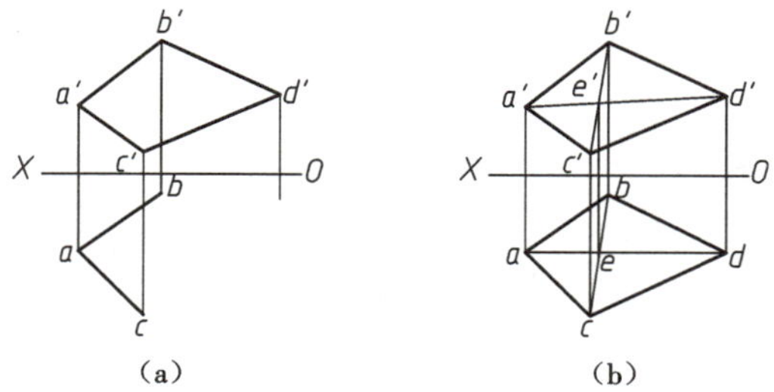

图 1.3.33　求平面的投影

(a)已知条件　(b)作图过程

(3)交叉直线

在空间中既不平行也不相交的两直线称为交叉直线。在投影图上，凡是不符合平行或相交条件的两直线都是交叉直线。

【例 3.11】 已知直线 *AB* 和 *CD* 的投影图，如图 1.3.34 所示，试判别它们的相对位置关系。

【解】 两者为交叉直线。

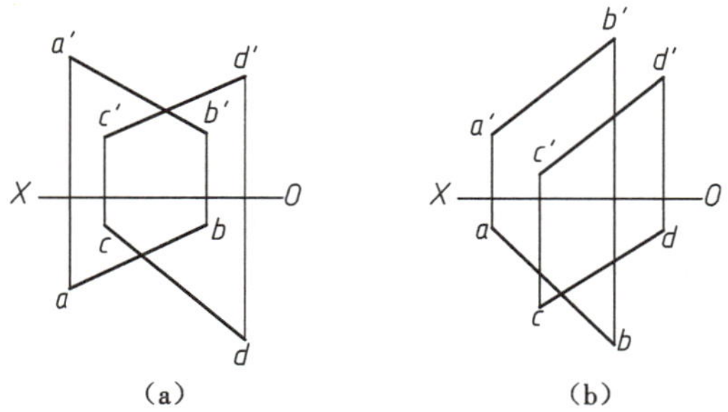

图 1.3.34　两交叉直线

(a)判别 *V*、*H* 面重影点　(b)判别 *H* 面重影点

(4)一边平行于投影面的直角的投影

角度的投影一般不反映实际角度，只有当角所在的平面平行于某一投影面时，它在该投影面上的投影才反映真实角度大小。而对于直角，当直角的两边都不平行于投影面时，其投影肯定不是直角；当直角所在的平面平行于某一投影面时，它在该投影面上的投影仍是直角。

直角的投影特性:当一条直角边平行于某一投影面时,直角在该面上的投影仍是直角。此性质又称为直角投影定理。

在图 1.3.35(a)中,若 $AB \perp BC$,且 $BC \parallel H$ 面,则有 $ab \perp bc$,如图 1.3.35(b)所示。

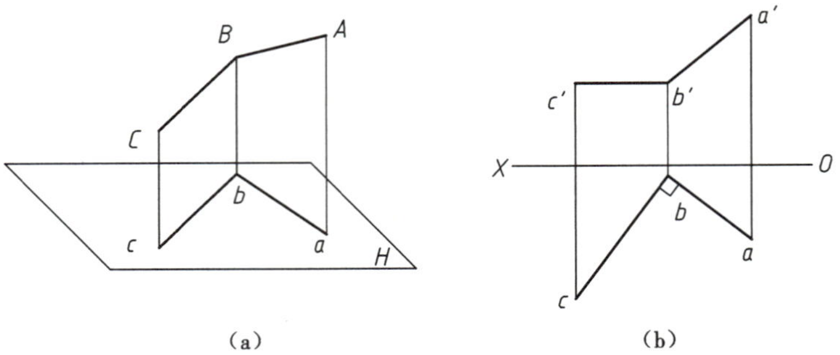

图 1.3.35　一边平行于投影面的直角的投影

(a)立体图　(b)投影图

直角投影定理既适用于互相垂直的两相交直线,也适用于交叉垂直的两直线。

【例 3.12】 求点 A 到正平线 BC 的距离,如图 1.3.36(a)所示。

【解】 求一点到某直线的距离实际上就是求过该点的垂线段的实长。设垂足为点 D,由于 $AD \perp BC$,$BC \parallel V$ 面,所以有 $a'd' \perp b'c'$;求出垂线 AD 的投影后,再利用直角三角形法求 AD 实长,如图 1.3.36(b)所示。

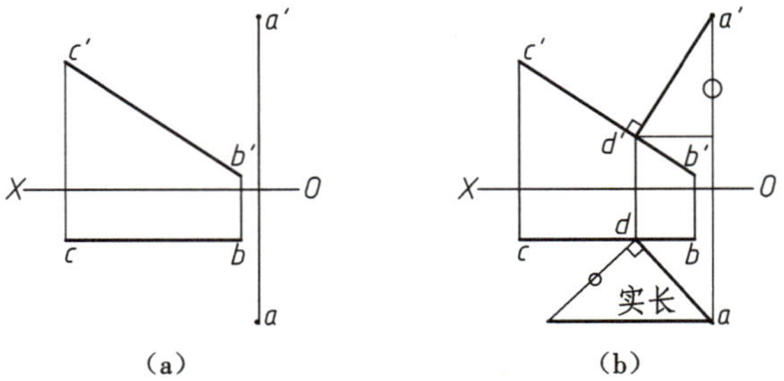

图 1.3.36　求点到直线的距离

(a)已知条件　(b)求作过程

【例 3.13】 已知△ABC 为等腰直角三角形,一直角边 BC 在正平线 EF 上,如图 1.3.37(a)所示,试完成其投影。

【解】 由于 $AB \perp EF$,且 $EF \parallel V$ 面,所以有 $a'b' \perp e'f'$;利用直角三角形法求 AB 实长;过 b' 在 $e'f'$ 上量取 $b'c'=ab=bc$。具体过程如图 1.3.37(b)所示。

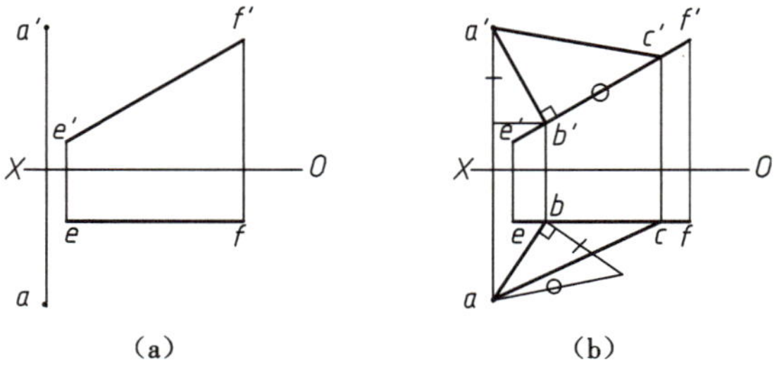

图 1.3.37　求平面的投影

(a)已知条件　(b)求作过程

2. 直线和平面相交

直线与平面相交,只有一个交点。直线与平面的交点既在直线上,又在平面内,是直线与平面的公共点。因此,求直线与平面的交点问题,实质上就是求直线与平面的公共点问题。

平面与平面相交,交线是一条直线。求出交线上的两个公共点,连接起来就得到两平面的交线。因此,求平面与平面交线的问题，实质上就是求两平面的两个公共点的问题。

（1）一般位置直线与投影面垂直面相交

当相交的两个元素中有一个垂直于某投影面时，可利用其在投影面上的积聚性及交点的共有性，直接求出交点的一个投影。

如图 1.3.38（a）所示，铅垂面△ *ABC* 与一般位置直线 *EF* 相交，交点 *M* 的 *H* 面投影 *m* 必在平面△ *ABC* 的 *H* 面投影线段 *abc* 上，又必在直线 *EF* 的 *H* 面投影 *ef* 上。因此，*m* 必在线段 *abc* 与 *ef* 的交点上。定出交点 *M* 的 *H* 投影 *m* 后，根据交点的共有性，m' 必在 $e'f'$ 上。即过 *m* 作 *OX* 轴的垂线，与 $e'f'$ 交于 m'。m、m' 即为 *EF* 与平面△ *ABC* 交点 *M* 的两个投影，如图 1.3.38（b）所示。

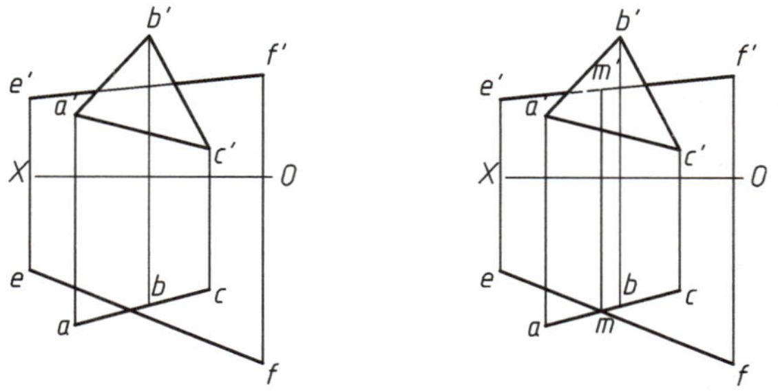

（a）　　（b）

图 1.3.38　求直线与平面的交点

（a）已知条件　（b）求作过程

（2）一般位置平面与投影面垂直面相交

如图 1.3.39（a）所示，铅垂面△ *ABC* 与一般位置平面 *DEF* 相交。求它们的交线时，可把一般位置平面 *DEF* 看成由两相交直线 *DF*、*EF* 构成，这样就可利用求一般位置直线与投影面垂直面交点的方法，分两次求得交点 *m*、*n*，连接起来即得交线 *mn*，如图 1.3.39（b）所示。

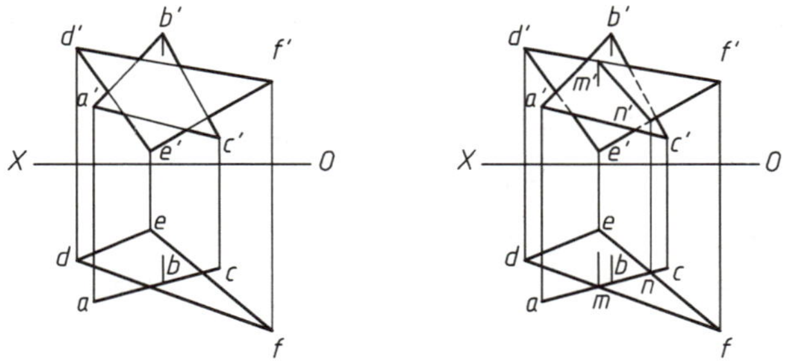

（a）　　（b）

图 1.3.39　求两平面交线

（a）已知条件　（b）求作过程

（3）投影面垂直线与一般位置平面相交

在图 1.3.40（a）中，铅垂线 *EF* 与平面△ *ABC* 相交于点 *M*。由于直线 *EF* 的投影在 *H* 面上有积聚性，所以交点 *M* 的 *H* 面投影与 *e*、*f* 积聚为一点，其 *V* 面投影 m' 可用在平面内取点的方法求出，如图 1.3.40（b）所示。

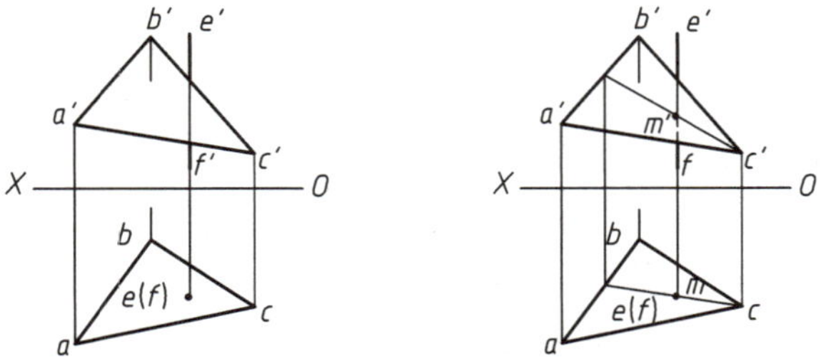

（a）　　（b）

图 1.3.40　求直线与平面的交点

（a）已知条件　（b）求作过程

3.2　基本体投影的识读与绘制

3.2.1　平面立体的投影

表面由平面围成的几何体称为平面立体。由于平面立体由其平面表面所确定，所以平面立体的投影就是围成它的表面的所有平面图形的投影。在平面立体表面上作点和线，也就是在它的表面平面上作点和线。常见的平面立体有棱柱和棱锥两种。

1. 棱柱体

底面为多边形，各棱线互相平行的立体就是棱柱体。棱线垂直于底面的棱柱叫直棱柱，直棱柱的各侧棱面为矩形；棱线倾斜于底面的棱柱叫斜棱柱，斜棱柱的各侧棱面为平行四边形。

扫描观看

视频：棱柱体的投影

扫描下载

习题：棱柱体的投影练习

(1)棱柱体的投影

图 1.3.41(a)为一铅垂放置的正六棱柱，其六个棱面在 H 面上积聚，上下底投影反映实形；V 面上投影对称，一个棱面反映矩形的实形，两个棱面为等大的矩形类似形；W 面上为两个等大的对称矩形类似形。3 个投影展开后得六棱柱的三面投影，如图 1.3.41(b)所示。

在图 1.3.41(a)、(b)中我们把 X 轴方向叫作立体的长度，Y 轴方向叫作立体的宽度，Z 轴方向叫作立体的高度，从图中可见 V、H 面投影都反映立体的长度，展开后这两个投影左右对齐，即“长对正”。H、W 面投影都反映立体的宽度，展开后这两个投影宽度相等，即“宽相等”。V、W 面投影都反映立体的高度，展开后这两个投影上下对齐，即“高平齐”。

同时，从图 1.3.41(b)中我们还可以看到 V 面投影反映立体的上下和左右关系，H 面投影反映立体的左右和前后关系，W 面投影反映立体的上下和前后关系。

可见，立体 3 个投影的形状、大小、前后均与立体和投影面的距离无关，故立体的投影均不需再画投影轴、投影面，而 3 个投影只要遵守“长对正、宽相等、高平齐”的原则，就能够正确地反映立体的形状、大小和方位，如图 1.3.41(c)所示。

该立体作图时先作 H 面上反映实形的正六边形，再在合适的位置对应作出 V、W 面投影。“长对正、宽相等、高平齐”是画立体正投影的投影规律，画任何立体的三面投影都必须严格遵守。

图 1.3.42(a)为一水平放置的正三棱柱(可视为双坡屋顶)，两个棱面垂直于 W 面，一个棱面平行于 H 面，两个端面平行于 W 面，按照“长对正、宽相等、高平齐”作正投影后，V 面投影为矩形的类似形；H 面投影为两个可见矩形的类似形和一个不可见矩形的实形；W 面投影为三角形的实形，如图 1.3.42(b)所示。

(2)棱柱表面上的点

在平面立体表面上取点，其方法与平面内取点相同，只是平面立体是由若干个平面围成的，投影时总会有两个表面重叠在一起，就有一个可见性问题。只有位于可见表面上的点才是可见的，反之不可见。所以要确定立体表面上的点，先要判断它位于哪个平面上。

如图 1.3.43(a)所示，六棱柱的表面分别有点 A、B、C 的一个投影，求其他的两个投影。

投影分析：从 V 面投影看，a' 在中间图框内且可见，则点 A 应在六棱柱最前的棱面上；b' 在右面的图框内且不可见，点 B 应在六棱柱右后方的棱面上；从 H 面投影看，c 在六边形内且可见，点 C 应在六棱柱上表面上。

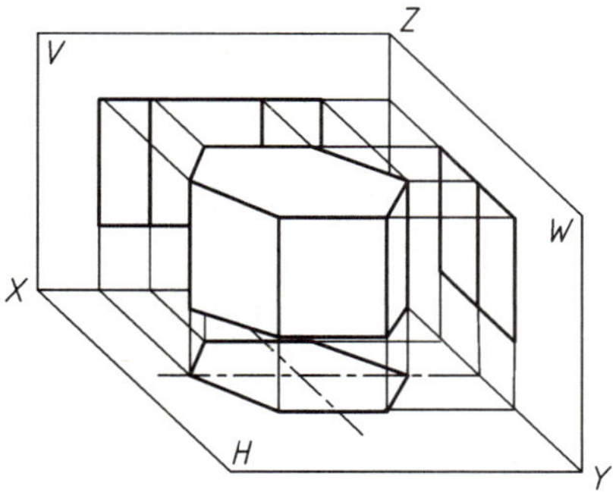

(a)

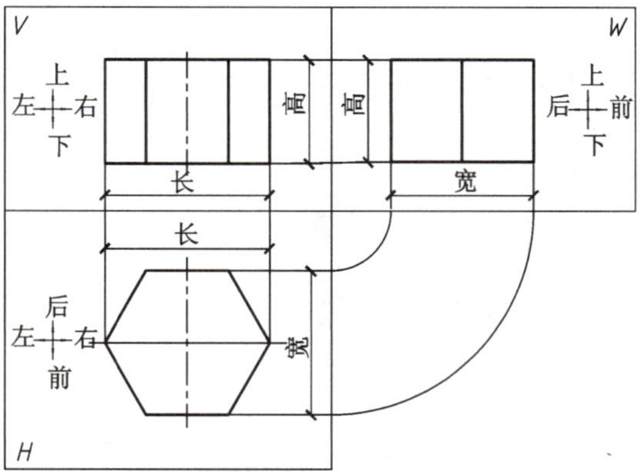

(b)

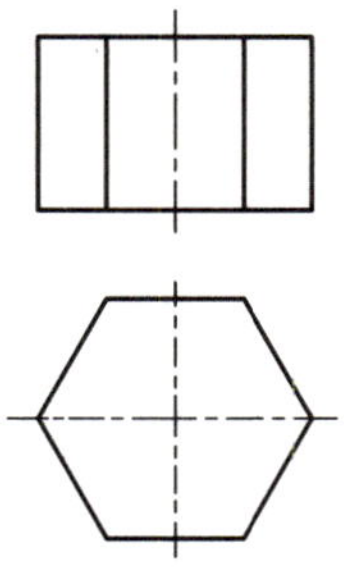

(c)

(d)

图 1.3.41　正六棱柱的投影

(a)立体图　(b)作图过程　(c)投影图　(d)动画

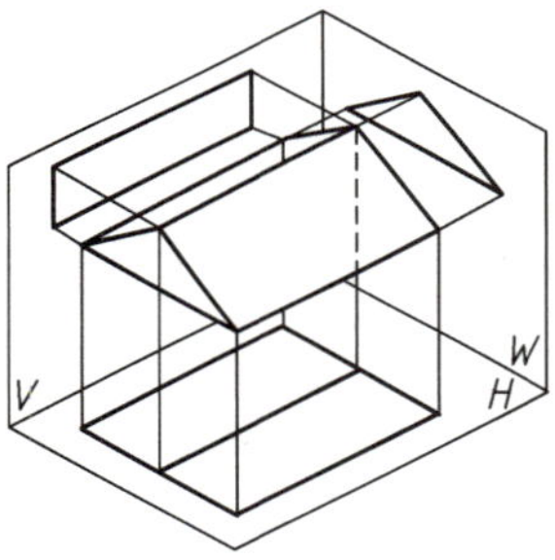

(a)

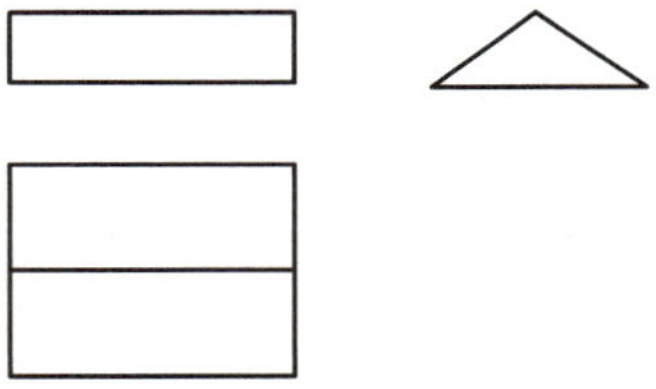

(b)

图 1.3.42　三棱柱的投影

(a)立体图　(b)投影图

作图:由于六棱柱的 6 个侧面均积聚在 H 面投影上,所以 A、B 两点的 H 面投影应在相应侧面的积聚投影上,利用积聚性即可求得,如图 1.3.43(b)所示,它们的 W 面投影和点 C 的 V、W 面投影可根据"长对正、宽相等、高平齐"求得。注意判断可见性。

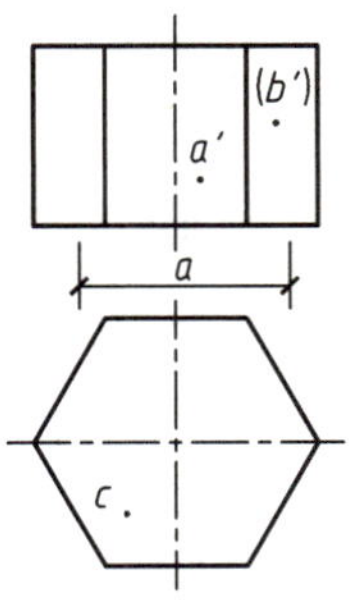

(a)

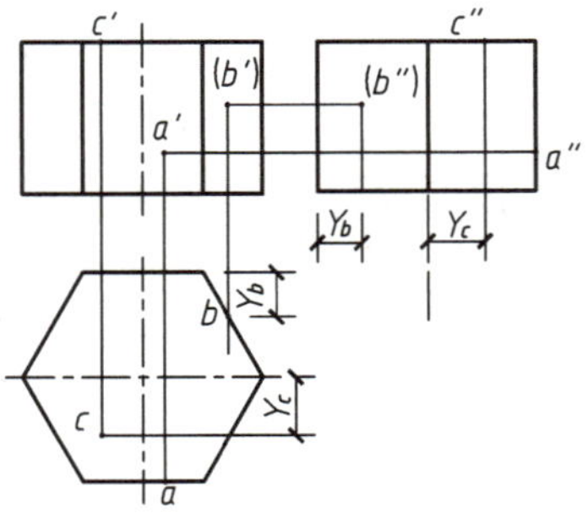

(b)

图 1.3.43　棱柱表面上定点的投影

(a)已知条件　(b)作图过程

2. 棱锥体

底面为多边形,所有棱线均相交于一点的立体就是棱锥体。正棱锥底面为正多边形,侧棱面为等腰三角形。

(1)棱锥体的投影

扫描观看

视频:棱锥体的投影

扫描下载

习题:棱锥体的投影练习

图 1.3.44(a)为一正置的正四棱台,H 面投影外框为矩形,反映 4 个梯形棱面的类似形,顶面反映矩形实形,而底面为不可见的矩形;在 V、W 面上的梯形均反映棱面的类似形。其三面投影图如图 1.3.44(b)所示。

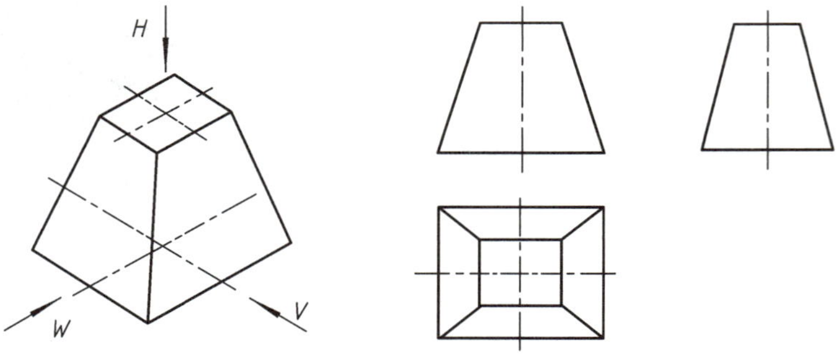

(a)　　(b)

图 1.3.44　正四棱台

(a)立体图　(b)投影图

(2)棱锥表面上的点

棱锥表面定点的方法和棱柱有相似之处,不同的是棱锥表面的点绝大多数没有积聚性,不能利用积聚性找点。关键是点与平面从属性的应用。

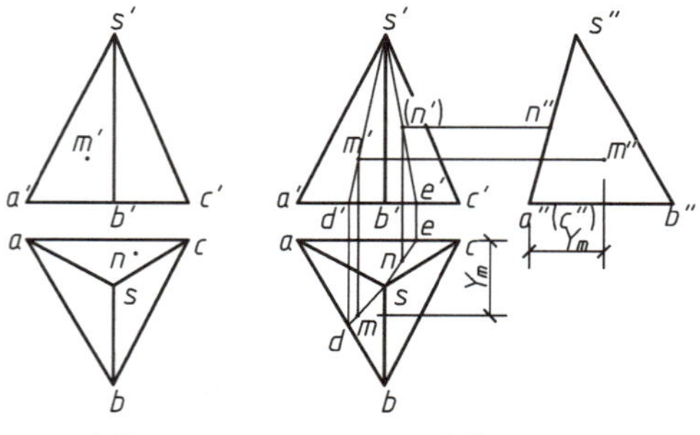

(a)　　(b)

图 1.3.45　棱锥表面上点的投影

(a)已知条件　(b)作图过程

如图 1.3.45(a)所示,已知正三棱锥 S-ABC 表面上的点 M、N 的一个投影,求其他两个投影。

投影分析:从 V 面投影看,点 M 应在三棱锥的左前棱面 SAB 上;从 H 面投影看,点 N 应在三棱锥的后棱面 SAC 上。由于三棱锥的 3 个棱面均处于一般位置,没有积聚性可利用,所以要利用平面内取点的方法(辅助线法)。

作图:如图 1.3.45(b)所示,过点 M 作辅助线 SM,即连接 $s'm'$ 并延长交底边于 d',得 $s'd'$,向 H 面上投影得 sd,由 m' 向下作竖直线交 sd 得 m,利用宽度 Y_m 相等,确定 m'',因为 SAB 棱面在三投影中都可见,所以点 M 的三面投影也可见。

同理可得 n' 和 n''。连接 sn 并延长交 ac 于 e,得 se,求出 $s'e'$,过 n 作竖直线交 $s'e'$ 于 n',根据投影规律求得 n''。因为 SAC 棱面处于三棱锥的后面,故 n' 不可见,n'' 则积聚在 $s''a''c''$ 上,如图 1.3.45(b)所示。

提示:这里的辅助线并不一定都要过锥顶,我们还可以做底边的平行线、棱面上过已知点的任意斜线。

3.2.2　曲面立体的投影

由曲面或曲面与平面所围成的几何体,称为曲面立体。常见的曲面立体是回转体。回转体是曲面立体中形状较规则的一类,它是由回转面与平面(有的无平面)所围成的立体,最常见的是圆柱、圆锥、球等。

1. 圆柱体

视频:圆柱体的投影　　习题:圆柱体的投影练习

(1)圆柱体的投影

圆柱体是直母线 AB 绕轴线旋转形成的圆柱面与两圆平面(上、下底)所围成的立体,如图 1.3.46(a)所示。图 1.3.46(b)为正置圆柱体的三面投影图。

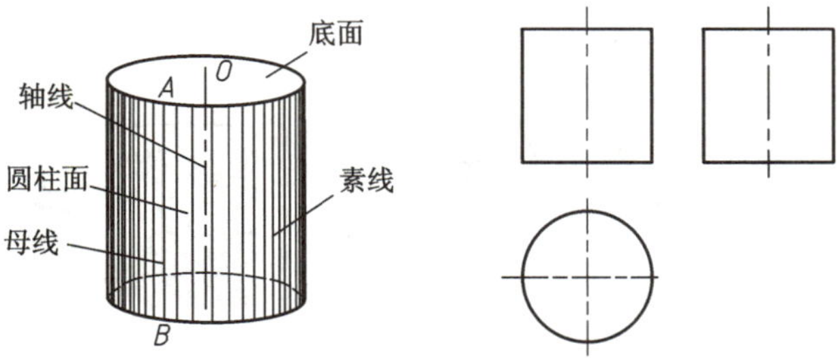

(a)　(b)　(c)

图 1.3.46　圆柱体的投影

(a)立体图　(b)投影图　(c)动画

H 面投影为一圆周,反映圆柱体上、下两底面圆的实形,圆柱体的侧表面积聚在整个圆周上;V 面投影为一矩形,由上、下底面圆的积聚投影及最左、最右两条素线组成。这两条素线是圆柱体对 V 面投影的转向轮廓线,它把圆柱体分为前半圆柱体和后半圆柱体,前半圆柱体可见,后半圆柱体不可见,因此它们也是正面投影可见与不可见的分界线;W 面投影为一矩形,由上、下两底面圆的积聚投影及最前、最后两条素线组成。这两条素线是圆柱体对 W 面投影的转向轮廓线,它把圆柱体分为左半圆柱体和右半圆柱体,左半圆柱体可见,右半圆柱体不可见,因此它们也是侧面投影可见与不可见的分界线。

由于圆柱体的侧表面是光滑的曲面,实际上不存在最左、最右、最前、最后这样的轮廓素线,它们仅仅是因投影而产生的。因此,投影轮廓素线只在相应的投影中存在,在其他投影中则不存在。

(2)圆柱表面上的点

由于圆柱侧表面在轴线所垂直的投影面上的投影积聚为圆,故可利用积聚性来作图。如图 1.3.47(a)所示,已知圆柱表面上的点 K、M、N 的一个投影,求其他两个投影。

投影分析与作图过程如下。

①特殊点。从 V 面投影看,k' 在正中间且不可见,则点 K 应在圆柱最后的素线上(转向轮廓线上),其他两个投影也应该在这条素线上。像这样转向轮廓线上的点可直接求得,如图 1.3.47(b)所示。

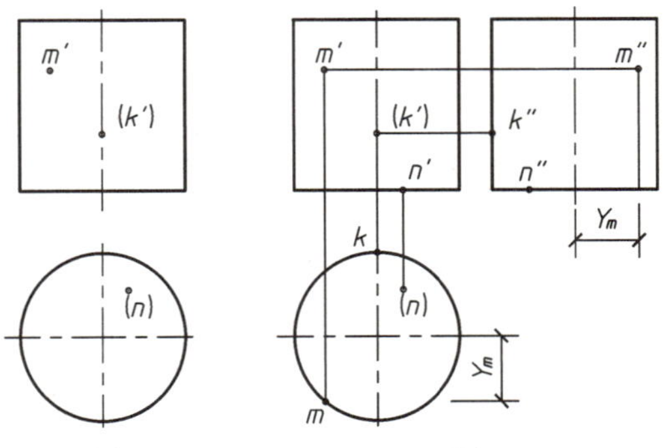

(a)　(b)

图 1.3.47　圆柱表面上的点的投影

(a)已知条件　(b)作图过程

②一般点。从 V 面投影看,m' 可见,则点 M 在左前半圆柱上,由于整个圆柱面水平投影积聚在圆周上,所以 m 也应该在圆周上,由“长对正”可直接求得。m'' 则通过“宽相等、高平齐”求得。

从 H 面投影看,点 N 应在圆柱的下底面上,其他两个投影也应该在相应的投影上,利用“长对正、宽相等”可以求出 n'、n''。

2. 圆锥体

扫描观看

视频:圆锥体的投影

扫描下载

习题:圆锥体的投影练习

(1)圆锥体的投影

圆锥体是直母线 SA 绕过点 S 的轴线旋转形成的圆锥面与圆平面(底)所围成的立体,如图 1.3.48(a)所示。图 1.3.48(b)为正置圆锥体的三面投影图。

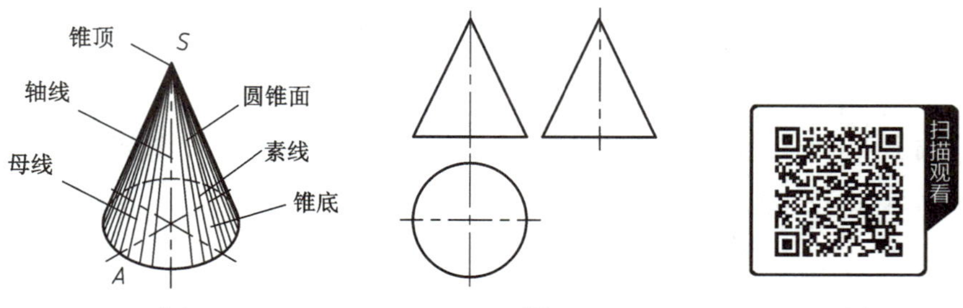

(a)　(b)　(c)

图 1.3.48　圆锥体的投影

(a)立体图　(b)投影图　(c)动画

H 面投影为一圆周,反映圆锥体下底面圆的实形。锥表面为光滑的曲面,其投影与底面圆重影且覆盖其上。V 面投影为一等腰三角形。三角形的底边为圆锥体底面圆的积聚投影;两腰为圆锥体最左、最右两轮廓素线的投影,它们是圆锥体前、后两部分的分界线。W 面投影为一等腰三角形。其底边为圆锥体底面圆的积聚投影,两腰为圆锥体最前、最后两轮廓素线的投影,它们是圆锥体左、右两部分的分界线。

(2)圆锥表面上的点

由于圆锥表面投影均不积聚,所以求圆锥表面上的点就要作辅助线。点属于曲面,也应该属于曲面上的一条线。曲面上最简单的线就是素线和圆。下面分别介绍素线法和纬线圆法。

如图 1.3.49(a)所示,已知圆锥表面上的点 K、M、N 的一个投影,求其他两个投影。

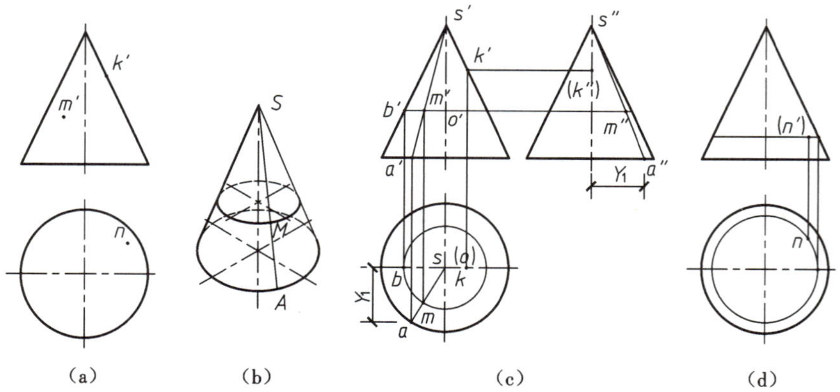

(a)　(b)　(c)　(d)

图 1.3.49　圆锥表面上的点的投影

(a)已知条件　(b)立体图　(c)素线法定点　(d)纬线圆法定点

投影分析与作图过程如下。

①特殊点。从 V 面投影看,k' 在转向轮廓线上,即点 K 在圆锥最右的素线上,其他两个投影也应该在这条素线上。k、k'' 可直接求得,注意,k'' 不可见,如图 1.3.49(c)所示。

②一般点。素线法:从图 1.3.49(a)的 V 面投影看,m' 可见,所以点 M 在左前半圆锥面上。在 V 面投影

上连接 $s'm'$ 并延长与底面水平线交于 a'，$s'a'$ 即素线 SA 的 V 面投影，如图 1.3.49(b)所示；过 a' 作铅垂线与 H 面上圆周交于前后两点，因 m' 可见，故取前面一点，sa 即为素线 SA 的 H 面投影；再过 m' 引铅垂线与 sa 交于 m，即为所求点 M 的 H 面投影；根据点的投影规律求出 $s''a''$，过 m' 作水平线与 $s''a''$ 交于 m''。作图过程如图 1.3.49(c)所示。纬线圆法：母线绕轴线旋转时，母线上任意点的轨迹是一个圆，称为纬线圆，且该圆所在的平面垂直于轴线，如图 1.3.49(b)中点 M 的轨迹。过 m' 作水平线与轮廓线交于 b'，$o'b'$ 即为辅助线纬圆的半径实长，在 H 面上以 $s(o)$ 为中心，$o'b'$ 为半径作圆周即得纬圆的 H 面投影，此纬圆与过 m' 的铅垂线相交得点 m。这一交点应与素线法所得交点 m 是同一点。

从图 1.3.49(a)的 H 面投影看，点 N 位于右后锥面上，用纬线圆法求解，其作图过程与图 1.3.49(c)相反，即先过 n 作纬圆的 H 面投影，再求纬圆的 V 面投影而求得 n' 点，作图过程如图 1.3.49(d)所示。

3. 圆球体

视频：圆球体的投影　　　　习题：圆球体的投影练习

(1)圆球体的投影

圆球体是半圆(EAF)母线以直径 EF 为轴线旋转而成的球面体，如图 1.3.50(a)所示。

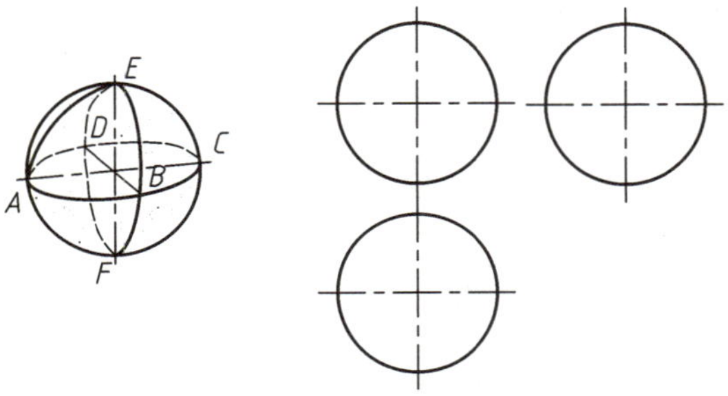

(a)　(b)　(c)

图 1.3.50　圆球体的投影

(a)立体图　(b)投影图　(c)动画

如图 1.3.50(b)所示，球的三面投影均为圆，并且大小相等，其直径等于球的直径。不同的是，H 面投影为上、下半球之分界线，圆球上半球面上的所有的点和线的 H 面投影均可见，而下半球面上的点和线的投影不可见；V 面投影为前、后半球之分界线，圆球前半球面上所有的点和线的 V 面投影均可见，而后半球面上的点和线的投影则不可见；W 面投影为左、右半球之分界线，圆球左半球面上所有的点和线的 W 面投影均可见，而右半球面上的点和线的投影不可见。这 3 个圆都是转向轮廓线，其另两面投影落在相应的对称线上，不予画出。

(2)圆球表面上的点

点属于圆球，也必定属于圆球表面上的一条线，而圆球表面只有圆。理论上可用圆球表面上的任意纬线圆作辅助线，用纬线圆法简单易画，所以常用投影面平行圆。

如图 1.3.51(a)所示，已知圆球表面上的点 K、M 的一个投影，求其他两个投影。

投影分析与作图过程如下。

①特殊点。从 H 面投影看，k 在前半圆球面上，在水平投影转向轮廓线上，则其他两个投影也应该在这条轮廓线上。k'、k'' 可直接求得，注意，k'' 不可见，如图 1.3.51(b)所示。

②一般点。从图 1.3.51(a)的 V 面投影看，点 M 应在左后上部圆球面上，先用水平圆来作图。在图 1.3.51(b)中过 m' 作水平线与 V 面圆交于 n'，根据 n' 求出纬线圆 ON 的 H 面投影 on，过 m' 作铅垂线与圆 ON 交于两点，因 m' 不可见，取后半圆上一点 m，然后根据 m'、m 求得 m''。

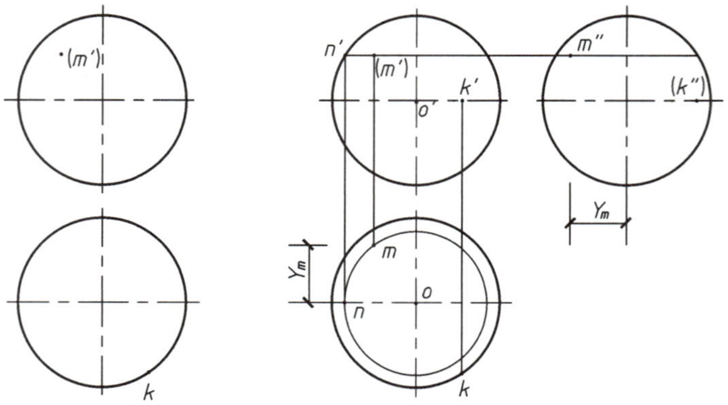

(a)　　　　(b)

图 1.3.51　圆球表面上的点的投影

(a)已知条件　(b)作图过程

提示:按同样的方法,在 m' 处还可以用正平圆作辅助圆、用侧平圆作辅助圆,得到的答案都是一致的。

实习实作:将模型、学校周围较为规则的建筑、建筑构件等进行简化,作为基本立体的具体实例,进行实际测绘或目测,根据结果作投影图,并将上述立体表面上的一些具有特殊性的位置作为立体表面上的点,作出点的投影。

3.2.3　立体的截交线

平面与立体相交,可看作立体被平面所截,该平面称为截平面;截平面与立体表面的交线称为截交线;截交线所围成的平面图形称为断面;截交线的顶点称为截交点。在求作截交线时,常常先求出截交点,然后连成截交线。

1. 平面立体的截交线

扫描观看　视频:平面立体的截交线

扫描观看　视频:平面立体截交线投影动画

扫描下载　习题:平面立体的截交线练习

平面立体的截交线为一封闭多边形,其顶点是棱线与截平面的交点,而各边是棱面与截平面的交线,可由求出的各顶点连接而成。

(1)棱柱体的截切

图 1.3.52(a)为切口正六棱柱,被两相交平面截切,完成其三面投影。

分析:切口形体作图一般按"还原切割法"进行,先按基本形体补画出完整的第三投影,再利用截平面的积聚性,在截平面积聚的投影面上直接找到截平面与棱线的交点,再找这些交点的其他投影。

如图 1.3.52(b)所示,先补画出完整六棱柱的 W 面投影,再利用正面投影上截平面(一为正垂面,一为侧平面)的积聚性直接求得截平面与棱线的交点 a'、b'、c'、d'、e'(只标出可见点),对应得其水平投影 a、b、c、d、e 和侧面投影 a''、b''、c''、d''、e''。由于六棱柱的水平投影有积聚性,实际上只增加侧平面截面积聚后的一条直线,其左边为斜截面所得七边形的类似形投影,右边是六棱柱顶面截切后余下的三角形实形投影。在 W 面投影上,斜截面所得七边形仍为类似形,侧平截面所得矩形反映实形,其分界线就是两截平面的交线,此外,在连线时应注意棱线(轮廓线)的增减和可见性变化。

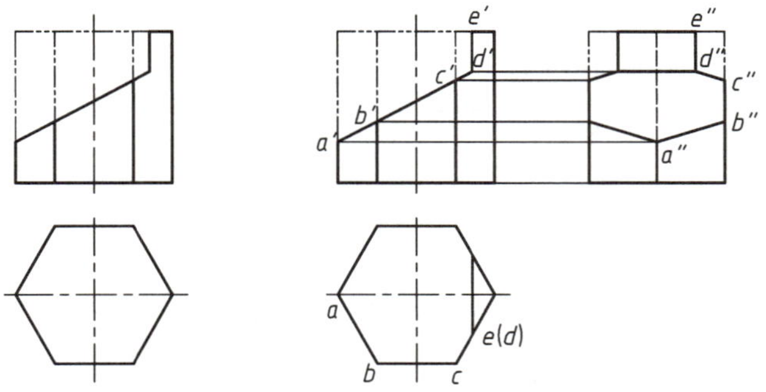

（a）　　　　（b）

图 1.3.52　切口正六棱柱的投影

（a）已知条件　（b）作图过程

（2）棱锥体的截切

图 1.3.53（a）为正四棱锥被一正垂面 P 截切，截平面位置标记为 P_V，完成其 H、W 面投影。

作图过程如图 1.3.53（b）所示，先按基本形体作出四棱锥的 W 面投影，再利用截平面 P_V 的积聚性，在 V 面上直接显示截平面与棱线的交点 a'（d'）、b'（c'），由其对应求得 a、b、c、d 和 a''、b''、c''、d''，最后判明可见性并连线加深。

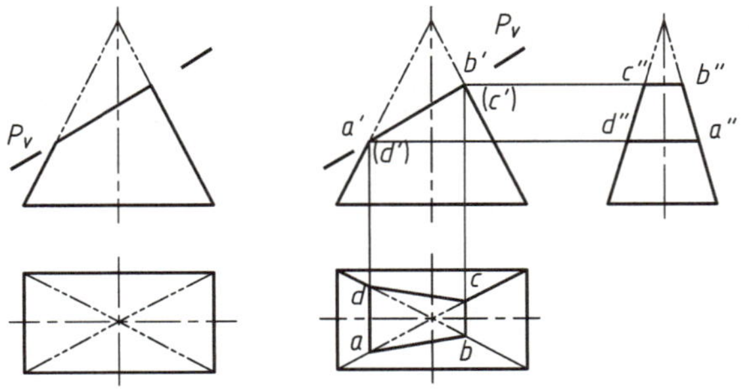

（a）　　　　（b）

图 1.3.53　斜切正四棱锥的投影

（a）已知条件　（b）作图过程

2. 曲面立体的截交线

扫描观看

视频：曲面立体的截交线

扫描下载

习题：曲面立体的截交线练习

曲面立体被平面所截而在曲面立体表面所形成的交线即为曲面立体的截交线。它是曲面立体与截平面的共有线，而曲面立体的各侧面是由曲面或曲面加平面组成的。因此，曲面立体的截交线一般情况下为一条封闭的平面曲线或平面曲线加直线段组成，特殊情况下也可能为平面折线。

（1）圆柱体的截切

圆柱体被平面截切，由于截平面与圆柱轴线的相对位置不同，其截交线（或截断面）有 3 种情况，如表 1.3.5 所示。

表 1.3.5　圆柱体的截切

截平面位置	倾斜于圆柱轴线	垂直于圆柱轴线	平行于圆柱轴线
截交线形状	椭圆	圆	两条素线
立体图	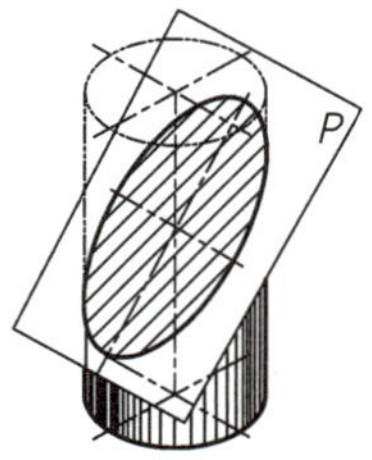	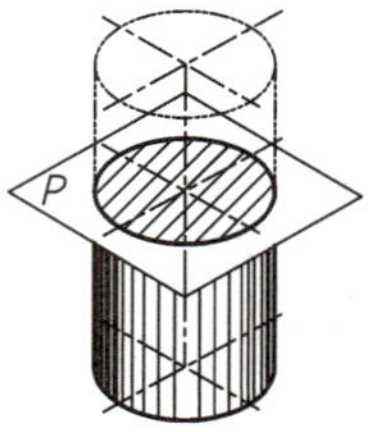	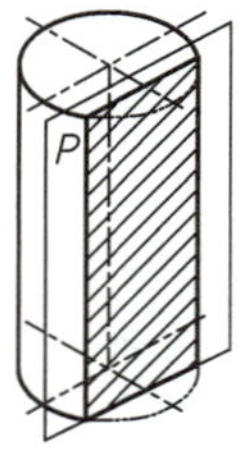
投影图	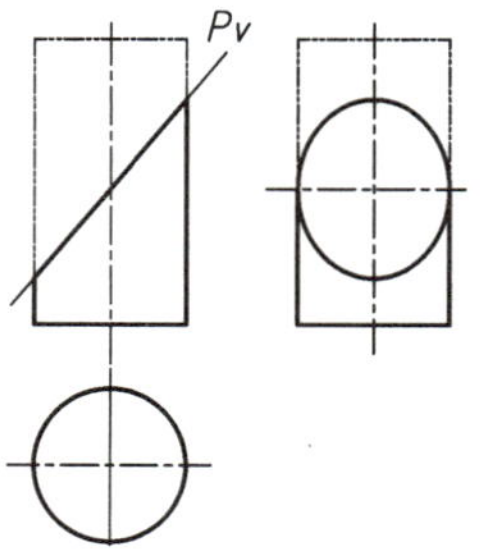	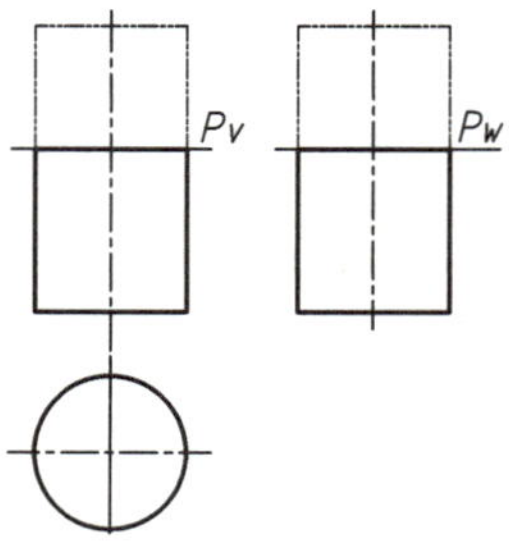	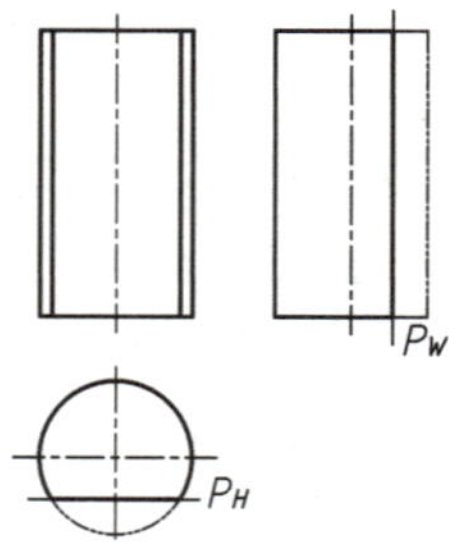

【例 3.14】　补全圆柱切台(榫头)和开槽(榫槽)的三面投影,如图 1.3.54(a)所示。

观察图 1.3.54(a),圆柱的左端被两个对称于轴线的水平面及一侧平面截切去两部分,形成常见的圆柱榫头,截断面为矩形和圆弧,圆柱右端被两个正平面(对称于轴线)和一侧平面截去中间部分,形成常见的榫槽,其截面也是矩形和圆弧,如图 1.3.54(b)所示。

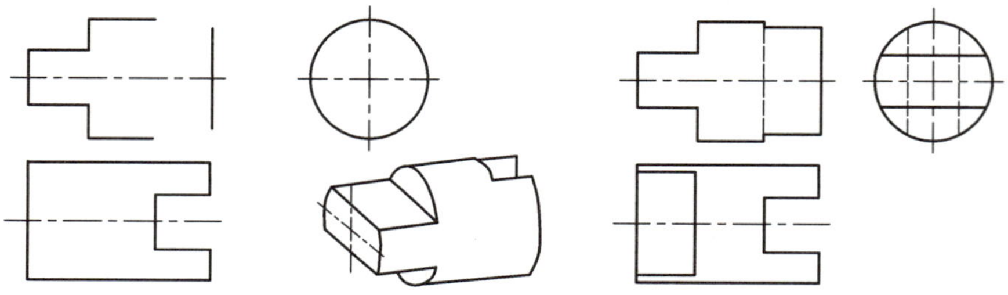

(a)　(b)　(c)

图 1.3.54　切台和开槽的圆柱的投影

(a)已知条件　(b)立体图　(c)作图过程

作图:如图 1.3.54(c)所示,由于圆柱的 W 面投影有积聚性,左端两水平截面在 W 面也积聚成两条直线,由 V、W 面投影对应到 H 面投影面上得矩形的实形。右端的作法与左端相似,只是方位和可见性发生了变化,请读者自行分析比较。

【例 3.15】　求斜切口圆柱的 H、W 面投影,如图 1.3.55(a)所示。

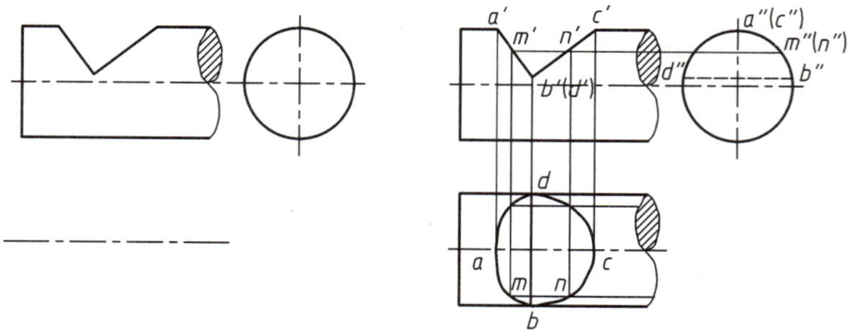

(a)　(b)

图 1.3.55　斜切口圆柱的投影

(a)已知条件　(b)作图过程

观察图 1.3.55（a），圆柱右端为一种折断画法，左端被两相交正垂面切成 V 形切口，截面为两个局部椭圆，恰似木屋架下弦杆端部的接头切口。

作图过程如图 1.3.55（b）所示，由于圆柱的 W 面投影积聚，只能作出两截平面交线 BD 在 W 面上的投影 $b''d''$（虚线）。而 H 投影面上，先还原作出圆柱轮廓的投影，后由 a'、b'、c'、d' 和 a''、b''、c''、d'' 对应求出特殊点 a、b、c、d，再利用积聚性求出若干中间点的水平投影（如 m、n），最后光滑连成椭圆曲线及交线 bd。

（2）圆锥体的截切

圆锥体被截平面截切，由于相对位置不同可得到 5 种截交线，如表 1.3.6 所示。

表 1.3.6　圆锥体的截切

截平面位置	垂直于圆锥轴线	与截面上素线相交	平行于圆锥面上一条素线	平行于圆锥面上两条素线	通过锥顶
截交线形状	圆	椭圆	抛物线	双曲线	两条素线
立体图	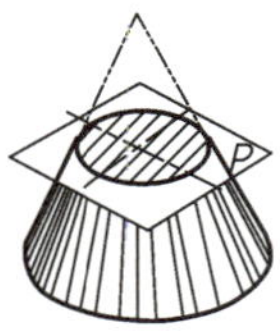	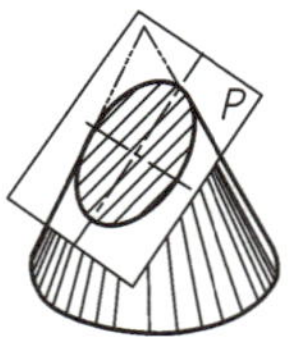	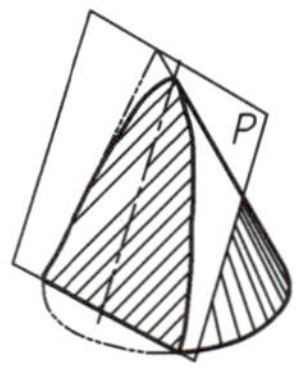	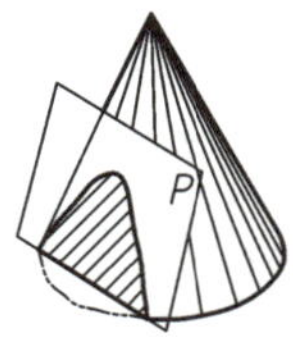	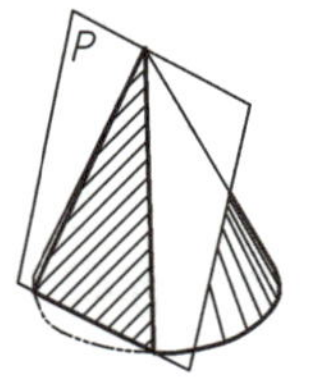
投影图	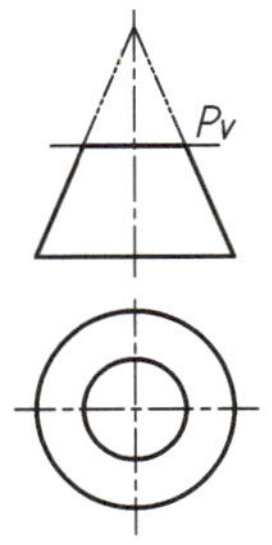	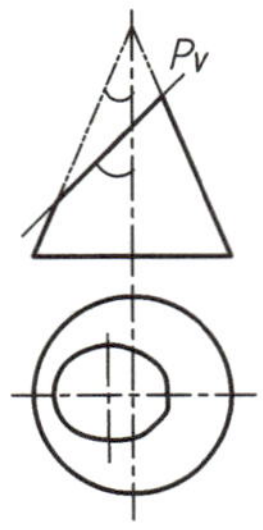	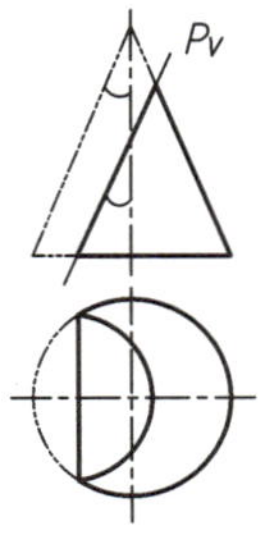	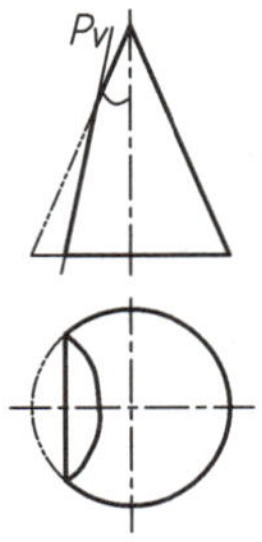	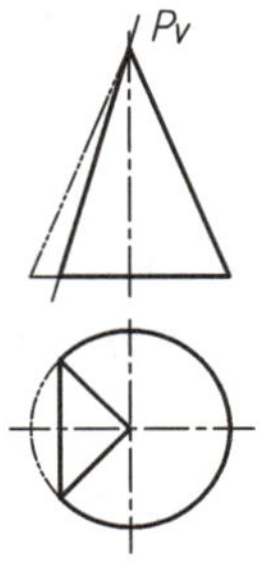

【例 3.16】　补全切口圆锥体的 H、W 面投影，如图 1.3.56 所示。

观察图 1.3.56（a），正置圆锥体被 3 个截平面截切，一侧平截面过轴线，其截断面为三角形；一截平面为正垂面，且平行于圆锥右轮廓线，其截断面为抛物线；另一水平截面，其截断面为圆。

作图：如图 1.3.56（b）所示，先作出圆锥的 W 面投影，再利用积聚性和实形性作出侧平截面的投影（H 面投影积聚成直线，W 面投影为实形的等腰三角形），水平截面的投影（H 面投影为实形的圆，W 面投影为一积聚性直线）。最后在 V 面投影上正垂截面 $a'b'$ 之间取若干中间点（如 n'），过该点作辅助水平纬线圆，对应得 n 和 n''，顺连抛物线 anb 和 $a''n''b''$，以及各截面的交线，并判明可见性，即完成作图。

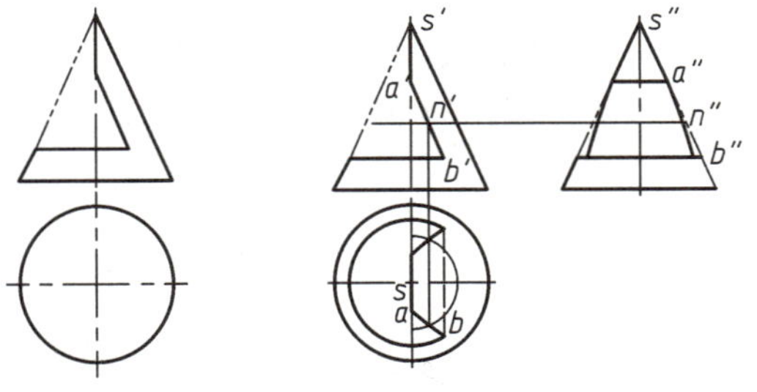

（a）　　（b）

图 1.3.56　切口圆锥体的投影

（a）已知条件　（b）作图过程

（3）圆球体的截切

圆球体被截平面截切的截断面均是圆，由于截平面与投影面的相对位置不同，其投影也不同，当截平面垂直于投影面时，投影积聚成一直线；当截平面平行于投影面时，投影反映实形圆；当截平面倾斜于投影面时，投影变形成椭圆。

【例 3.17】　补全开槽半球体的 H、W 面投影，如图 1.3.57（a）所示。

观察图 1.3.57（a），半球体上开的方形槽由两个侧平截面和一个水平截面组成，类似常见的半球螺钉头上的起子槽。

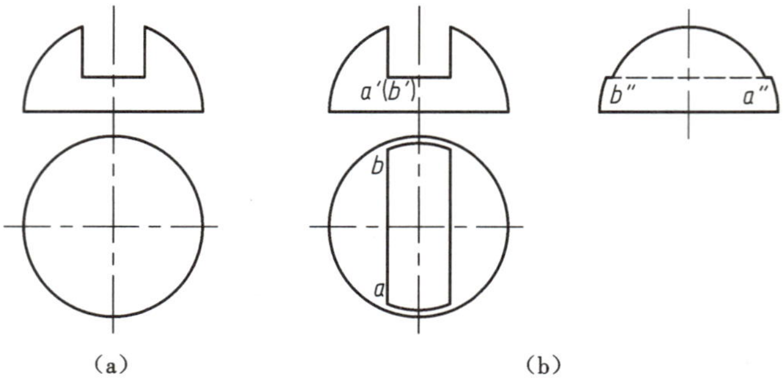

图 1.3.57 开槽半球体的投影

(a)已知条件 (b)作图过程

作图:如图 1.3.57(b)所示,先作出半球的 W 面投影,后作方槽侧平面的实形圆弧至 a''、b'',虚线连接 $a''b''$ 并延长,其两端为实线;将 V 面上积聚的两侧平截面对应到 H 面上仍为两条直线,作出水平截面的圆弧,交水平截面于 a、b 两点,即完成作图。

实习实作:将模型、周围较为复杂的建筑、建筑构件等的一部分作为立体被平面切割的具体事例,进行测绘或目测,根据结果作投影图。

3.2.4 立体的相贯线

两立体相交,称为两立体相贯。这样的立体称为相贯体。它们表面的交线称为相贯线。相贯线是两立体表面的共有线,相贯线上的点都是两立体表面的共有点。相贯体实际上是一个整体。

由于形体的类型和相对位置不同,有两平面立体相贯、平面立体与曲面立体相贯、两曲面立体相贯;两外表面相交、两内表面相交和内外表面相交;全贯和互贯等形式。

扫描下载

习题:平面立体的相贯线练习

1. 两平面立体相贯

图 1.3.58 显示两种平面立体相贯的直观图,图 1.3.58(a)为两个三棱柱全贯,形成两条封闭的空间折线;图 1.3.58(b)为一个四棱柱与一个三棱柱互贯,形成一条封闭的空间折线。

观察图 1.3.58,求两平面立体的相贯线,实质上是求棱线与棱线、棱线与棱面的交点(空间封闭折线的各顶点)以及求两棱面的交线(各折线段)的问题,而各顶点依次连接就是各折线段,由此可得出求两平面立体相贯线的作图步骤如下。

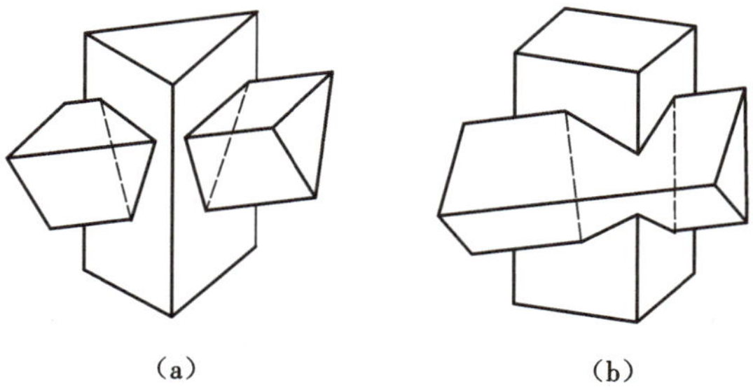

图 1.3.58 两平面立体相贯

(a)三棱柱与三棱柱全贯 (b)四棱柱与三棱柱互贯

①形体分析:先看懂投影图的对应关系、相贯形体的类型、相对位置、投影特征,尽可能判断相贯线的空间状态和范围。

②求各顶点:其作法因题型而异,常利用积聚性或辅助线求得。

③顺连各顶点的同面投影,并判明可见性,特别注意连点顺序和棱线、棱面的变化。

【例 3.18】 求四棱柱与五棱柱的相贯线,补全三面投影,如图 1.3.59(a)所示。

由图 1.3.59(a)可以看出,两平面立体可看成铅垂的烟囱与侧垂的坡屋顶相贯的建筑形体,是全贯式的一条封闭折线。在 H、W 面上均积聚在棱面的投影上。

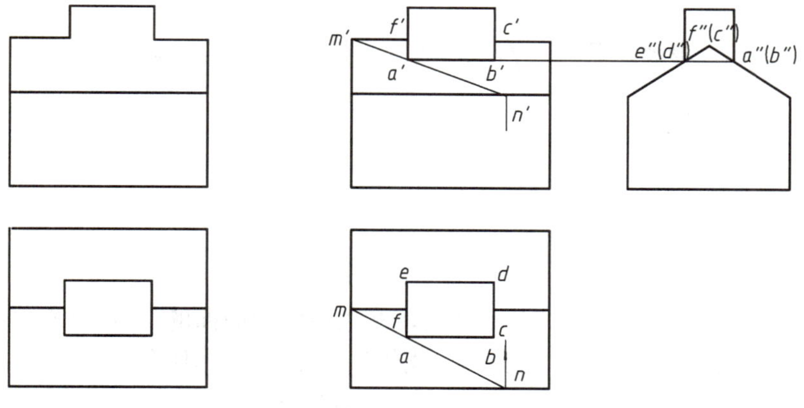

（a）　　　　　　（b）

图 1.3.59　四棱柱与五棱柱相贯

（a）已知条件　（b）作图过程

作图：如图 1.3.59（b）所示，根据题意要求先作出 W 面投影，由 H、W 面投影的积聚性可对应标出 a~f 和 d''~f''6 个顶点；由于烟囱在屋脊处前后对称，对应到 V 面投影上得 a'、b'、c' 和 f'；顺连 $f'a'$、$a'b'$、$b'c'$，即得 V 面上的相贯线。

由图 1.3.59（b）还可以看出，若不要求作 W 面投影，也可在 H 面投影上直接取辅助线求出 V 面投影。如过 a 作辅助线 mn，对应到 V 面上得 $m'n'$，即得 a'。

【例 3.19】 求四棱柱与四棱锥的相贯线，补全三面投影，如图 1.3.60（a）所示。

由图 1.3.60（a）可以看出，正置四棱锥侧棱面均无积聚性，而水平四棱柱的四棱面均侧垂于 W 面，上下棱面在 V 面上有积聚性，前后棱面在 H 面上有积聚性，两立体全贯且对称，只需求出一条相贯线就可对称作出另一条，而 W 面上的相贯线与四棱柱棱面完全重合。

作图：如图 1.3.60（b）所示，先作出 W 面投影，并利用积聚性直接标出左侧的 6 个相贯点 a''~f''；后由 a''、d'' 对应得到 a'、d' 和 a、(d)；再由 a、(d) 作四棱锥底边平行线求得 b、(c) 和 f、(e)，并对应得 b'、(f')、c'、(e')；最后判明可见性，顺连 ab、bc、cd、de、ef 和 $a'b'$、$b'c'$、$c'd'$，并对称作出另一条相贯线，即完成 V、H 面上的相贯线。

图 1.3.60（c）为拔出四棱柱后形成穿方孔的四棱锥，请读者分析比较。

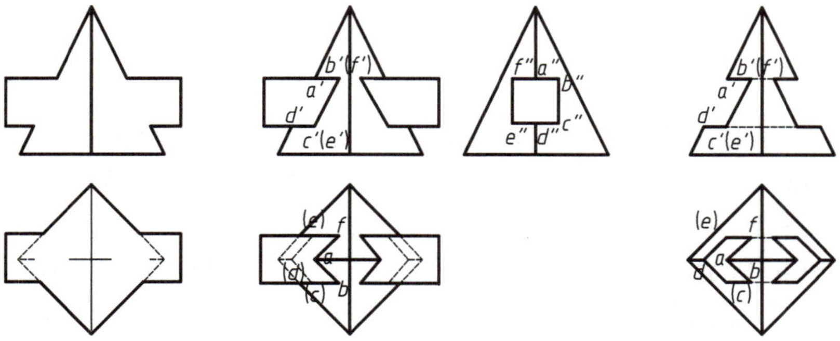

（a）　　　　　　（b）　　　　　　（c）

图 1.3.60　四棱柱与四棱锥相贯

（a）已知条件　（b）作图过程　（c）穿孔四棱锥

2. 平面立体与曲面立体相贯

图 1.3.61 显示两种相贯体的直观图，图 1.3.61（a）为三棱柱与半圆柱全贯；图 1.3.61（b）为四棱柱与圆锥全贯，都形成一条空间封闭的曲折线。

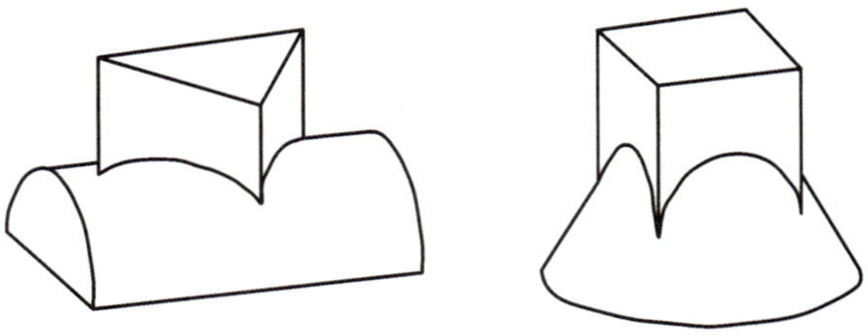

(a)　　(b)

图 1.3.61　平面立体与曲面立体相贯

(a)三棱柱与半圆柱全贯　(b)四棱柱与圆锥全贯

观察图 1.3.61,可以看出求这类相贯线的实质是求相关棱线与曲面的交点(曲折线的转折分界点)和相关棱面的交线段(可视为截交线),因此求此类相贯线的步骤如下:①形体分析(同前);②求各转折点,常利用积聚性或辅助线法求得;③求各段曲线,先求出全部特殊点(如曲线的顶点、转向点),再求出若干中间点;④顺连各段曲线,并判明可见性。

【例 3.20】 求四棱柱与圆柱的相贯线,如图 1.3.62(a)所示。

由图 1.3.62(a)可以看出,它可看成铅垂的圆立柱被水平放置的方梁贯穿,有两条相贯线,其水平投影积聚在圆柱面上,W 面投影积聚在四棱柱的棱面上。

作图:如图 1.3.62(b)所示,先作出 W 面投影,并标出特殊点 a''~f'' 和 a~f;后对应在 V 面上得 a'~d';再顺连 a'~d'(e'、f' 因重影而略去)得一条相贯线,并对称作出另一条相贯线,即完成作图。

图 1.3.62(c)显示出圆柱上穿方孔的相贯线,请读者分析比较。此外应指出,由于四棱柱(或四方孔)的两侧棱面与圆柱轴线平行,其交线段成为直线,属于特殊情况。

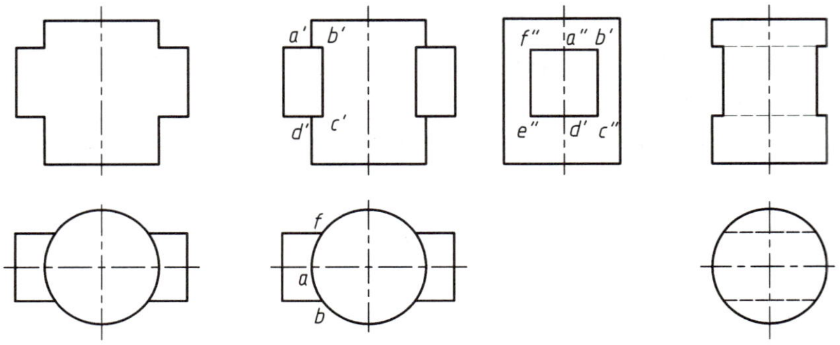

(a)　　(b)　　(c)

图 1.3.62　四棱柱与圆柱体相贯

(a)已知条件　(b)作图过程　(c)圆柱上穿方孔

【例 3.21】 求圆锥与四棱柱的相贯线的 V、W 面投影,如图 1.3.63(a)所示。

由图 1.3.63(a)可以看出,它可以看成铅垂的方形立柱与圆锥形底座全贯,但只在上方产生一条相贯线,H 面投影积聚在方柱棱面上,4 段曲线为双曲线,分别在 V、W 面上积聚或反映实形。

作图:如图 1.3.63(b)所示,先作出基本形体的 W 面投影,后在 H 面投影上利用方柱的积聚标出 a~h 的特殊点,过点 A 取圆锥面上的辅助素线 sm,对应到 V 面上的 s' 得 a',并根据对称性和"高平齐"得 a'~d' 及 a''~d'',而 e~h 是双曲线的最高点,由 V、W 面投影对应得 f' 和 e'。再在 V 面投影的最低点之上和最高点之下取圆锥的水平纬线圆,对应到 H 面投影上得 i~l 等点,将 i~l 对应到 V、W 面投影上得 k'、l' 和 i''、l''。最后,光滑顺连 $a'k'f'l'b'$ 和 $d''i''e''j''a''$ 成双曲线,将方柱棱线延长至 a'、b' 和 d''、a'',即完成作图。

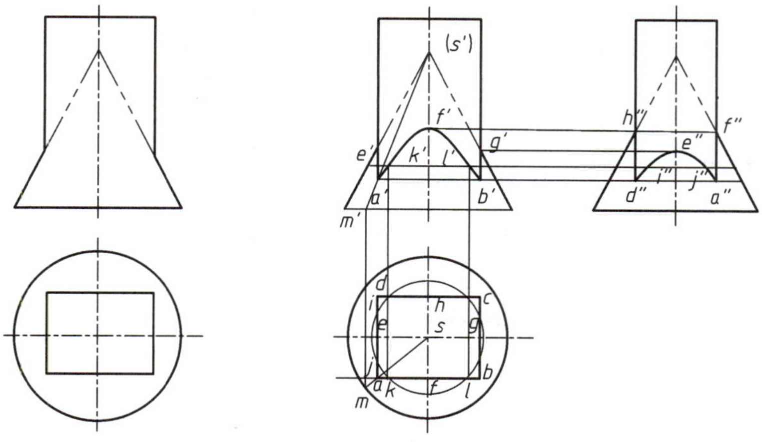

（a）　　　　（b）

图 1.3.63　四棱柱与圆锥相贯

（a）已知条件　（b）作图过程

3. 两曲面立体相贯

图 1.3.64 显示两种曲面相贯体的直观图，图 1.3.64（a）为两圆柱全贯，图 1.3.64（c）为圆柱与圆锥全贯，相贯线是两条封闭的空间曲线。

观察图 1.3.64（a）、（b），可以看出求两曲面立体的相贯线，实质上是求空间曲线的共有点，求此类相贯线的步骤如下：①形体分析（同前）；②求一系列共有点，利用积聚性或辅助线（面）法先求出特殊点（极限位置点和转向点），再视需要求若干中间点；③顺序光滑连接各点并判明可见性。

扫描观看

视频：两曲面立体相贯

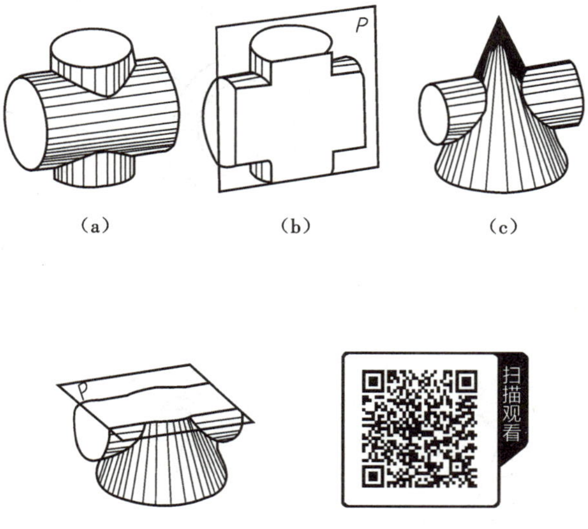

（a）　（b）　（c）

（d）　（e）

图 1.3.64　两曲面立体相贯

（a）两圆柱全贯　（b）圆柱全贯图　（c）圆柱与圆锥全贯　（d）圆柱与圆锥全贯图　（e）投影动画

【例 3.22】　求两圆柱体的相贯线，如图 1.3.65（a）所示。

由图 1.3.65（a）可以看出，两圆柱正交全贯，在上部产生一条相贯线，由于大小圆柱轴线分别垂直于 W、H 面投影面，其相贯线积聚在圆柱面的投影上，只需求出其 V 面投影。

作图：如图 1.3.65（b）所示，先利用积聚性对应标出 H、W 面投影上的特殊点 a、a''（最左最高点）、b、b''（最右最高点），c、c''（最前最低点），d、d''（最后最低点），其中 a'、b' 又是 V 面投影的转向点；对应求出 a'、b'、c'、(d')；再在 H 面投影上对称取中间点 e、f，利用积聚性标出 e''（f''），在 V 面投影对应得 e'、f'；最后依次光滑连接 $a'e'c'f'b'$ 得相贯线。

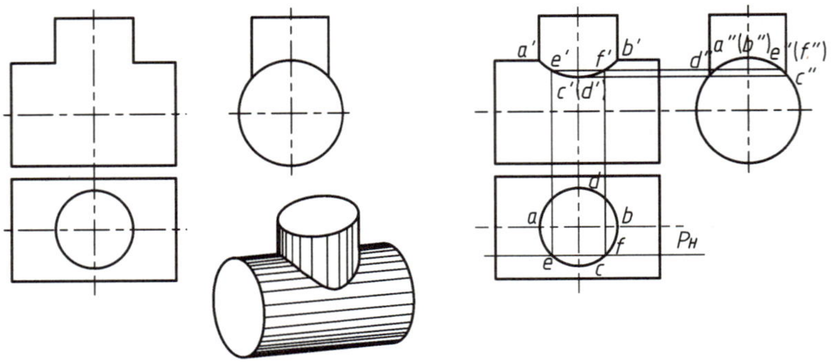

(a)　　　　(b)

图 1.3.65　两圆柱体相贯

(a)已知条件　(b)作图过程

若将图 1.3.65 中两圆柱体改成两圆筒相贯,如图 1.3.66 所示,成为工程中常见的一种管接头“三通”,则在内外表面产生两条相贯线,请读者分析比较。

两回转体相贯,在特殊情况下,其相贯线也可能是平面曲线或直线。两回转体同轴相贯时,其交线为圆,如图 1.3.67 所示。两回转体相切于同一球面时,其交线为椭圆,如图 1.3.68 所示。两圆柱轴线平行时,其交线为直线,如图 1.3.69 所示。

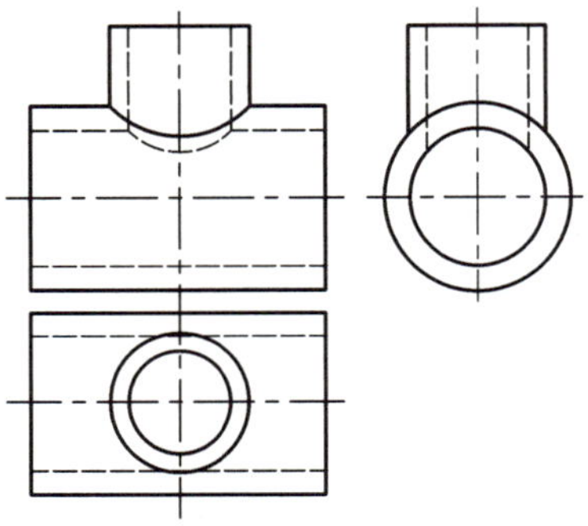

图 1.3.66　两圆筒相贯

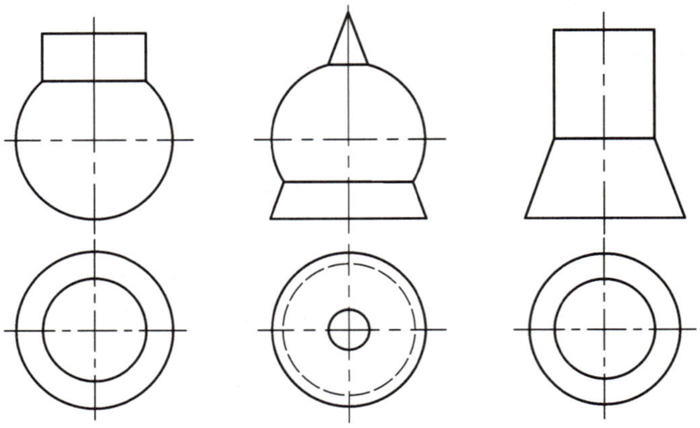

(a)　　　　(b)　　　　(c)

图 1.3.67　两回转体同轴相贯

(a)圆柱、球相贯　(b)圆锥、球相贯　(c)圆柱、圆台相贯

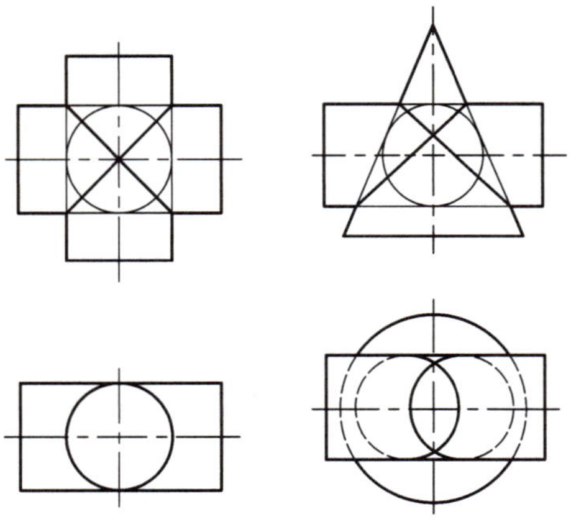

图 1.3.68　两回转体相切于同一个球面

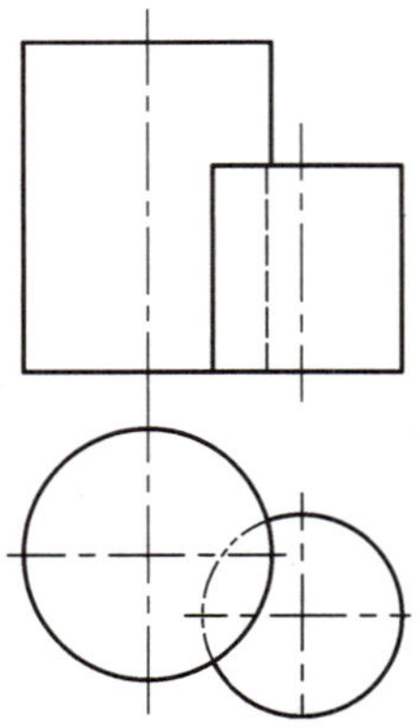

图 1.3.69　两圆柱轴线平行

4. 同坡屋面交线

在一般情况下,屋顶檐口的高度在同一水平面上,各个坡面与水平面的倾角相等,这样的屋面称为同坡

屋面。它是两平面体相贯的一种特殊形式,也是房屋建筑中常见的一种实例,如图 1.3.70 所示。

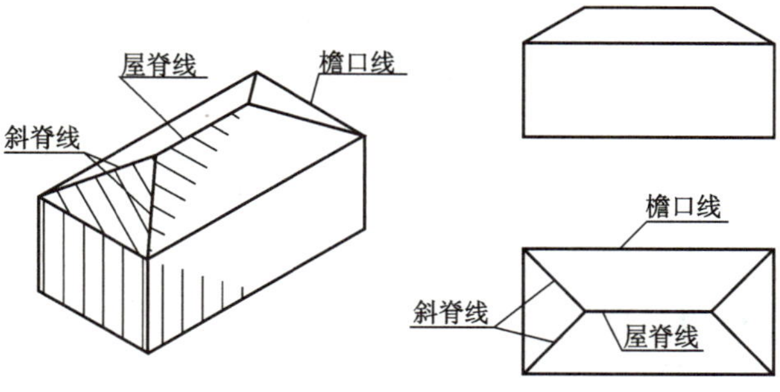

图 1.3.70 同坡屋面的投影
(a)立体图 (b)投影图

已知屋面的 H 面投影和倾角,求作屋面交线的问题,可视为特殊形式的平面体相贯问题来解决。作同坡屋面的投影图,可根据同坡屋面的投影特点,直接求得水平投影,再根据各坡面与水平面的倾角求得 V 面投影以及 W 面投影。

同坡屋面的交线有以下特点:

①当檐口线平行且等高时,前后坡面必相交成水平屋脊线。屋脊线的 H 面投影,必平行于檐口线的 H 面投影,并且与两檐口线距离相等,如图 1.3.70(b)所示;

②与檐口线相交的两个相邻坡面,必然相交于倾斜的斜脊线或天沟线,它们的 H 面投影为两檐口线 H 面投影夹角的平分线,如图 1.3.70(b)所示;

③当屋面上有两条斜脊线、两条斜天沟线或一条斜脊线、一条斜天沟线交于一点时,必然会有第 3 条屋脊线通过该交点,这个点就是 3 个相邻屋面的共有点,如图 1.3.71(c)中的点 g、点 m。

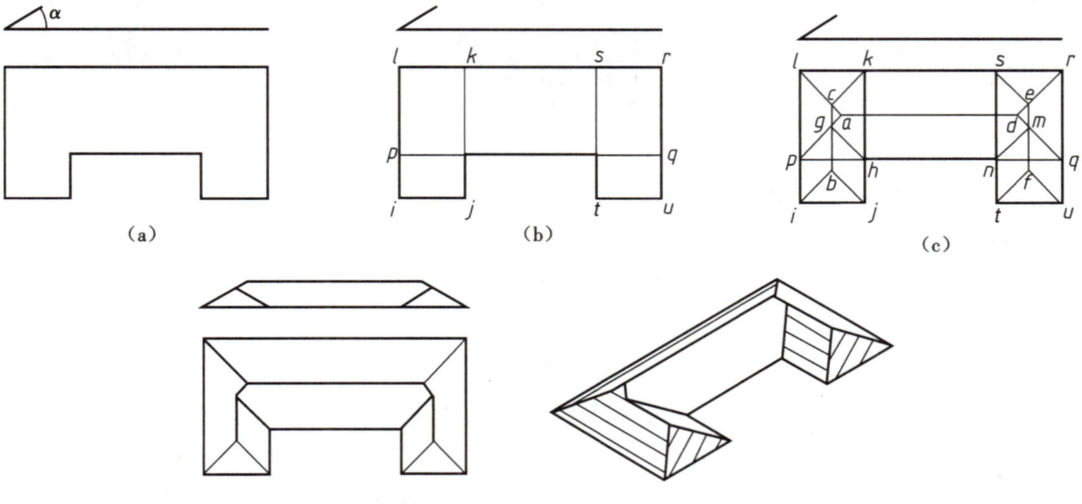

图 1.3.71 同坡屋面的投影图
(a)已知条件 (b)划分矩形块 (c)作各矩形顶点的角平分线和屋脊线
(d)屋面的 V 面投影图 (e)屋面的立体图

【例 3.23】 已知同坡屋面的倾角 $\alpha=30°$ 及檐口线的 H 面投影,如图 1.3.71(a)所示,求屋面交线的 H 面投影及 V 面投影。

从图可知,此屋顶的平面形状是一倒凹形、有 3 个同坡屋面两两垂直相交的屋顶。

具体作图步骤如下:

①将屋面的 H 面投影划分为 3 个矩形块,$ijkl$、$lpqr$ 和 $rstu$,如图 1.3.71(b)所示;

②分别作各矩形顶点的角平分线和屋脊线,得点 a、b、c、d、e、f,分别过同坡屋面的各个凹角作角平分线,

得斜脊线 gh、mn,如图 1.3.71(c)所示;

③根据屋面交线的特点及倾角 α 的投影规律,去掉不存在的线条可得屋面的 V 面投影,如图 1.3.71(d)所示。同理也可求得 W 面投影。

图 1.3.71(e)是该屋面的立体图。

实习实作:将模型、周围建筑、建筑构件等的一部分,作为相贯体的具体实例,进行测绘或目测,根据结果作投影图。

3.3 组合体的识读与绘制

视频:组合体的组成方式

习题:组合体的组成方式练习

3.3.1 组合体的画法及识读

1. 组合体的画法

任何一个建筑形体都可以看成一个难易不同的组合体。要画出组合体的投影应先把组合体分解为若干基本几何体,分析它们的相对位置、表面关系及组成特点,这一过程叫作形体分析。下面结合实例介绍组合体的画图方法和步骤。

视频:组合体的画法

视频:四棱柱组合体及其正投影图

习题:组合体的画法练习

【例 3.24】 画切口形体的三面投影图。

(1)形体分析

如图 1.3.72 所示,该形体可以看成由长方体挖切而成,先切割出大梯形块Ⅰ,再切割出小梯形块Ⅱ,最后挖切出半圆柱块Ⅲ。

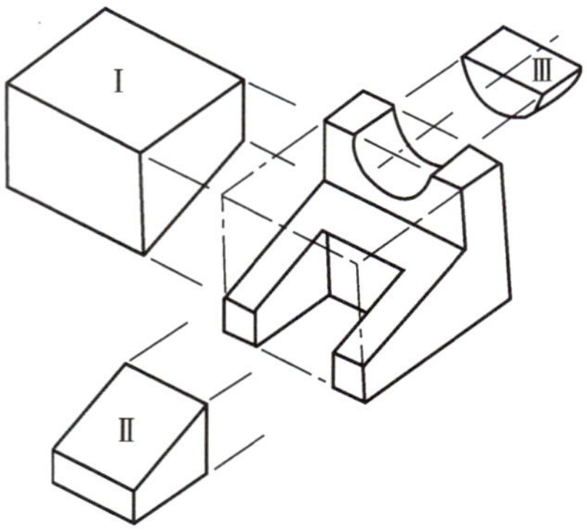

图 1.3.72 切口形体分析

(2)视图选择

在充分观察形体构造特点的基础上,从 3 个方面合理选择投影表达方案。

①合理安放,使形体放置平稳,合乎自然状态或正常工作位置(如房屋应放在地坪上,柱子应竖直放置,而梁应横向放置)。

②以 V 面投影(图 1.3.73(a))为主反映形体主要特征,并兼顾其他投影,作图简便清晰。力求反映各向实形,避免虚线。

③确定投影图(视图)数量。在确保完整清晰表达形体的前提下,以投影图数量最少为佳。本例应采用 3 个投影图表示。

提示:在以后表达房屋建筑内外形状和构造时,需用更多的视图。常拟定多种投影方案进行比较,择优作图。

(3)定比例,选图幅

先根据形体的大小和复杂程度确定绘图比例,再根据形体的总体尺寸、比例和投影图数量,结合尺寸标注、填写标题栏和文字说明的需要确定图幅大小。

（4）画投影图

先固定图纸，绘出图框和标题栏后，再按下列步骤绘图。

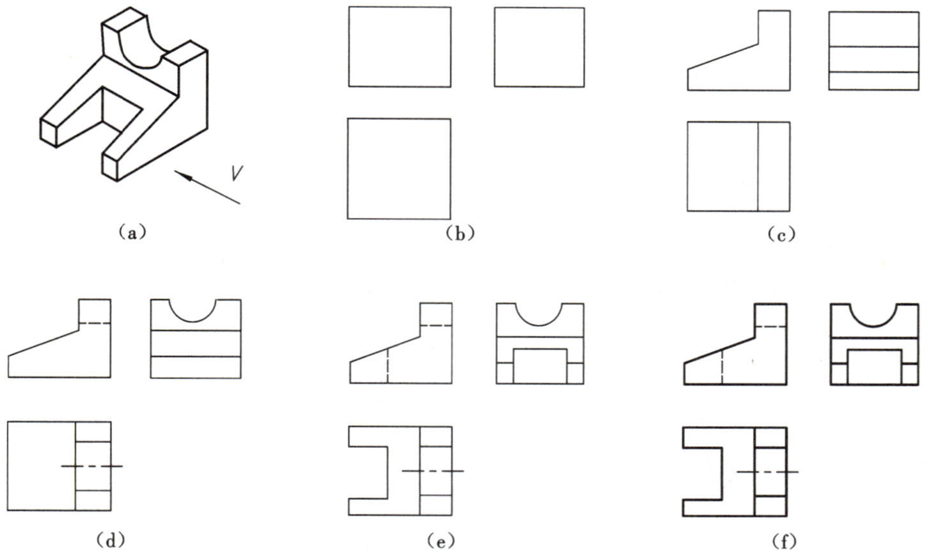

图 1.3.73　切口形体的三面投影图画图步骤

（a）立体图　（b）合理布局　（c）画出外轮廓

（d）画出半圆柱　（e）画出凹槽　（f）加粗描深投影图

①合理布局，使各投影图及其他内容在整张图纸内安排匀称，重点是布置各投影图的作图基线（如中心线、对称线、底面线或形体的总体轮廓），本例以长方形的总体轮廓进行布局，如图 1.3.73（b）所示。

②轻画底稿，可按先总体后局部、先大后小、先基本形体后组合形体、先实线后虚线的顺序进行，并注意各投影作图的相互配合和严格对应，如图 1.3.73（c）~（e）所示。

③检查漏误，加粗描深，全面检查各投影图是否正确，相互之间是否严格对应，改正错漏，擦去多余图线，按线型规范加粗描深，如图 1.3.73（f）所示。

（5）标注尺寸

填写文字、标记及标题栏。

【例 3.25】　画建筑形体的三面投影图。

（1）形体分析

如图 1.3.74 所示，该建筑形体是一种双坡屋面的小平房，由五棱柱形正房Ⅰ、五棱柱形耳房Ⅱ、四棱柱形烟囱Ⅲ、长方体形平台Ⅳ和长方体形门窗洞口组成。Ⅰ和Ⅱ、Ⅲ之间属相贯式组合，Ⅳ与Ⅰ为叠加式组合，而Ⅰ上门窗洞口属于挖切式组合。

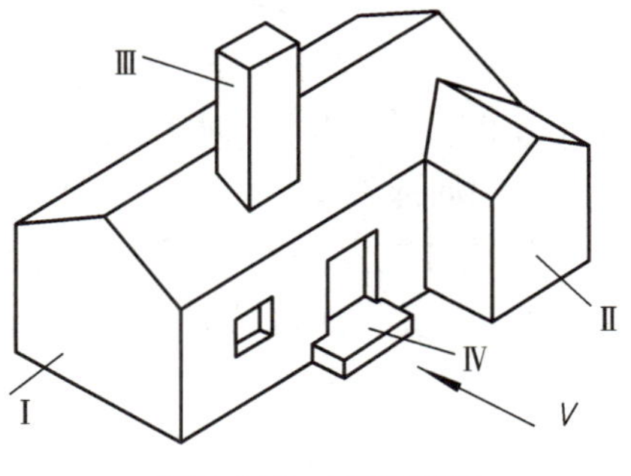

图 1.3.74　形体分析

（2）视图选择

根据房屋的形状和使用特点，应将房屋底面放在 H 面（地面）上，而以正房（建筑主体）和门窗洞口作为主要投影方向（V 向）V 面投影，常称为正立面图，W 面投影称为侧立面图，H 面投影称为平面图。本例需 3 个投影才能完整表达建筑形体的形状。

（3）定比例，选图幅（略）

（4）画投影图

如图 1.3.75 所示，其中门窗洞口的深度（虚线）未画出。

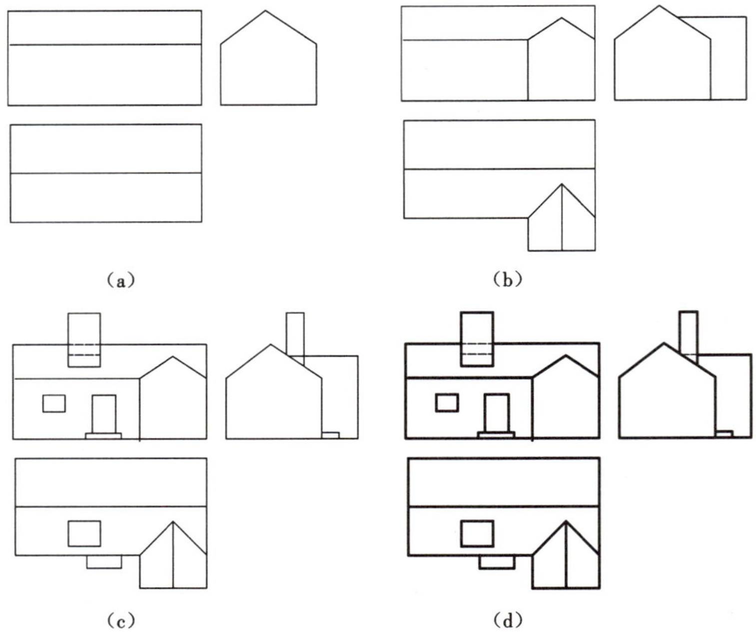

图 1.3.75　画建筑形体三面投影图的步骤

(a)画Ⅰ体　(b)画Ⅱ体　(c)画Ⅲ、Ⅳ体及细部　(d)加深、加粗图线

(5)标注尺寸(略)

2. 常用视图

视图用于表达建筑形体各个方向的外观形状,尽量不使用虚线。在一般情况下规定了 6 个基本视图,在特殊情况下可使用有关辅助视图。

(1)基本视图

将图 1.3.76(a)所示形体置于一个互相垂直的六投影面体系中(图 1.3.76(b)),以前(*A* 向)、后(*F* 向)、左(*C* 向)、右(*D* 向)、上(*B* 向)、下(*E* 向)6 个方向分别向 6 个投影面作正投影,得到 6 个正投影图(视图)。*A* 向得正立面图(又称正面投影或 *V* 面投影),*B* 向得平面图(又称水平投影或 *H* 面投影),*C* 向得左侧立面图(又称左侧面投影或 *W* 面投影),*D* 向得右侧立面图,*E* 向得底面图,*F* 向得背立面图。其展开方向如图 1.3.76(b)所示,展开后的配置如图 1.3.76(c)所示,可省略图名;为了节约图纸幅面,可按图 1.3.76(d)配置,但必须在各图的正下方注写图名,并在图名下画一条粗横线。

由形成过程可以看出,6 个基本视图仍然遵守“长对正、高平齐、宽相等”的投影规律,作图与读图时要特别注意它们的尺寸关系、方位关系和对应关系。在使用时,应以三视图为主,合理确定视图数量。如表达一幢房屋的外观,就不可能有底面图。

(2)局部视图

当物体的某一局部尚未表达清楚,而又没有必要画出完整视图时,可将局部形状向基本投影面进行投射,得到的视图称为局部视图。如图 1.3.77 所示形体的左侧凸台,只需从左投射,单独画出凸台的视图,即可表示清楚。

局部视图的范围用波浪线表示。当局部结构完整,且外形轮廓封闭时波浪线可省略不画。局部视图需在要表达的结构附近,用箭头指明投影方向,并注写字母,在画出的局部视图下方注出视图的名称“*A* 向”,如图 1.3.77 所示。

当局部视图按投影关系配置,中间又没有其他图形隔开时,可省略上述标注。

(3)斜视图

当物体的某个表面与基本投影面不平行时,为了表示该表面的真实形状,可增加与倾斜表面平行的辅助投影面,倾斜表面在辅助平面上的正投影,称为斜视图。

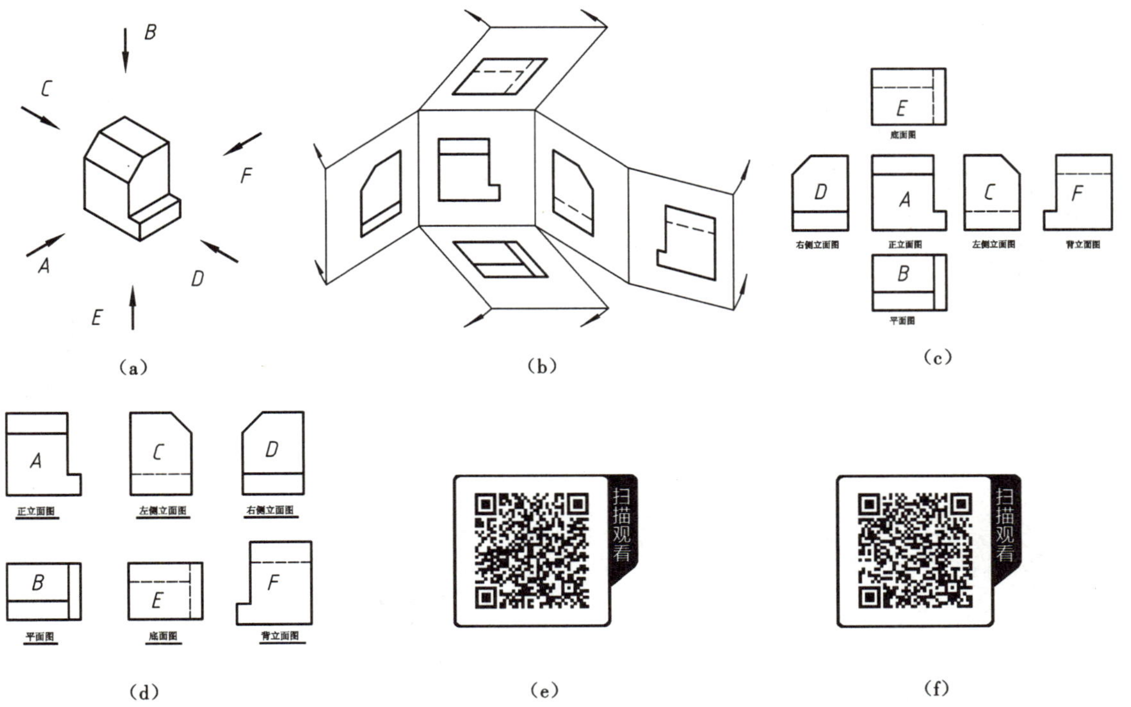

图 1.3.76　基本视图的形成、配置与名称

(a)立体图　(b)6 个基本投影图的形成及展开　(c)基本投影图　(d)基本投影图的配置
(e)房屋多面投影图视频　(f)形体多面投影图视频

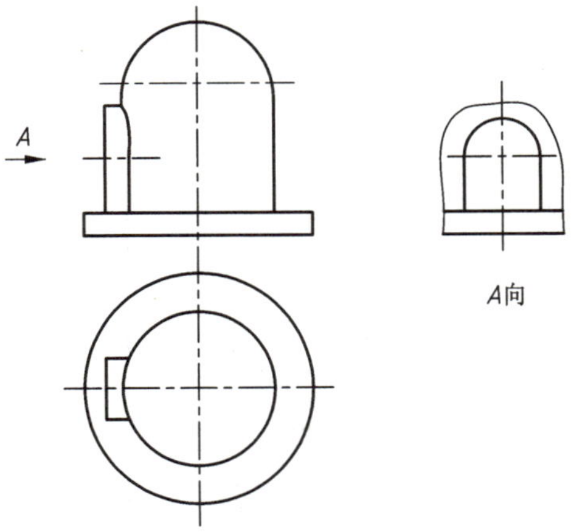

图 1.3.77　局部视图

斜视图也是表示物体某一局部形状的视图,因此也要用波浪线表示出其断裂边界,其标注方法与局部视图相同。在不致引起误解的情况下,斜视图可以旋转到垂直或水平位置绘制,但须在视图的名称后加注“旋转”二字,如图 1.3.78 所示。

(4)旋转视图

假想将物体的某一倾斜表面旋转到与基本投影面平行,再进行投射,所得到的视图称为旋转视图,如图 1.3.79 所示。该法常用于建筑物各立面不互相垂直时,表达其整体形状。

(5)镜像视图

假想用镜面代替投影面,按照物体在镜中的垂直影像绘制图样,得到的图形称为镜像视图。镜像视图多用于表达顶棚平面以及有特殊要求的平面。采用镜像投影法所画出的图样,应在图名之后加注“镜像”二字,如图 1.3.80 所示。

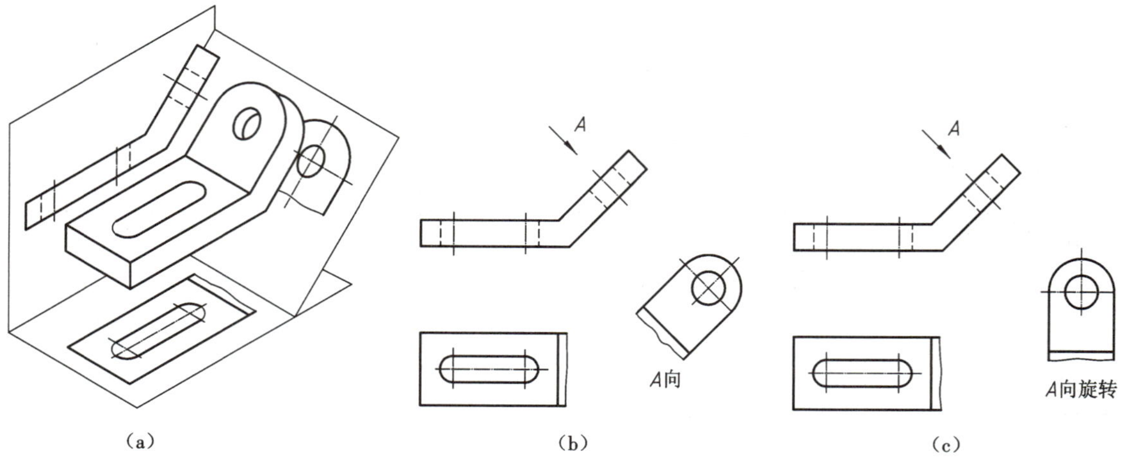

图 1.3.78　斜视图

(a)立体图　(b)斜视图 1　(c)斜视图 2

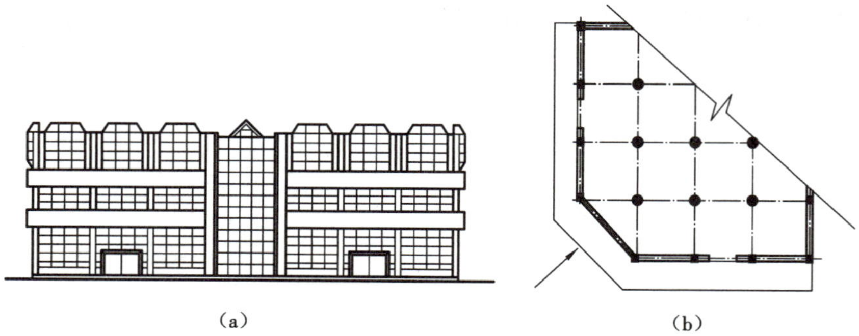

图 1.3.79　旋转视图

(a)正立面图(旋转)　(b)底层平面图

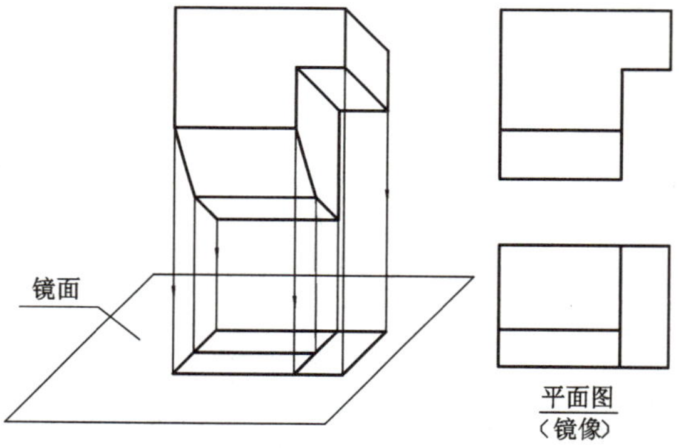

图 1.3.80　镜像视图

3. 组合体的读图方法

视频:组合体的读图　　视频:形体轴测图与正投影图　　习题:组合体的读图练习

根据组合体的投影图想象出它的形状和结构,这一过程就叫读图。读图是画图的逆过程,是从平面图形到空间形体的想象过程。因此,画图与读图是相辅相成的,是不断提高和深化识图能力的过程。通过前面的学习，要求读者不但熟悉工程图样绘制规范，更要熟练掌握三面正投影图的形成原理，几何元素的投影特性，基本形体及组合体的投影表达方法，这是读图的基础。

综合前述各章节关于画图和读图的讨论，组合体投影图的识读方法可以概括为三种：投影分析法、形体分析体、线面分析法。

（1）投影分析法

任何形体必须用两个以上甚至更多的投影图才能表达清楚。因此，必须首先弄清用了几个投影图，它们的对应关系如何。从方位到线框图线都要一一对应，弄清相互关系。

（2）形体分析法

在投影分析的基础上，一般从正面投影入手，将各线框和其他投影对应起来，分析所处方位（上下、左右、前后）和层次，想象局部形状（基本形体或切口形体），再将各部分综合起来想象整体形状及组合关系。

（3）线面分析法

对于较复杂的投影图，仅用投影分析法和形体分析法，不一定能完全看懂，这就需要用点、线、面的投影特性来分析投影图中每个线框、每条线、每个交点分别代表什么，进而判断形体特征及其组合方式。

若投影图标注有尺寸，可借助尺寸判断形体大小和形状（如 $S\phi\times\times$ 可判定是球体）。

验证是否看懂投影图的方法，除了可用制作实物来证明外，还可用下列方法来检验：

①画出立体图；

②补第三投影图或补图线；

③改正图中错处。

【例 3.26】 根据三面投影图想象出形体的空间形状，如图 1.3.81（a）所示。

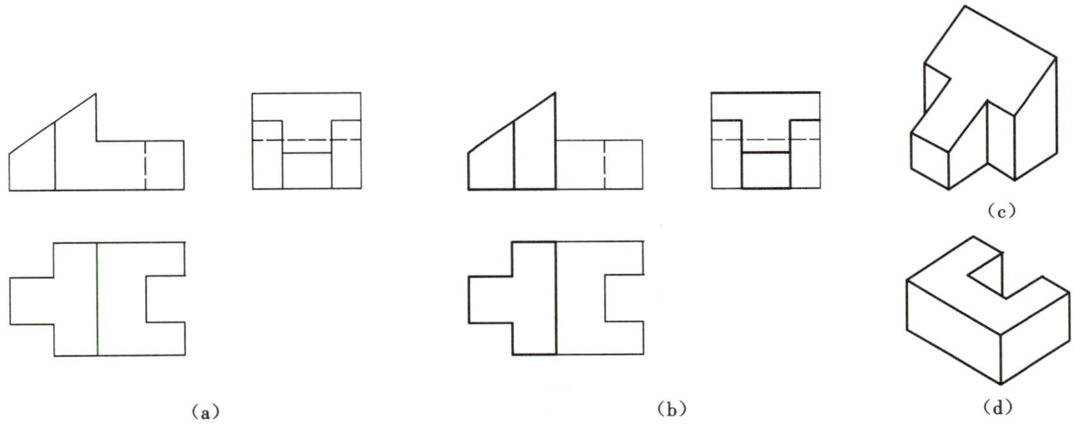

图 1.3.81 形体分析法

（a）投影图 （b）分解投影图 （c）T 形立柱立体图 （d）四棱柱去槽立体图

（1）投影分析

由图 1.3.81（a）可以看出，该图给出了常见的三面投影，根据“长对正”，自左向右逐一对出 V、H 面投影上 5 条竖向线的对应位置；根据“高平齐”，自上而下对出 V、W 面投影上 5 条横向直线的对应位置；根据“宽相等”，自前向后对出 4 组直线转折 90° 后的对应位置。

（2）形体分析

在弄清投影对应关系后，由 V、H 面投影可将图形划分为两部分，如图 1.3.81（b）所示，图中用粗细线区分这两部分，左边粗线部分可看成一 T 形立柱，其上被正垂面斜截而成，如图 1.3.81（c）所示。而右边细线部分则是一长方块上开了一个方槽，如图 1.3.81（d）所示。最后将两部分形状按图 1.3.82（b）所示合在一起就得出整体形状，如图 1.3.82（a）所示。

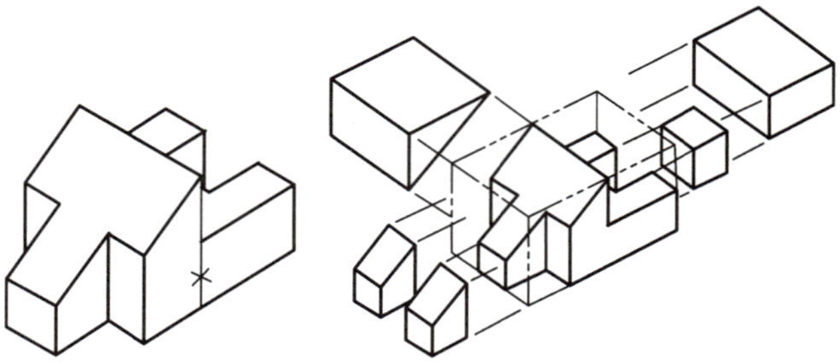

(a)　　(b)

图 1.3.82　形体分析

(a)组合图　(b)立体拆分图

提示:将投影图形划分成两部分是一种假想的思维方法,若结合处共面或是连续的光滑表面,则没有分界线,如图 1.3.82(a)中"×"处。此外,该形体也可看成一长方体被截切去 5 块而成,如图 1.3.82(b)所示。

【例 3.27】 如图 1.3.83(a)所示,已知一组合体的 V、H 面投影,补画其 W 面投影。

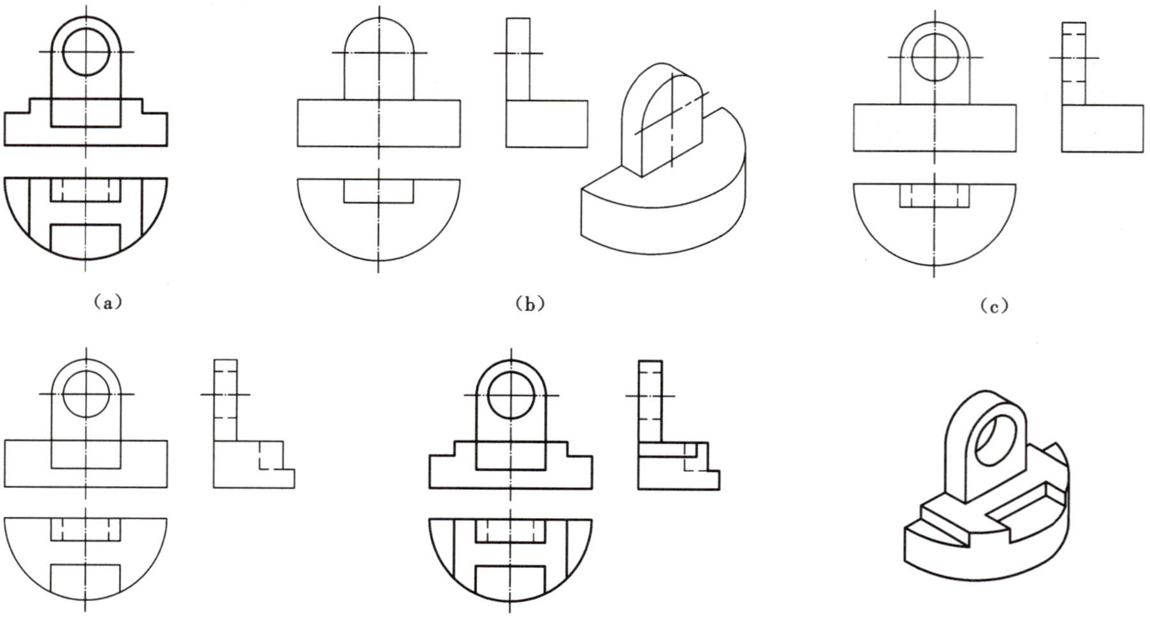

(a)　(b)　(c)　(d)　(e)　(f)

图 1.3.83　补画第三投影

(a)已知条件　(b)想象并绘制基本体　(c)画圆柱　(d)画凹槽　(e)检查并加深　(f)立体图

(1)投影分析

根据已知的 V、H 面投影,按"长对正"自左至右对应出各线、点的位置,并注意 V 面投影的上下层次和 H 面投影的前后层次。

(2)形体分析

由水平投影的半圆对应正面投影的最左和最右边的直线,结合上下层次,可看出形体的下部是一个水平半圆板;而由正面投影上部的半圆形和圆对应到水平投影的实线可看出,显然是一正立的方形、半圆板、放置于水平半圆板上方的后部,如图 1.3.83(b)所示。

(3)线面分析

将 V 面上的圆对应到 H 面上的两条虚线,可以看出是半圆板上的圆孔,如图 1.3.83(c)所示;将 V 面上半圆板中部上方的矩形线框对应到 H 面上半圆板中部前方的矩形线框,可以看出是在半圆板中部上方开了一方形槽,如图 1.3.83(d)所示;将 V 面上水平半圆板的左右对称性切口对应到 H 面上的两条直线,可以看出是半圆板左右切去弧形块;补画出完整的 W 面投影图,如图 1.3.83(e)所示。最后综合想象出形体的整体形状,如图 1.3.83(f)所示。

【例 3.28】 补画榫头三面投影图中所缺的图线，如图 1.3.84(a)所示。

(1)投影分析

根据三面投影"长对正、高平齐、宽相等"的投影规律，初步查找 3 个投影图上各点、线的对应关系，判断可能缺少图线的位置。

(2)形体分析

对照 *V*、*H* 面投影可以看出形体由左右两部分组成，左边是高度为 *A*、宽度为 *B* 的长方块，左下方有一长方形切口 *C*。由此可对应画出 *H* 面投影上的虚线，*W* 面投影上的矩形图线及一条与缺口对应的实线，如图 1.3.84(b)所示。

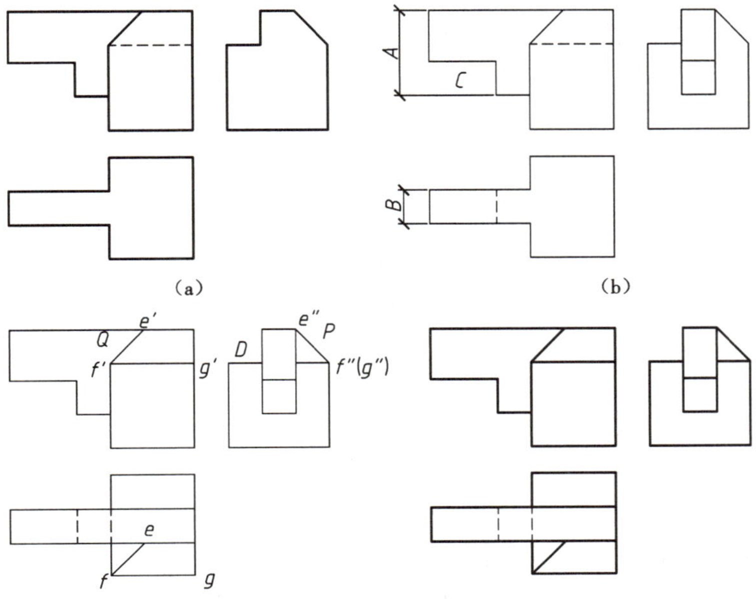

(a)　(b)　(c)　(d)

图 1.3.84　补画图线

(a)已知条件　(b)补榫头图线　(c)补截切长方体图线　(d)检查并加深

(3)线面分析

对右边的长方体，将三面投影互相对应分析，可以看出长方体后上方被截切一长方形切口 *D*；而前上方被侧垂面 *P* 和正垂面 *Q* 斜切形成斜线 *EF*。从而对应补画出有关图线，其中棱线 *g′ f′* 遮住了后方的虚线，如图 1.3.84(c)所示。综合整理加粗描深，如图 1.3.84(d)所示；想象出空间形状，如图 1.3.85 所示。

【例 3.29】 已知一半球体被 4 个平面截切，以 *H* 面投影为准，改正 *V*、*W* 面投影中的错处，如图 1.3.86(a)所示。

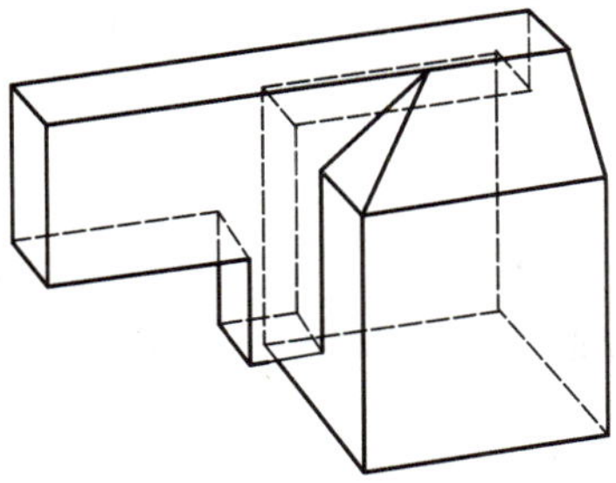

图 1.3.85　立体图

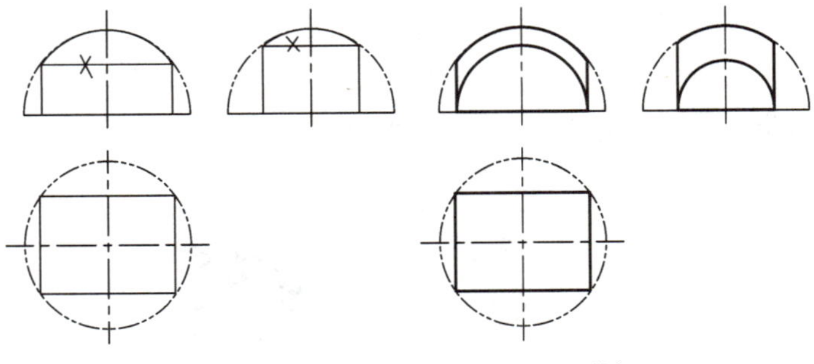

(a)　(b)

图 1.3.86　改正错误图线

(a)错误图线　(b)正确图线

由题意和图 1.3.86(a)可知，半球体被两正平面和两侧平面截切，其水平投影积聚成直线；而平面截切球体时其截交线应是圆弧,分别在 V、W 面上反映实形(半圆)。因此,图 1.3.86(a)中打“×”号的两条直线是错的,应改成图 1.3.86(b)中的半圆,相当于球形屋顶的 4 道墙面。

【例 3.30】 参考图 1.3.87(a),若 H 面投影不变,试构思 V 面投影不同的形体。

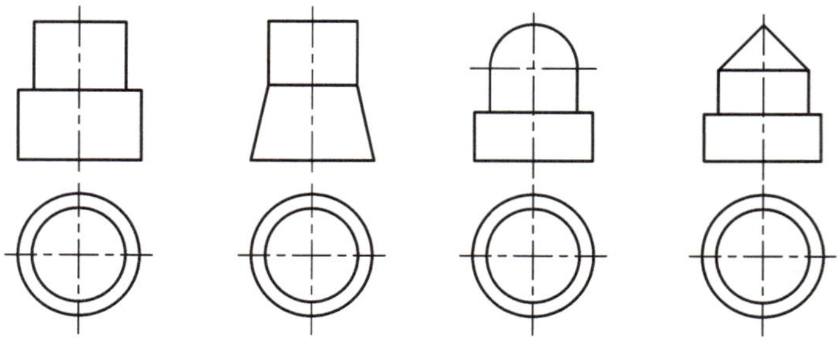

(a)　(b)　(c)　(d)

图 1.3.87　水平投影相同的形体构思

(a)两个圆柱　(b)圆柱和圆台　(c)圆柱、圆柱和半球　(d)圆柱、圆柱和圆锥

图 1.3.87(a)反映两个铅垂圆柱同轴叠加式组合体的投影,水平投影的两个圆有积聚性。若水平投影不变,则在不同高度内可形成多种组合方案,如图 1.3.87(b)~(d)所示。

讨论:周围的建筑、建筑构件等,哪些是基本立体?哪些是被平面切割后的截断体?哪些是两立体的相贯体?

3.3.2 拓展知识

1. 徒手绘图

(1)基本概念

徒手绘图是指不借助仪器,只用铅笔以徒手、目测的方法来绘制图样,通称画草图。

在工程设计中,设计人员用草图记录自己的设计方案,在施工现场技术人员用草图讨论某些技术问题,在技术交流中工程师们用草图表达自己的设计思想,在教学活动中由于计算机绘图的引入,对手绘图的要求越来越低,而加大由草图到计算机绘图的比重。因此,徒手绘图是工程技术人员必备的一种绘图技能。

草图不要求完全按照国标规定的比例绘制,但要求正确目测实物形状和大小,基本上把握住形体各部分之间的比例关系。如一个物体的长、宽、高之比为 4 : 3 : 2,画此物体时,就要保持物体自身的这种比例。判断形体间比例的正确方法是从整体到局部,再由局部返回整体相互比较的观察方法。

草图不是潦草的图,除比例一项外,其余必须遵守国标规定,要求做到投影正确,线型分明,字迹工整。为便于控制尺寸大小,可在坐标纸(方格纸)上画徒手草图,坐标纸不要求固定在图板上,为了作图方便可任意转动和移动。

(2)绘图方法

水平线应自左向右画出,铅垂线应自上而下画出,眼视终点,小指压住纸面,手腕随线移动,如图 1.3.88 所示。画水平线和铅垂线时要尽量利用坐标纸的方格线,除了 45° 斜线可利用方格的对角线以外,其余斜线可根据它们的斜率画,如图 1.3.89 所示。

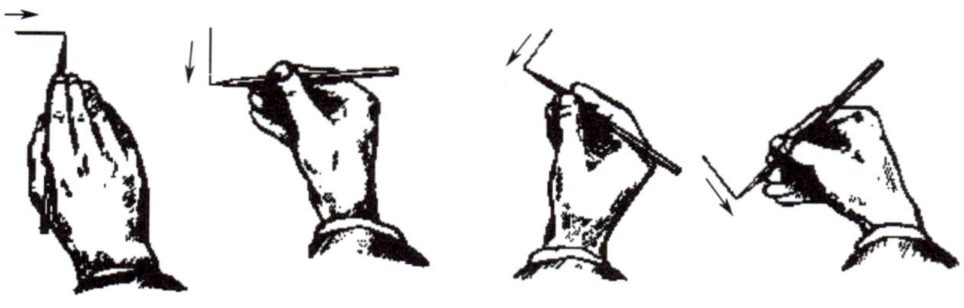

(a)　(b)　(c)　(d)

图 1.3.88　草图画法

(a)画水平线　(b)画铅垂线　(c)向左画斜线　(d)向右画斜线

画较小的圆时，应先画出两条互相垂直的中心线，再在中心线上按半径长定 4 个象限点，然后连成圆。如图 1.3.90（a）所示。如画较大的圆，可以再增画两条对角线，在对角线上找 4 段半径的端点，然后通过这些点描绘，最后完成所画的圆，如图 1.3.90（b）所示。

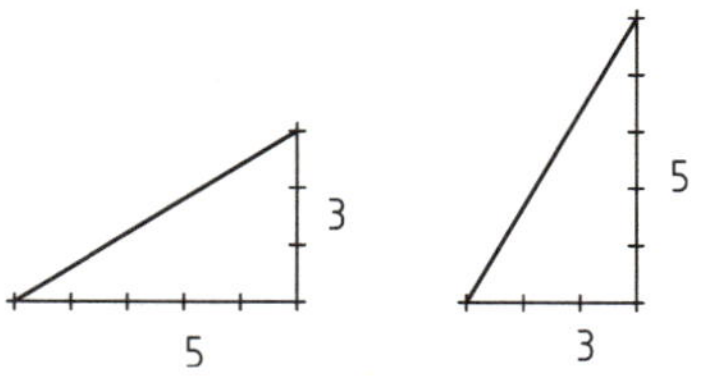

图 1.3.89　斜线画法

（3）草图画法示例

图 1.3.91、1.3.92 是草图画法示例。

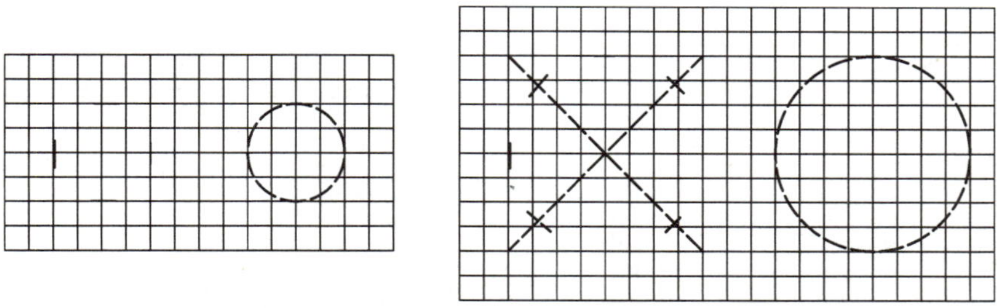

(a)　　(b)

图 1.3.90　草图圆的画法

（a）小圆　（b）大圆

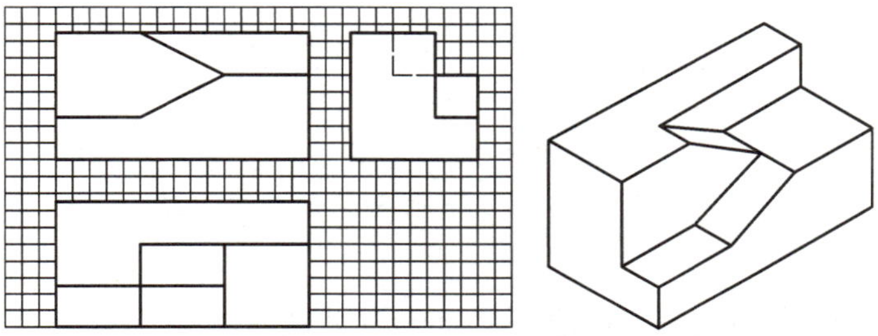

图 1.3.91　草图画法示例一

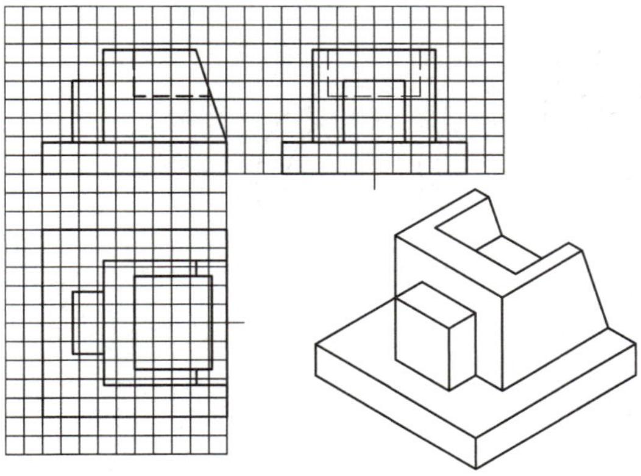

图 1.3.92　草图画法示例二

实习实作：对模型、周围的建筑、建筑构件等进行目测，徒手绘制投影图。

2. 简化画法

为了提高绘图速度或节省图纸空间，建筑制图国家标准允许采用下列简化画法。

（1）对称简化画法

构配件的视图有一条对称线，可只画该视图的一半；视图有两条对称线，可只画该视图的 1/4，并画出对称符号（对称符号用一对平行的短细实线表示，其长度为 6~10 mm，间距宜为 2~3 mm，两端的对称符号到图形的距离应相等）（图 1.3.93（a））。图形也可稍超出其对称线，此时可不画对称符号（图 1.3.93（b）），对称的形体需画剖面图或断面图时，可以对称符号为界，一半画视图(外形图),一半画剖面图或断面图(图 1.3.93(c))。

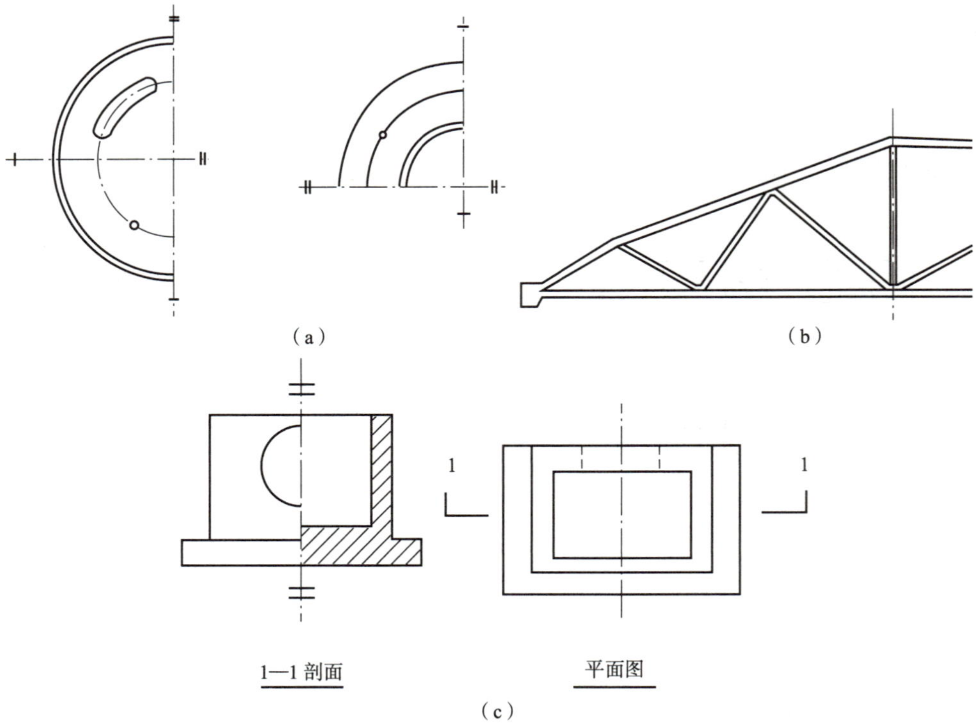

图 1.3.93　对称画法

(a)画出对称符号　(b)不画对称符号　(c)一半画视图、一半画剖面图

(2)相同要素简化画法

构配件内多个完全相同且连续排列的构造要素,可仅在两端或适当位置画出其完整形状,其余部分可以中心线或中心线交点表示(图 1.3.94(a))。当相同构造要素少于中心线交点时,其余部分应在相同构造要素位置的中心线交点处用小圆点表示(图 1.3.94(b))。

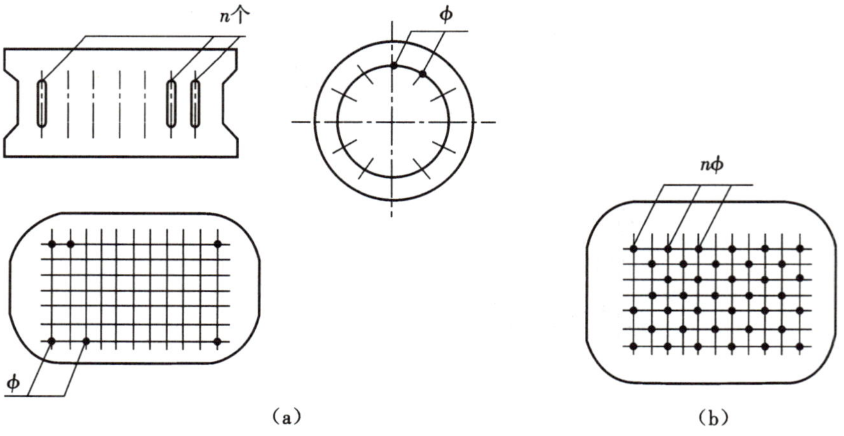

图 1.3.94　相同要素简化画法

(a)用中心线或中心线交点表示　(b)中心线交点用小圆点表示

(3)折断简化画法

较长的构件,当沿长度方向的形状相同或按一定规律变化时,可断开省略绘制,断开处应以折断线表示(图 1.3.95、图 1.3.96)。

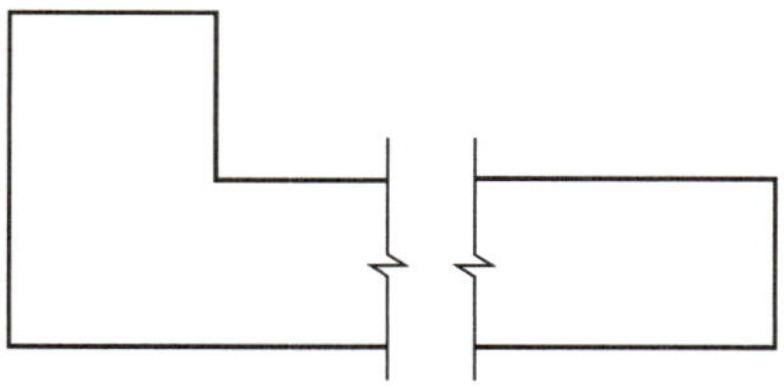

图 1.3.95　折断简化画法

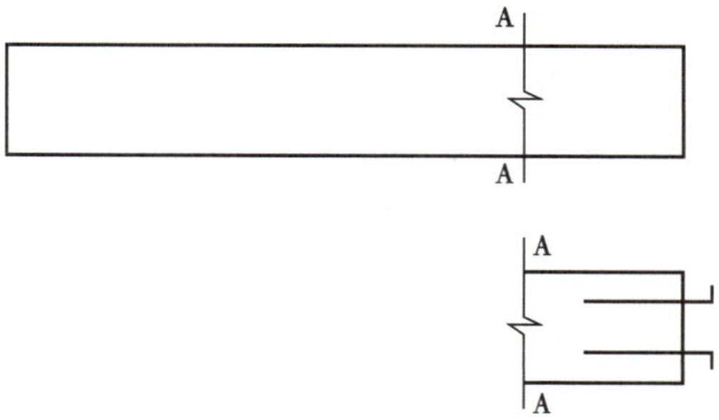

图 1.3.96　构件局部不同的简化画法

(4)局部不同的简化画法

一个构配件如绘制位置不够,可分成几个部分绘制,并应以连接符号表示相连。

一个构配件如与另一构配件仅部分不相同,该构配件可只画不同部分,但应在两个构配件的相同部分与不同部分的分界线处,分别绘制连接符号(图 1.3.97)。

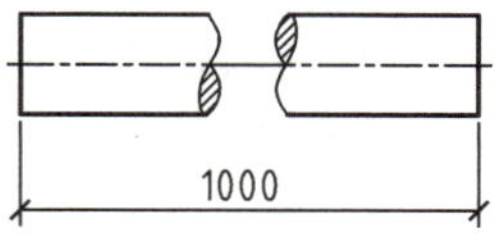

图 1.3.97　较长杆件的断开画法

3.4　轴测投影图的绘制

扫描观看

视频:轴测投影的基本知识

3.4.1　轴测投影认知

轴测图是一种能够在一个投影图中同时反映形体三维结构的图形。

图 1.3.98 是一立体的正投影图和轴测投影。显而易见,轴测图直观形象,易于看懂。因此,工程中常将轴测投影用作辅助图样,以弥补正投影图不易被看懂的不足。与此同时,轴测投影也存在着不易反映物体各表面的实形,度量性差、绘图复杂、会产生变形等缺点。

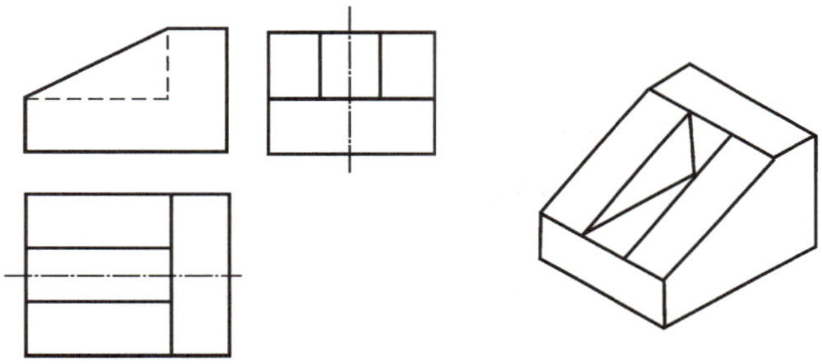

(a)　(b)

图 1.3.98　正投影图与轴测图对比

(a)正投影图　(b)轴测图

如图 1.3.99 所示,*P* 为轴测投影面,*S* 为投影方向,长方体上的坐标轴 *OX*、*OY*、*OZ* 均倾斜于 *P* 面,投影方向 *S* 与 *P* 面垂直。按此方法得到的 *P* 面轴测图称为正轴测图。如图 1.3.100 所示,*P* 为轴测投影面,*S* 为投影方向,立体上的坐标面 *XOZ* 平行于 *P* 面,投影方向 *S* 与 *P* 面不垂直。以此种投影方法产生的轴测图称为斜轴测图。

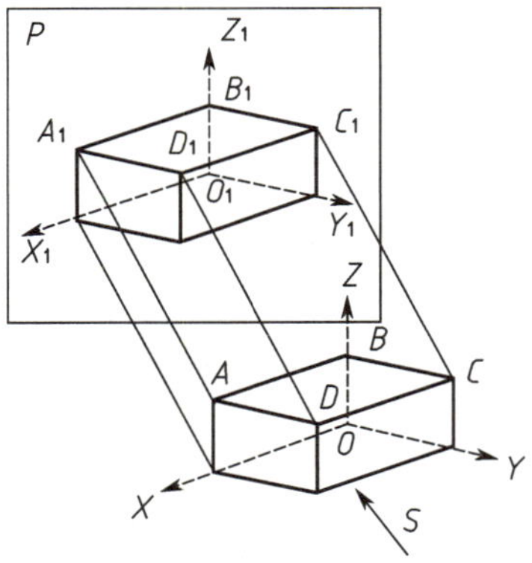

图 1.3.99　正轴测图的形成

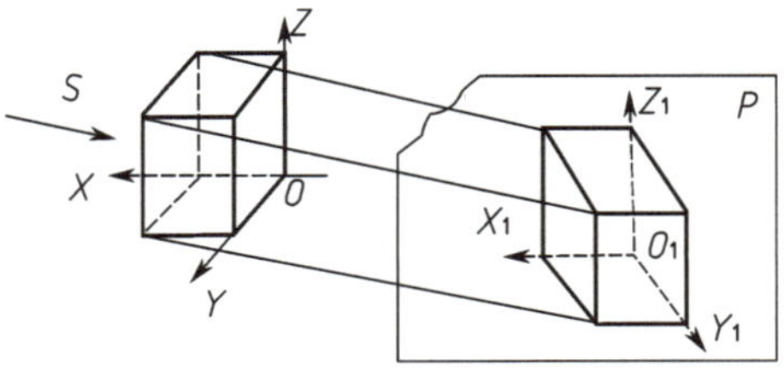

图 1.3.100　斜轴测图的形成

1. 轴测投影常用术语

(1)轴测投影面

作轴测投影的平面,称为轴测投影面。

(2)轴测投影轴

空间形体直角坐标轴 OX、OY、OZ 在轴测投影面上的投影 O_1X_1、O_1Y_1、O_1Z_1 称为轴测投影轴,简称轴测轴。

(3)轴间角

轴测轴之间的夹角 $\angle X_1O_1Z_1$、$\angle X_1O_1Y_1$、$\angle Y_1O_1Z_1$ 称为轴间角。

(4)轴伸缩系数

轴测轴与空间直角坐标轴单位长度之比,称为轴伸缩系数。

由于空间形体的直角坐标轴可与投影面 P 倾斜,其投影都比原来长度小,它们的投影与原来长度的比值,称为轴伸缩系数,分别用 p、q、r 表示,即

$$p=O_1X_1/OX, q=O_1Y_1/OY, r=O_1Z_1/OZ$$

2. 轴测投影图的分类

(1)根据轴测投影面的夹角分类

根据投影方向 S 对轴测投影面的夹角不同,轴测投影可分为两大类。

①正轴测投影:用一组垂直于轴测投影面的平行投影线投射,且空间直角坐标轴 OX、OY、OZ 均倾斜于轴测投影面时所形成的轴测投影,简称正轴测。

②斜轴测投影:用一组倾斜于轴测投影面(也倾斜于 3 个坐标轴)的平行投影线投射,且空间直角坐标轴中有两个坐标轴平行于轴测投影面时所形成的轴测投影,简称斜轴测。

(2)根据轴伸缩系数分类

根据 3 个坐标轴的轴伸缩系数,每类轴测图又可分为 3 种。

①正(斜)等轴测图:3 个轴伸缩系数都相等,$p=q=r$。

②正(斜)二轴测图:其中 2 个轴伸缩系数相等,$p=q\neq r$;$p=r\neq q$;$q=r\neq p$。

③正(斜)三轴测图:3 个轴伸缩系数都不相等,$p\neq q\neq r$。

(3)标准推荐

为了作图方便、表达效果更好,GB 50001—2017 推荐了 4 种标准轴测图:正等轴测;正二轴测;正面斜等轴测和正面斜二轴测;水平斜等轴测和水平斜二轴测。

3. 轴测投影图的特性

轴测投影属于平行投影,所以轴测投影具有平行投影的所有特性。

①空间相互平行的直线,它们的轴测投影也互相平行。

②空间中凡是与坐标轴平行的直线,在其轴测图中也必与轴测轴互相平行。

③空间中两平行线段或同一直线上的两线段长度之比,在轴测图上保持不变。

应当注意的是,当所画线段与坐标轴不平行时,绝不可在图上直接量取,而应先作出线段两端点的轴测图,然后连线得到线段的轴测图。另外,在轴测图中一般不画虚线。

3.4.2 正等轴测投影图的绘制

1. 正等轴测图的形成

正—— 采用正投影方法。

等—— 三轴测轴的简化轴伸缩系数相同,即 $p=q=r$。

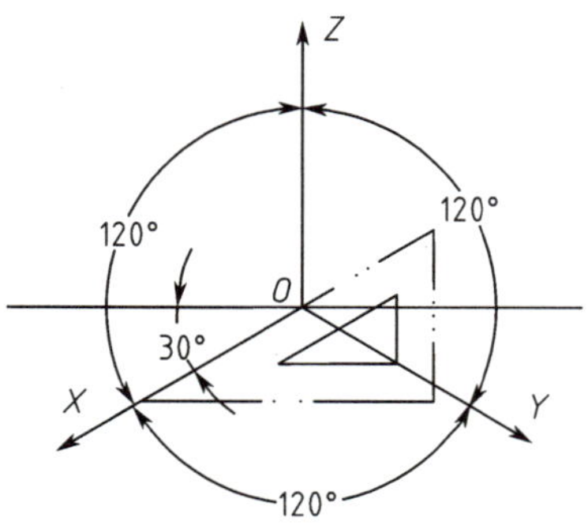

图 1.3.101 正等轴测图的轴间角

由于正等轴测图绘制方便,因此在实际工作中应用较多。如本教材中的许多例图都采用了正等轴测画法。

(1)轴间角

由于空间坐标轴 OX、OY、OZ 对轴测投影面的倾斜角相等,可计算出其轴间角 $\angle XOY=\angle XOZ=\angle YOZ=120°$,如图 1.3.101 所示,其中 OZ 轴画成铅垂方向。

(2)轴伸缩系数

由理论计算可知:3 根轴的轴伸缩系数为 0.82。如按此系数作图,就

意味着在画正等轴测图时，物体上凡是与坐标轴平行的线段都应将其实长乘以 0.82。为方便作图，轴向尺寸一般采用简化轴伸缩系数：$p=q=r=1$。这样轴向尺寸即被放大 $k=1/0.82\approx1.22$ 倍，所画出的轴测图也就比实际物体大，这对物体的形状没有影响，但简化了作图，且两者的立体效果是一样的，如图 1.3.102 所示。

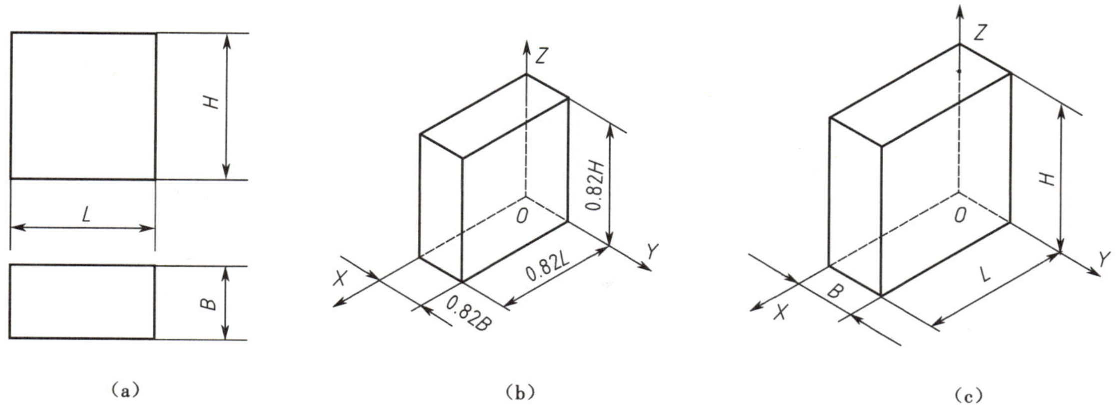

图 1.3.102　正等轴测图的绘制

（a）正投影图　（b）正等轴测图　（c）采用简化轴伸缩系数的正等轴测图

2. 平面立体正等轴测图的画法

画平面立体正等轴测图最基本的方法是坐标法，即沿轴测轴度量，定出物体上一些点的坐标，然后逐步由点连线画出图形。在实际作图时，还可以根据物体的形体特点，灵活运用各种不同的作图方法（如坐标法、切割法、叠加法等）。

视频：平面立体的正等轴测图

习题：平面立体的正等轴测图练习

（1）坐标法

画轴测图时，先在物体三视图中确定坐标原点和坐标轴，然后按物体上各点的坐标关系采用简化轴伸缩系数，依次画出各点的轴测图，由点连线而得到物体的正等轴测图。

坐标法是绘制轴测图的基本方法，适用于平面立体、曲面立体、正等轴测及其他轴测图的绘制。

（2）切割法

切割法适用于以切割方式构成的平面立体。先绘制挖切前完整形体的轴测图，再依据形体上的相对位置逐一进行切割。

（3）叠加法

叠加法适用于绘制堆叠形成的物体的轴测图。作图时应注意物体堆叠时的定位关系，首先将物体看成由几部分堆叠而成，然后依次画出这几部分的轴测投影，即得到该物体的轴测图。

以上 3 种方法都需要先定坐标原点，然后按各线、面端点的坐标在轴测坐标系中确定其位置，故坐标法是画图时最基本的方法。当绘制复杂物体的轴测图时，往往综合使用这 3 种方法。

【例 3.31】　用坐标法作长方体的正等轴测图，如图 1.3.103 所示。

【解】

①如图 1.3.103（a）所示，在正投影图上定出原点和坐标轴的位置；

②如图 1.3.103（b）所示，画轴测轴，在 O_1X_1 和 O_1Y_1 上分别量取 a 和 b，对应得出点 m_1 和 n_1，过 m_1、n_1 作 O_1X_1 和 O_1Y_1 的平行线，得长方体底面的轴测图；

③如图 1.3.103（c）所示，过底面各角点作 O_1Z_1 轴的平行线，量取高度 h，得长方体顶面各角点；

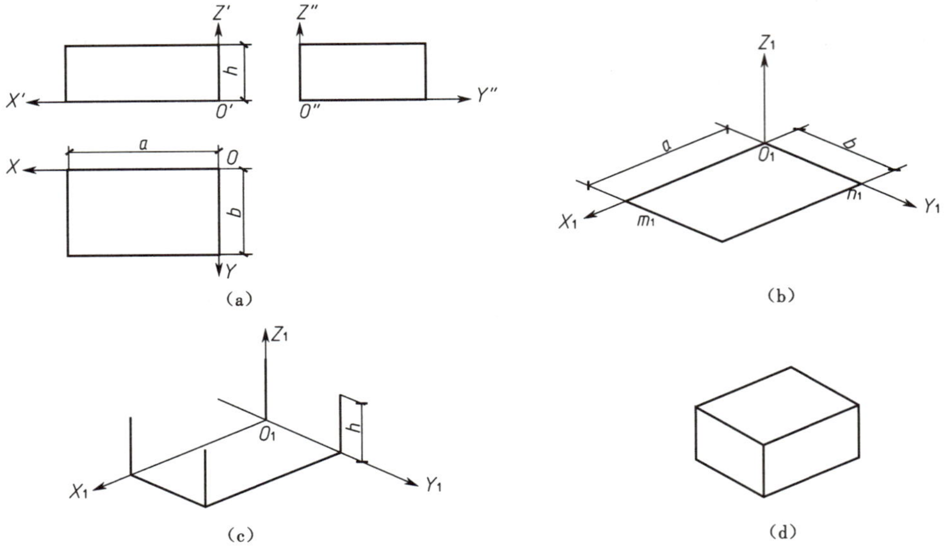

图 1.3.103　正等轴测图的绘制步骤

(a)定出原点和坐标轴的位置　(b)长方体底面轴测图　(c)作长方体顶面各角点　(d)长方体正等轴测图

④如图 1.3.103(d)所示,连接各角点,擦去多余图线、加深,即得长方体的正等轴测图,图中虚线可不必画出。

3. 回转体正等轴测图的画法

扫描观看

视频:曲面立体的正等轴测图

扫描下载

习题:曲面立体的正等轴测图练习

(1)平行于坐标平面圆的正等轴测图特点

画回转体时经常遇到圆或圆弧,由于各坐标面对正等轴测投影面都是倾斜的,因此平行于坐标平面圆的正等轴测投影是椭圆。而圆的外切正方形在正等轴测投影中变形为菱形,因而圆的轴测投影就是内切于对应菱形的椭圆,如图 1.3.104 所示。

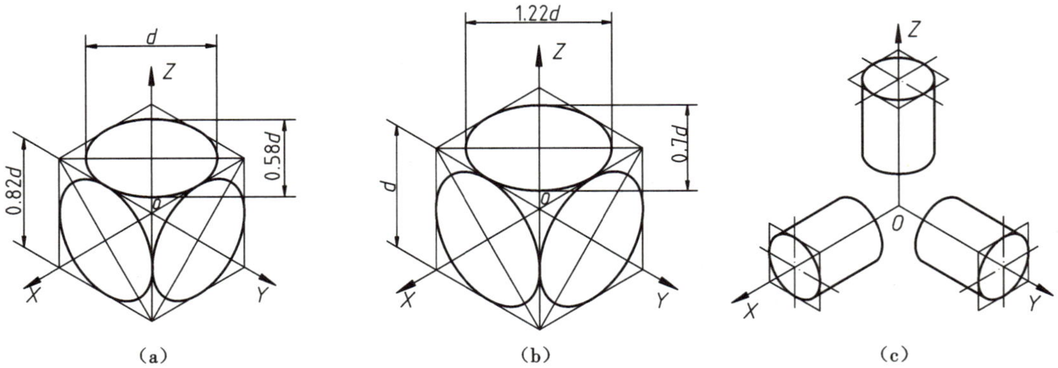

图 1.3.104　平行于坐标平面圆的正等轴测图

(a)圆的正等轴测图　(b)采用简化系数后圆的正等轴测图　(c)圆柱的正等轴测图

(2)圆的正等轴测图画法

1)弦线法(坐标法)

这种方法画出的椭圆较准确,但作图较麻烦。步骤如图 1.3.105 所示。

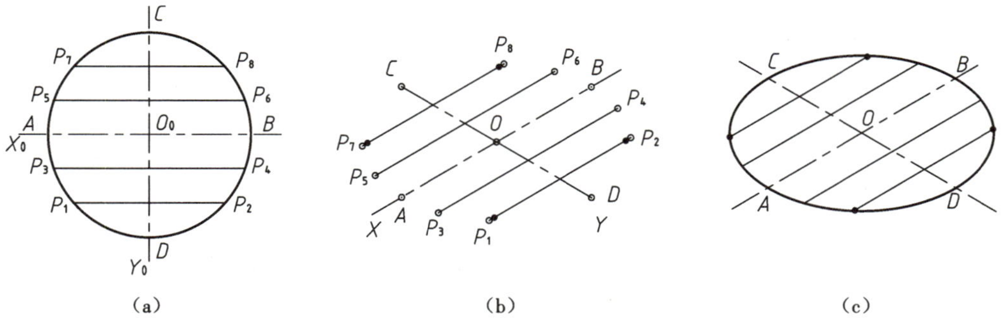

图 1.3.105 用弦线法绘制圆轴测图的步骤

(a)在圆上作若干弦线 (b)作出轴测轴及各弦线 (c)依次光滑连接弦线各端点

2)简化作图法

轴测投影中的椭圆常采用 4 段圆弧连接近似画出。这 4 段圆弧的圆心用椭圆的外切菱形求得,因此也称这个方法为“菱形四心法”。以水平面圆的正等轴测图为例说明这种画法,如图 1.3.106 所示。

①在正投影视图中作圆的外切正方形,P_1、P_2、P_3 和 P_4 为 4 个切点,并选定坐标轴和原点,如图 1.3.106(a)所示。

②确定轴测轴,并作圆外切正方形的正等轴测图,如图 1.3.106(b)所示。

③分别以钝角顶点 O_2、O_3 为圆心,以 O_2P_1、O_3P_3 为半径画圆弧 P_1P_2、P_3P_4,如图 1.3.106(c)所示。

④ O_3P_4、O_3P_3 与菱形长对角线的交点为 O_4、O_5,分别以 O_4、O_5 为圆心,O_4P_4、O_5P_3 为半径,画圆弧 P_1P_4、P_2P_3,如图 1.3.106(d)所示。

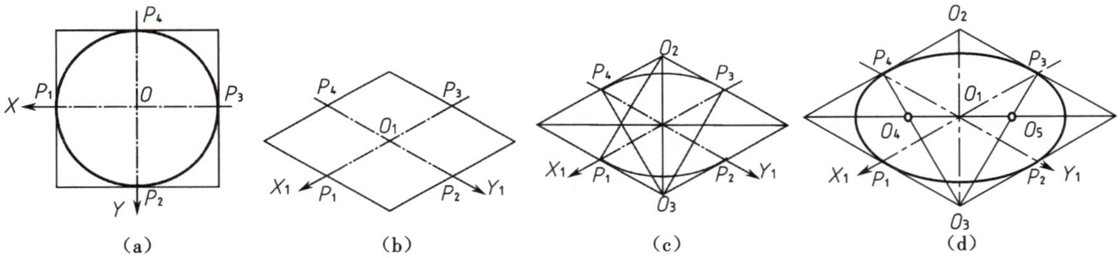

图 1.3.106 圆轴测图的近似画法

(a)作圆外切正方形 (b)圆外切正方形的正等轴测图 (c)作大圆弧 (d)作小圆弧、加深

(3)圆柱体的正等轴测图画法

掌握了圆的正等轴测图画法,圆柱体的正等轴测图也就容易画出了。只要分别作出其顶面和底面的椭圆,再作其公切线就可以了。图 1.3.107(a)~(f)为绘制圆柱体正等轴测图的步骤。

①根据投影图定出坐标原点和坐标轴,如图 1.3.107(a)所示。

②绘制轴测轴,作出侧平面内的菱形,求四圆心,绘出左侧面圆的轴测图,如图 1.3.107(b)所示。

③沿 X 轴方向平移左面椭圆的四圆心,平移距离为圆柱体长度 h,如图 1.3.107(c)所示。

④用平移的四圆心绘制右侧面椭圆,并作左侧面椭圆和右侧面椭圆的公切线,如图 1.3.107(d)所示。

⑤擦除不可见轮廓线并加深结果,如图 1.3.107(e)所示。

⑥用简便方法直接画圆找四圆心,如图 1.3.107(f)所示。

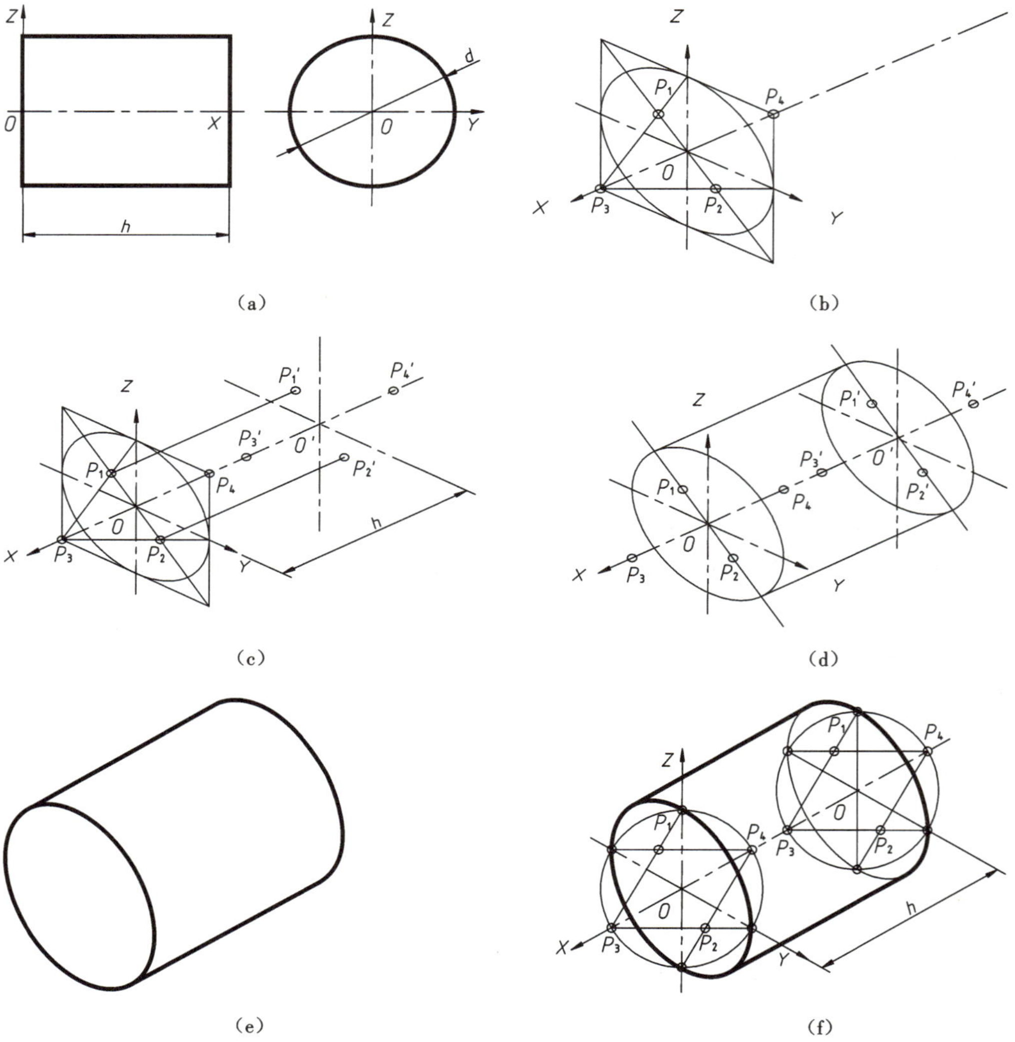

图 1.3.107　圆柱体正等轴测图的画法

(a)定出圆点和坐标轴　(b)绘轴测轴,求四圆心　(c)平移四圆心
(d)绘平移后的椭圆及公切线　(e)检查、加深后的正等轴测图　(f)用简捷方法找四圆心

3.4.3　斜等轴测投影图的绘制

1. 斜二轴测图

图 1.3.108 所示为斜二等轴测图。

轴伸缩系数:$p=r=1, q=0.5$。

轴间角:$\angle XOZ=90°, \angle XOY=\angle YOZ=135°$。

2. 平行于各坐标面圆的斜二轴测图画法

如图 1.3.109 所示平行于 V 面的圆仍为圆,反映实形。平行于 H 面的圆为椭圆。

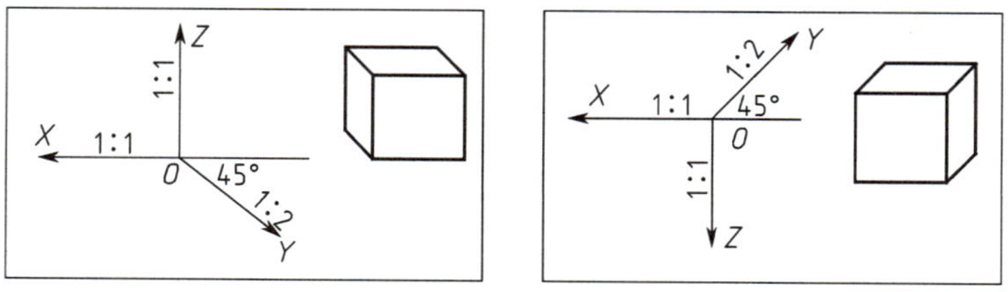

图 1.3.108　斜二等轴测图坐标

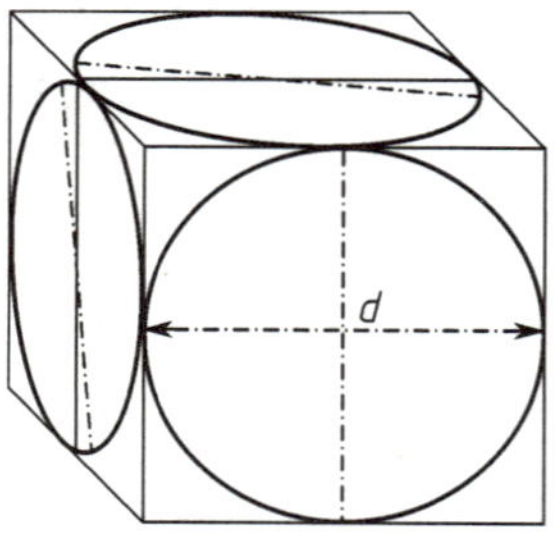

图 1.3.109　各种圆的斜二等轴测图

平行于 W 面的圆与平行于 H 面的圆的椭圆形状相同。

由于两个椭圆的作图用斜二轴测图相当烦琐，所以当物体这两个方向上有圆时，一般不用斜二轴测图，而采用正等轴测图。

提示：在斜二轴测图中，物体上平行于 V 面的平面都反映实形。

3. 正面斜二轴测图画法

图 1.3.110 为已知物体主、俯视图，画其正面斜二轴测图。

4. 水平斜等轴测图画法

水平斜等轴测图的绘制如图 1.3.111 所示。

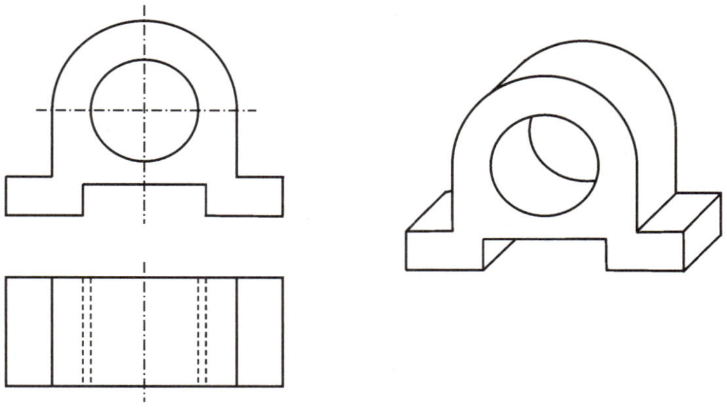

图 1.3.110　正面斜二轴测图

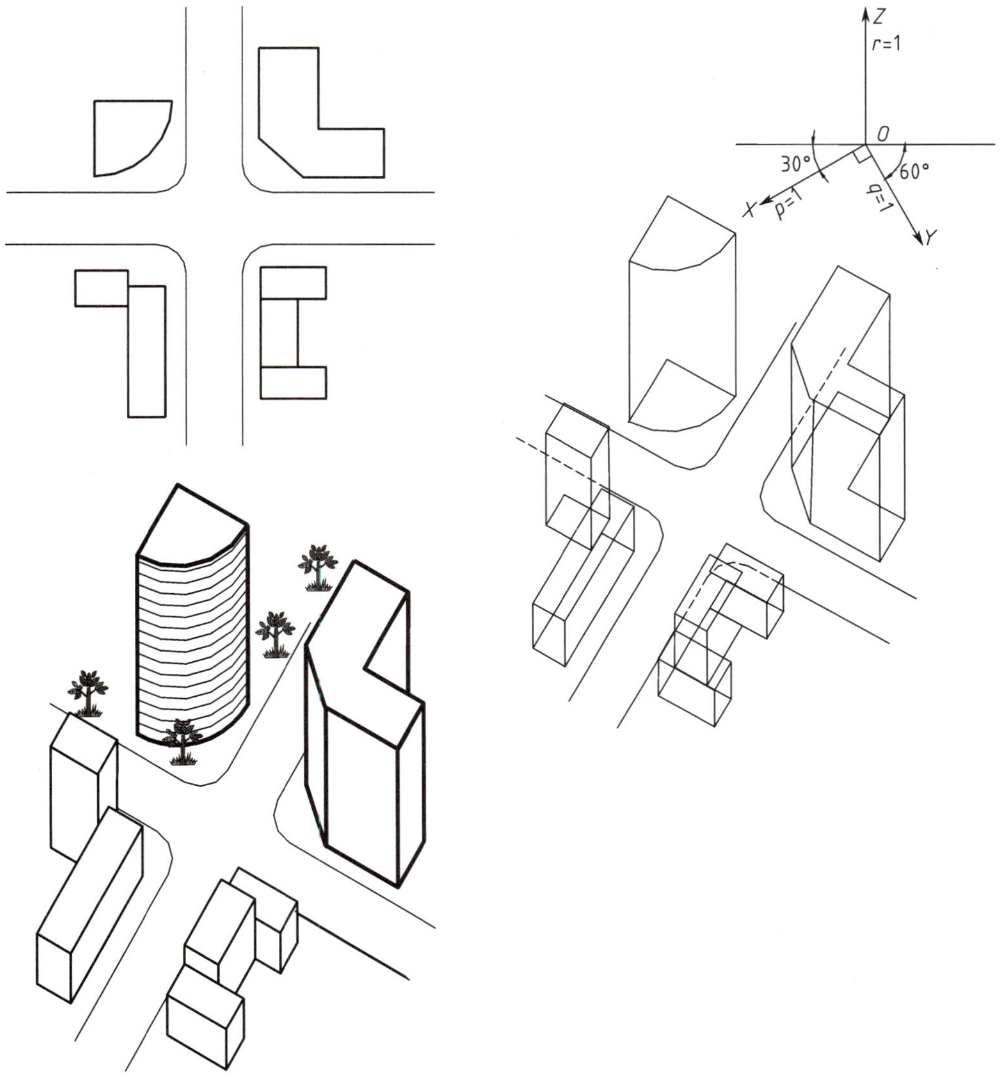

图 1.3.111　水平斜等轴测图的绘制

3.4.4　轴测图投影方向的选择

1. 轴测图的直观性分析

影响轴测图直观性的因素主要有两个：形体自身的结构；轴测投影方向与各直角坐标面的相对位置。

2. 轴测图种类的选择

(1)各种轴测图的比较

将正等轴测、正二轴测和斜二轴测图的表现效果和作图过程稍加比较,不难发现:

①正二轴测图的直观性最好,但作图较烦锁;

②斜二轴测图中平行于某一坐标面的图形反映实形,因此适用于画在投影平行面上形状比较复杂的物体;

③正等轴测图的直观性逊于正二和斜二轴测图,但作图方便,特别适用于表达几个方向上都有圆的物体。

所以,选择轴测图种类时一般是"先正后斜,先等后二"。

(2)选择轴测图种类时应注意的问题

①避免物体的表面或棱线在轴测图中积聚成直线或点。

②避免物体的表面被遮挡以影响表现效果。

3. 绘制轴测图的注意事项

用轴测图形表达一个建筑形体时,为了使其直观性良好,表达更清楚,应注意以下几点。

(1)避免被遮挡

在轴测图中,应尽量多地将隐蔽部分(如孔、洞、槽)表达清楚。如图 1.3.112 所示,该形体中部的孔洞在正等轴测图中看不到底(被左前侧面遮挡),而在正二轴测和正面斜轴测图中能看到底,故直观性较好。

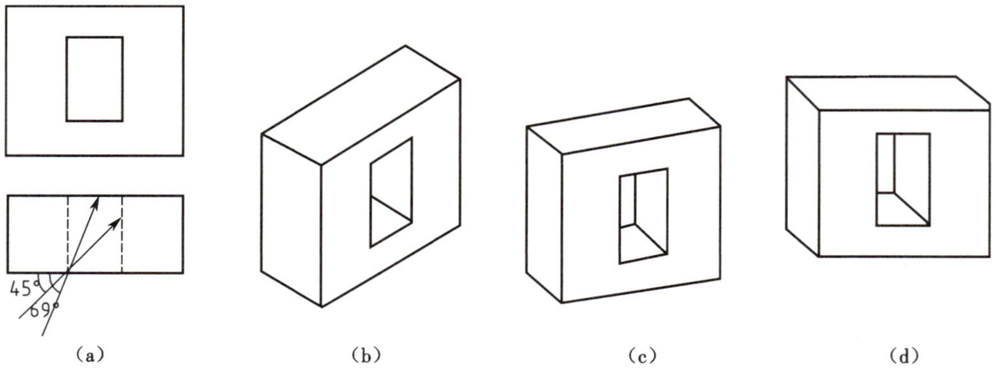

图 1.3.112　孔、洞轴测图

(a)平面图　(b)正等轴测图　(c)正二轴测图　(d)正面斜轴测图

(2)避免转角处交线投影成一直线

如图 1.3.113 所示,在正等轴测图中,由于形体左前方转角处的交线 A_1B_1、B_1C_1、C_1D_1 均处在与 V 面成 45° 角的同一平面上,与投影方向平行,必然投影成一直线,故直观性不如图 1.3.113(c)、(d)。

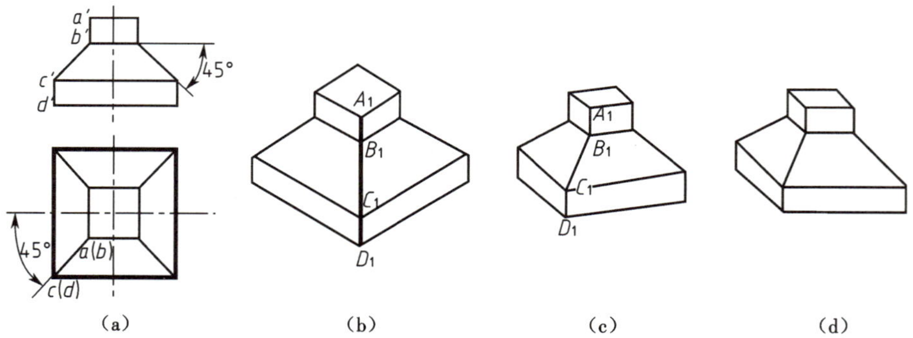

图 1.3.113　正投影及 3 种轴测图

(a)正投影　(b)正等轴测图　(c)正二轴测图　(d)正面斜轴测图

(3)避免平面体投影成左右对称的图形

如图 1.3.113(b)所示,正等轴测投影方向恰好与形体的对角线所在平面平行,故轴测图左右对称。而图

1.3.113(c)、(d)则不是这样，直观性相对较好。

(4)合理选择投影方向

图 1.3.114 反映出轴测图 4 种不同投影方向及其图示效果。显然，该形体不适合作仰视轴测图，如图 1.3.114(d)、(e)所示，而适合作俯视轴测图，如图 1.3.114(b)、(c)所示。且图 1.3.114(b)的图示效果好于图 1.3.114(c)。究竟从哪个方向投影才能清楚地表达建筑形体，应根据具体情况选择。

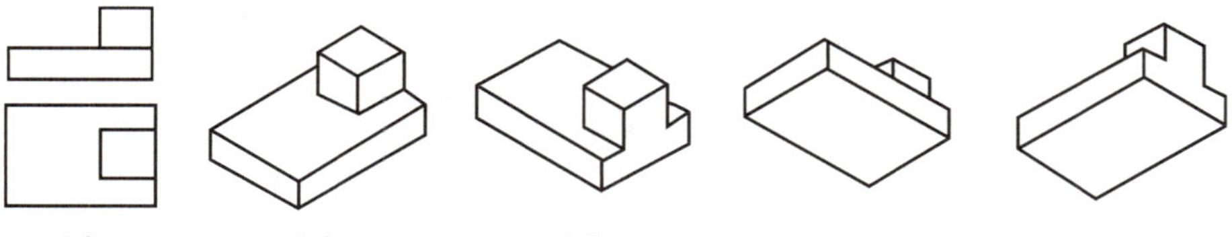

图 1.3.114　轴测图的 4 种投影方向及图示效果

(a)正投影　(b)由左前上向右后下投影　(c)右前上向左后下投影
(d)左前下向右后上投影　(e)右前下向左后上投影

3.4.5　轴测图选择示例

【例 3.32】 求作图 1.3.115 中滑块的轴测图。

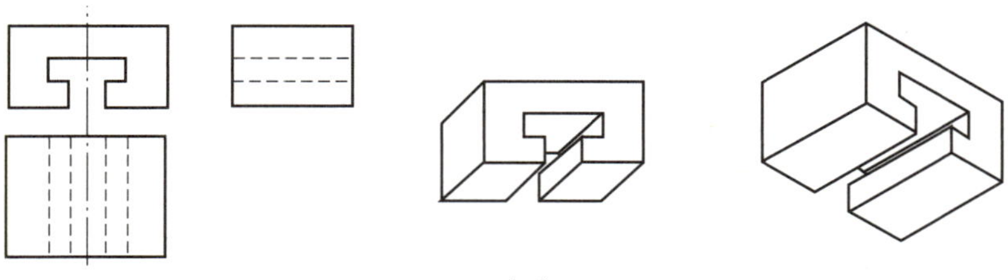

图 1.3.115　滑块的轴测图

(a)正投影　(b)斜二轴测图　(c)正等轴测图

分析过程：①滑快底部带有梯形槽，应突出表达底部形状；②投射方向可选择为从左向右，从前向后，从下向上的投射方式；③轴测图种类选正等轴测或斜二轴测均可。

作图过程从略。

【例 3.33】 试分析图 1.3.116 中支架轴测图的绘制。

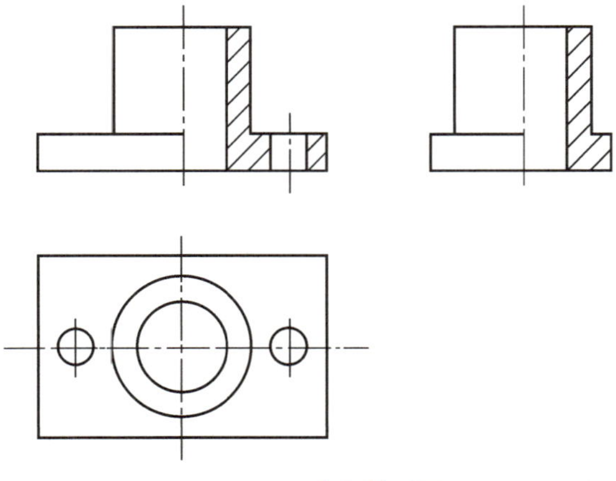

图 1.3.116　支架轴测图

分析过程：支架由圆柱筒和底板组成，各圆均平行于 *XOY* 坐标面。选择正等轴测图较方便。为了表示其内部形状，沿轴线切去物体的 1/4，以轴测剖视图表示。

实习实作：请同学们完成图 1.3.116 中支架轴测图的绘制。(画轴测剖视图时可先画外形再取剖视)

任务3小结

投影是假设按规定方向射来的光线能够透过物体照射形成的影子,能反映物体的外形,上部、内部的情况。它分为中心投影和平行投影(正投影和斜投影),建筑工程中常用平行投影,其基本性质有积聚性、实形性和类似性。

本任务介绍了三面投影体系的建立及投影规律:长对正、高平齐、宽相等。

任何复杂的形体都可以看成由点、线、面组成。点的投影仍然是点,线的投影可以是点或线,面的投影可以是线或面。注意点的位置、相对位置、点是否在直线上、直线相对位置、直线与平面的相对位置等,位置不同,投影特性也不同。

组合体是由各种基本形体以不同的方式组合而成的。基本形体常分为平面体(棱柱、棱锥)和曲面体(圆柱、圆锥、球、环)。建筑工程中使用的基本形体大部分是较规整的形体。因此要重点理解正平面体和正曲面体的投影特性。组合体的尺寸标注正确与否关系到建筑物能否准确施工,因此要严格按照制图标准的规定练习尺寸标注。

轴测投影中介绍了轴测投影的形成,正轴测、斜轴测的分类,坐标、轴间角、轴伸缩系数的规定,绘制步骤和方法等。

由于组合体形状比较复杂,千差万别,要下功夫掌握绘制和识读组合体投影图的一般思路与方法。

在线答题

判断题

选择题

任务4　建筑施工图的识读与绘制

4.1　建筑施工图的认知

1. 建筑施工图的作用与内容

建筑施工图的作用是表示建筑物的总体布局、外部造型、内部布置、细部构造、内外装饰、固定设施和施工要求。

视频:建筑施工图的作用与内容

习题:建筑施工图的作用与内容练习

其内容包括总平面图、施工总说明、门窗表、建筑平面图、建筑立面图、建筑剖面图和建筑详图等。

2. 建筑施工图的识读与绘制应遵循的标准

①建筑施工图的识读与绘制，应遵循画法几何的投影原理、《房屋建筑制图统一标准》(GB/T 50001—2017)。

②总平面图的识读与绘制，还应遵守《总图制图标准》(GB/T 50103—2010)。

③建筑平面图、建筑立面图、建筑剖面图和建筑详图的识读与绘制，还应遵守《建筑制图标准》(GB/T 50104—2010)。

下面简要说明《建筑制图标准》中常见的基本规定。

(1)图线

图线的宽度 b 应根据图样的复杂程度和比例，按《房屋建筑制图统一标准》(GB/T 50001—2017)中(图线)的规定选用，如图 1.4.1~ 图 1.4.3 所示。绘制较简单的图样时，可采用两种线宽的线宽组，其线宽比最好为 b : 0.25b。

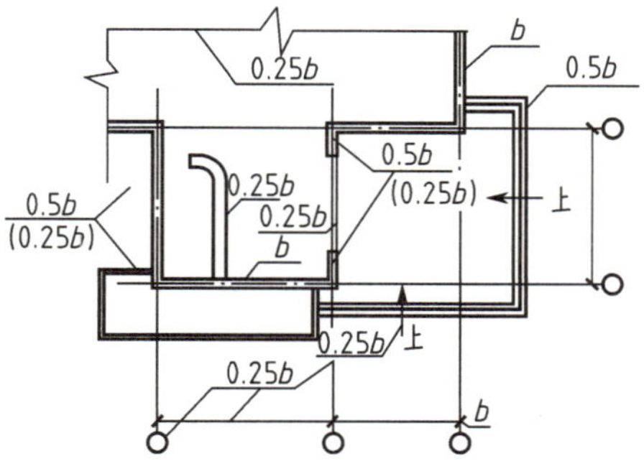

图 1.4.1　平面图图线宽度选用示例

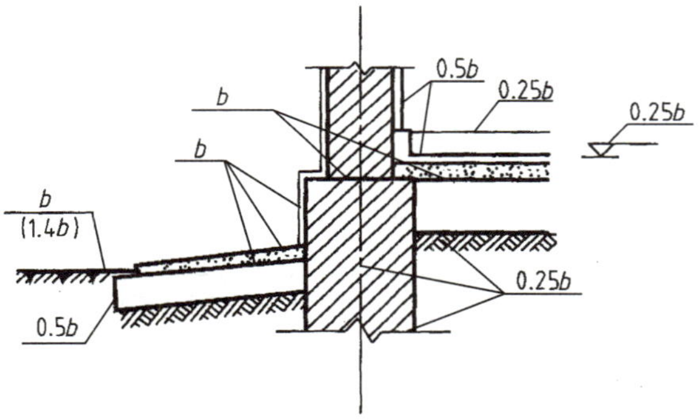

图 1.4.2　墙身剖面图图线宽度选用示例

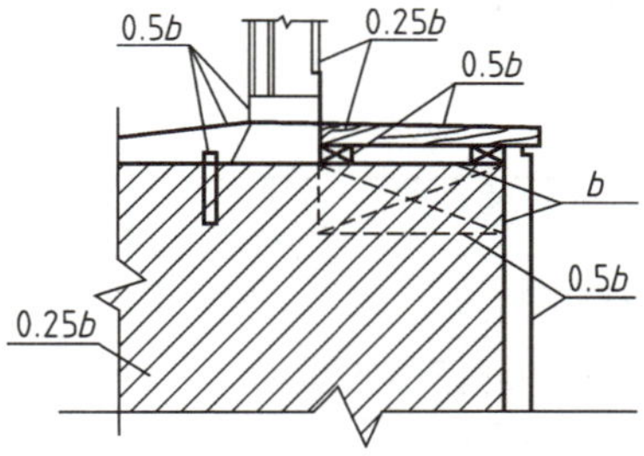

图 1.4.3　详图图线宽度选用示例

建筑专业、室内设计专业制图采用的各种图线，应符合表 1.4.1 的规定。

表 1.4.1　图线

名称	线型	线宽	用途
粗实线	————	b	1. 平、剖面图中被剖切的主要建筑构造(包括构配件)的轮廓线 2. 建筑立面图或室内立面图的外轮廓线 3. 建筑构造详图中被剖切的主要部分轮廓线 4. 建筑构配件详图中的外轮廓线 5. 平、立、剖面图的剖切符号

续表

名称	线型	线宽	用途
中实线		0.5b	1. 平、剖面图中被剖切的次要建筑构造(包括构配件)的轮廓线 2. 建筑平、立、剖面图中建筑构配件的轮廓线 3. 建筑构造详图及建筑构配件详图中的一般轮廓线
细实线		0.25b	小于 0.5b 的图形线、尺寸线、尺寸界线、图例线、索引符号、标高符号、详图材料做法引出线等
中虚线		0.5b	1. 建筑构造详图及建筑构配件不可见的轮廓线 2. 平面图中的起重机(吊车)轮廓线 3. 拟扩建的建筑物轮廓线
细虚线		0.25b	图例线、小于 0.5b 的不可见轮廓线
粗单点长画线		b	起重机(吊车)轨道线
细单点长画线		0.25b	中心线、对称线、定位轴线
折断线		0.25b	不需画全的断开界线
波浪线		0.25b	不需画全的断开界线、构造层次的断开界线

注:地平线的线宽可用 1.4b。

(2)比例

建筑专业制图选用的比例,应符合表 1.4.2 的规定。

表 1.4.2　比例

图名	比例
建筑物或构筑物的平面图、立面图、剖面图	1 : 50,1 : 100,1 : 150,1 : 200,1 : 300
建筑物或构筑物的局部放大图	1 : 10,1 : 20,1 : 25,1 : 30,1 : 50
配件及构造详图	1 : 1,1 : 2,1 : 5,1 : 10,1 : 15,1 : 20,1 : 25,1 : 30,1 : 50

(3)构造及配件图例

由于建筑平、立、剖面图常用 1 : 100、1 : 200 或 1 : 50 等较小比例,图样中的一些构造及配件,不可能也没必要按实际投影画出,只需用规定的图例表示即可,如表 1.4.3 所示。

表 1.4.3　构造及配件图例

名称	图例	说明
墙体		应加注文字或填充图例表示墙体材料,在项目设计图纸说明中列材料图例表给予说明

续表

名称	图例	说明
楼梯	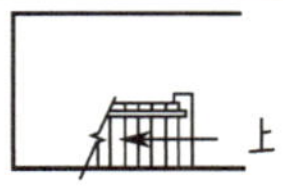 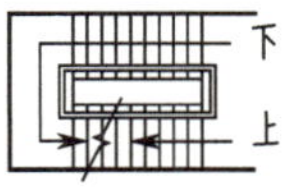 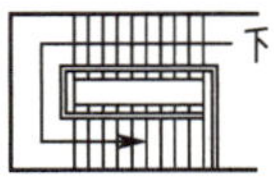	1. 上图为底层楼梯平面，中图为中间层楼梯平面，下图为顶层楼梯平面 2. 楼梯及栏杆扶手的形式和梯段踏步数应按实际情况绘制
坡道	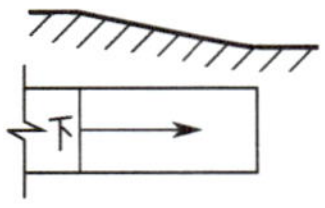 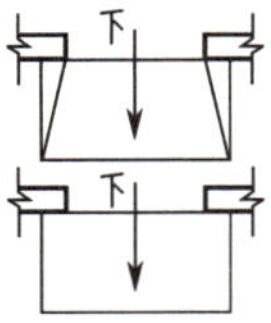	上图为长坡道，下图为门口坡道
检查孔	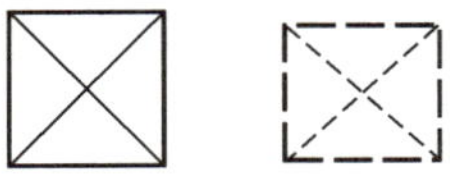	左图为可见检查孔，右图为不可见检查孔
孔道		阴影部分可以涂色代替
坑槽		——
烟道	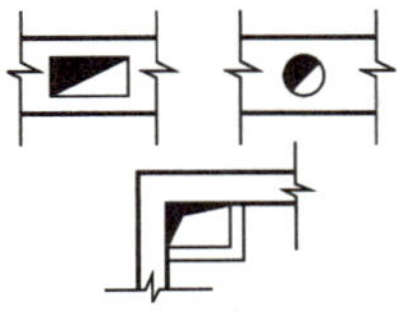	1. 阴影部分可以涂色代替 2. 烟道与墙体为同一材料，其相交接处墙身线应断开
通风道	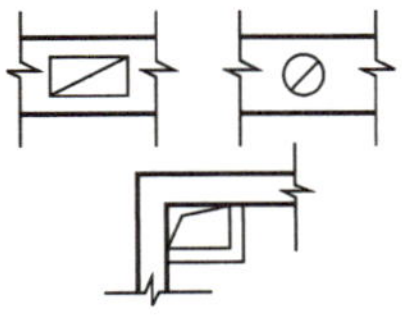	
单扇门（包括平开或单面弹簧）	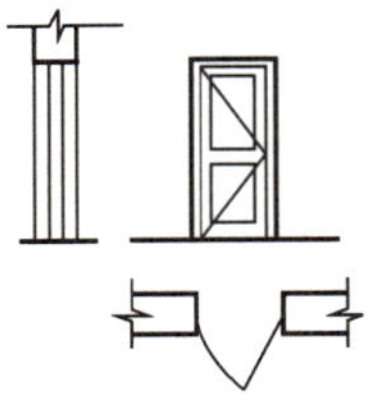	1. 门的名称代号用 M 2. 图例中剖面图左为外，右为内；平面图下为外，上为内 3. 立面图上开启方向线交角的一侧为安装合页的一侧，实线为外开，虚线为内开 4. 平面图上门线应 90° 或 45° 开启，开启弧线宜绘出 5. 平面图上的开启线一般设计图中可不表示，在详图及室内设计图上应表示 6. 立面形式应按实际情况绘制
双扇门（包括平开或单面弹簧）	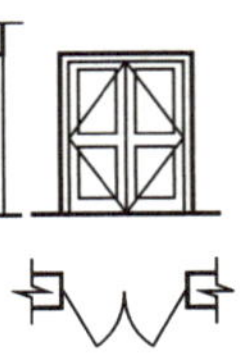	

续表

名称	图例	说明
墙中双扇推拉门	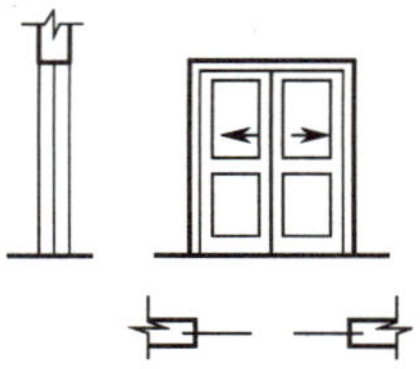	1. 门的名称代号用 M 2. 图例中剖面图左为外,右为内;平面图下为外,上为内 3. 立面图上开启方向线交角的一侧为安装合页的一侧,实线为外开,虚线为内开 4. 平面图上门线应 90° 或 45° 开启,开启弧线宜绘出 5. 平面图上的开启线一般设计图中可不表示,在详图及室内设计图上应表示 6. 立面形式应按实际情况绘制
竖向卷帘门	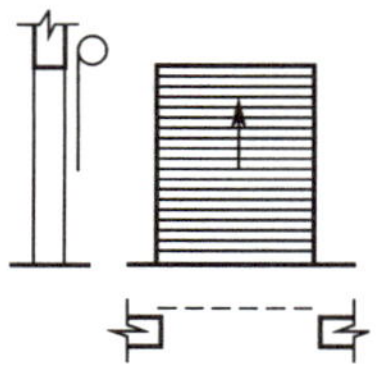	
单扇双面弹簧门	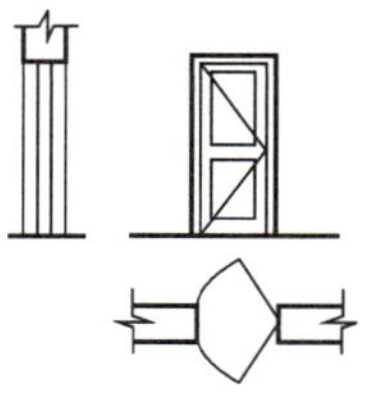	
双扇双面弹簧门	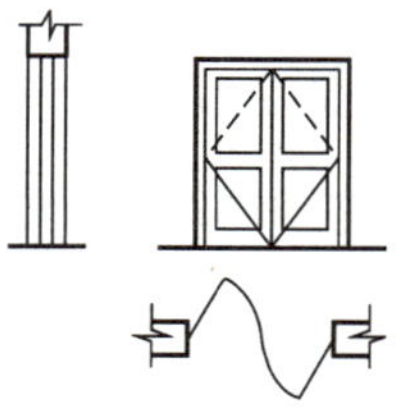	
单层固定窗	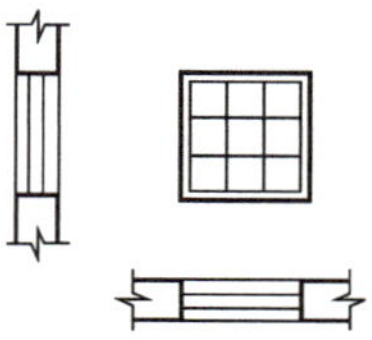	
单层外开上悬窗	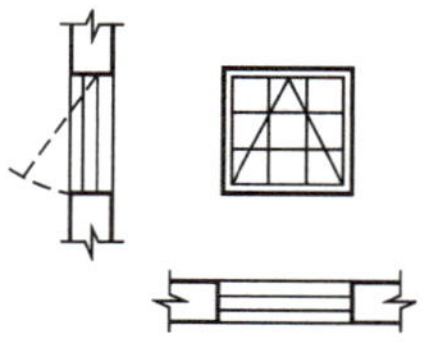	
单层中悬窗	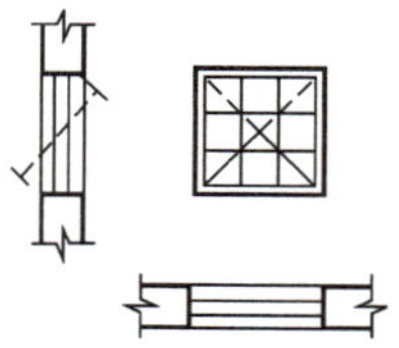	
立转窗	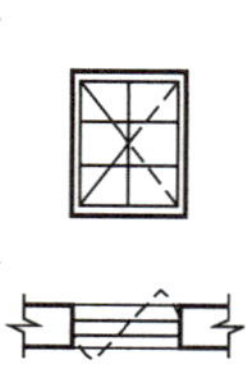	
推拉窗	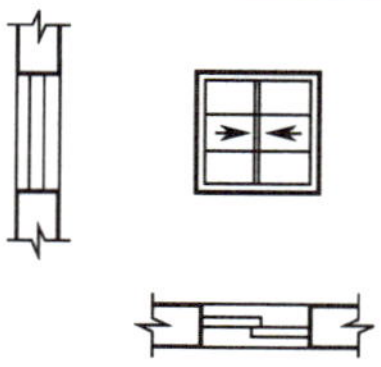	

续表

名称	图例	说明
单层外开平开窗	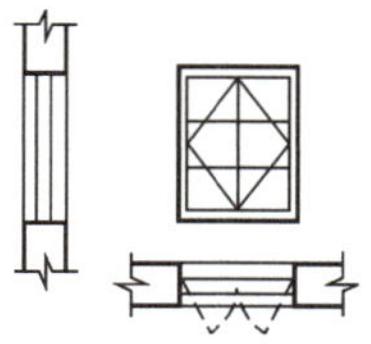	1. 窗的名称代号用 C 表示 2. 立面图中的斜线表示窗的开启方向，实线为外开，虚线为内开；开启方向线交角的一侧为安装合页的一侧，一般设计图中可不表示 3. 图例中，剖面图所示左为外，右为内；平面图所示下为外，上为内 4. 平面图和剖面图上的虚线说明开关方式，在设计图中不需要表示； 5. 窗的立面形式应按实际绘制 6. 小比例绘图时平、剖面的窗线可用粗实线表示 7. 高窗中的 h 为窗底距本层楼地面的高度
双层内外开平开窗	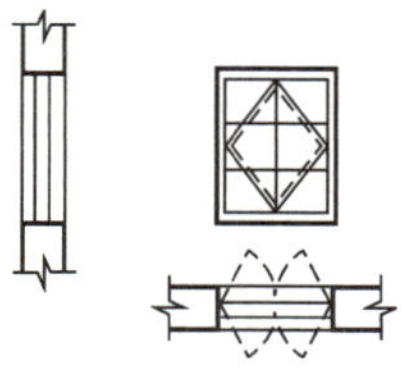	
高窗	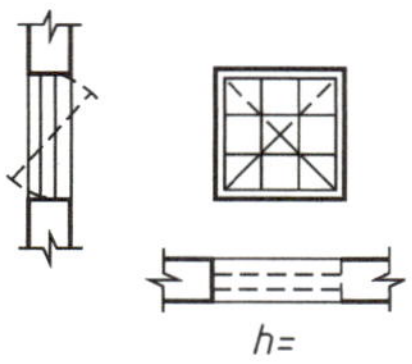	

（4）常用符号

1）索引符号和详图符号

图样中的某一局部或构件，如需另见详图，应以索引符号索引，如图 1.4.4（a）所示。索引符号由直径为 8~10 mm 的圆和水平直径组成，圆及水平直径均应以细实线绘制。索引符号应按下列规定编写。

扫描观看

视频：索引符号和详图符号

①索引出的详图，如与被索引的详图绘在同一张图纸内，应在索引符号的上半圆中用阿拉伯数字注明该详图的编号，并在下半圆中间画一段水平细实线，如图 1.4.4（b）所示。需要标注比例时，文字在索引符号右侧或延长线下方，与符号下对齐。

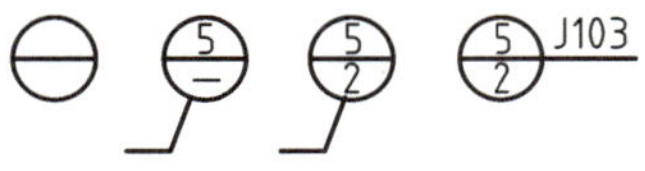

（a）　（b）　（c）　（d）

图 1.4.4　索引符号图

（a）索引符号　（b）同一张图纸内索引

（c）不同张图纸内索引　（d）索引图采用标准图

②索引出的详图，如与被索引的详图不在同一张图纸内，应在索引符号的上半圆中用阿拉伯数字注明该详图的编号，在索引符号的下半圆中用阿拉伯数字注明该详图所在图纸的编号，如图 1.4.4（c）所示。数字较多时，可加文字标注。

③索引出的详图，如采用标准图，应在索引符号水平直径的延长线上加注该标准图册的编号，如图 1.4.4（d）所示。需要标注比例时，文字在索引符号右侧或延长线下方，与符号下对齐。

索引符号如用于索引剖视详图，应在被剖切的部位绘制剖切位置线，并以引出线引出索引符号，引出线所在的一侧应为剖视方向，如图 1.4.5 所示。

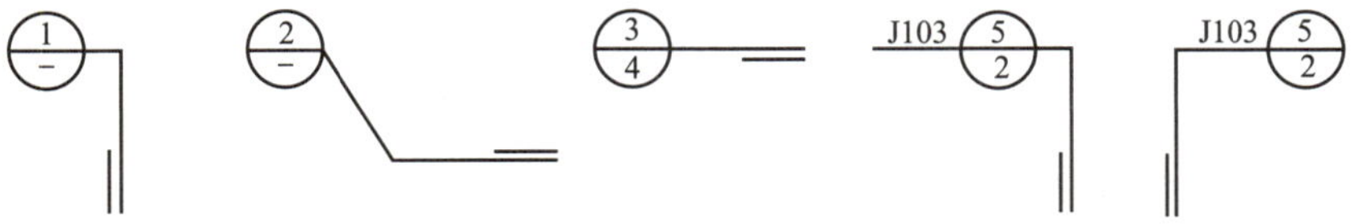

图 1.4.5　用于索引剖面详图的索引符号

零件、钢筋、杆件及消火栓、配电箱、管井等设备的编号宜以直径为 4~6 mm 的圆表示，圆线宽为 0.25b，同一图样应保持一致，其编号应用阿拉伯数字按顺序编写，如图 1.4.6 所示。

详图的位置和编号应以详图符号表示。详图符号的圆应以直径为 14 mm 的粗实线绘制。详图应按下列规定编号。

①详图与被索引的图样同在一张图纸内时，应在详图符号内用阿拉伯数字注明详图的编号，如图 1.4.7

所示。图 1.4.7 说明编号为 5 的详图出自本张图纸。

图 1.4.6　零件、钢筋等的编号

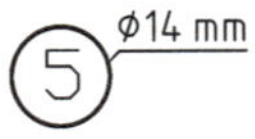

图 1.4.7　与被索引图样同在一张图纸内的详图符号

②详图与被索引的图样不在同一张图纸内，应用细实线在详图符号内画一水平直径，在上半圆中注明详图编号，在下半圆中注明被索引的图纸的编号，如图 1.4.8 所示。

图 1.4.8 表示详图编号为 5，而被索引的图纸编号为 3。

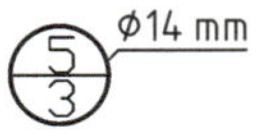

图 1.4.8　与被索引图样不在同一张图纸内的详图符号

2)引出线

①引出线应以细实线绘制，宜采用水平方向的直线，与水平方向成 30°、45°、60°、90° 的直线，或经上述角度再折为水平线。文字说明宜注写在水平线的上方，如图 1.4.9(a)所示，也可注写在水平线的端部，如图 1.4.9(b)所示。

②同时引出几个相同部分的引出线，宜互相平行，如图 1.4.10(a)所示，也可画成集中于一点的放射线，如图 1.4.10(b)所示。

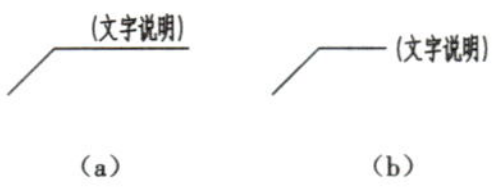

图 1.4.9　引出线
(a)水平线上方注写　(b)水平线端部注写

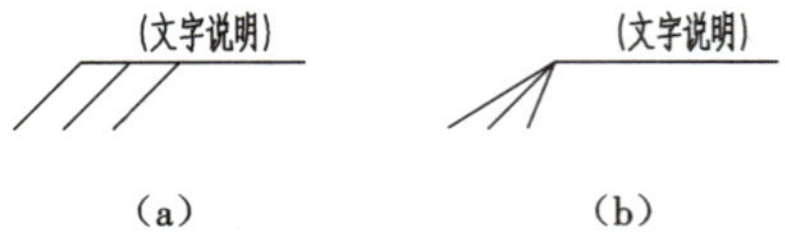

图 1.4.10　共用引出线
(a)平行线　(b)放射线

③多层构造或多层管道共用引出线，应通过被引出的各层，并用圆点示意对应各层次。文字说明宜注写在水平线的上方，或注写在水平线的端部，说明的顺序应由上至下，并应与被说明的层次相互一致；如层次为横向排序，则由上至下的说明顺序应与由左至右的层次对应一致，如图 1.4.11 所示。

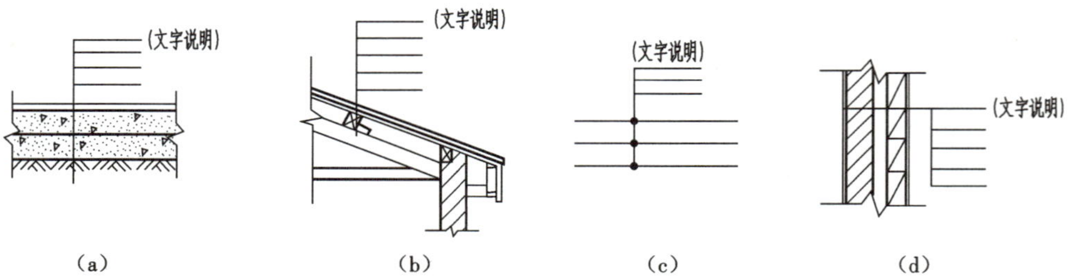

图 1.4.11　多层引出线
(a)楼地面构造　(b)坡屋顶构造　(c)外墙面构造　(d)墙身剖面构造

3)定位轴线

扫描观看

视频：定位轴线的编号顺序

定位轴线是房屋施工放样时的主要依据。在绘制施工图时，凡是房屋的墙、柱、大梁、屋架等主要承重构件均应画出定位轴线。定位轴线的画法如下。

①定位轴线应用细单点长画线绘制。

②定位轴线应编号，编号应注写在轴线端部的圆内。圆应用细实线绘制，直径为 8~10 mm。定位轴线圆的圆心应在定位轴线的延长线或延长线的折线上。

③平面图上定位轴线的编号，宜标注在图的下方与左侧。横向编号应用阿拉伯数字，从左至右顺序编写；竖向编号应用大写英文字母，从下至上顺序编写，如图 1.4.12 所示。

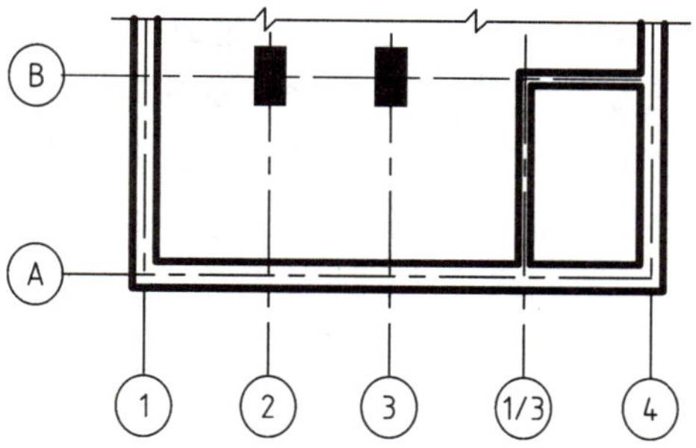

图 1.4.12 定位轴线的编号顺序

④英文字母的 I、O、Z 三个字母不能用作轴线编号(避免与 0、1、2 混淆)。如字母数量不够使用,可增用双字母或单字母加数字注脚,如 A_A、B_A……Y_A 或 A_1、B_1……Y_1。

⑤组合较复杂的平面图中定位轴线也可采用分区编号,如图 1.4.13 所示,编号注写形式为“分区号 - 该分区编号”。分区号采用阿拉伯数字或大写英文字母表示。

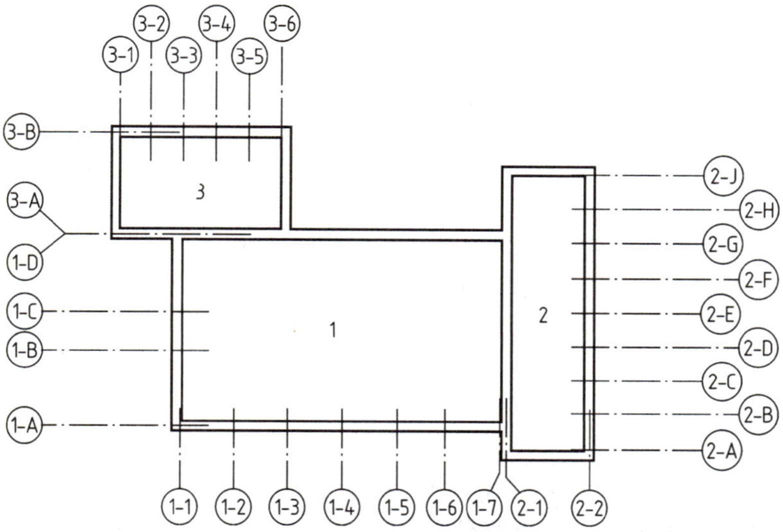

图 1.4.13 定位轴线的分区编号

⑥附加定位轴线的编号,应以分数形式表示,并应按下列规定编写。

两轴线间的附加轴线,应以分母表示前一轴线的编号,分子表示附加轴线的编号,编号宜用阿拉伯数字顺序编写,如:

(1/2)表示 2 号轴线之后附加的第 1 根轴线, (3/C)表示 C 号轴线之后附加的第 3 根轴线。

视频:附加定位轴线和分轴线

1 号轴线或 A 号轴线之前的附加轴线的分母应以 01 或 0A 表示,如:

(1/01)表示 1 号轴线之前附加的第 1 根轴线;(3/0A)表示 A 号轴线之前附加的第 3 根轴线

一个详图适用于几根轴线时,应同时注明各有关轴线的编号,如图 1.4.14 所示。

图 1.4.14 详图的轴线编号

通用详图中的定位轴线,应只画圆,不注写轴线编号。圆形与弧形平面图中定位轴线的编号,其径向轴线应以角度进行定位,其编号宜用阿拉伯数字表示,从左下角或 -90°(若径向轴线很密,角度间隔很小)开始,按逆时针顺序编写;其环向轴线宜用大写英文字母表示,从外向内顺序编写(图 1.4.15、图 1.4.16)。圆形与弧形平面图的圆心宜选用大写英文字母(*I*、*O*、*Z* 除外),有不止 1 个圆心时,可在字母后加注阿拉伯数字进行区分,如 P1、P2、P3。弧形平面图中定位轴线的编号可按图 1.4.16 的形式编写。折线形平面图中定位轴线的编号可按图 1.4.17 的形式编写。

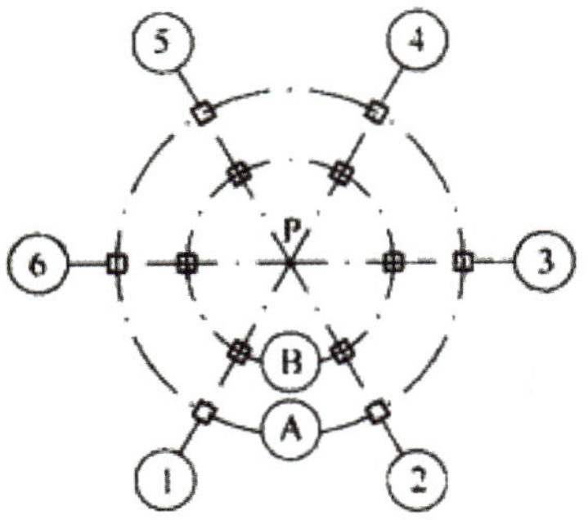

图 1.4.15　圆形平面定位轴线的编号

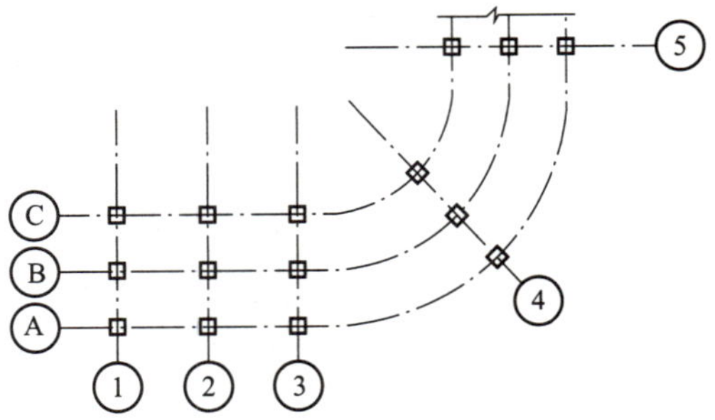

图 1.4.16　弧形平面定位轴线的编号

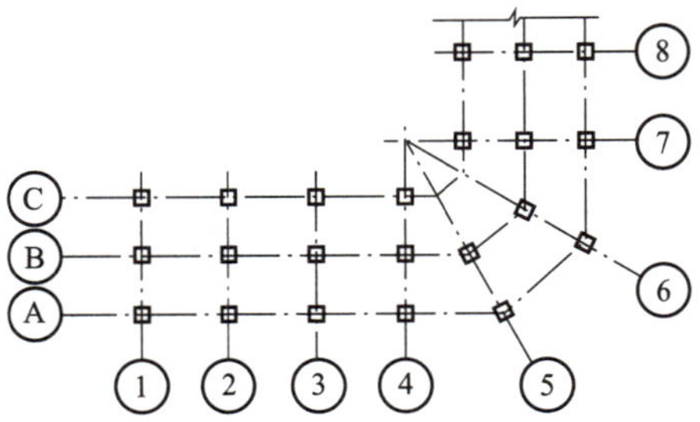

图 1.4.17　折线形平面定位轴线的编号

视频:标高符号

4)标高

标高是标注建筑物高度的另一种尺寸形式。

①标高符号。标高符号应以直角等腰三角形表示,按图 1.4.18(a)所示形式用细实线绘制,如标注位置不够,也可按照图 1.4.18(b)的形式绘制。标高符号的具体画法如图 1.4.18(c)、(d)所示。

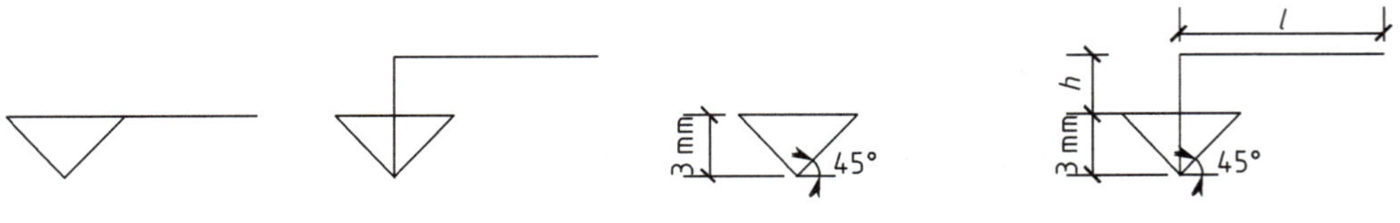

(a)　(b)　(c)　(d)

图 1.4.18　标高符号

(a)平面图中楼地面标高符号　(b)标高引出标注　(c)标高符号具体画法　(d)引出标高具体画法

(*l*—取适当长度注写标高数字　*h*—根据需要取适当高度)

总平面图室外地坪标高符号,宜用涂黑的三角形表示,如图 1.4.19(a)所示,具体画法如图 1.4.19(b)所示。

标高符号的尖端应指至被注高度的位置。尖端宜向下,也可向上。标高数字应注写在标高符号的上侧或下侧,如图 1.4.20 所示。

标高数字应以米为单位,注写到小数点以后第 3 位。在总平面图中,可注写到小数点以后第 2 位。零点标高应注写成 ±0.000,正数标高不注“+”,负数标高应注“-”,例如 3.200、-0.600。在图样的同一位置需表示几个不同标高时,标高数字可按图 1.4.21 的形式注写。

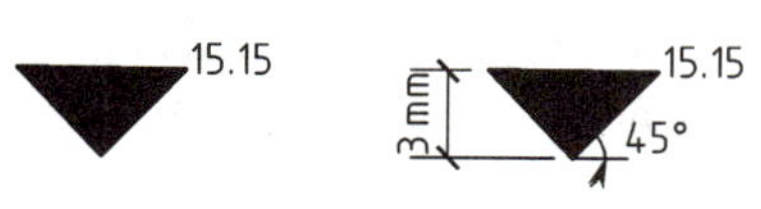

（a）　　（b）

图 1.4.19　总平面图室外地坪标高

（a）标高符号　（b）具体画法

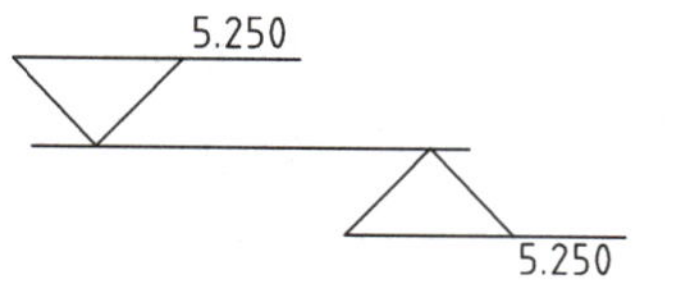

图 1.4.20　标高的指向号

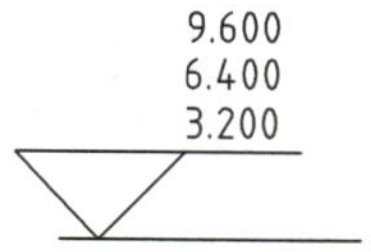

图 1.4.21　同一位置注写多个标高数字

②标高分类。标高分为绝对标高和相对标高。绝对标高是以青岛黄海平均海平面的高度为零点参照点时所得到的高差值。在实际施工中，用绝对标高不方便。因此，习惯上将每一幢房屋室内底层地面的高度定为零点的相对标高，比零点高的标高为“正”，比零点低的标高为“负”。在施工总说明中，应说明相对标高与绝对标高之间的关系。

房屋的标高，还有建筑标高和结构标高的区别。如图 1.4.22 所示，建筑标高是指装修完成后的尺寸，它已将构件粉饰层的厚度包括在内；而结构标高应该剔除外装修层的厚度，是构件的毛面标高。

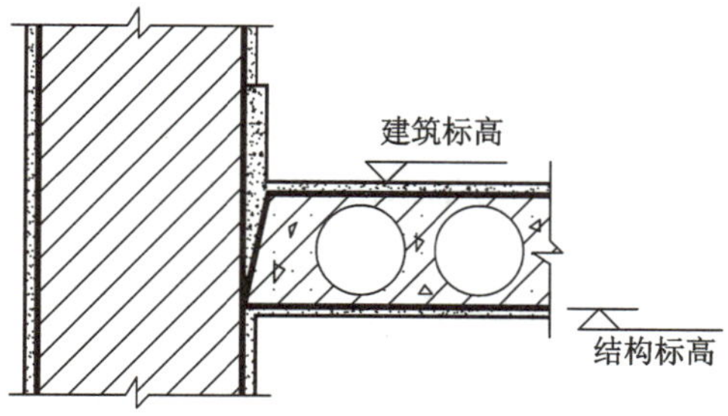

扫描观看

图 1.4.22　建筑标高和结构标高

5）其他符号

对称符号由对称线和两端的两对平行线组成。对称线用细单点长画线绘制；平行线用细实线绘制，长度宜为 6~10 mm，每对平行线的间距宜为 2~3 mm；对称线垂直平分两对平行线，两端超出平行线宜为 2~3 mm，如图 1.4.23 所示。

指北针的形状如图 1.4.24 所示，圆的直径宜为 24 mm，用细实线绘制；指北针尾部的宽度宜为 3 mm，指针头部应注“北”或“N”。需用较大直径绘制指北针时，指针尾部的宽度宜为直径的 1/8。

图 1.4.23　对称符号

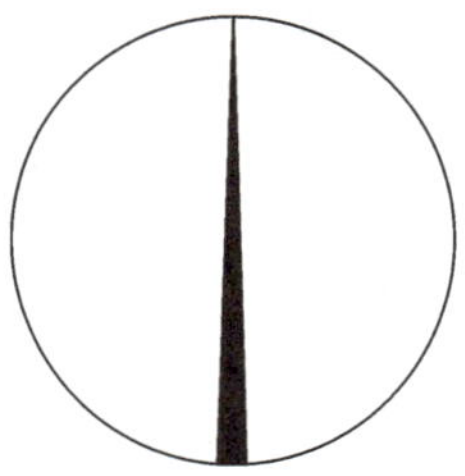

扫描观看

图 1.4.24　指北针

提示：标准部分可请学生自己阅读《建筑制图标准汇编》。

4.2　图纸首页

扫描观看

视频：图纸首页

在施工图的编排中，图纸目录、建筑设计说明、总平面图及门窗表等编排在整套施工图的前面，它们常称为图纸首页。

4.2.1　图纸目录

以本章所附的一套建筑施工图为例，其图纸目录如表 1.4.4 所示。

读图时,首先要查看图纸目录。图纸目录可以帮助了解该套图纸有几类,各类图纸有几张,每张图纸的图号、图名、图幅大小;如采用标准图,应写出所使用标准图的名称、所在标准图集的图号和页次。图纸目录常用表格表示。

表 1.4.4 图纸目录

某生态住宅小区 E 型工程建施图目录表
设计单位:×× 建筑设计事务所(甲级)
建设单位:×× 房地产开发公司

设计号	05-2005		工程名称	某生态住宅小区		单项名称		小区住宅楼	
工种	建筑	设计阶段	施工图	结构类型	砖混结构	完成日期		年 月 日	
序号	图别	图号	图纸名称		张数:新设计	张数:利用图:旧图	张数:利用图:标准图	图纸规格	备注
18	建施	18	厨厕大样图		1		A2		
17	建施	17	门窗大样图(二)		1		A2		
16	建施	16	门窗大样图(一)、地下室防水大样		1		A2		
15	建施	15	①~⑦大样		1		A2		
14	建施	14	楼梯间 2 大样、①~②厨厕大样		1		A2		
13	建施	13	楼梯间 1 大样		1		A2+		
12	建施	12	2-2 剖面图、屋构等平面大样		1		A2		
11	建施	11	Ⓐ~Ⓖ轴立面图、1-1 剖面图		1		A2+		
10	建施	10	㉙~①轴立面图		1		A2+		
9	建施	09	①~㉙轴立面图		1		A2+		
8	建施	08	屋构架平面图		1		A2+		
7	建施	07	屋面层平面图		1		A2+		
6	建施	06	三~七层平面图		1			A2+	
5	建施	05	二层平面图		1			A2+	
4	建施	04	一层平面图		1			A2+	
3	建施	03	负一层平面图		1			A2+	
2	建施	02	建筑设计说明、门窗表		1			A2	
1	建施	01	总平面图		1			A3	
	利用标准图集代号:西南 J212、J312、J412、J501、J515、J516、J517、J611、J812								
项目负责人			工种负责人			归档接收人			
审定人			制表人			归档日期		年 月 日	

图纸目录有时也称为“首页图”,意思是第一张图纸,建施 -01 即为本套图纸的首页图。

编制图纸目录是为了便于查找图纸。从图纸目录中可以读出以下资料。

①设计单位——×× 建筑设计事务所(甲级资质)。

②建设单位——× × 房地产开发公司。

③工程名称——某生态住宅小区 E 型工程住宅楼。

④工程编号——工程编号是设计单位为便于存档和查阅而编写的序号。

⑤图纸编号和名称——每一项工程都有许多张图纸,在同一张图纸上往往画有若干个图形。因此,设计人员为了表达清楚,便于使用时查阅,就必须针对每张图纸所表示的建筑物的部位,给图纸起一个名称,另外再用数字编号,确定图纸的顺序。

⑥图纸目录各列、各行表示的意义。图纸目录第 2 列为图别,填有“建施”字样,表示图纸种类为建筑施工图;第 3 列为图号,填有 01、02……字样,表示建筑施工图的第 1 张、第 2 张……第 4 列为图纸名称,填有总平面图、建筑设计说明等字样,表示每张图纸具体的名称;第 5、6、7 列为张数,填写新设计、利用旧图或标准图集的张数,本套图纸均为新设计,且张数为 1 张;第 8 列为图纸规格,填有 A3、A2、$A2^+$ 等字样,表示图纸的图幅大小分别为 A3 图幅、A2 图幅、A2 加长图幅。图纸目录的最后几行,填有建筑施工图设计中所选用的标准图集代号、项目负责人、工种负责人、归档接收人、审定人、制表人、归档日期等基本信息。该套图纸共有建筑施工图 17 张。

提示:目前图纸目录的形式由各设计单位自己规定,尚无统一的格式。但总体上包括上述内容。

实习实作:阅读建筑施工图的图纸目录。

4.2.2 建筑设计说明

建筑设计说明的内容根据建筑物的复杂程度有多有少,但无论内容多少,必须说明设计依据、建筑规模、建筑物标高、装修做法和对施工的要求等。下面以“建筑设计说明”为例,介绍读图方法。

(1)设计依据

设计依据包括政府的有关批文。这些批文主要有两个方面的内容:一是立项,二是规划许可证等。

(2)建筑规模

建筑规模主要包括占地面积(规划用地及净用地面积)和建筑面积。这是设计出来的图纸是否满足规划部门要求的依据。占地面积指建筑物底层外墙皮以内所有面积之和。建筑面积指建筑物外墙皮以内各层面积之和。

(3)标高

在房屋建筑中,规定用标高表示建筑物的高度。建筑设计说明中要说明相对标高与绝对标高的关系。例如,附图建施 -01 中“相对标高 ±0.000 相当于绝对标高 1 891.15 m”,这就说明该建筑物底层室内地面设计在比海平面高 1 891.15 m 的水平面上。

(4)装修做法

这方面的内容比较多,包括地面、楼面、墙面等的做法。我们需要读懂说明中的各种数字、符号的含义。例如,附图建施 -03 中散水坡面的说明“散水坡面详西南 J802,沿房屋周边转通”,这是说明散水坡面的做法。

(5)施工要求

施工要求包含两个方面的内容,一是要严格执行施工验收规范中的规定,二是对图纸中不详之处的补充说明。

实习实作:阅读建筑施工图的设计总说明。

4.2.3 门窗统计表

分楼层统计不同类型门窗的数量。

实习实作:阅读建筑施工图的门窗统计表。

4.3 总平面图

扫描观看

视频:建筑总平面图

扫描下载

习题:建筑总平面图练习

总平面图有建筑总平面图和水电总平面图之分。建筑总平面图又分为设计总平面图和施工总平面图。本任务介绍的是建筑总平面图中的设计总平面图,简称总平面图。

4.3.1 总平面图的作用和形成

1. 总平面图的作用

在建施图中,总平面图是用来表达一项工程总体布局的图样。它通常表示新建房屋的平面形状、位置、朝向及其与周围地形、地物的关系。总平面图是新建房屋与其他相关设施定位的依据,也是土方工程、场地布置以及给排水、暖、电、煤气等管线总平面布置图和施工总平面布置图的依据。

2. 总平面图的形成

在地形图上画出原有、拟建、拆除的建筑物或构筑物以及新旧道路等的平面轮廓,即可得到总平面图。附图建施 -01 即为 × × 花园小区住宅楼所在地域的建筑总平面图。

4.3.2 总平面图的表示方法

1. 总平面图的比例

不论是一幢大的还是小的房屋,要在图纸上画出与实物同样大小的图样都是办不到的,因此需要将物体按一定比例缩小后表示出来。物体在图纸上的大小与实际大小相比的关系叫作比例,一般注写在图名一侧;当整张图纸只用一种比例时,也可以将比例注写在标题栏内。必须注意的是,图纸上所注尺寸是按物体实际尺度注写的,与比例无关。因此,读图时物体大小以所注尺寸为准,不能用比例尺在图上量取。

《总图制图标准》(GB/T 50103—2010)规定(以下简称"总图标准"),总图采用的比例宜符合表 1.4.5 的规定。

表 1.4.5 总图比例

图名	比例
现状图	1∶500,1∶1 000,1∶2 000
地理交通位置图	1∶25 000~1∶200 000
总体规划、总体布置、区域位置图	1∶2 000,1∶5 000,1∶10 000,1∶25 000,1∶50 000
总平面图、竖向布置图、管线综合图、土方图、铁路、道路平面图	1∶300,1∶500,1∶1 000,1∶2 000
场地园林景观总平面图、场地园林景观竖向布置图、种植总平面图	1∶300,1∶500,1∶1 000
铁路、道路纵断面图	垂直:1∶100,1∶200,1∶500 水平:1∶1 000,1∶2 000,1∶5 000
铁路、道路横断面图	1∶20,1∶50,1∶100,1∶200
场地断面图	1∶100,1∶200,1∶500,1∶1 000
详图	1∶1,1∶2,1∶5,1∶10,1∶20,1∶50,1∶100,1∶200

在实际工作中，由于各地国土管理局所提供地形图的比例为 1 : 500，故我们常接触的总平面图中多采用这一比例。

2. 总平面图的图例

由于总平面图采用的比例较小，所以各建筑物或构筑物在图中所占的面积较小。同时根据总平面图的作用，也无须将其画得很细。故在总平面图中，上述形体可用图例（规定的图形画法叫作图例）表示。总图标准分别列出了总平面图图例、道路和铁路图例、管线和绿化图例，表 1.4.6 摘录了其中一部分。若这个标准中的图例不够用，需另行设定图例时，则应在总平面图上专门画出自定的图例，并注明其名称。

表 1.4.6　常用的建筑总平面图图例

名称	图例	备注
新建建筑物	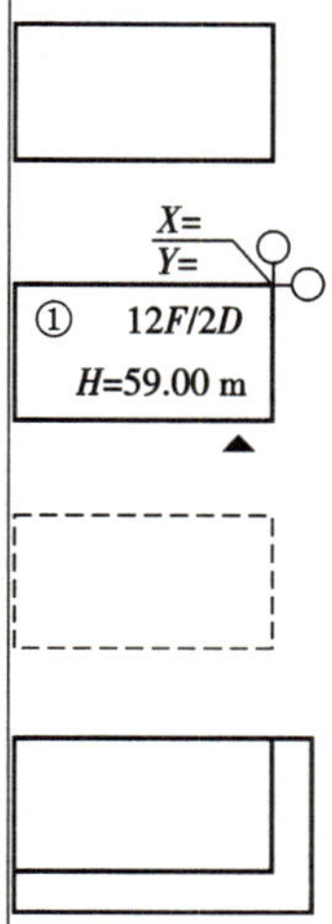	新建建筑物以粗实线表示与室外地坪相接处 ±0.00 外墙定位轮廓线 建筑物一般以 ±0.00 高度处的外墙定位轴线交叉点坐标定位。轴线用细实线表示，并标明轴线号 根据不同设计阶段标注建筑编号，地上、地下层数，建筑高度，建筑出入口位置（两种表示方法均可，但同一图纸采用一种表示方法） 地下建筑物以粗虚线表示其轮廓
原有建筑物		建筑上部（±0.00 以上）外挑建筑用细实线表示
水池、坑槽		也可以不涂黑
明溜矿槽（井）		—

名称	图例	备注
计划扩建的预留地或建筑物	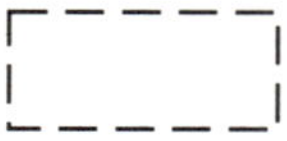	用中粗虚线表示
拆除的建筑物	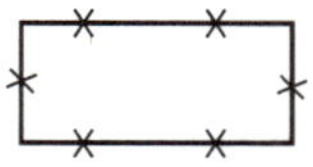	用细实线表示
建筑物下面的通道	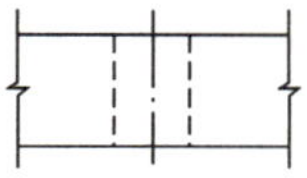	—
散状材料露天堆场	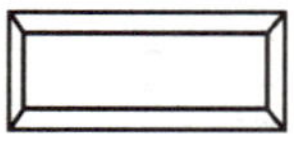	需要时可注明材料名称
其他材料露天堆场或露天作业场		需要时可注明材料名称
铺砌场地	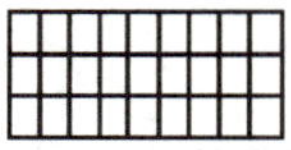	—
敞棚或敞廊	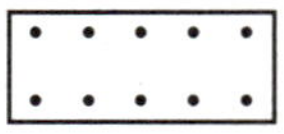	—
高架式料仓	 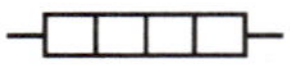	—
漏斗式贮仓		左、右图为底卸式，中图为侧卸式
冷却塔（池）		应注明冷却塔或冷却池
水塔、贮罐	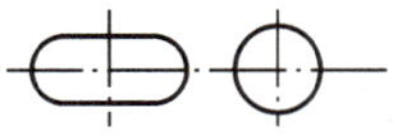	左图为卧式贮罐，右图为水塔或立式贮罐

续表

名称	图例	备注
斜井或平硐	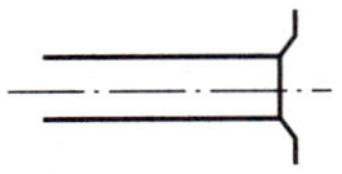	
烟囱		实线为烟囱下部直径，虚线为基础，必要时可注写烟囱高度和上、下口直径
围墙及大门	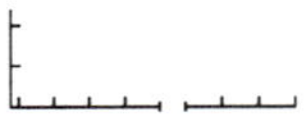	—
挡土墙	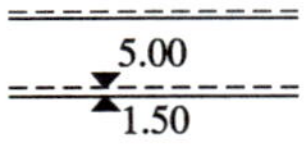	挡土墙根据不同设计阶段的需要标注 墙顶标高 墙底标高
挡土墙上设围墙		—
台阶及无障碍坡道	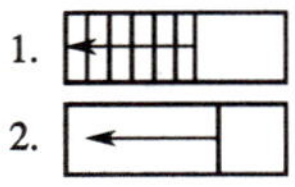	1. 表示台阶（级数仅为示意） 2. 表示无障碍坡道
露天桥式起重机	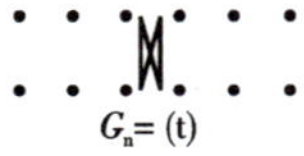	起重机起重量 G_n，以吨计算 “•”为柱子位置
露天电动葫芦	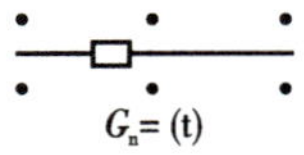	起重机起重量 G_n，以吨计算 “•”为支架位置
门式起重机	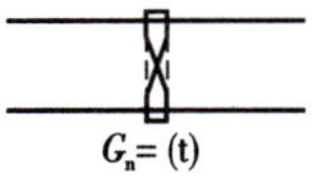 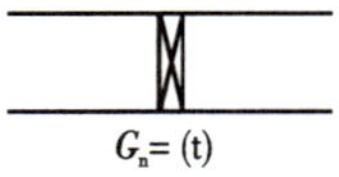	起重机起重量 G_n，以吨计算 上图表示有外伸臂 下图表示无外伸臂
架空索道		“I”为支架位置
斜坡卷扬机道		—
截水沟		“1”表示1%的沟底纵向坡度，“40.00”表示变坡点间距离，箭头表示水流方向
斜坡栈桥（皮带廊等）	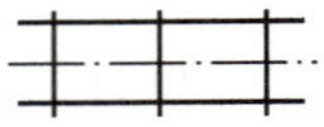	细实线表示支架中心线位置
坐标	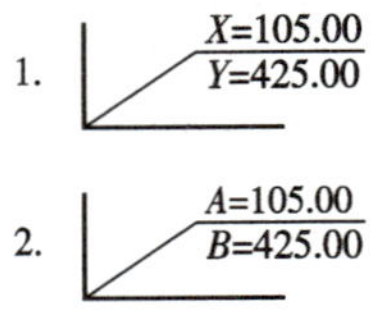	1. 表示地形测量坐标系 2. 表示自设坐标系 坐标数字平行于建筑标注
方格网交叉点标高	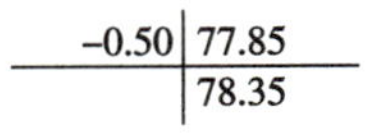	“78.35”为原地面标高 “77.85”为设计标高 “-0.50”为施工高度 “-”表示挖方（“+”表示填方）
填方区、挖方区、未整平区及零线	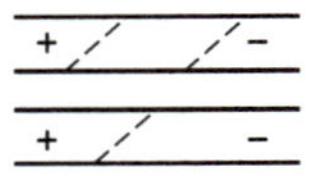	“+”表示填方区 “-”表示挖方区 中间为未整平区 点画线为零点线
地表排水方向		—
填挖边坡		—
分水脊线与谷线	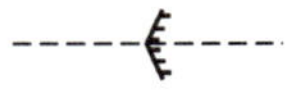 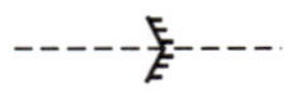	上图表示脊线 下图表示谷线
洪水淹没线		洪水最高水位以文字标注
消火栓井		—
急流槽		箭头表示水流方向
跌水		箭头表示水流方向

续表

名称	图例	备注
排水明沟	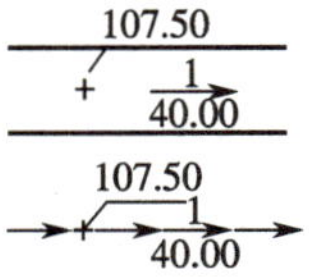	上图用于比例较大的图面 下图用于比例较小的图面 “1”表示 1% 的沟底纵向坡度，“40.00”表示变坡点间距离，箭头表示水流方向 “107.50”表示沟底变坡点标高（变坡点以“+”表示）
有盖板的排水沟	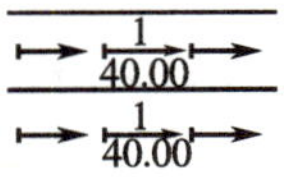	—
雨水口	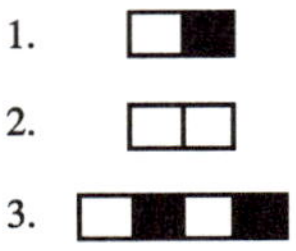	1. 雨水口 2. 原有雨水口 3. 双落式雨水口
拦水（闸）坝		—
透水路堤		边坡较长时，可在一端或两端局部表示
过水路面		—
室内地坪标高	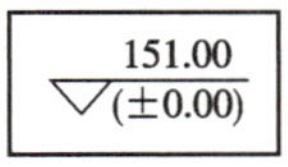	数字平行于建筑物书写
室外地坪标高		室外标高也可采用等高线
盲道		—
地下车库入口	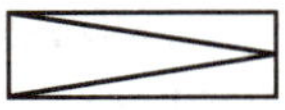	机动车停车场
地面露天停车场		—
露天机械停车场	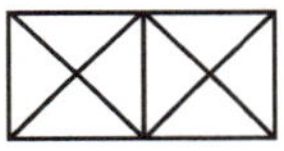	露天机械停车场

3. 总平面图的定位

表明新建筑物或构筑物与周围地形、地物间的位置关系，是总平面图的主要任务之一。它一般从以下 3 个方面描述。

（1）定向

在总平面图中，指向可用指北针或风向频率玫瑰图表示。指北针的形状如图 1.4.24 所示。

风由外面吹过建设区域中心的方向称为风向。风向频率是在一定时间内某一方向出现风向的次数占总观察次数的百分比，用公式表示为

扫描观看

视频：建筑总平面图

$$风向频率=\frac{某一风向出现的次数}{总观察次数}\times100\%$$

风向频率是用风向频率玫瑰图（简称风玫瑰图）表示的，如图 1.4.25 所示，图中细线表示的是 16 个罗盘方位，粗实线表示常年的风向频率，虚线则表示夏季 6~8 这 3 个月的风向频率。风向频率玫瑰图表示的风向，是从外面吹向该地区中心的。

小组讨论：风向频率玫瑰图对建筑施工及施工布置有什么影响？

（2）定位

定位是指确定新建建筑物的平面尺寸。

新建建筑物的定位一般采用两种方法：一是按原有建筑物或原有道路定位；二是按坐标定位。采用坐标定位又分为测量坐标定位和建筑坐标定位两种。

①根据原有建筑物定位。以周围其他建筑物或构筑物为参照物进行定位是扩建中常采用的一种方法。

实际绘图时,可标出新建建筑物与其他附近的房屋或道路的相对位置尺寸。

②根据坐标定位是指以坐标表示新建建筑物或构筑物的位置。当新建建筑物所在地形较为复杂时,为了保证施工放样的准确性,可使用坐标表示法,如图 1.4.26 所示。常采用的方法如下。

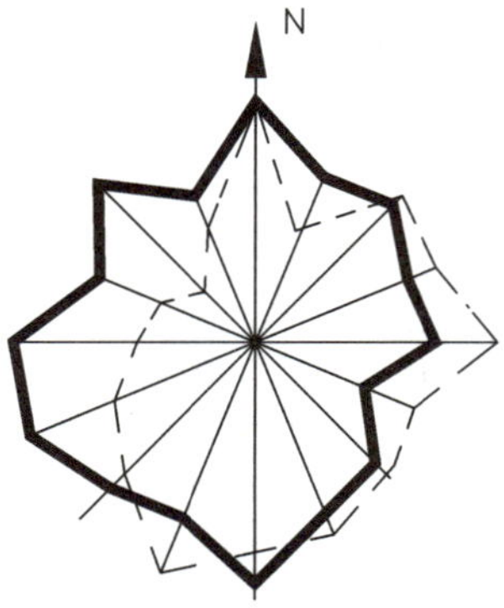

图 1.4.25　风向频率玫瑰图

扫描观看

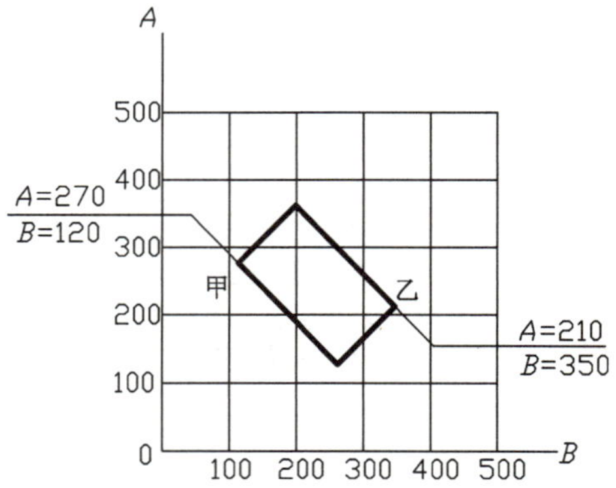

图 1.4.26　建筑物坐标示意

a. 测量坐标　国土管理部门提供给建设单位的红线图,是在地形图上用细线画成交叉十字线的坐标网,南北方向的轴线为 X,东西方向的轴线为 Y,这样的坐标称为测量坐标。坐标网常采用 100 m × 100 m 或 50 m × 50 m 的方格网。一般建筑物的定位标记有两个墙角的坐标。

b. 施工坐标　施工坐标一般在新开发区房屋朝向与测量坐标方向不一致时采用。施工坐标是将建筑区域内某一点定为“0”点,采用 100 m × 100 m 或 50 m × 50 m 的方格网,沿建筑物主墙方向用细实线画成方格网通线,横墙方向(竖向)轴线标为 A,纵墙方向的轴线标为 B。施工坐标与测量坐标的区别如图 1.4.27 所示。

通常,在总平面图上应标注出新建建筑物的总长和总宽,按规定该尺寸以米为单位。

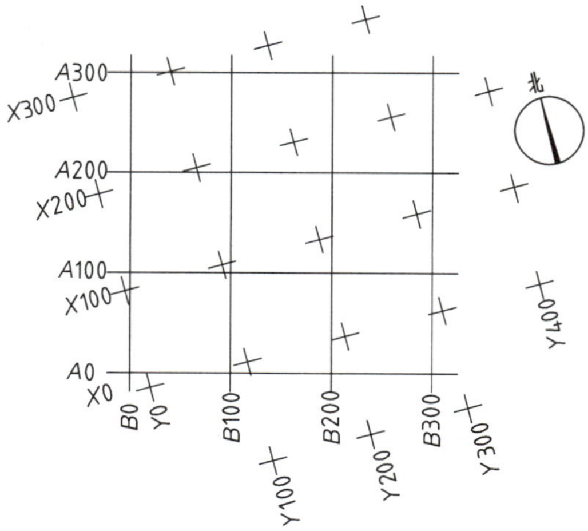

图 1.4.27　坐标网格

注:X 为南北方向轴线,X 的增量在 X 的轴线上;Y 为东西方向轴线,Y 的增量在 Y 轴线上。A 轴相当于测量坐标网中的 X 轴,B 轴相当于测量坐标网中的 Y 轴。

实习实作:建施 -02 中使用什么坐标来定位?

(3)标高

在总平面图中,用绝对标高表示高度数值,其单位为米。

4. 总平面图的图线

在总平面图中每个图样的线型,应根据其所表示的不同重点,采用不同粗细的线型。主要部分选用粗线,其他部分选用中粗线和细线,见表 1.4.7。

表 1.4.7　图线线型

名称		线型	线宽	用途
实线	粗		b	1. 新建建筑物 ±0.000 高度的可见轮廓线 2. 新建的铁路、管线
	中		$0.7b$ $0.5b$	1. 新建构筑物、道路、桥涵、边坡、围墙、露天堆场、运输设施的可见轮廓线 2. 原有标准轨距铁路
	细		$0.25b$	1. 新建建筑物 ±0.000 高度以上可见建筑物、构筑物轮廓线 2. 原有建筑物、构筑物、铁路、道路、桥涵、围墙的可见轮廓线 3. 新建人行道、排水沟、坐标线、尺寸线、等高线
虚线	粗		b	新建建筑物、构筑物的地下轮廓线
	中		$0.5b$	计划预留扩建的建筑物、构筑物、预留地、铁路、道路、桥涵、围墙、运输设施、管线、建筑红线及预留用地各线
	细		$0.25b$	原有建筑物、构筑物、管线的地下轮廓线
单点长画线	粗		b	露天矿开采界线
	中		$0.5b$	土方填挖区的零点线
	细		$0.25b$	分水线、中心线、对称线、定位轴线
双点长画线	粗		b	用地红线
	中		$0.7b$	地下开采区塌落界线
	细		$0.5b$	建筑红线
折断线			$0.5b$	断线
不规则曲线			$0.5b$	新建人工水体轮廓线

注：根据各类图纸所表示的不同重点确定使用不同粗细的线型。

实习实作：在建施 -02 中寻找，使用了表 1.4.7 中的哪些图线？

4.3.3　总平面图的主要内容

1. 建筑红线

各地方国土管理局提供给建设单位的地形图为蓝图，在蓝图上用红色笔划定土地使用范围的线称为建筑红线。任何建筑物在设计和施工中均不能超过此线。如附图建施 -01 总平面图所示，第一幢房屋西北方向边线处已标出的红线即为建筑红线。

2. 区分新旧建筑物

从表 1.4.6 可知，在总平面图上将建筑物分为 5 种，即新建建筑物、原有建筑物、计划扩建的预留地或建筑物、拆除的建筑物。当我们阅读总平面图时，要区分哪些是新建的建筑物，哪些是原有的建筑物。在设计中，为了清楚表示建筑物的总体情况，一般在图形中右上角以点数或数字表示房屋层数。当总图比例小于 1∶500 时，可不画建筑物的出入口。

3. 标高

标注标高要用标高符号，标高符号的画法如图 1.4.8~1.4.21 所示。

4. 等高线

地面上高低起伏的形状称为地形，用等高线表示。等高线是用学习模块 1 中任务 3 标高投影方式画出的单面正投影。从地形图上的等高线可以分析出地形的高低起伏状况。等高线的间距越大，说明地面越平缓；相反，等高线的间距越小，说明地面越陡峭。从等高线上标注的数值可以判断出地形是上凸还是下凹；数值由外圈向内圈逐渐增大，说明此处地形是往上凸；相反，数值由外圈向内圈减小，则此处地形为下凹。

5. 道路

由于比例较小,总平面图上只能表示出道路与建筑物的关系,不能作为道路施工的依据。一般是标注出道路中心控制点,表明道路的标高及平面位置即可。

6. 其他

总平面图除了表示以上内容外,还有挡土墙、围墙、绿化等与工程有关的内容,读图时可结合表 1.4.3 阅读。

4.3.4 总平面图的识读方法

扫描观看

视频:总平面图

1. 看图名、比例、图例及有关文字说明

这是阅读总平面图应具备的基本知识。

2. 了解新建工程的总体情况

了解新建工程的总体情况是指了解新建工程的性质与总体情况。工程性质是指建筑物的用途,商店、教学楼、办公楼、住宅、厂房等。了解总体情况主要是了解建筑物所在区域的大小和边界、建筑物和构筑物的位置及层数、周围环境,弄清周围环境对该建筑的不利影响,道路、场地和绿化等的布置情况。

3. 明确工程具体位置

明确工程具体位置是指明确新建工程或扩建工程的具体位置。新建房屋的定位方法有两种:一种是参照物法,即根据已有房屋或道路定位;另一种是坐标定位法,即在地形图上绘制测量坐标网。标注房屋墙角坐标的方法,如图 1.4.26 所示。确定新建建筑物的位置是总平面图的主要作用。

4. 看新建房屋的标高

看新建房屋底层室内标高和室外整平地面的绝对标高,可知室内外地面的高差以及正负零与绝对标高的关系。

5. 查看室内外地面标高

从标高和地形图可知道建造房屋前建筑区域的原始地貌。

6. 明确新建房屋的朝向和主要风向

看总平面图中指北针和风向频率玫瑰图,可明确新建房屋朝向和该地区常年风向频率。有些图纸上只画出单独的指北针。

7. 道路交通及管线布置情况

看总平面图中道路交通的组织情况,能否形成小循环,小区道路设计能否满足消防要求,消防车与救护车能否顺利到达每个住户门前,道路端头要有回转用的空间和场地。

看总平面图中给排水管道的布置情况,能否顺利与市政给排水管网相连接。

8. 道路与绿化

道路与绿化是主体工程的配套工程。从道路可了解建成后的人流方向和交通情况,从绿化可以看出建成后的环境绿化情况。

4.3.5 总平面图识读实例

附图中的建施 -01 是某生态小区的总平面图,比例为 1 : 500。图中粗实线表示新建住宅楼,其中 E 幢楼为插图所表示的新建住宅楼。它的平面形状是。角注的 8 个小圆点代表楼的层数为 8 层。它的定位采用参照物法:E 幢楼南距花园 5 m,西距 D 幢楼 8.8 m,北距 A 幢楼 30 m。首层室内地面相对标高正负零相当于绝对标高 305.5 m,室外整平地面绝对标高为 305.2 m,室内外高差为 0.3 m。建筑物周围有通道,还有草坪、树木等绿化。

从指北针可以看出,新建建筑物坐南朝北。小区设有停车场、各种活动设施、喷水池等。与该小区相邻的东边是中源中路,南边是 × × 镇工业总公司,西边是农田,北边是一条小路,小区入口紧临华华装饰工程公司。

实习实作：识读附图中建筑设计总说明，熟悉建筑设计总说明的内容；识读附图中建筑总平面图，熟悉建筑总平面图的图示内容和深度。

4.4　建筑平面图

视频：建筑平面图的基础知识

视频：房屋投影图

视频：建筑平面图的形成

4.4.1　建筑平面图认知

1. 建筑平面图的形成

建筑平面图实际上是水平剖视图。假想用一水平剖切平面，沿着房屋门窗洞口位置将房屋剖切开，如图 1.4.28（a）所示，移去上面部分，如图 1.4.28（b）所示，对剖切面以下部分作出的水平投影图，即建筑平面图，如图 1.4.28（c）所示。这样就可以看清房间的相对位置，门窗洞口、楼梯、走道的布置和墙体厚度等。

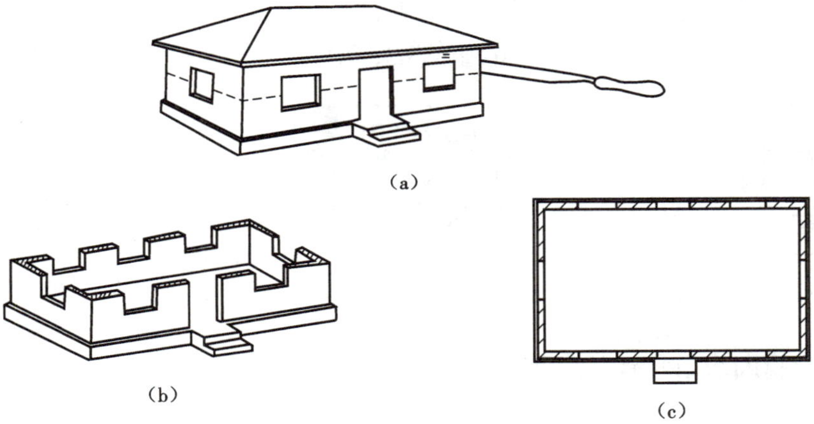

图 1.4.28　建筑平面图的形成

（a）假定沿水平方向剖切　（b）切开后移去上面部分　（c）相应的平面图

2. 建筑平面图的作用

建筑平面图简称平面图，是建筑施工图中重要的基本图。在施工过程中，平面图可作为放线、砌筑墙体、安装门窗、室内装修、施工备料及编制预算的依据。

3. 建筑平面图的分类

根据剖切平面位置的不同，建筑平面图可分为以下几类。

（1）底层平面图

底层平面图又称为首层平面图或一层平面图。它是所有建筑平面图中首先绘制的一张图。绘制此图时，应将剖切平面选放在房屋的一层地面与从一楼通向二楼的休息平台之间，且尽量通过该层上所有的门窗洞口，见附图中的建施 -04。

（2）标准层平面图

由于房屋内部平面布置不同，所以对于多层或高层建筑而言，应该每一层均有一张平面图。其名称就用本身的层数来命名，例如“二层平面图”，见附图中的建施 -05。但在实际的建筑设计中，多层或高层建筑往往存在许多相同或相近平面布置形式的楼层，因此在实际绘图时，可将这些相同或相近的楼层合用一张平面图来表示。这张合用的图,就叫作“标准层平面图”,有时也可用其相对应的楼层数命名,例如“三～七层平面图”等,见附图中的建施 -06。

(3)顶层平面图

顶层平面图也可用相应的楼层数命名。

(4)屋顶平面图和局部平面图

除了上述平面图外,建筑平面图还应包括屋顶平面图和局部平面图。其中,屋顶平面图是将房屋的顶部单独向下所作的俯视图,主要用来描述屋顶的平面布置及排水情况,见附图中的建施 -07。而对于平面布置基本相同的中间楼层,其局部的差异无法用标准层平面图来描述,此时则可用局部平面图表示。

(5)其他平面图

在多层和高层建筑中,若有地下室或地下车库,则还应有负一层、负二层等的平面图,见附图中的建施 -03。

4. *建筑平面图的数量*

一般房屋每层有一张平面图, 3 层的建筑物就有 3 张,并在图的下面注明相应的图名,如首层(底层)平面图、二层平面图等。如果其中有几层的房间布置、大小等条件完全相同,也可用标准层平面图表示;如果建筑平面图左右对称,也可将两层平面图画在同一个平面图上,左边为一层平面图,右边为另一层平面图,中间用一个对称符号分界。

4.4.2 建筑平面图的有关图例及符号

由于建筑平面图的绘图比例较小,所以其上的一些细部构造和配件只能用图例表示。有关图例画法应按照《建筑制图统一标准》(GB/T 50104—2010)中的规定执行。一些常用的构造及配件图例见表 1.4.3。

扫描观看

视频:建筑平面图的识读

扫描观看

视频:底层平面图的识读

扫描下载

习题:建筑平面图的识读练习

4.4.3 建筑平面图的内容、图示方法和示例

1. *一(底)层平面图*

底层平面图是房屋建筑施工图中最重要的图纸之一。

下面以附图中建施 -04 所示一层平面图为例,介绍底层平面图的主要内容。

(1)图名、比例、图例及文字说明

图名:一层平面图

比例:1∶100

图例:本图中使用的图例有卷帘门、柱、楼梯、门窗等

文字说明:本层建筑面积为 762 m^2

(2)纵横定位轴线、编号及开间、进深

建筑工程施工图中用轴线来确定房间的大小、走廊的宽窄和墙的位置,主要墙、柱、梁的位置都要用轴线来定位,如图 1.4.12 所示。除标注主要轴线之外,还可以标注附加轴线。附加轴线编号用分数表示。如建施 -04 一层平面图,其横向定位轴线有 ①~㉙ 主要轴线,纵向定位轴线有Ⓐ～Ⓗ 8 根轴线。建筑物横向定位轴线之间的距离称为开间,如①～④之间为 4 500 mm,④～⑦之间为 4 200 mm;纵向定位轴线之间的距离称为进深,如Ⓐ～Ⓓ之间为 5 700 mm,Ⓔ～Ⓖ之间为 4 500 mm。

(3)房间的布置、用途及交通联系

平面布置是平面图的主要内容,着重表达各种用途的房间与过道、楼梯、卫生间的关系。房间用墙体分

隔，如建施 -04 一层平面图。从该图可以看出，该层平面主要是商业门面、消防控制室的布置。

（4）门窗的布置、数量、开启方向及型号

在平面图中，只能反映出门、窗的平面位置、洞口宽度及与轴线的关系。门窗应按表 1.4.3 所示常用建筑配件图例进行绘制。在施工图中，门用代号“M”表示，窗用代号“C”表示，如“M1”表示编号为 1 的门，而“C2724”则表示窗洞口宽 2 700 mm，窗洞口高 2 400 mm。门窗的高度尺寸在立面图、剖面图或门窗表中查找，本例中门窗数量及规格见建施 -01 中门窗统计表。门窗的制作安装需查找相应的详图。

如：

M0920——门宽 900 mm，高 2 000 mm；　GM1824——钢门宽 1 800 mm，高 2 400 mm；

JM ——卷门；　MC——门带窗；

C1518——窗宽 1 500 mm，高 1 800 mm；　LC1518——铝合金窗宽 1 500 mm，高 1 800 mm。

（5）房屋的平面形状和尺寸标注

平面图中标注的尺寸分内部尺寸和外部尺寸两种，主要反映建筑物中门窗的平面位置及墙厚，房间的开间、进深，建筑的总长和总宽等。

内部尺寸一般用一道尺寸线表示墙与轴线的关系，房间的净长、净宽以及内墙门窗与轴线的关系。

外部尺寸一般标注 3 道尺寸。最里面一道尺寸表示外墙门窗大小及其与轴线的平面关系，也称门窗洞口尺寸（属定位尺寸）。中间一道尺寸表示轴线尺寸，即房间的开间与进深尺寸（属定形尺寸）。最外面一道尺寸表示建筑物的总长、总宽，即从一端外墙皮到另一端外墙皮的尺寸（属总尺寸）。

从建施 -04 一层平面图中可以看出：商业门面、消防控制室的平面形状均为长方形，其开间 × 进深的尺寸有：4 500 mm × 12 300 mm，4 500 mm × 5 700 mm，3 600 mm × 6 600 mm 等。其内部尺寸有：柱尺寸 400 mm × 280 mm。其外部尺寸有：① ~ ④轴线间商业门面尺寸有 280 mm，4 020 mm，200 mm 等 3 个细部尺寸；① ~ ④轴线间商业门面的开间 × 进深的尺寸为 4 500 mm × 5 700 mm；① ~㉙ 轴线外墙皮间的总长度为 40 440 mm；Ⓐ ~ Ⓗ轴线外墙皮间的总宽度为 14 050 mm。

④~⑦ 和 ㉓~㉖ 之间各有一单跑楼梯。⑦~⑨ 和 ㉑~㉓ 之间各有一双跑楼梯，楼梯间的开间 × 进深的尺寸为 2 700 mm × 5 700 mm，1 350 mm × 4 200 mm。建筑平面图比例较小，楼梯在平面图中只能示意楼梯的投影情况，楼梯的制作、安装详图见楼梯详图或标准图集。在平面图中，表示的是楼梯设在建筑中的平面位置、开间和进深、楼梯的上下方向及上一层楼的步数。

扫描观看

视频：开间和进深

在房屋建筑工程中，各部位的高度都用标高来表示。除总平面图外，施工图中所标注的标高均为相对标高。在平面图中，因为各房间的用途不同，房间的高度不都在同一个水平面上，如建施 -04 一层平面图中，± 0.000 表示消防控制室和楼梯间的地面标高，0.300 表示商业门面的地面标高。

（6）房屋的朝向及剖面图的剖切位置、索引符号

建筑物的朝向在底层平面图中用指北针表示。建筑物主要入口在哪面墙上，就称建筑物朝哪个方向。如建施 -04 一层平面图所示，指北针朝上，建筑物的主要入口在Ⓖ轴线上，说明该建筑朝北，也就是人们常说的“坐南朝北”。

本商住楼的 1-1 剖切位置在⑧ ~ ⑨轴线间、2-2 剖切平面在④ ~ ⑦轴线间。

Ⓐ、Ⓗ轴线处的室外踏步做法用详图索引符号标出：详西南 J812。

（7）墙厚（柱的断面）

建筑物中墙、柱是承受建筑物垂直荷载的重要结构，墙体又起着分隔房间的作用，因此它们的平面位置、尺寸大小都非常重要。从建施 -04 一层平面图中我们可以看到，外横墙和外纵墙墙厚均为 240 mm，柱尺寸为 400 mm × 400 mm。

2. 其他各层平面图和屋顶平面图

除底层平面图外，在多层或高层建筑中，一般还有地下室平面图、标准层平面图、顶层平面图、屋顶平面图和局部平面图。标准层平面图和顶层平面图所表示的内容与底层平面图相比大同小异，屋顶平面图主要表示屋顶面上的情况和排水情况。下面以标准层平面图和屋顶平面图为例进行介绍。

(1)负一层平面图

负一层平面图与底层平面图的区别主要表现在以下几个方面。

①房间布置。建施 -03 负一层平面图主要表示了车库的布置,有 18 个车位;车库入口位置在①轴线处;车库的楼梯间位置在Ⓖ轴线处;室外有盲沟,排水坡度为 1%。

②标高。车库地面标高为 -3.900 m,室外盲沟标高为 -4.000 m 和 -4.300 m。

③文字说明。本层建筑面积 768 m^2,排水沟水引入小区车库集水坑。

(2)标准层平面图

视频:标准层平面图识读

本住宅楼为商住楼,即一层为商业门面,二层以上为住宅。

①房间布置。标准层平面图的房间布置与二层平面图房间布置不同的必须表示清楚。建施 -05、06 等平面图中的所有房间布置均相同。

②墙体的厚度(柱的断面)。由于建筑材料强度或建筑物的使用功能不同,建筑物墙体厚度或柱截面尺寸往往不一样(顶层小、底层大),墙厚或柱变化的高度位置一般在楼板的下皮。建施 -05 与建施 -06 的内外墙厚均相同,其外横墙和外纵墙墙厚均为 240 mm。

③建筑材料。建筑材料的强度要求、材料的质量在图中表示不出来,但是在相应的说明中必须叙述清楚,该说明详见学习模块 2。

④门与窗。标准层平面图中门窗设置与底层平面图往往不完全一样,在底层建筑物的入口处一般为门洞或大门,而在标准层平面图中相同的平面位置处,一般情况下都改成了窗。如建施 -04 中第一、二单元的入口处均为门带窗(MC2227),而建施 -05、06 中相同的平面位置处均变为窗 C1527。

⑤表达内容。标准层平面图不再表示室外地面的情况,但要表示下一层可见的阳台或雨篷。楼梯表示为有上有下的方向。如建施 -04 的楼梯间处就表示了入口处的雨篷。建施 -05、06 中的楼梯方向有上有下。

(3)屋顶平面图

视频:屋顶平面图识读

屋顶平面图主要表示 3 个方面的内容,如建施 -07 所示屋顶平面图。

①屋面排水情况,如排水分区、分水线、檐沟、天沟、屋面坡度、雨水口的位置等。建施 -07 中的排水坡度有 2%、1% 两种。

②突出屋面的物体,如电梯机房、楼梯间、水箱、天窗、烟囱、检查孔、管道、屋面变形缝等的位置。建施 -07 中有突出屋面的楼梯间和烟道。

③细部做法,屋面的细部做法包括高出屋面墙体的泛水及压顶、雨水口、砖踏步、烟道等,其施工做法均参见西南 J212-1。

<u>实习实作</u>:识读附图建施 -03~ 建施 -08 的各建筑平面图,熟悉建筑平面图的图示内容和深度。

4.4.4 手工绘制建筑平面图的步骤

视频:建筑工程图的绘制

以附图建施 -05 二层平面图为例,说明手工绘制平面图的步骤。

1. 准备阶段

准备绘图工具及用品。

2. 选定比例和图幅

根据建筑物的复杂程度和大小,按表 1.4.2 选定比例,由建筑物的大小以及选定的比例,估计注写尺寸、符号和有关说明所需的位置,选用标准图幅。

建施 -05 的比例为 1∶100,建筑物总长为 40 440 mm,总宽为 12 540 mm,考虑四周标注尺寸、注写轴线编号和文字说明需留用各 400 mm 的位置,这样绘制本图所需位置为 41 240 mm × 13 340 mm。而 A2 图幅的大小为 42 000 mm × 29 700 mm,扣减图框所占位置后,A2 图幅的长边不能满足该平面图绘制需要,所以建施 -05 选用 A2$^+$ 图幅绘制。

3. 绘图稿

①按选定的比例和图幅,绘制图框和标题栏。图框线按装订边留 25 mm,非装订边留 10 mm 进行绘制,

标题栏选用标准标题栏的样式进行绘制。

②进行图面布置。根据房屋的复杂程度及大小，确定图样的位置。注意留出注写尺寸、符号和有关文字说明的空间。一般情况下，图形的中心点在图纸中心点的左方和上方各 10~20 mm 处。

③画铅笔线图。用铅笔在绘图纸上画成的图称为一底图，简称“一底”。具体操作如下。

a. 画出定位轴线　定位轴线是建筑物的控制线，故在平面图中，可按从左向右、自上而下的顺序绘制承重墙、柱、大梁、屋架等构件的轴线，如图 1.4.29(a)所示。

b. 画出全部墙厚、柱断面和门窗位置　此时应特别注意构件的中心是否与定位轴线重合。画墙身轮廓线时，应从轴线处分别向两边量取。由定位轴线定出门窗的位置，然后按表 1.4.3 的规定画出门窗图例，如图 1.4.29(b)所示。若表示的是高窗、通气孔、槽等不可见的部分，则应以虚线绘制。

c. 画其他构配件的轮廓　所谓其他构配件，是指台阶、坡道、楼梯、平台、卫生设备、散水和雨水管等，如图 1.4.29(c)所示。

以上三步用较硬的铅笔(H 或 2H)轻画。

④检查后描粗加深有关图线。在完成上述步骤后，应仔细检查，及时发现错误。然后按照《建筑制图统一标准》(GB/T 50104—2010)的有关规定，描粗加深图线(用较软的 B 或 2B 铅笔绘制)。

⑤标注尺寸和符号。轴线按从左向右用阿拉伯数字，自下而上用大写的英文字母顺序进行编号，其中 I、O、Z 这 3 个字母不能使用。外墙一般应标注 3 道尺寸，内墙应注出墙、柱与定位轴线的相对位置及其定形尺寸，门窗洞口注出宽度尺寸和定位尺寸，外墙之间应注出总尺寸，根据需要再适当标注其他尺寸。另外，还应标注不同标高房间的楼面标高。绘制有关的符号，如底层平面图中的指北针、剖切符号、详图索引符号、定位轴线编号以及表示楼梯和踏步上下方向的箭头等。一般用 HB 的铅笔，如图 1.4.29(c)所示。

⑥复核。图完成后需仔细校核，及时更正，尽量做到准确无误。

⑦上墨(描图)。用描图纸盖在“一底”图上，用黑色的墨水(绘图墨水、碳素墨水)按“一底”图描出的图形称为底图，又叫“二底”。

以上只是绘制建筑平面图的大致步骤，在实际操作时，可按房屋的具体情况和绘图者的习惯加以改变。

提示：平面图的线型要求如下：剖到的墙轮廓线，画粗实线；看到的台阶、楼梯、窗台、雨篷、门扇等画中粗实线；楼梯扶手、楼梯上下引导线、窗扇等，画细实线；定位轴线画细单点长画线。

实习实作：绘制建施 -04 一层平面图，熟悉各种制图工具、图线、比例等的应用。

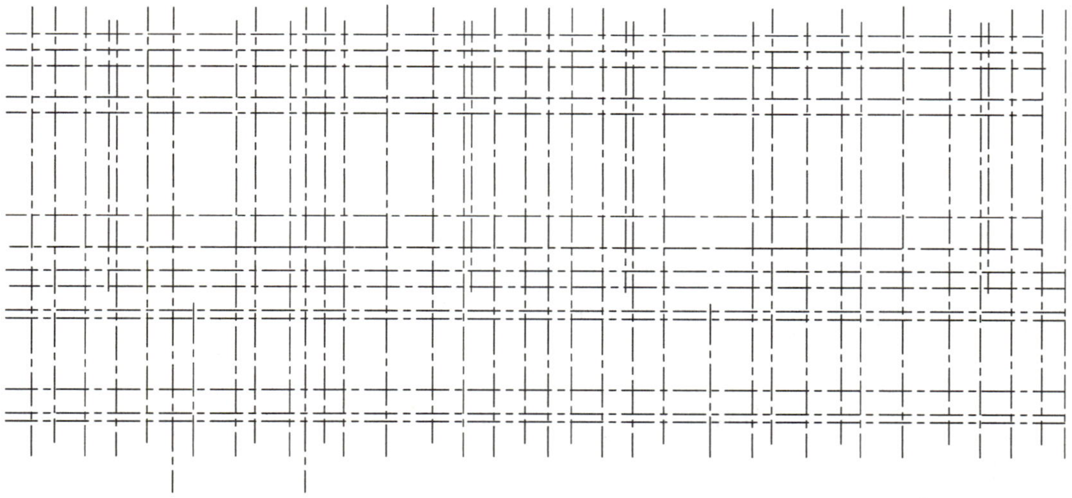

(a)

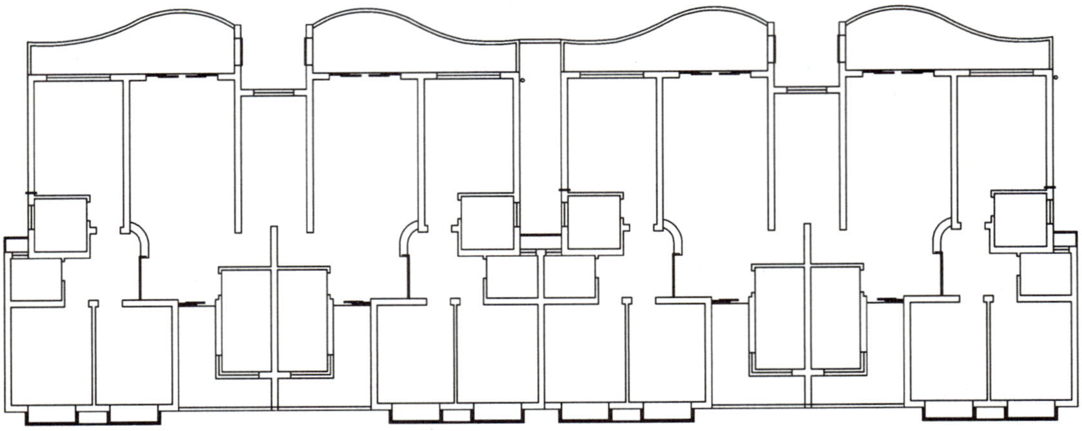

(b)

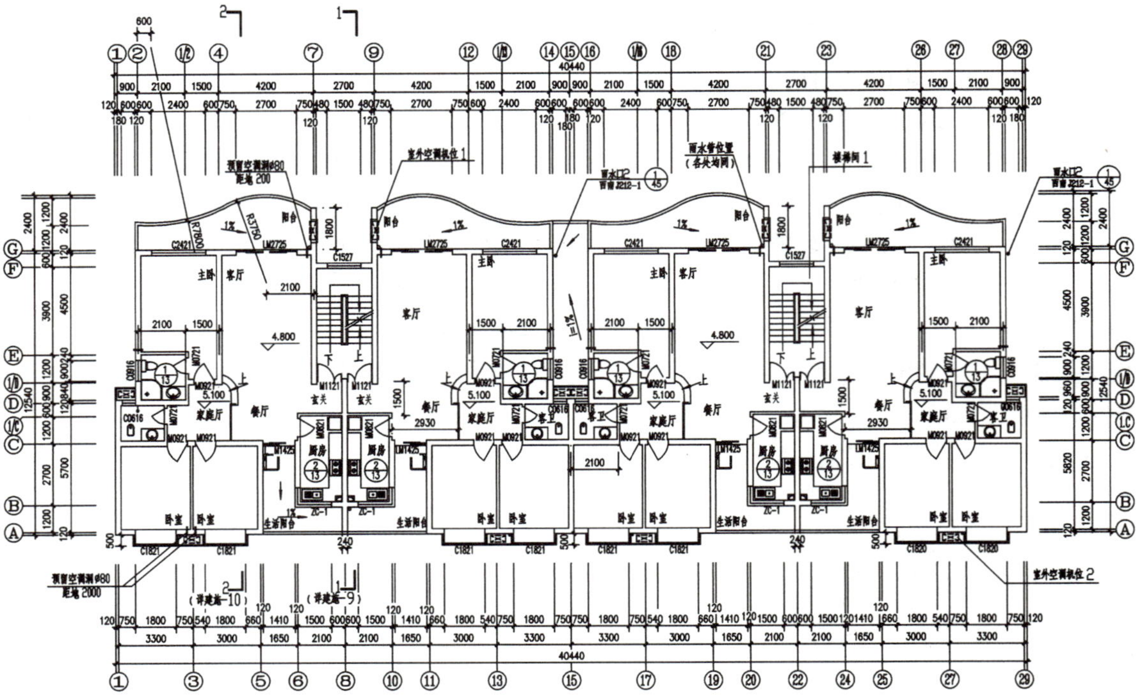

(c)

图 1.4.29 绘制建筑平面图的步骤

(a)画定位轴线 (b)画墙、柱断面和门窗洞 (c)画构配件和细部,标注尺寸、编号、符号和说明

4.5 建筑立面图

4.5.1 建筑立面图的形成、作用、数量及命名

1. 建筑立面图的形成

建筑立面图是在与建筑物立面相平行的投影面上所作的正投影,相当于正投影图中的正立和侧立投影图。建筑立面图应包括投影方向可见的建筑外轮廓线和墙面线脚、构配件、墙面做法及必要的尺寸和标高等。它主要用来表示房屋的外形外貌,反映房屋的高度、层数、屋顶形式,墙面的做法,门窗的形式、大小和位置,以及窗台、阳台、雨篷、檐口、勒脚、台阶等构造和配件各部位的标高。

2. 建筑立面图的作用

建筑立面图在施工过程中主要用于指导室外装修。

3. 建筑立面图的数量

立面图的数量根据建筑物各立面形状和墙面装修要求确定。当建筑物各立面造型不一样、墙面装修各异时，就需要画出所有立面图。当建筑物各立面造型简单，可以通过主要立面图和墙身剖面图表明次要立面形状和装修要求时，可省略该立面图不画。

4. 建筑立面图的命名

立面图的命名方式有3种。

①按轴线编号命名。对于有定位轴线的建筑物，可以根据两端的定位轴线编号编注建筑立面图的名称，如建施-09中的①~㉙轴立面图，建施-11中的Ⓐ~Ⓖ轴立面图。

②按建筑物的朝向命名。对于无定位轴线的建筑物，可根据建筑物立面的朝向分别称为东立面图、南立面图、西立面图、北立面图。

③按立面的主次命名。把建筑物的主要出入口或反映建筑物外貌主要特征的立面图称为正立面图，而把其他立面图分别称为背立面图、左侧立面图和右侧立面图。

4.5.2　建筑立面图的内容、图示方法和示例

现以附图中建施-09所示立面图为例，说明建筑立面图的图示内容和读图要点。

扫描观看

视频：建筑立面图的识读

扫描观看

视频：建筑立面图的内容、图示方法和示例

扫描下载

习题：建筑立面图的识读练习

1. 图名、比例

图名：①~㉙轴立面图，就是将这幢商住楼由南向北投影所得。

比例：1∶100。立面图比例应与建筑平面图所用比例一致，便于对照阅读。

2. 建筑物在室外地坪线以上的全貌

立面图反映建筑物在室外地坪线以上的全貌，门窗和其他构配件的形状、位置。从建施-09中可以看出，外轮廓线所包围的范围显示出该商住楼的总长和总高，总长为40 200 mm，总高为24 600 mm。屋顶为平屋顶，高出屋顶的为钢筋混凝土构架。

3. 装饰做法和色彩

立面图表明外墙面、屋面、阳台、门窗、雨篷等的色彩和装饰做法。外墙面以及一些构配件和设施的做法，在建筑立面图中常用引出线作文字说明。建施-09中，其外墙面的装饰做法和色彩有：石材面、浅灰色铝合金百叶、墨绿色钢栏杆、米黄色外墙砖饰面、白色外墙砖饰面、30宽灰色凹缝、墨绿色铝合金框白玻窗。

4. 尺寸标注

沿立面图高度方向标注3道尺寸：细部尺寸、层高及总高度。

①细部尺寸。最里面一道是细部尺寸，表示室内外地面高差、防潮层位置、窗下墙高度、门窗洞口高度、洞口顶面到上一层楼面的高度、女儿墙或挑檐板高度。建施-09中左侧标注的细部尺寸从下往上有3 400 mm、1 100 mm、700 mm、2 100 mm、500 mm、400 mm等。

②层高。中间一道表示层高尺寸，即上下相邻两层楼地面之间的距离。建施-09中的层高尺寸有4 800 mm（商业门面层高）和3 000 mm（住宅楼层高）两种。

③总高度。最外面一道表示建筑物总高，即从建筑物室外地坪至女儿墙压顶（或檐口）的距离。建施-09中商住楼的总高度为24 600 mm。

5. 立面图的标高及文字说明

①标高。标注房屋主要部位的相对标高，如室外地坪、室内地面、各层楼面、檐口、女儿墙压顶、雨罩等。

如建施 -09 中的 ±0.000、0.300、4.800、5.100、8.100、11.100、14.100、17.100、20.100、23.100、26.100、27.600。

②说明。索引符号及必要的文字说明。如建施 -09 中的“注:外立面设计参见立面渲染图及二次设计”、详图索引符号。

实习实作:识读附图建施 -10(㉙~①轴立面图)、建施 -11(Ⓐ~Ⓖ轴立面图),熟悉建筑立面图的图示内容和深度。

4.5.3 手工绘制建筑立面图的方法和步骤

绘制建筑立面图与绘制建筑平面图一样,也是先选定比例和图幅、绘图稿、上墨或用铅笔加深 3 个步骤。以附图建施 -09(①~㉙ 轴立面图)为例,着重说明绘制的步骤和在上墨或用铅笔加深建筑立面图图稿时对图线的要求。

①准备绘图工具及用品。

②选取和平面图相同的绘图比例及图幅,绘制图框和图标(用 H 或 2H 铅笔)。

③绘出室外地坪线、两端外墙的定位轴线,确定图面布置(用 H 或 2H 铅笔)。

④用轻淡的细线绘出室内地坪线、各层楼面线、屋顶线和中间的各条定位轴线、两端外墙的墙面线(用 H 或 2H 铅笔)。

⑤从楼面线、地面线开始,量取高度方向的尺寸,从各条定位轴线开始,量取长度方向的尺寸,绘出凹凸墙面、门窗洞口以及其他较大的建筑构配件的轮廓(用 H 或 2H 铅笔)。

⑥绘出细部底稿线,并标注尺寸,绘制符号、编号,书写说明等。在注写标高时,标高符号应尽量排在一条铅垂线上,标高数字的小数点也都按垂直方向对齐,这样做不但便于看图,而且图面也清晰美观(用 HB 铅笔)。

在上墨或用铅笔加深建筑立面图图稿时,如附图建施 -09 所示,图线按表 1.4.1 的规定进行绘制(用 B 或 2B 铅笔),如图 1.4.30 所示。

提示:立面图的线型要求是地坪线画加粗实线(1.4*b*);外轮廓线(天际线)画粗实线(*b*);凹进或凸出墙面的轮廓线、门窗洞轮廓线,画中粗线(0.5*b*);门窗分格线、墙面分格线、勒脚、雨水管、图例线等,画细实线(0.25*b*)。手工绘图时,对于立面图上相同的构件,只画出其中的一至两个,其余的只画外形轮廓,如图中的门窗等;计算机绘图时,需全部绘出。

实习实作:绘制建施 -11 中Ⓐ~Ⓖ轴立面图,熟悉各种制图工具、图线、比例等的应用。

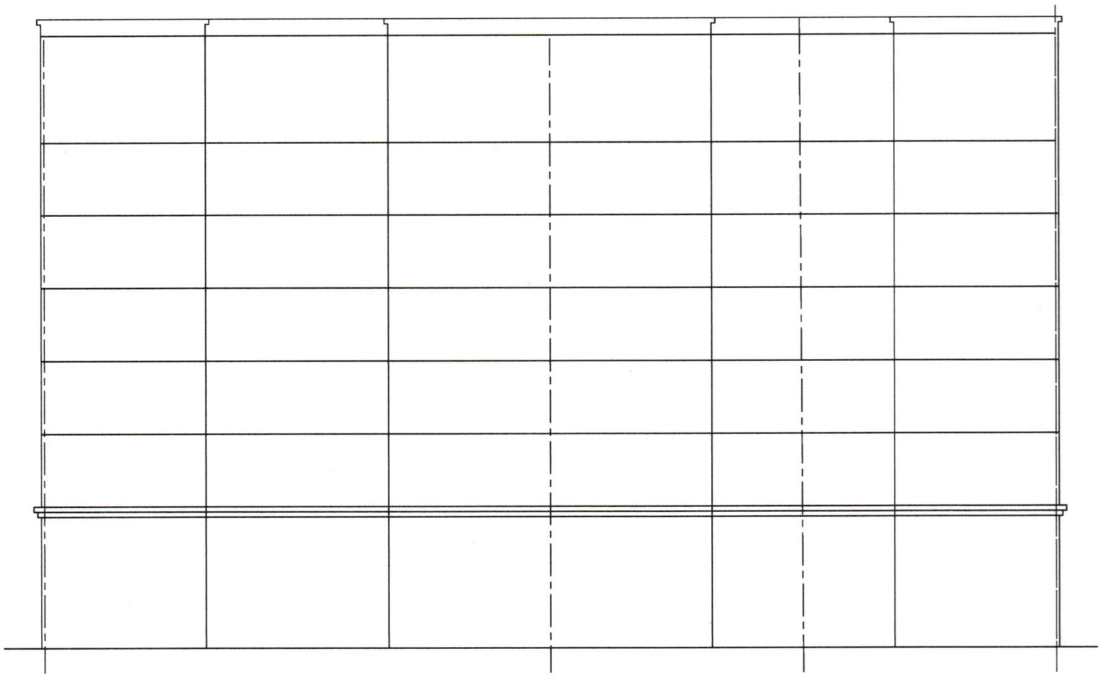

(a)

（b）

（c）

图 1.4.30　绘制建筑立面图的步骤

（a）绘制轴线、地坪线和楼层线　（b）绘制外轮廓线和门窗等细部

（c）检查加深、注写标高、尺寸及材料

4.6 建筑剖面图

三视图虽然能清楚地表达出物体的外部形状,但内部形状却需用虚线来表示,对于内部形状比较复杂的物体,就会在图上出现较多的虚线,虚实重叠,层次不清,看图和标注尺寸都比较困难。为此,国标规定用剖面图表达物体的内部形状。

4.6.1 剖面图的形成与基本规则

扫描观看

视频:剖面图的形成与基本规则

扫描下载

习题:剖面图的形成与基本规则练习

1. 剖面图的形成

假想用一个剖切平面将物体切开,移去观察者与剖切平面之间的部分,将剩下的那部分物体向投影面投影,所得到的投影图就叫作剖面图,简称剖面。

图 1.4.31(a)、(b)为剖切前的立体图和两个基本视图,其杯形孔在正立面图中为虚线。图 1.4.31(c)为剖切过程,假想的剖切平面 P 平行于投影面 V,且处于形体的对称面上。这样,剖切平面剖切处的断面轮廓和其投影轮廓完全一致,仅仅发生实线与虚线的变化,为了区分断面与非断面,在断面上画出了断面符号(又称材料图例)。

2. 画剖面图的基本规则

扫描观看

视频:形体的剖面图

根据剖面图的形成过程和读图需要,可概括出画剖面图的基本规则如下。

①假想的剖切平面应平行于被剖视图的投影面,且通过形体的相应投影轮廓线,而不致产生新的截交线,剖切面最好选在形体的对称面上。

②剖切处的断面用粗实线绘制,其他可见轮廓线用细实线或中粗线。不可见的虚线只在影响形体表达时才保留。

③为了区分断面实体和空腔,并表现材料和构造层次,在断面中画上材料图例(也称剖面符号)。其表示方法有 3 种:不需明确具体材料时,一律画 45° 方向间隔均匀的细实线,且全图方向、间隔一致;按指定材料图例(如表 1.4.8 所示)绘制,若有两种以上材料则应用中实线画出分层线;在断面很狭小时,用涂黑(如金属薄板、混凝土板)或涂红(如小比例的墙体断面)表示。

④标注剖切代号。在一组视图中,为了标明剖面图与其他视图的关系,一般应标注剖切代号,它包含 4 项内容:在对应的视图上用粗短线标记剖切平面的位置,一般将粗短线画在图形两边,长 6~10 mm;对剖切平面编号,用粗阿拉伯数字按剖切顺序由左至右、由下至上连续编排,并应注写在剖视方向线的端部,标记剖面图的投影方向,在粗短线的外端顺投影方向画粗短线,长 4~6 mm,如 1┗ ┛1;在剖面图下方图名处注写剖面编号,如 1-1 剖面图。需要转折的剖切位置线,应在转角的外侧加注与该符号相同的编号。

⑤在一组视图中,无论采用几个剖面图,都不影响其他视图的完整性。

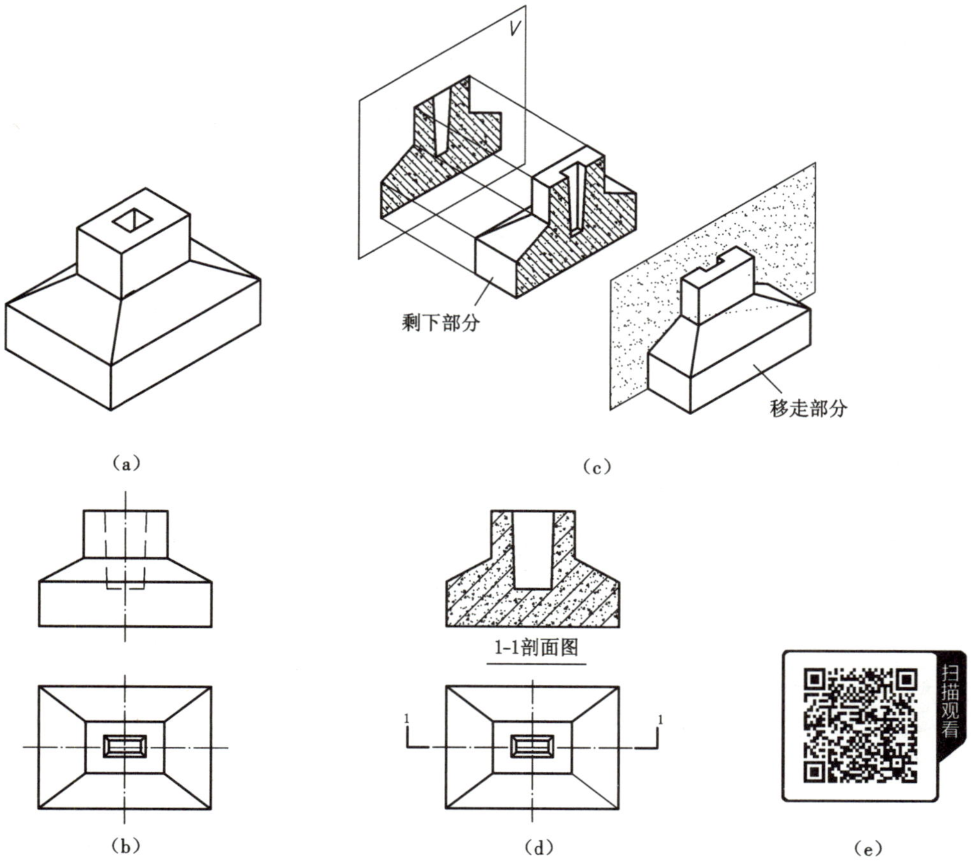

图 1.4.31 剖面图的形成

(a)立体图 (b)剖切前 (c)剖切过程 (d)剖切后 (e)视频

表 1.4.8 常用建筑材料图例

序号	名称	图例	说明
1	自然土壤		包括各种自然土壤
2	夯实土壤		—
3	砂、灰土		—
4	砂砾土、碎砖、三合土	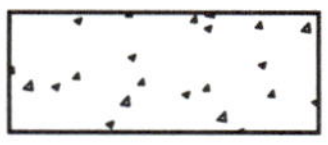	—
5	石材		—
6	毛石		—
7	实心砖、多孔砖		包括普通砖、多孔砖、混凝土砖等砌体
8	耐火砖		包括耐酸砖等砌体
9	空心砖、空心砌块		包括空心砖、普通或轻骨料混凝土小型空心砌块等砌体

续表

序号	名称	图例	说明
10	加气混凝土	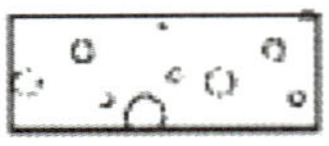	包括加气混凝土砌块砌体、加气混凝土墙板及加气混凝土材料制品等
11	饰面砖		包括铺地砖、玻璃马赛克、陶瓷锦砖、人造大理石等
12	焦渣、矿渣	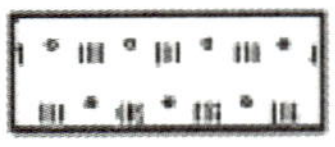	包括水泥、石灰等混合而成的材料
13	混凝土	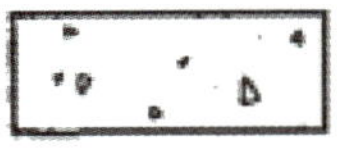	1. 包括各种强度等级、骨料、添加剂的混凝土 2. 在剖面图上绘制表达钢筋时，不需绘制图例线 3. 断面图形较小，不易绘制表达图例线时，可填黑或深灰(灰度宜为 70%)
14	钢筋混凝土		
15	多孔材料		包括水泥珍珠岩、沥青珍珠岩、泡沫混凝土、软木、蛭石制品等
16	纤维材料		包括矿棉、岩棉、玻璃棉、麻丝、木丝板、纤维板等
17	泡沫塑料材料	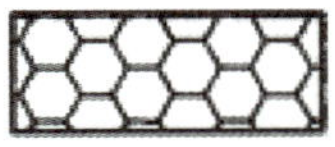	包括聚苯乙烯、聚乙烯、聚氨酯等聚合物类材料
18	木材		1. 上图为横断面，左上图为垫木、木砖或木龙骨 2. 下图为纵断面
19	胶合板		应注明为 × 层胶合板
20	石膏板	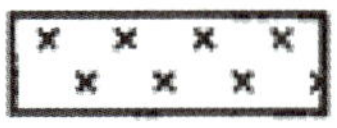	包括圆孔或方孔石膏板、防水石膏板、硅钙板、防火石膏板等
21	金属		1. 包括各种金属 2. 图形较小时，可填黑或深灰(灰度宜为 70%)
22	网状材料		1. 包括金属、塑料网状材料 2. 应注明具体材料名称
23	液体		应注明具体液体名称
24	玻璃		包括平板玻璃、磨砂玻璃、夹丝玻璃、钢化玻璃、中空玻璃、夹层玻璃、镀膜玻璃等
25	橡胶		—
26	塑料		包括各种软、硬塑料及有机玻璃等
27	防水材料		构造层次多或绘制比例大时，采用上面的图例

续表

序号	名称	图例	说明
28	粉刷		本图例采用较稀的点

注：①本表中所列图例通常在 1：50 及以上比例的详图中绘制表达。
②如需表达砖、砌块等砌体墙的承重情况，可通过在原有建筑材料图例上增加填灰等方式进行区分，灰度宜为 25% 左右。
③序号为 1、2、5、7、8、14、15、21 图例中的斜线、短斜线、交叉线等均为 45°。

4.6.2　剖面图的类型与应用

为了适应建筑形体的多样性，在遵守基本规则的基础上，由于剖切平面数量和剖切方式不同而形成下列常用类型：全剖面图、半剖面图、局部剖面图、阶梯剖面图和旋转剖面图。

扫描观看

视频：剖面图的类型与应用

1. 全剖面图

全剖面图是用一个剖切平面把物体全部剖开后所画出的剖面图。它常应用在外形比较简单，而内部形状比较复杂的物体上。图 1.4.31 就是全剖面图。

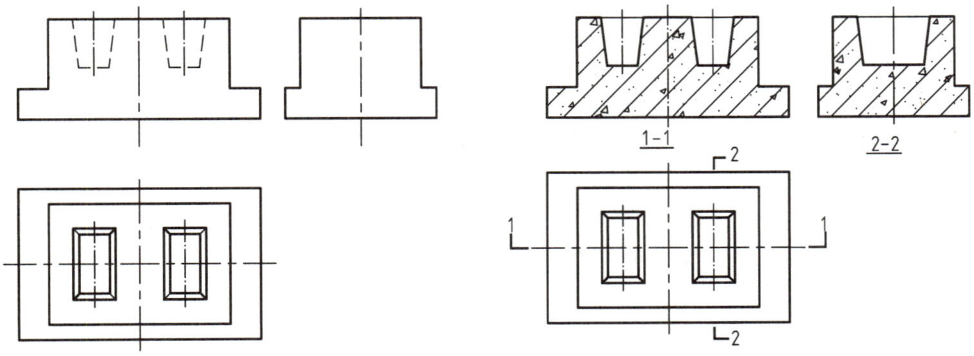

（a）　（b）

图 1.4.31　全剖面图

（a）三面投影图　（b）剖面图

图 1.4.31（a）为一双杯基础的三面投影图。若需将其正立面图改画成全剖面，并画出左侧立面的剖面图，材料为钢筋混凝土，可先画出左侧立面图的外轮廓后，再分别改画成剖面图，并标注剖切代号，如图 1.4.31（b）所示。

从图中可以看出，为了突出视图的不同效果，平面图的可见轮廓线改用中实线；剖面图的断面轮廓用粗实线，而杯口顶用细实线，材料图例中的 45° 细线方向一致；剖面取在前后的对称面上，而 2-2 剖面取在右边杯口的局部对称线上。

2. 半剖面图

在对称物体中，以对称中心线为界，一半画成外形视图，一半画成剖面图后组合形成的图形称为半剖面图，如图 1.4.32 所示，半剖面图经常运用在对称或基本对称，内外形状均比较复杂的物体上，同时表达物体的内部结构和外部形状。

在画半剖面图时，一般多把半个剖面图画在垂直对称线的右侧或画在水平对称线的下方。必须注意：半个剖面图与半个外形视图间的分界线必须画成单点长画线。此外，由于内部对称，其内形的一半已在半个剖面图中表示清楚，所以在半个外形视图中，表示内部形状的虚线就不必再画出。

半剖面的标注方法与全剖面相同，在图 1.4.32 中由于正立面图及左侧立面图中的半剖面都是通过物体左右和前后的对称面进行剖切的，故可省略标注；如果剖切平面的位置不在物体的对称面上，则必须用带数字的剖切符号把剖切平面的位置表示清楚，并在剖面图下方标明相应的剖面图名称：×-×（省去剖面图 3

个字)。

3. 局部剖面图

用剖切平面局部剖开不对称的物体,以显示物体该局部的内部形状所画出的剖面图称为局部剖面图。如图 1.4.33 所示的柱下基础,为了表现底板上的钢筋布置,对正立面和平面图都采用了局部剖面的方法。

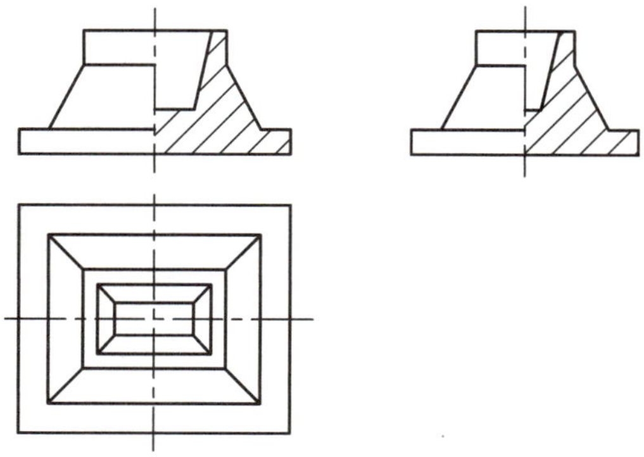

图 1.4.32　半剖面图

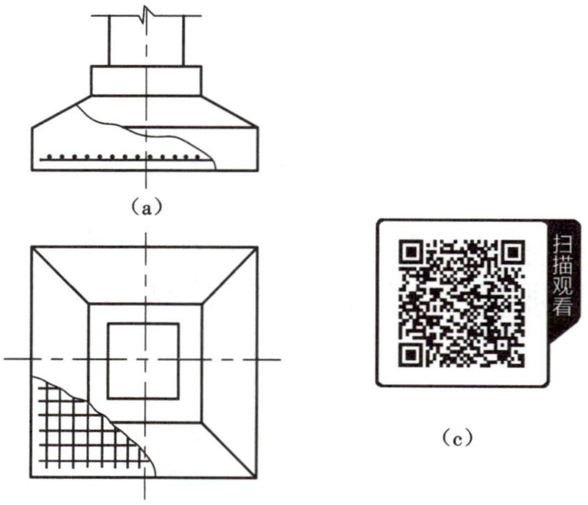

(a)　(b)　(c)

图 1.4.33　局部剖面图

(a)立体图　(b)平面图　(c)视频

当物体只有局部内形需要表达,而仍需保留外形时,用局部剖面就比较适合,能达到内外兼顾、一举两得的表达目的。

局部剖面只是物体整个外形投影图中的一个部分,一般不标注剖切位置。局部剖面与外形之间用波浪线分界。波浪线不得与轮廓线重合,不得超出轮廓线,在开口处不能有波浪线。

在建筑工程图中,常用分层局部剖面图来表达屋面、楼面和地面的多层构造,如图 1.4.34(b)所示。

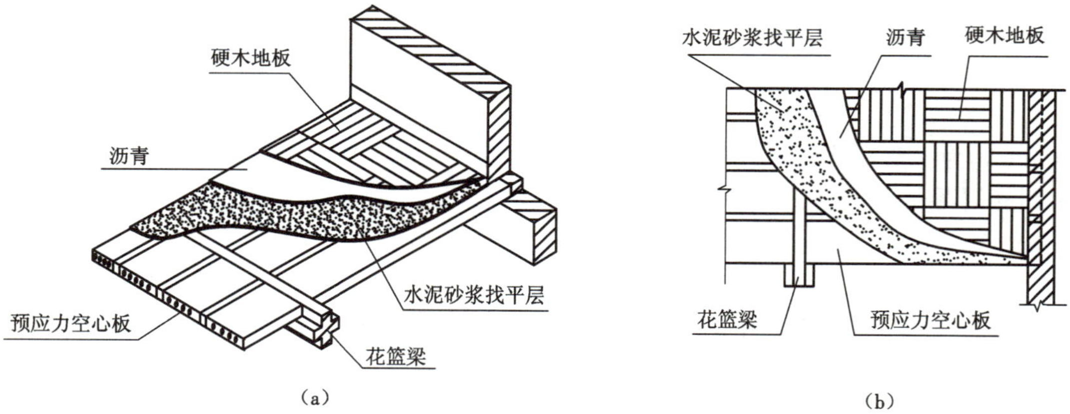

图 1.4.34　分层局部剖面图

(a)立体图　(b)平面图

4. 阶梯剖面图

用一组投影平行面剖开物体,将各个剖切平面截得的形状画在同一个剖面图中所得到的图形称为阶梯剖面图,如图 1.4.35 所示。阶梯剖面图运用在内部有多个孔槽需剖切,而这些孔槽又分布在几个互相平行层面上的物体,可同时表达多处内部形状结构,其整体感较强。

在阶梯剖面图中不可画出两剖切平面的分界线,还应避免剖切平面在视图中的轮廓线位置处转折。在转折处的断面形状应完全相同。

阶梯剖面一定要完整地标注剖切面起始和转折位置、投影方向和剖面名称。

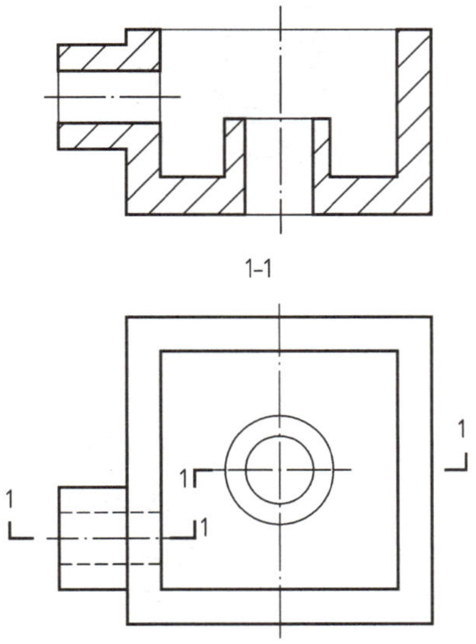

图 1.4.35　阶梯剖面图

视频：楼地面构造层次图

5. 旋转剖面图

用两个或两个以上相交平面作为剖切面剖开物体，将倾斜于基本投影面的部分旋转到平行于基本投影面后得到的剖面图，称为旋转剖面图，如图 1.4.36 中 1-1 剖面。

旋转剖面应用在物体内部有多处孔槽需剖切，每两剖切平面的交线又垂直于某一投影面时，以该交线为旋转轴。

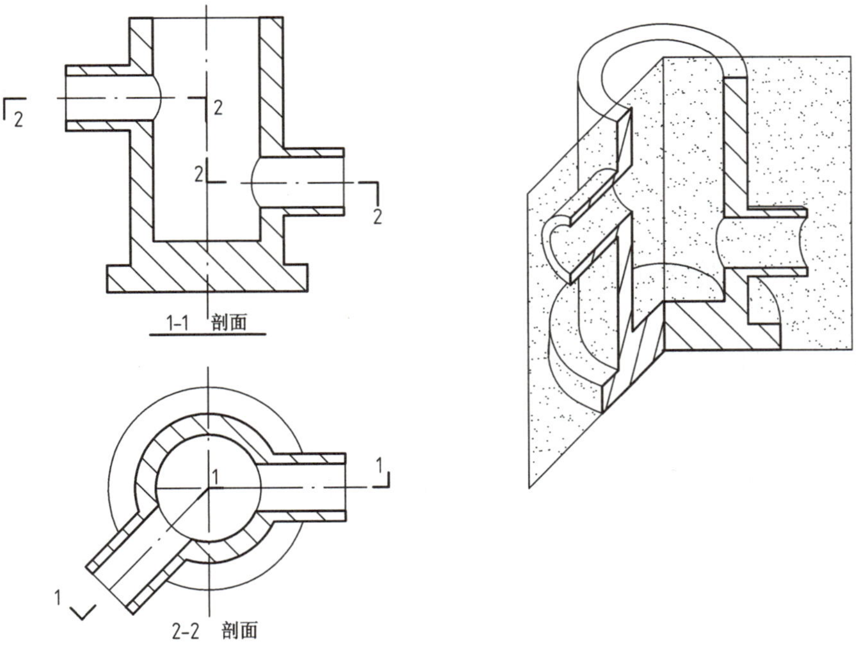

图 1.4.36　旋转剖面图

画旋转剖面图时一定要假想把倾斜部分旋转到某投影面的平行面上，否则不能得到实长。

旋转剖面图同样要完整地标注剖切面的起始和转折位置、投影方向和剖面名称。

4.6.3　断面图的形成类型与应用

对于某些单一杆件或需要表示构件某一部位的截面形状时，可以只画出形体与剖切平面相交的那部分图形。即假想用剖切平面将形体剖切后，仅画出剖切平面与形体接触部分的正投影，该投影称为断面图，简称断面，如图 1.4.37 所示。

视频:断面图的形成类型与应用

习题:断面图的形成类型与应用练习

视频:断面图与剖面图的区别

1. 断面图与剖面图的区别

当某些建筑形体只需表现某个部位的截断面实形时,在进行假想剖切后只画出截断面的投影,而对形体的其他投影轮廓不予画出,称此截断面的投影为断面图(又称截面图)。

①断面图只画形体被剖切后剖切平面与形体接触到的那部分,而剖面图则要画出被剖切后剩余部分的投影,即剖面图不仅要画剖切平面与形体接触的部分,还要画出剖切平面后面没有被切到但可以看得见的部分,如图 1.4.38 所示(即:断面是剖面的一部分,剖面中包含断面)。

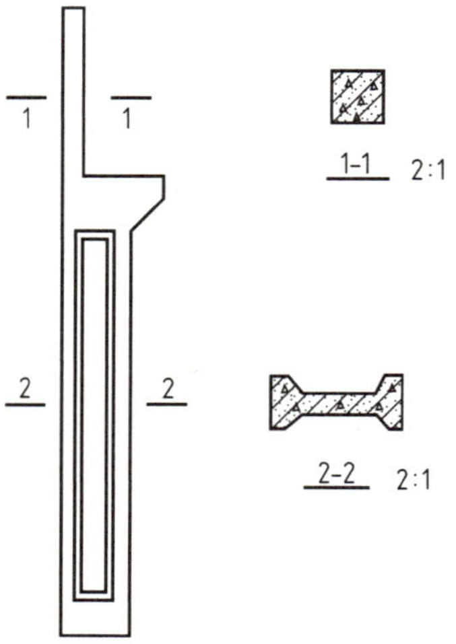

图 1.4.37 断面图

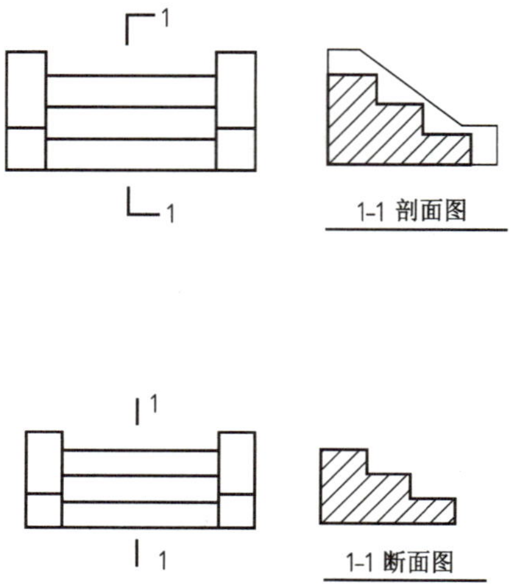

图 1.4.38 剖面图与断面图的区别

②断面图和剖面图的剖切符号不同,断面图的剖切符号只画剖切位置线,长度为 6~10 mm 的粗实线,不画剖视方向线。而标注断面方向的一侧即为投影方向一侧。如图 1.4.38 中所示的编号“1”写在剖切位置线的右侧,表示剖开后自左向右投影。

③剖面图用来表达形体内部形状和结构;而断面图则用来表达形体中某断面的形状和结构。

2. 断面图的类型与应用

根据形体的特征不同和断面图的配置形式不同,可分为移出断面、重合断面和中断断面 3 种。

(1)移出断面

将形体某一部分剖切后所形成的断面移画于主投影图的一侧,称为移出断面。如图 1.4.37 中 1-1、2-2 所示为钢筋混凝土牛腿柱的正立面图和移出断面图。

移出断面图的轮廓要画成粗实线,轮廓线内画图例符号,如图 1.4.37 所示的 1-1、2-2 断面图中,画出了钢筋混凝土材料的图例。

移出断面可画在剖切平面的延长线上或其他任何位置。如断面图形对称,则只需用细单点长画线表示剖切位置,不需进行其他标注。如断面图画在剖切平面的延长线上,可标注断面名称。

视频:牛腿柱的断面图及重合断面图

(2)重合断面

将断面图直接画于投影图中,两者重合在一起,称为重合断面图。如图 1.4.39 所示为一槽钢的重合断面图。它是假想用一个垂直于槽钢轴线的剖切平面剖切槽钢,然后将断面向右旋转 90°,使它与正立面图重合后画出来的。

由于剖切平面剖切到哪里，重合断面就画在哪里，因而重合断面不需标注剖切符号和编号。为了避免重合断面与投影图轮廓线相混淆，当断面图的轮廓线是封闭的线框时，重合断面的轮廓线用细实线绘制，并画出相应的材料图例；当重合断面的轮廓线与投影图的轮廓线重合时，投影图的轮廓线仍完整画出，不应断开，如图 1.4.39 所示。

（3）中断断面

对于单一的长向杆件，也可以在杆件投影图的某一处用折断线断开，然后将断面图画于其中，不画剖切符号，如图 1.4.40 所示的槽钢杆件中断断面图。

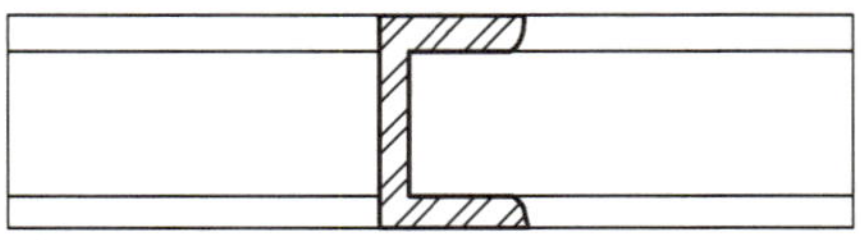

图 1.4.39　重合断面图

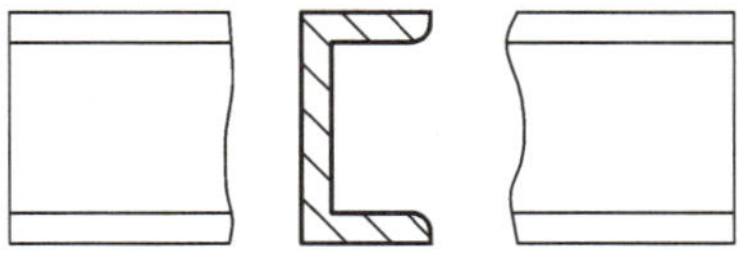

图 1.4.40　中断断面图

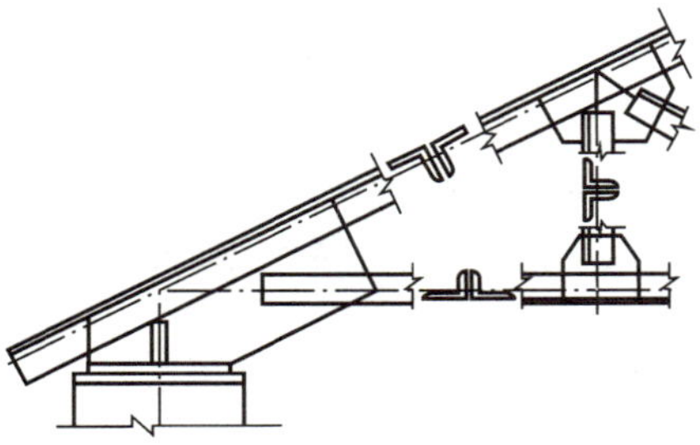

图 1.4.41　钢屋架大样图

同样，钢屋架的大样图也常采用中断断面的形式表达各杆件的形状，如图 1.4.41 所示。中断断面的轮廓线用粗实线，断开位置线可为波浪线、折断线等，但必须为细线，图名沿用原投影图的名称。

实习实作：绘制各种剖面图和断面图，特别注意粗实线、中实线、细实线的应用。

前面是针对形体而言讲述剖面图和断面图，那么什么是建筑剖面图呢？

从建筑平面图和立面图中，可以了解建筑物各层的平面布置以及立面形状，但是无法得知层与层之间的联系。建筑剖面图就是用来表示建筑物内部垂直方向的结构形式、分层情况、内部构造以及各部位高度的图样。

4.6.4　建筑剖面图的形成、数量与作用

视频：建筑剖面图的形成

1. 建筑剖面图的形成

建筑剖面图实际上是垂直剖面图。假想用一个平行于正立投影面或侧立投影面的垂直剖切面，将建筑物剖开，移去剖切平面与观察者之间的部分，作出剩余部分的正投影图，称为剖面图，如图 1.4.42 所示。

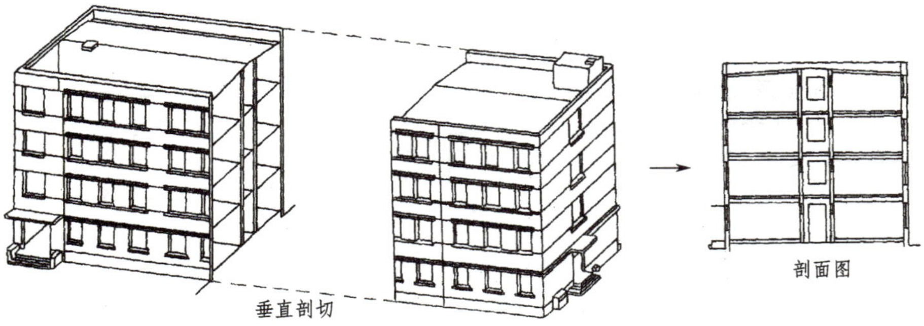

图 1.4.42　建筑剖面图的形成

绘制建筑剖面图时，常用一个剖切平面剖切，需要时也可转折一次，用两个平行的剖切平面剖切。剖切符号按规范规定，绘注在底层平面图中。

2. 建筑剖面图的数量

剖切部位应选择在能反映建筑物全貌、构造特征以及有代表性的部位，如层高不同、层数不同、内外空间分隔或构造比较复杂处，一般应把门窗洞口、楼梯间及主要出入口等位置作为剖切部位。

视频：建筑剖面图

一幢建筑物应绘制几个剖面图,应按建筑物的复杂程度和施工中的实际需要而定。剖切符号可选用粗阿拉伯数字表示,如 1-1 等。

建筑剖面图以剖切符号的编号命名,如剖切符号的编号为 1,则得到的剖面图称为 1-1 剖面图或 1-1 剖面。

建筑剖面图应包括剖切面和投影方向可见的建筑构造、构配件以及必要的尺寸和标高等。它主要用来表示建筑内部的分层、结构形式、构造方式、材料、做法、各部位间的联系以及高度等情况。

3. 建筑剖面图的作用

在施工中,建筑剖面图是进行分层、砌筑内墙、铺设楼板、屋面板和楼梯等工作的依据。

4.6.5 建筑剖面图的有关图例和规定

1. 比例

剖面图所采用的比例一般应与平面图和立面图的比例相同,以便和它们对照阅读。

2. 定位轴线

在剖面图中应画出两端墙或柱的定位轴线及其编号,以明确剖切位置及剖视方向。

3. 图线

剖面图中的室内外地坪线用特粗实线(1.4*b*)表示。剖到的部位如墙、柱、板、楼梯等用粗实线(*b*)表示,未剖到的用中粗线(0.5*b*)表示,其他如引出线等用细实线(0.25*b*)表示。基础用折断线省略不画,另由结构施工图表示。

4. 多层引出线

多层引出线及文字说明要求如图 1.4.11 所示。

实习实作:绘制竖向排列和横向排列的引出线并注写文字说明。

5. 建筑标高与结构标高

建筑标高是指各部位竣工后的上(或下)表面的标高;结构标高是指各结构构件不包括粉刷层的下(或上)皮的标高,如图 1.4.22 所示。

6. 斜度与坡度

斜度是指直线或平面对另一直线或平面的倾斜度。坡度是一直线或平面对水平面的倾斜度。建筑物倾斜的地方,如屋面、散水、天沟、檐沟、地沟等,需用坡度来表示倾斜的程度。图 1.4.43(a)是坡度较小时的表示方法,箭头指向下坡方向, 2% 表示坡度的高宽比;图 1.4.43(b)、(c)是坡度较大时的表示方法,分别读作 1∶2 和 1∶2.5。图 1.4.43(c)中直角三角形的斜边应与坡度平行,直角边上的数字表示坡度的高宽比。

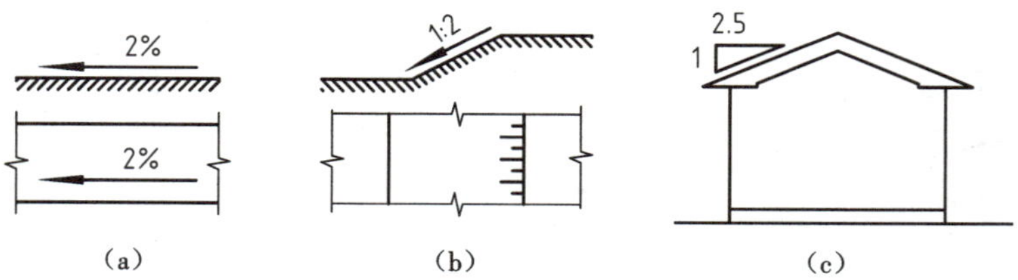

图 1.4.43 坡度的表示方法

(a)坡度为 2% (b)坡度为 1∶2 (c)坡度为 1∶2.5

实习实作:对点 *A* 作坡度为 1∶6 的直线 *AB*。

4.6.6 建筑剖面图的内容和图示方法

以附图中建施 -11(1-1 剖面图)为例,阐述建筑剖面图的图示内容和读图要点。

1. 图名、比例和定位轴线

图名为 1-1 剖面图,由图名可在该商住楼的一层平面图(建施 -04)上查找编号为 1 的剖切符号,明确剖切位置和投射方向。由位置线可知:1-1 剖面是用一个侧平面剖切所得到的,该剖切面剖切了楼梯间、商业门面(一层)和玄关、厨房、生活阳台(二层以上),剖视方向向左,即向西。对照各层平面图和屋顶平面图识读

1-1 剖面图。

比例为 1∶100，与建筑平面图和立面图的比例一致。

在建筑剖面图中，宜绘出被剖切到的墙或柱的定位轴线及其间距。

2. 剖切到的建筑构配件

在建筑剖面图中，应绘出建筑室内外地面以上各部位被剖切到的建筑构配件，包括室内外地面、楼板、屋顶、外墙及其门窗、梁、楼梯、阳台、雨篷等。

室内外地面（包括台阶）用粗实线表示，通常不画出室内地面以下的部分，因为基础部分将由结构施工图中的基础图来表达，所以地面以下的基础墙不画折断线。

在 1∶100 的剖面图中示意性地涂黑表示楼板和屋顶层的结构厚度。

墙身的门窗洞顶面和屋面板地面的涂黑矩形断面，是钢筋混凝土门窗过梁或圈梁。

3. 未剖切到的可见部分

当剖切平面通过玄关、厨房、生活阳台并向左投射时，剖面图中画出了可见的阳台等。若未剖切到突出的建筑形体，还要画出可见的房屋外形轮廓。

4. 尺寸标注

剖面图上应标注剖切部分的重要部位和细部必要的尺寸，如建施 -11 剖面图左右两边高度方向的尺寸。其尺寸标注一般有外部尺寸和内部尺寸之分。外部尺寸沿剖面图高度方向标注 3 道，所表示的内容同立面图。内部尺寸应标注内门窗高度、内部设备等的高度。

扫描观看

视频：层高

5. 标高

施工时，若仅依据高度方向尺寸建造容易产生累积误差，而标高是以 ±0.000 为基准用仪器测定的，能保证房屋各层楼面保持水平。所以，在剖面图上除了标注必要的尺寸外，还要标注各重要部位的标高，并与立面图上所标注标高保持一致。通常应标注室外地坪、室内地面、各层楼面、楼梯平台等处的建筑标高，屋顶的结构标高等。

6. 表示各层楼地面、屋面、内墙面、顶棚、踢脚、散水、台阶等的构造做法

表示方法可以采用多层构造引出线标注，若为标准构造做法，则标注做法的编号。

扫描观看

视频：窗洞剖面图

扫描观看

视频：过梁的类型及识读

扫描观看

视频：基础各部位名称

扫描观看

视频：散水构造剖面图

7. 表示檐口的形式和排水坡度

檐口的形式有两种，一种是女儿墙，另一种是挑檐，如图 1.4.44 所示。

8. 表示详图部位标注索引符号

在建筑剖面图上另画详图的部位标注索引符号，表明详图的编号及所在位置，具体如附图建施 -11 中$\frac{1}{14}$、$\frac{5}{14}$。

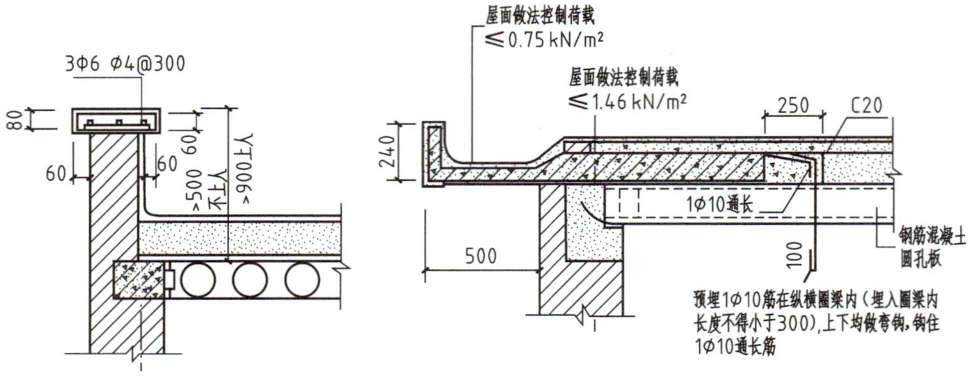

(a)　　　　(b)　　　　(c)

图 1.4.44　檐口的形式

(a)女儿墙　(b)挑檐　(c)视频

4.6.7　建筑剖面图的识读实例

视频:建筑剖面图的识读

图 1.4.45 为 1-1 剖面图,图号是建施 -11,绘制比例为 1∶100。

从建施 -04(一层平面图)中的剖切位置,了解到 1-1 剖切平面从⑦~⑨轴线之间经Ⓗ、Ⓐ轴线,剖开了楼梯、玄关、厨房、生活阳台等,向左投影。

1-1 剖面图表明该建筑物为 7+1(地下)层楼房,平屋顶,屋顶四周有女儿墙,屋顶中央有钢筋混凝土构架。该建筑物为砖混结构,水平承重构件为钢筋混凝土楼板,竖向承重构件为页岩砖墙。室内外高差为 0.3 m,各层楼地面标高分别为:-3.900 m, ±0.000 m,4.800 m,7.800 m,……

Ⓐ轴外墙门洞高 2 700 mm,洞口上方涂黑矩形为钢筋混凝土过梁。即Ⓐ轴附加轴线窗洞高 1 650 mm,洞口上皮至上一层楼面高 400 mm(280+120)。女儿墙高 1 500 mm。Ⓖ轴内侧为剖到的楼梯间 1,可以看到楼梯平台、栏杆、扶手等,其楼梯间顶面是平屋顶。

Ⓖ轴外侧为剖到的楼梯间 2 的侧立面(一层)和二~七层未剖到的阳台侧立面,但可看见室外空调机位(浅灰色的铁栅),还可看见未剖到的弧形阳台部分。

Ⓐ轴内侧是剖到的厨房和生活阳台。即Ⓐ轴外侧是未剖到但可见的卧室阳光窗的侧立面,其中二层窗台下有装饰腰线,屋顶为平屋顶,其上做有钢筋混凝土构架。地下负一层Ⓐ、Ⓖ轴涂黑处为钢筋混凝土墙体,Ⓒ轴处为承重梁;一层的Ⓐ、Ⓒ轴处亦为承重梁;二层以上的涂黑处为门窗洞口的过梁或圈梁、楼板等。

实习实作:阅读建施 -12(2-2 剖面图),熟悉建筑剖面图的图示内容。

4.6.8　手工绘制建筑剖面图的步骤与方法

一般做法是在绘制好平面图、立面图的基础上绘制剖面图,并采用相同的图幅和比例。其步骤如下。

①确定定位轴线和高程控制线的位置。其中,高程控制线主要指室内外地坪线、楼层分格线、檐口顶线、楼梯休息平台线、墙体轴线等。

②画出内外墙身厚度、楼板、屋顶构造厚度,再画出门窗洞高度、过梁、圈梁、防潮层、挑出檐口宽度、梯段及踏步、休息平台、台阶等的轮廓。

③画未剖切到但可见的构配件轮廓线及相应的图例,如墙垛、梁(柱)、阳台、雨篷、门窗、楼梯栏杆、扶手。

④检查后按线型标准的规定加深各类图线。

⑤按规定标注高度尺寸、标高、屋面坡度、散水坡度、定位轴线编号、索引符号等;注写图名、比例及从地面到屋顶各部分的构造说明。

⑥复核。

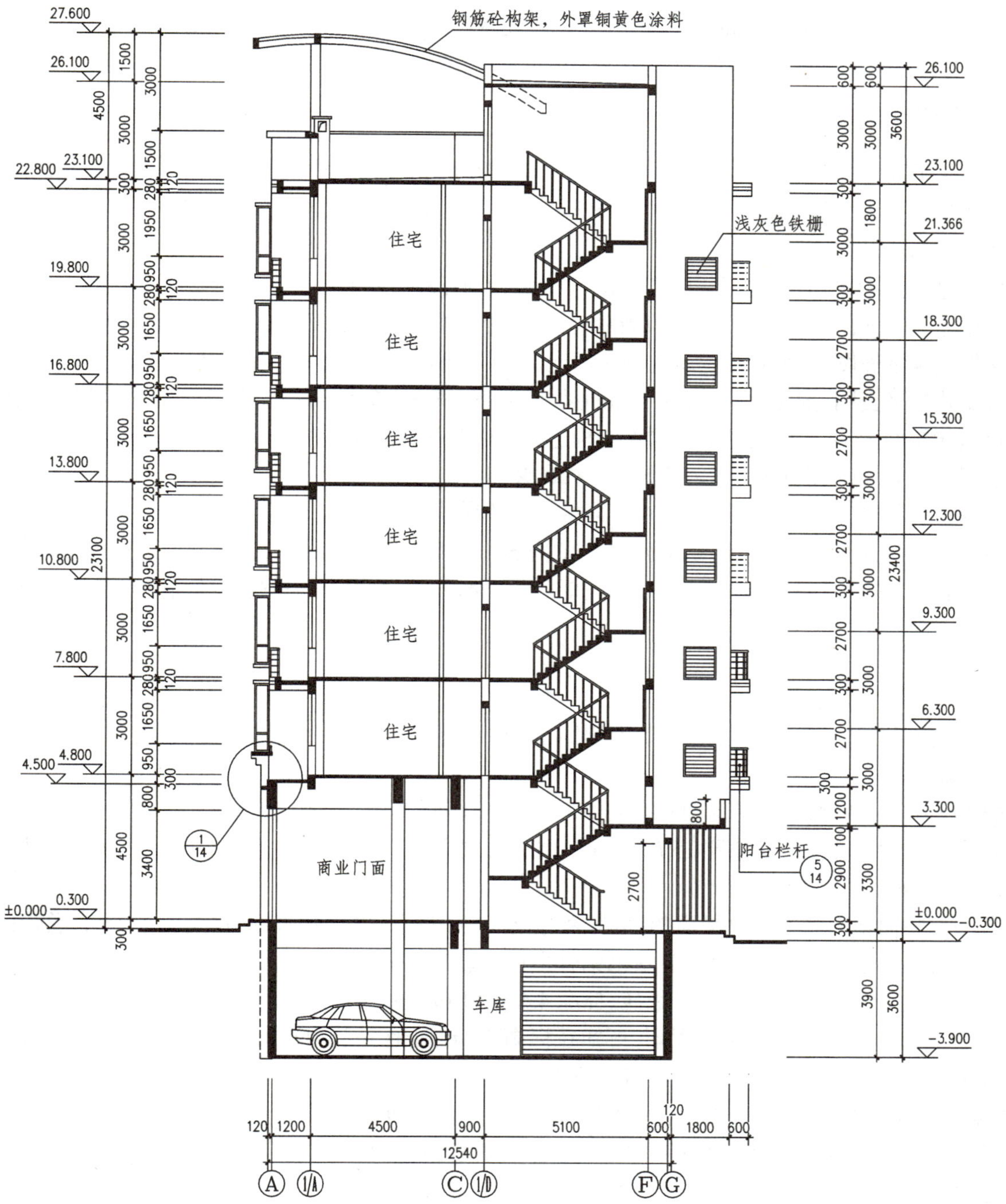

1-1剖面图 1:100

图 1.4.45　1-1 剖面图

以上各节介绍的图纸内容都是建筑施工图中的基本图纸，表示全局性的内容，比例较小。

提示：剖面图的线型规定：室外地面线画成加粗实线（1.4*b*）；被剖切到的主要构配件轮廓线，画成粗实线（*b*）；被剖切到的次要构配件轮廓线、构配件可见轮廓线，都画成中实线（0.5*b*）；楼面、屋面的面层线、墙上的装饰线以及一些固定设备、构配件的轮廓线等画成细实线（0.25*b*）。

实习实作：绘制建施 -12（2-2 剖面图），熟悉各种制图工具、图线、比例等的应用。

4.7　平、立、剖面图联合识读

建筑平、立、剖面图表示的是同一个建筑物，建筑平面图表示了建筑物的长度和宽度，立面图和剖面图表示了建筑物的长度(或宽度)和高度。因此,要了解建筑物的长、宽、高 3 个尺寸,必须同时看平面图、立面(或剖面)图。

4.7.1 联合读图的步骤

①以建筑平面图的轴线网为准,对照检查立面图和剖面图的轴线编号是否互相对应。

②根据建筑平、立、剖面图,了解建筑物的外形及内部的大致形状。例如建筑物的长、宽、高 3 个尺寸,房间的形状是长的还是方的。

③根据建筑平面图、剖面图,可以看出墙体的厚度及所使用的材料(如砖、混凝土等)。

④根据建筑平面图、立面图,可全面了解外墙门窗的尺寸、种类、数量和式样。

⑤根据建筑平面图,了解每层房间的分布情况,了解内部隔墙、承重墙、门窗洞口分布的位置。

⑥根据建筑平面图、剖面图,了解各房间的尺寸(长度、宽度、高度)和门窗洞口的尺寸(宽度和高度)。

⑦根据建筑剖面图,了解楼地面和屋面的构造做法以及基础的位置。

⑧根据建筑立面图、剖面图,了解建筑物的内外装修。

⑨阅读索引符号,了解详图索引的位置,以便与有关详图对照阅读。

⑩最后要把建筑平面图、立面图、剖面图上的内容一一对照阅读。例如,立面图上的窗是平面图上的哪一部分,剖面图上的窗又相当于平面图、立面图上的哪一部分,立面图上的标高是剖面图的哪一部分,剖面图上的楼梯是平面图上的哪一个楼梯等。

4.7.2 联合读图实例

通过对前面平、立、剖面图的识读,了解到图 1.4.45 所示住宅楼为一近似矩形,总长为 40.44 m,总宽为 12.54 m,总高为 24.6 m。

楼层为 7+1 层。对照屋顶平面图和立面图可知 4 个立面均竖直到顶。

对照Ⓐ ~ Ⓖ轴立面图和建筑平面图,可知一层和二层之间有装饰腰线(Ⓐ ~ Ⓓ),二层以上每层窗的形式相同,为 C0916。

对照① ~㉙ 轴立面图和建筑平面图,可知在标高 5.1 m 处有一拉通的装饰腰线;一层安有卷帘门;二层以上每层窗的形式相同,为 C1821 的墨绿色铝合金框白玻窗。一层墙面为石材面,二 ~ 六层的外墙面为米黄色墙饰面砖,七层的外墙面为白色外墙砖,标高 4.4 m 和 19.8 m 处用 30 mm 宽的灰色凹缝分隔。

对照 ㉙~ ①轴立面图和建筑平面图,可知在标高 5.1 m 处有一装饰腰线;一层消防控制室的门带窗为 MC2437,楼梯间门为 M2227(电子防盗门),商业门面窗为 C2724 和 C2424 两种;二层以上有弧形阳台和 C2421 的窗(墨绿色铝合金框白玻窗)、LM2725 的铝合金门;墙面装修材料有白色和灰色外墙砖两种材料。

对照建筑平面图、立面图、剖面图和门窗统计表,可知建筑物的各个门窗洞口尺寸及材料。

总之,阅读建筑平、立、剖面图以后要对整个建筑物建立起一个完整的概念。

实习实作:阅读建施 -01 至建施 -12,熟悉建筑施工图的图示内容。

4.8 建筑详图

视频:建筑详图

习题:建筑详图练习

4.8.1　概述

1. 基本概念

对一个建筑物来说，有了建筑平、立、剖面图是否就能施工了呢？不行。因为平、立、剖面图的图样比例较小，建筑物的某些细部及构配件的详细构造和尺寸无法表示清楚，不能满足施工需求。所以，在一套施工图中，除了有全局性的基本图样外，还必须有许多比例较大的图样，对建筑物的形状、大小、材料和做法加以补充说明，这就是建筑详图。它是建筑细部施工图，也是建筑平、立、剖面图的补充，还是施工的重要依据之一。

2. 建筑详图主要图示特点

①比例较大，常用比例为 1∶1、1∶2、1∶5、1∶10、1∶20 等。

②尺寸标注齐全、准确。

③文字说明详细、清楚。

④详图与其他图的联系主要采用索引符号和详图符号，有时也用轴线编号、剖切符号等。

⑤对于采用标准图或通用详图的建筑构配件和剖面节点，只注明所用图集名称、编号或页次，而不画出详图。

3. 基本内容

建筑详图包括的主要图样有墙身剖面图、楼梯详图、门窗详图及厨房、浴室、卫生间详图等。

建筑详图主要表示建筑构配件（如门、窗、楼梯、阳台、各种装饰等）的详细构造及连接关系；表示建筑细部及剖面节点（如檐口、窗台、明沟、楼梯扶手、踏步、楼地面、屋面等）的形式、层次、做法、用料、规格及详细尺寸；表示施工要求及制作方法。

4. 识读详图注意事项

①首先要明确该详图与有关图的关系。根据所采用的索引符号、轴线编号、剖切符号等明确该详图所示部分的位置，将局部构造与建筑物整体联系起来，形成完整的概念。

②读详图要细心研究，掌握有代表性部位的构造特点，灵活应用。

一个建筑物由许多构配件组成，而它们多数都是相同类型，因此只要了解一两个的构造及尺寸，可以类推其他构配件。

下面以外墙详图、楼梯详图、门窗详图为例，说明其图示内容和阅读方法。

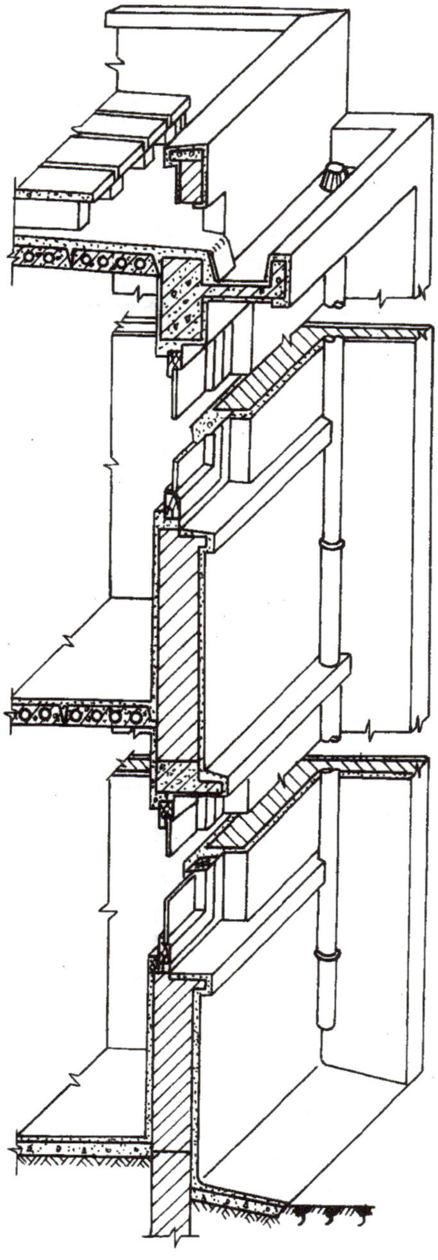

图 1.4.46　外墙详图的形成

4.8.2　外墙详图

1. 外墙详图的形成与用途

（1）外墙详图的形成

假想用一个垂直于墙体轴线的铅垂剖切平面，将墙体某处从防潮层剖切到屋顶，所得到的局部剖面图称为外墙详图，如图 1.4.46 所示。

扫描观看

视频：外墙详图形成

绘制外墙详图时，一般在门窗洞口中间用折断线断开。实际上外墙详图是几个节点详图的组合。

在多层或高层建筑中，如果中间各层墙体构造完全相同，则外墙详图只画出底层、中间层及顶层 3 个部位的节点组合图，基础部分不用画，用折断线表示。

(2)外墙详图的用途

外墙详图与建筑平面图配合使用,对砌墙、室内外装修、立门窗、安装预制构配件提出具体要求,并为编制施工预算提供依据。

2. 外墙详图的主要内容

①注明图名和比例,多用 1∶20。

②外墙详图要与基本图标识一致。外墙详图要与平面图中的剖切符号或立面图上的索引符号所在位置、剖切方向及轴线一致。

③表明外墙的厚度及与轴线的关系。轴线在墙中央还是偏心布置,墙上哪儿有突出变化,均应标注清楚。

④表明室内外地面处的节点构造。该节点包括基础墙厚度、室内外地面标高以及室内地面、踢脚或墙裙、勒脚、散水或明沟、台阶或坡道、墙身防潮层、首层内外窗台的做法等。

⑤表明楼层处的节点构造。该节点是指从下一层门或窗过梁到本层窗台部分,包括窗过梁、雨罩、遮阳板、楼板及楼面标高、圈梁、阳台板及阳台栏杆或栏板,楼面、室内踢脚或墙裙、楼层内外窗台、窗帘盒或窗帘杆,顶棚或吊顶、内外墙面做法等。当几个楼层节点完全相同时,可用一个图样表示,同时标有几个楼面标高。

⑥表明屋顶檐口处的节点构造。该节点是指从顶层窗过梁到檐口或女儿墙上皮部分,包括窗过梁、窗帘盒或窗帘杆、遮阳板、顶层楼板或屋架、圈梁、屋面、顶棚或吊顶、檐口或女儿墙、屋面排水天沟、下水口、雨水斗和雨水管等。

⑦尺寸与标高标注。外墙详图上的尺寸和标高方法与立面图和剖面图的注法相同。此外,还应标注挑出构件(如雨罩、挑檐板等)挑出长度和细部尺寸及挑出构件的下皮标高。

⑧文字说明和索引符号。对于不易表示的更为详细的细部做法,注有文字说明或索引符号,表示另有详图表示。

扫描观看

视频:外墙详图的识读

3. 外墙详图的识读示例

①图 1.4.47 所示为墙身详图,比例为 1∶20。

②该墙身详图是用 1-1 剖面位置剖切Ⓐ轴后所得的剖面图。

③负一层和一层的墙厚为 240 mm,轴线居中;二层以上由于剖到的是生活阳台栏板,墙厚 120 mm,位于Ⓐ轴左侧。

④由于生活阳台标高比楼面标高低 120 mm,所以二楼以上标高数值比楼面标高数值少 120 mm。

⑤用分层构造示意图,具体标出了砼压顶、女儿墙、屋顶、生活阳台楼面、地面等的构造做法。

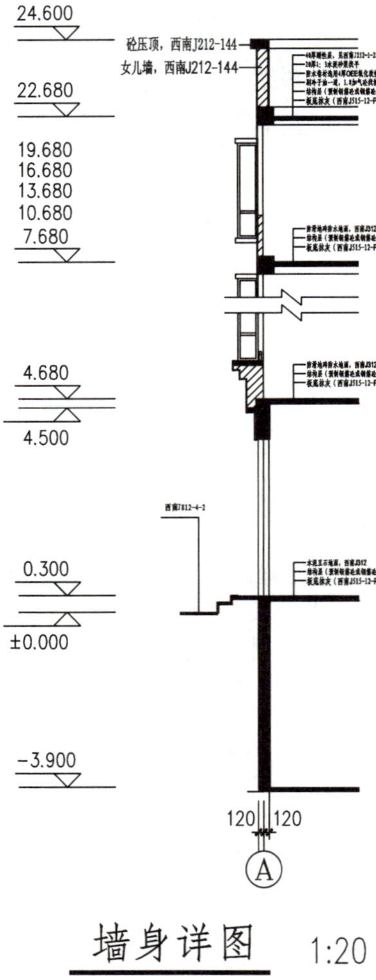

图 1.4.47 外墙详图

4.8.3 楼梯详图

扫描观看

视频:楼梯的组成

1. 概述

(1)楼梯的组成

楼梯一般由楼梯段、平台、栏杆(栏板)和扶手 3 部分组成,如图 1.4.48 所示。

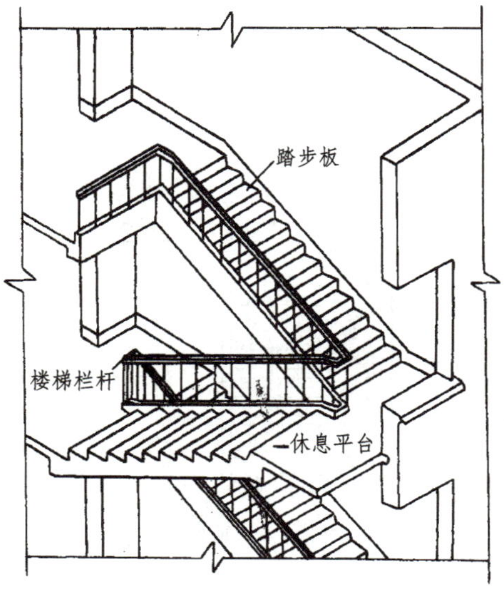

图 1.4.48　楼梯的组成

①楼梯段。它是指两平台之间的倾斜构件，由斜梁或板及若干踏步组成，踏步分踏面和踢面。

②平台。它是指两楼梯段之间的水平构件，根据位置不同又有楼层平台和中间平台之分，中间平台又称为休息平台。

③栏杆（栏板）和扶手。栏杆和扶手设在楼梯段及平台悬空的一侧，起安全防护作用。栏杆一般用金属材料做成，扶手一般用金属材料、硬杂木或塑料等做成。

（2）楼梯详图的主要内容

要将楼梯在施工图中表示清楚，一般要有 3 部分内容，即楼梯平面图、楼梯剖面图和踏步、栏杆、扶手详图。

2. 楼梯平面图

楼梯平面图的形成同建筑平面图一样，假设用一水平剖切平面在该层往上行的第一个楼梯段中剖切开，移去剖切平面及以上部分，将余下的部分按正投影的原理投射在水平投影面上得到的图，称为楼梯平面图。因此，楼梯平面图是房屋平面图中楼梯间部分的局部放大。图 1.4.49 所示楼梯平面图是采用 1 ∶ 50 的比例绘制的。

扫描观看

视频：楼梯平面图的识读

扫描观看

视频：楼梯平面图的形成

楼梯平面图一般分层绘制，底层平面图是剖在上行的第一跑上。因此，除表示第一跑的平面外，还能表明楼梯间一层休息平台下面小房间以及进入楼层单元处的平面形状或负一层的楼梯情况。中间相同的几层楼梯同建筑平面图一样，可用一个图来表示，这个图称为标准层平面图。最上面一层平面图称为顶层平面图。因此，楼梯平面图一般有底层平面图、标准层平面图和顶层平面图 3 个。该商住楼的主楼梯由于二层与三～七层的平面图不一致，故有 3 个楼梯平面图图样。

需要说明的是，按假设的剖切面将楼梯剖切开，折断线本应该为平行于踏步的折断线，为了与踏步的投影区别开，《建筑制图统一标准》（GB/T 50104—2010）规定画为 45° 斜折断线。

楼梯平面图用轴线编号表明楼梯间在建筑平面图中的位置，注明楼梯间的长宽尺寸、楼梯跑（段）数、每跑的宽度、踏步步数、每一步的宽度、休息平台的平面尺寸及标高等。

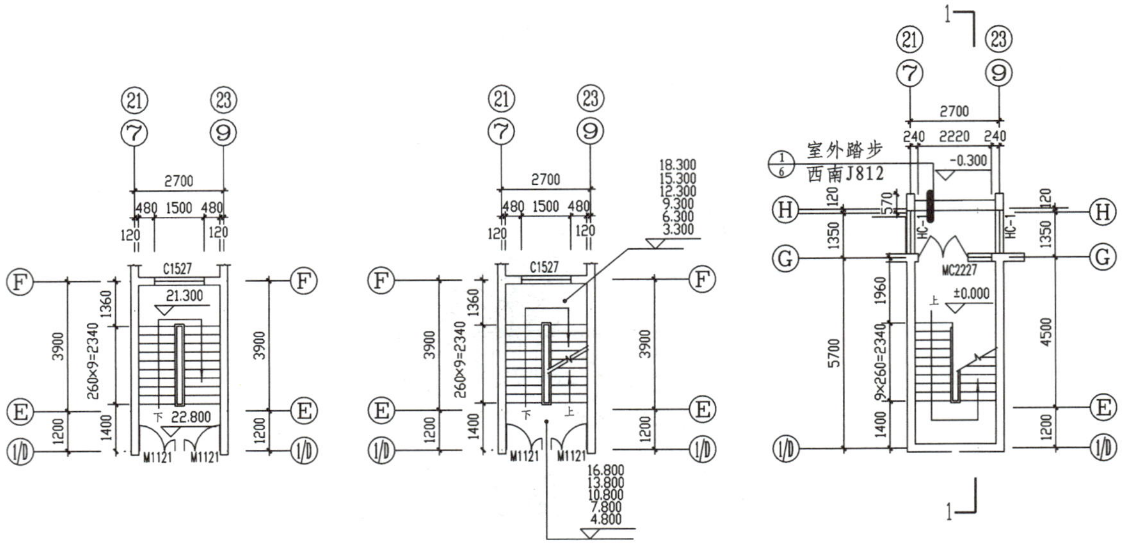

楼梯间1的七层平面图 1:50　　楼梯间1的二至六层平面图 1:50　　楼梯间1的一层平面图 1:50

图 1.4.49　楼梯平面图

图 1.4.49 的识读:楼梯平面图有 3 个,即楼梯间 1 的一层平面图(底层平面图)、二至六层平面图(标准层平面图)、七层平面图(顶层平面图);该楼梯间平面适用于⑦~⑨轴、㉑~㉓轴;楼梯间的开间 × 进深尺寸为 2 700 mm × 5 100 mm;楼梯平台宽 1 670 mm,休息平台宽 1 360 mm; 260 × 9=2 340 mm,表示楼梯有 9 个踏面,每个踏面宽 260 mm;楼梯间的门窗编号(MC2227、C1527、M1121)、位置、尺寸、室外台阶的做法(西南 J812);楼梯间 1 的平台标高和休息平台标高;楼梯间 1 的墙厚为 240 mm,轴线居中。

3. 楼梯剖面图

(1)楼梯剖面图的形成

假想用一铅垂剖切平面,通过各层的一个楼梯段将楼梯剖切开,向另一未剖切到的楼梯段方向进行投射,所绘制的剖面图称为楼梯剖面图,如图 1.4.50 所示。剖切面所在位置表示在楼梯首层平面图上。

扫描观看

视频:楼梯剖面图的形成

(2)楼梯剖面图的内容与读图示例

楼梯剖面图重点表明楼梯间的竖向关系。该商住楼楼梯间 1 的剖面图如图 1.4.51 所示。楼梯剖面图的作用是完整、清楚地表明各层梯段及休息平台的标高,楼梯的踏步步数、踏面的宽度及踢面的高度,各种构件的搭接方法,楼梯栏杆(板)的形式及高度,楼梯间各层门窗洞口的标高及尺寸。

①图名与比例。楼梯剖面图的图名与楼梯平面图中的剖切编号相同,比例也与楼梯平面图的比例相一致。图 1.4.51 为 1-1 楼梯剖面图,比例为 1 : 50。

②轴线编号与进深尺寸。楼梯剖面图的轴线编号和进深尺寸与楼梯平面图的编号相同、尺寸相等。图 1.4.51 中的轴线编号为 ⑦~⑨ 和 ㉑~㉓,表明两部楼梯的布置是相同的。楼梯开间 × 进深为 2 700 mm × 5 100 mm。

③楼梯的结构类型和形式。钢筋混凝土楼梯有现浇和预制装配两种;从楼梯段的受力形式又可分为板式和梁板式。图 1.4.51 中的楼梯为预制装配式楼梯。

④建筑物的层数、楼梯段数及每段楼梯踏步个数和踏步高度(又称踢面高度)。图 1.4.51 中的建筑物在地面以上有七层,双跑楼梯,每段楼梯有 9 个踏步,其踢面高度约为 167 mm。

⑤室内地面、各层楼面、休息平台的位置、标高及细部尺寸。图 1.4.51 中的地面标高为 ± 0.000 m,各层楼面标高分别为:4.800 m、7.800 m、10.800 m……,各休息平台的标高分别为:3.300 m、6.300 m、9.300 m……

⑥楼梯间门窗、窗下墙、过梁、圈梁等位置及细部尺寸。

⑦楼梯段、休息平台及平台梁之间的相互关系。

⑧栏杆或栏板的位置及高度。

⑨投影后所看到的构件轮廓线,如门窗等。

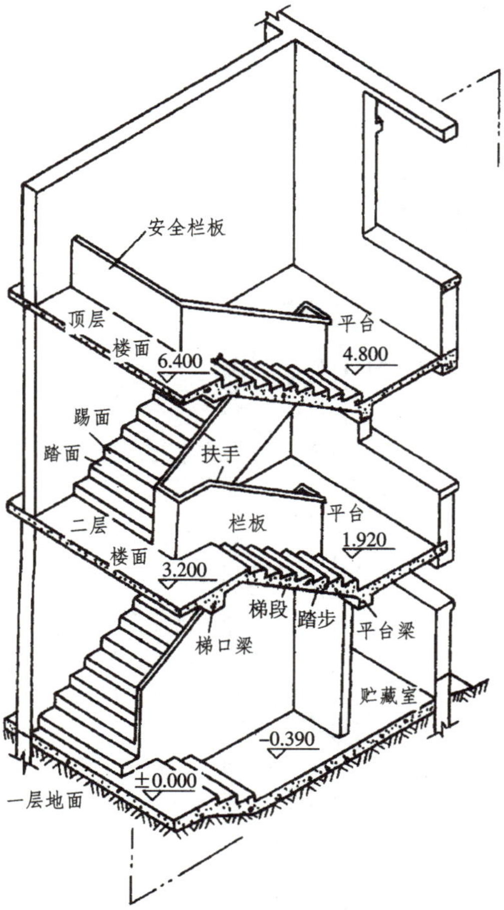

图 1.4.50　楼梯剖面图的形成

4. 楼梯踏步、栏杆(板)及扶手详图

踏步、栏杆、扶手这部分内容与楼梯平面图、剖面图相比,采用的比例要大一些,其目的是表明楼梯各部位的细部做法。

①踏步。图 1.4.51 中楼梯详图的踏步采用防滑地砖,具体做法见西南 J412-18-3183。

②栏杆。图 1.4.51 中采用金属空花楼梯栏杆,栏杆高度大于或等于 1 000 mm,灰色静电喷塑,具体做法详见西南 J412-43-1。

③扶手。图 1.4.51 中楼梯采用黑色塑料扶手,具体做法详见西南 J412-58-2。

除以上内容外,楼梯详图一般还包括顶层栏杆立面图、平台栏杆立面图和顶层栏杆楼层平台段与墙体的连接。

扫描观看

视频:楼梯栏杆详图

4.8.4　门窗详图

门窗详图是建筑详图之一,一般采用标准图或通用图。如果采用标准图或通用图,在施工中,只注明门窗代号并说明该详图所在标准图集的编号,不需画出详图;如果没有标准图,则一定要画出门窗详图。

一般门窗详图由立面图、节点详图、五金表和文字说明 4 部分组成。

实习实作:识读建施 -13(厨厕大样图)、建施 -14(节点大样图)。

扫描观看

视频:门窗详图

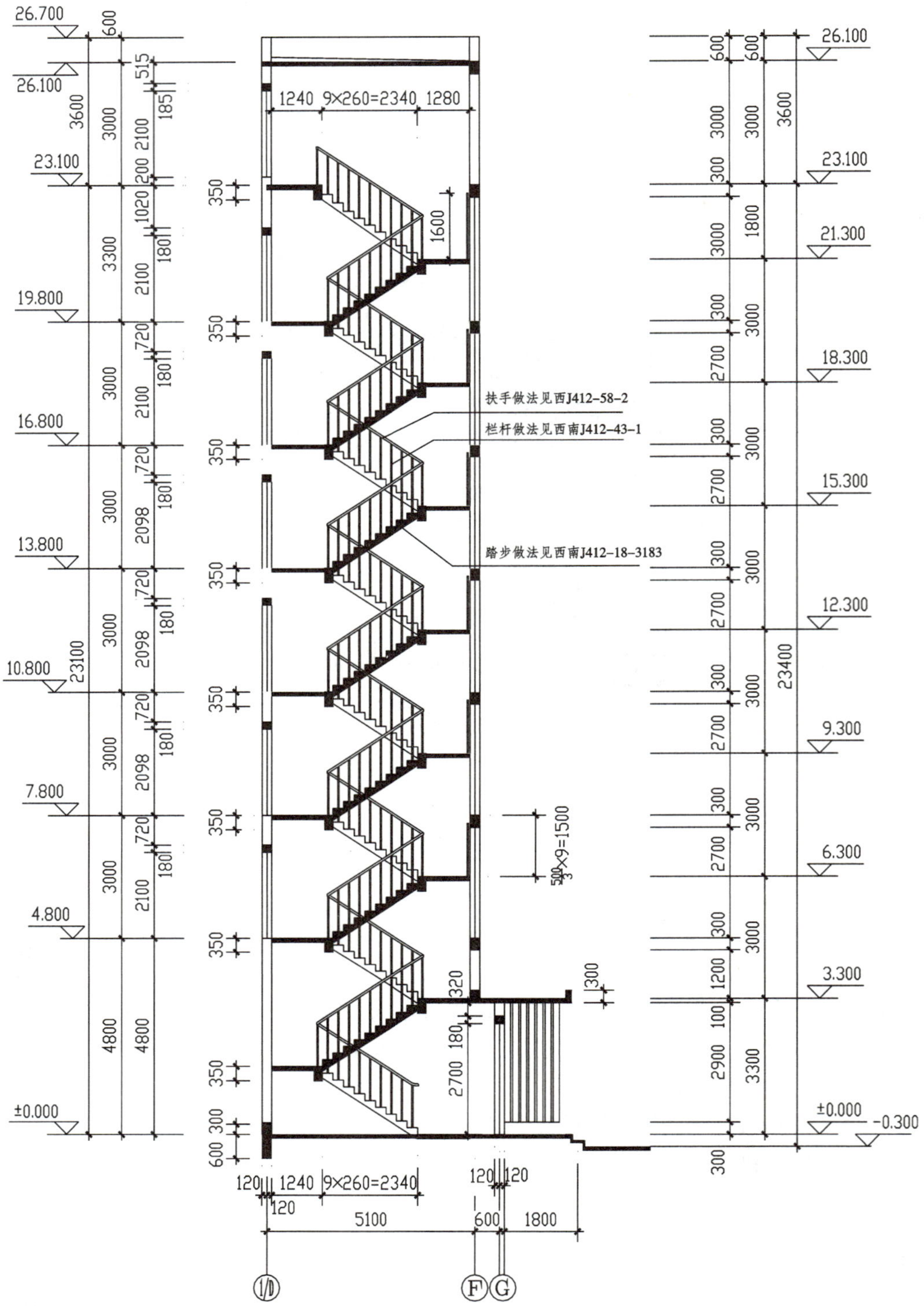

图 1.4.51　1-1 楼梯剖面图

4.9　工业厂房

4.9.1　概述

工业厂房施工图的用途、内容和图示方法与前面叙述的民用房屋施工图类似。但是由于生产工艺条件不同，使用要求方面各有各的特点，因此施工图所反映的某些内容或图例符号有所不同。现以某厂装配车间为例，介绍单层工业厂房的组成部分及单层工业厂房建筑施工图的内容和特征。

单层工业厂房大多数采用装配式钢筋混凝土结构，如图 1.4.52 所示，主要构件有如下几部分。

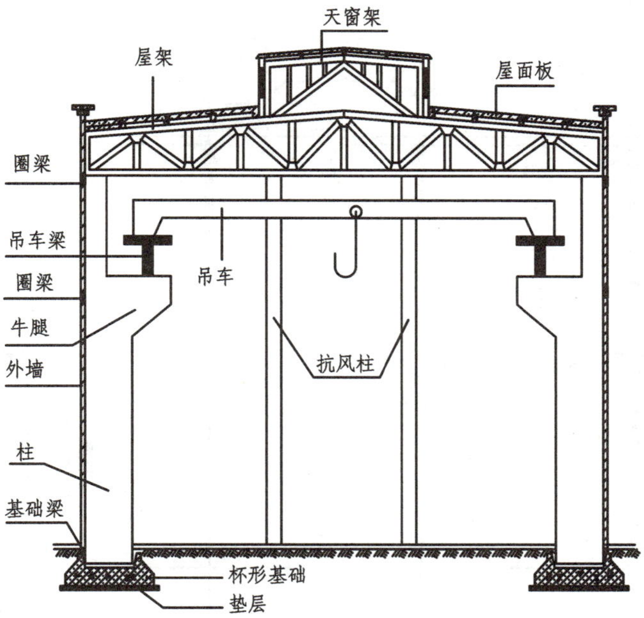

图 1.4.52　单层工业厂房的组成及其名称

①屋盖结构。屋盖结构起承重和围护作用。其主要构件有屋面板、屋架，屋面板安装在天窗架和屋架上，天窗架安装在屋架上，屋架安装在柱子上。

②柱子。用以支承屋架和吊车梁，是厂房的主要承重构件。

③吊车梁。设有吊车的厂房，为了吊车的运行要设置吊车梁。吊车梁两端搁置在柱子的牛腿上。

④基础。用以支承柱子和基础梁，并将荷载传给地基。单层厂房的基础多采用杯形基础，柱子安装在基础的杯口内。

⑤支撑。包括屋盖结构的垂直和水平支撑以及柱间支撑。其作用是加强厂房的整体稳定性和抗震性。

⑥围护结构。主要指厂房外墙及与外墙连在一起的圈梁、抗风柱。

装配式钢筋混凝土结构的柱、基础、连系梁或系杆、吊车梁及屋顶承重结构等都是采用预制构件，并且采用标准构件较多，各有关单位编制了一些标准构件图集，包括节点做法，供设计施工选用。

4.9.2　单层工业厂房建筑施工图

1. 建筑平面图

该装配车间是单层单跨厂房。其建筑平面图（如图 1.4.53 所示，比例为 1：200）显示了以下内容。

（1）柱网布置

厂房中为了支承屋顶和吊车，需设置柱子，为了确定柱子的位置，在平面图上要布置定位轴线，横向定位轴线①～⑧和纵向定位轴线Ⓐ～Ⓑ即构成柱网，表示厂房的柱距与跨度。本车间柱距是 6 m，即横向定位轴线间距离（如①～②轴线距离）；该车间跨度为 18 m，即纵向定位轴线Ⓐ与Ⓑ之间距离。厂房的柱距决定屋架的间距和屋面板、吊车梁等构件的长度；厂房跨度决定屋架的跨度和起重机的轨距。我国单层厂房的柱距与跨度的尺寸都已系列化、标准化。

定位轴线一般是柱或承重墙中心线，而工业建筑中的端墙和边柱处的定位轴线，常常设在端墙的内墙面或边柱的外侧处，如横向定位轴线①和②，纵向定位轴线Ⓐ和Ⓑ。在两个定位轴线间，必要时可增设附加定位轴线，如Ⓐ轴线后附加的第 1、2、3、4 根轴线；⑦轴线后附加的第 1 根轴线。

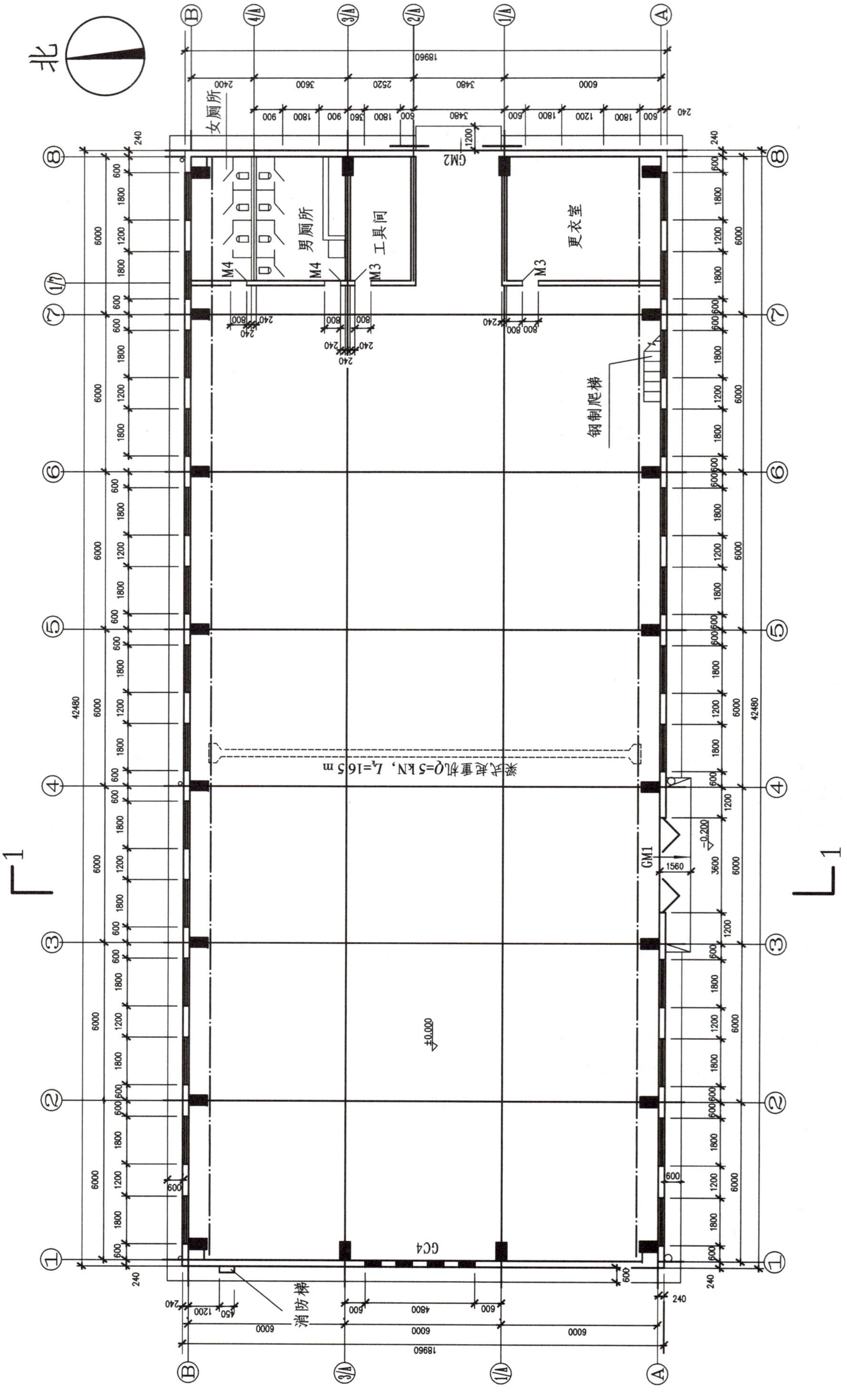

图 1.4.53　单层工业厂房平面图 1：200

（2）吊车设置

车间内设有梁式悬挂起重机（吊车）一台，吊车画法及图例另见其他。图中选用的吊车起质量为 5 kN，即 Q=5 kN；吊车轨距为 16.5 m，即 L_k=16.5 m，用虚线画的图例表示；用粗单点长画线表示起重机轨道的位置，即吊车梁的位置，上下起重机用的钢梯置于⑥～⑦轴线间的Ⓐ轴线纵墙内缘。

（3）墙体、门窗布置

在平面图中需表明墙体和门窗的位置、型号及数量。图 1.4.53 中四周的围护墙厚为 240 mm；两端山墙内缘各有两根抗风柱，柱的中心线分别与附加轴线(1/A)、(3/A)相重合，外缘分别与轴线①、⑧相重合。

门窗表示方法与民用建筑门窗相同，在表示门窗的图例旁边注写代号，门的代号是 M，窗的代号是 C，在代号后面要注写序号如 M1、C1……同一序号表示同一类型门窗，它们的构造和尺寸相同（本图中 GC 表示钢窗，GM 表示钢门）。本图中开设的两个外门分别标注了 GM1 钢折叠门、GM2 钢推拉门，门的入口设有坡道，室内外高差 200 mm；内门有工具间和更衣室的门 M3，男、女厕所的门 M4。纵墙方向开设的钢窗，由于图形较小和需要标注的尺寸较多，其型号就标注在立面图上。厂房室外四周设有散水，散水宽 800 mm。距Ⓑ轴线 1 200 mm 的西侧山墙外缘还设有消防梯。

（4）辅助生活间的布置

车间的东侧一个柱距为辅助建筑，有更衣室、工具间及男、女厕所等，它们的墙身定位均用附加轴线来标明。

（5）尺寸布置

平面图上通常沿长、宽两个方向分别标注 3 道尺寸：第 1 道尺寸是门窗洞的宽度和窗间墙宽度及其定位尺寸；第 2 道尺寸是定位轴线间尺寸；第 3 道尺寸是厂房的总长和总宽。此外，还包括厂房内部各部分的尺寸、其他细部尺寸和标高尺寸。

（6）有关符号（如指北针、剖切符号、索引符号）

工业建筑平面图同民用建筑平面图一样需设置指北针，表明建筑物朝向；设置剖切符号，反映剖面图的剖切位置及剖视方向；在需要另画详图的局部或构件处画出索引符号。如图 1.4.53 中右上角的指北针，③～④轴线间的 1-1 剖切符号。

2. 建筑立面图

厂房建筑立面图和民用建筑立面图基本相同，反映厂房的整个外貌形状以及屋顶、门、窗、天窗、雨篷、台阶、雨水管等细部的形状和位置，室外装修及材料做法等。

在立面图上，通常要注写室内外地面、窗台、门窗顶、雨篷底面以及屋顶等处的标高。图 1.4.54 为单层工业厂房①～⑧轴立面图，图 1.4.55 为Ⓑ～Ⓐ轴立面图，比例均为 1∶200。读图时应配合平面图，主要了解以下内容。

①了解厂房立面形状。从①～⑧轴立面图看，该厂房为一矩形立面。从Ⓑ～Ⓐ轴立面图看，该厂房为双坡顶单跨工业厂房。

②了解门、窗立面形式、开启方式和立面布置。从①～⑧轴立面图看，Ⓐ轴线上有对开折叠大门，并有较大的门套。窗的立面形式从下至上有 4 段组合窗，下起第 1 段为单层外开平开窗，第 2 段为单层固定窗，第 3 段为单层中悬窗，第 4 段为固定窗。

③了解有关部位的标高。图 1.4.54 中标注了室内外地面标高、窗台顶面、窗眉底面、檐口、大门上口、大门门套和边门雨篷顶面的标高。

④了解墙面装修。墙面的装修一般是在立面图中标注简单的文字说明，本例中南墙的外墙面有间隔成上、中、下 3 段 1∶1∶4 水泥石灰砂浆粉刷的混水墙，每两段混水墙之间为清水墙；勒脚高 300 mm，用 1∶2 水泥石灰砂浆粉刷；窗台、窗眉、檐口采用 1∶2 水泥砂浆粉面。

⑤了解突出墙面的附加设施。从①～⑧轴立面图中可以看出，在Ⓐ轴线处设有消防梯，⑧轴线处设有边门雨篷。

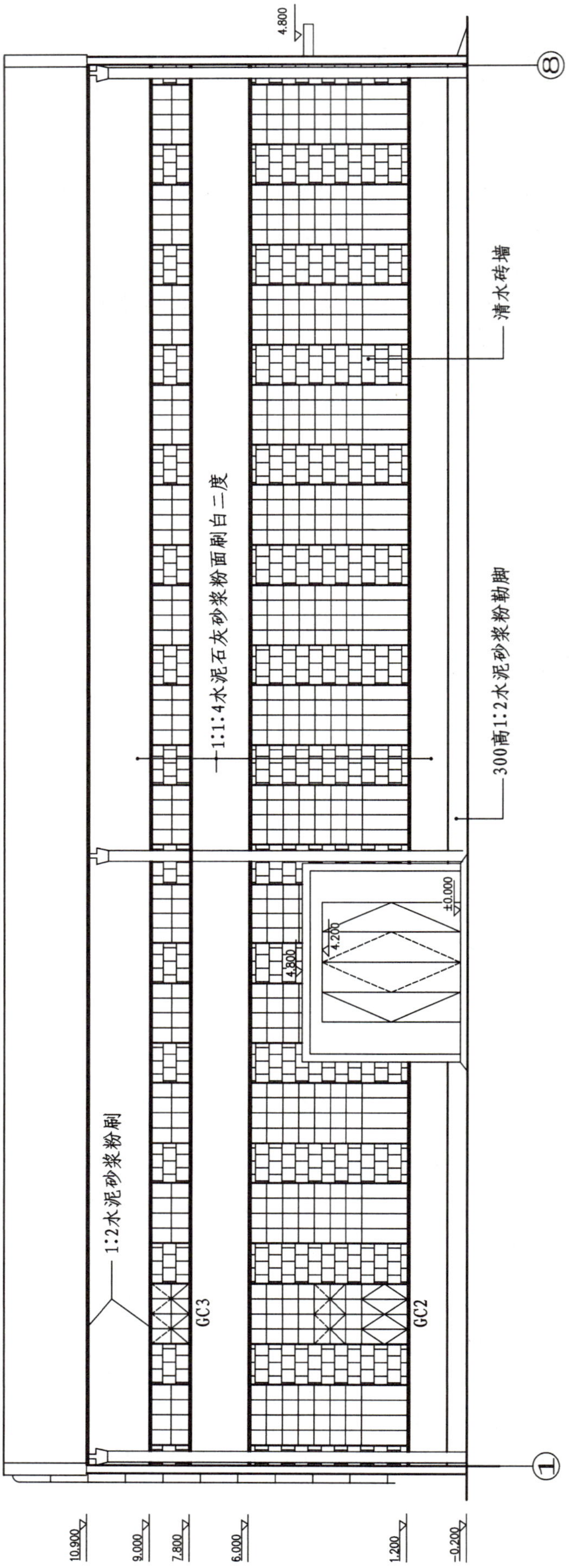

图 1.4.54　单层工业厂房①～⑧轴立面图（1：200）

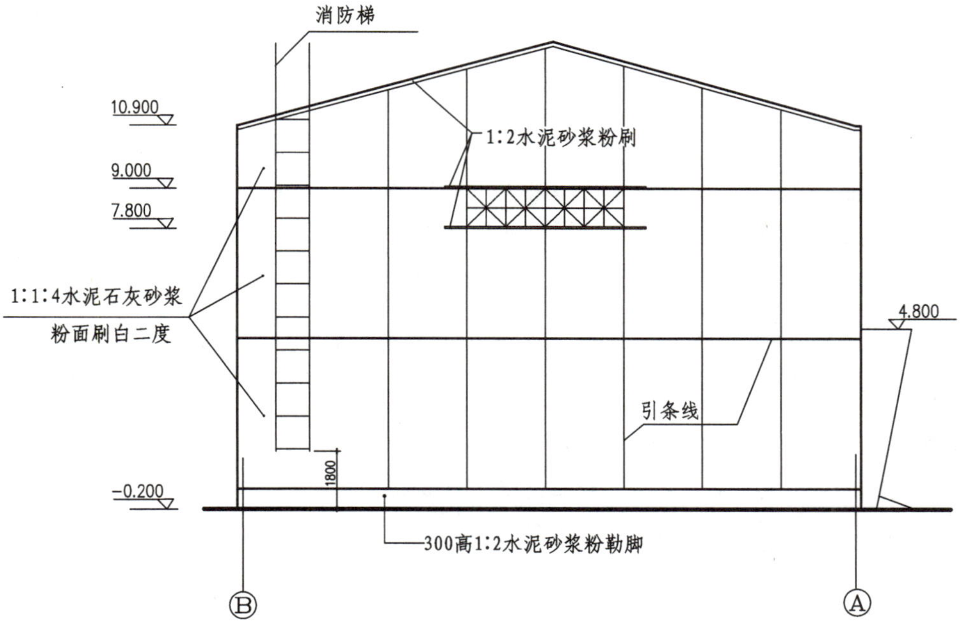

图 1.4.55　单层工业厂房Ⓑ～Ⓐ轴立面图（1：200）

从平面图可以看出，⑧～①轴立面图与①～⑧轴立面图基本相同，只是①～⑧轴线的左右位置互调，但没有大门和大门口的坡道。因此，⑧～①轴立面图可以省略不画。东山墙立面图和西山墙立面图也基本相同，只是东山墙上有边门，没有爬梯，故省略不画。

3. 建筑剖面图

建筑剖面图有横剖面图和纵剖面图。在单层厂房建筑设计中，纵剖面一般不画，但在工艺设计中有特殊要求时，也需画出。现介绍该厂房 1-1 剖面图，如图 1.4.56 所示，此图为横剖面图，主要表明以下内容。

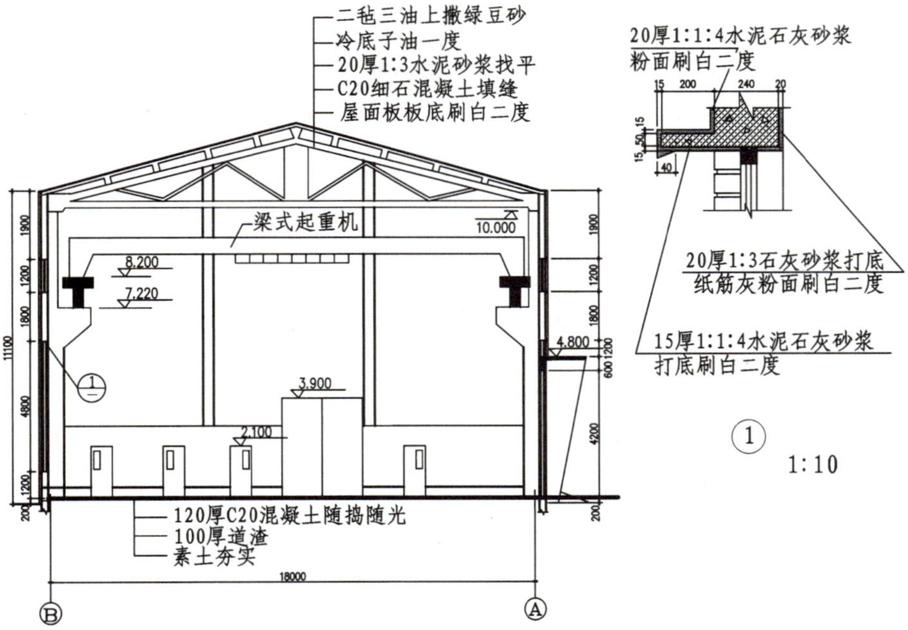

图 1.4.56　1-1 剖面图（1：200）

①表明厂房内部的柱、吊车梁断面、屋架、天窗架、屋面板、墙、门窗等构配件的相互关系。

②各部位竖向尺寸和主要部位标高尺寸。

③屋架下弦底面（或柱顶）标高 10.000 m，以及吊车轨顶标高 8.200 m，是单层厂房的重要尺寸，它们是根据生产设备的外形尺寸、操作和检修所需的空间、起重机的类型及被吊物件尺寸等要求确定的。

④详图索引符号。由于剖面图比例较小,形状、构造做法、尺寸等表达不够清楚,和民用建筑一样需另画详图,并标出索引符号。

4. 建筑详图

与民用建筑一样,为了将厂房细部或构配件的形状、尺寸、材料、做法等表示清楚,需要用较大比例绘制详图。单层厂房一般都要绘制墙身剖面详图,用来表示墙体各部分,如门、窗、勒脚、窗套、过梁、圈梁、女儿墙等详细构造、尺寸标高以及室内外装修等。单层工业厂房的外墙剖面还应表明柱、吊车梁、屋架、屋面板等构件的构造关系和连接。其他节点详图(如屋面节点、柱节点详图)从略。

任务4小结

建筑工程施工图是建造房屋的技术依据。本任务介绍了房屋建筑的组成与作用,房屋建筑建造程序,施工图分类;图样和建筑总平面图、建筑详图组成,学生应充分理解建筑施工图各图样的成图原理。以建筑平面图、立面图、剖面图3种基本图样为重点,详细介绍了其形成、内容、绘制步骤,既有手工绘制要求,也有计算机绘制要求等内容。施工图的图示内容十分繁杂,在实际工作中应当因工程而异、灵活运用、注重理解。识读建筑施工图,必须具备一定的专业知识,按照正确的方法、步骤进行识读。这是将来的工作任务,结合施工现场进行教学,达到所学即所用的目的。

在线答题

扫一扫

选择题

扫一扫

判断题

学习模块 2 结构施工图

课堂目标 ①能读懂结构施工图;能运用结构施工图指导建筑结构的加固和维修。

②能根据钢筋混凝土平法图集,正确分析钢筋的布置情况;具备利用钢筋混凝土结构平法施工图指导施工、钢筋下料以及工程计量的意识。

教学准备 各类线上资源或网址;结构制图规范或标准、结构施工图一套、开放性讨论的问题等资源。

教法建议 学生线下先行观看视频或微课并进行学习,在建筑技能实训基地或施工现场进行对照学习,课堂或线上进行讨论:结构施工图与标准或规范的关系,结构施工图与建筑施工图的关系,结构施工图与钢筋、混凝土的关系。

思政元素 标准意识、规矩意识、创造意识、工匠精神、合作精神、劳动意识、结构意识、选择意识、责任担当、合理意识、重复意识、放大意识、沟通意识。

育人思政

图 1 为梁思成夫妇二人合照,梁思成——中国近代建筑之父,林徽因——中国第一位女性建筑学家,两人合力创建清华大学建筑系,为今后清华大学建筑系的发展奠定了强有力的基础。图 2 为梁思成和林徽因及其团队成员在山西考察文物古迹留影,他们夫妇两人毕生致力于中国古代建筑的研究和保护,先后踏遍中国十五省二百多个县,测绘和拍摄唐、宋、辽、金、元、明、清各代保留下来的两千多件古建筑遗物,发现了重大考察结果——推翻日本学者对唐代建筑的断言,写成文章在国外发表,引起国际上对这些文物的重视。

图 1 梁思成和林徽因

图 2 梁思成、林徽因及其团队成员

梁思成和林徽因夫妇生逢乱世,却能用自己一生所学所识,整理中国古建筑的点点滴滴,构建起了中国建筑的知识体系,培养塑造了多位建筑领域的知识才俊。他们让中国人通过建筑了解自己国家的历史,这是了不起的成就,更是作为中华儿女在时代中用建筑践行的使命担当。

扫描观看

名人故事:梁思成与林徽因

1+X 考点

①能结合建筑施工图,掌握工程概况、设计依据等;能掌握建筑结构安全等级、建筑抗震设防类别、抗震设防标准;能掌握结构类型、结构抗震等级、主要荷载取值、结构材料、结构构造等。

②能识读地基基础设计等级、基础类型、基础构件截面尺寸、标高;能识读配筋构造、柱(墙)纵筋在基础中的锚固构造等。

③能识读柱(框架柱、梁上柱、剪力墙上柱)的截面尺寸、标高及配筋构造;能识读剪力墙(剪力墙身、剪力墙柱及剪力墙梁)的截面尺寸、标高及配筋构造;能识读剪力墙洞口尺寸、定位及加筋构造;能识读地下室外墙截面尺寸、标高及配筋构造等。

④能识读梁(楼层框架梁、屋面框架梁、非框架梁、悬挑梁)的截面尺寸;能识读梁(楼层框架梁、屋面框架梁、非框架梁、悬挑梁)的标高;能识读梁(楼层框架梁、屋面框架梁、非框架梁、悬挑梁)的配筋构造等。

⑤能识读有梁楼盖楼(屋)面板的截面尺寸、标高及配筋构造;明确悬挑板的截面尺寸、标高及配筋构造;能识读板洞口尺寸、定位及加筋构造等。

⑥能识读现浇混凝土板式楼梯的截面尺寸、定位及配筋构造;能识读现浇混凝土梁式楼梯的截面尺寸、定位及配筋构造;能识读结构节点截面尺寸、定位及配筋构造等。

任务1 国家制图标准基本规定及应用

扫描观看

视频:结构平面图基础知识

结构施工图图线宽度 b 应按现行国家标准《房屋建筑制图统一标准》(GB/T 50001—2017)中的有关规定选用。每个图样应根据复杂程度与比例大小,先选用适当的基本线宽 b,再选用相应的线宽。建筑结构专业制图应选用表 2.1.1 所示的图线。

表 2.1.1 线型

名称		线型	线宽	一般用途
实线	粗	———— b	b	螺栓、钢筋线、结构平面图中的单线结构构件、钢木支撑及系杆线,图名下横线、剖切线
	中粗	————	$0.7b$	结构平面图及详图中剖到或可见的墙身轮廓线、基础轮廓线,钢、木结构轮廓线,钢筋线
	中	————	$0.5b$	结构平面图及详图中剖到或可见的墙身轮廓线、基础轮廓线,可见的钢筋混凝土轮廓线、钢筋线
	细	————	$0.25b$	标注引出线、标高符号线、索引符号线、尺寸线

续表

名称		线型	线宽	一般用途
虚线	粗		b	不可见的钢筋、螺栓线，结构平面图中不可见的单线结构构件线及钢、木支撑线
	中粗		0.7b	结构平面图中的不可见构件、墙身轮廓线及不可见钢、木结构构件线，不可见的钢筋线
	中		0.5b	结构平面图中不可见构件、墙身轮廓线及不可见钢、木结构构件线，不可见的钢筋线
	细		0.25b	基础平面图中的管沟轮廓线、不可见的钢筋混凝土构件轮廓线
单点长画线	粗		b	柱间支撑、垂直支撑、设备基础轴线图中的中心线
	细		0.25b	定位轴线、中心线、对称线、重心线
双点长画线	粗		b	预应力钢筋线
	细		0.25b	原有结构轮廓线
波浪线			0.25b	断开界线
折断线			0.25b	断开界线

注：在同一张图纸中，相同比例的各个图样，应选用相同的线宽组。

绘图时根据图样的用途、被绘物体的复杂程度，应选用表 2.1.2 中的常用比例，特殊情况下也可选用可用比例。

表 2.1.2　比例

图名	常用比例	可用比例
结构施工图、基础平面图	1∶50，1∶100，1∶150	1∶60，1∶200
圈梁平面图，总图中管沟、地下设施等	1∶200，1∶500	1∶300
详图	1∶10，1∶20，1∶50	1∶5，1∶25，1∶30

当构件的纵、横向断面尺寸相差悬殊时，可在同一详图中的纵、横向选用不同的比例绘制。轴线尺寸与构件尺寸也可选用不同的比例绘制。

其他内容参照学习模块 1 任务 1 的内容，完成图 2.1.1 的绘制。

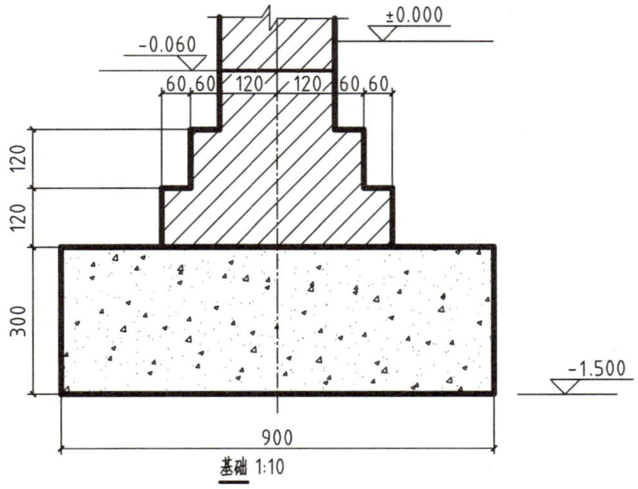

图 2.1.1　绘制图形

任务 2 仪器绘图

手工绘制结构施工图时,所使用的绘图仪器、绘图工具和用品与手工绘制建筑施工图相同。具体参照学习模块 1 任务 2 的内容,完成图形绘制(图 2.2.1)。

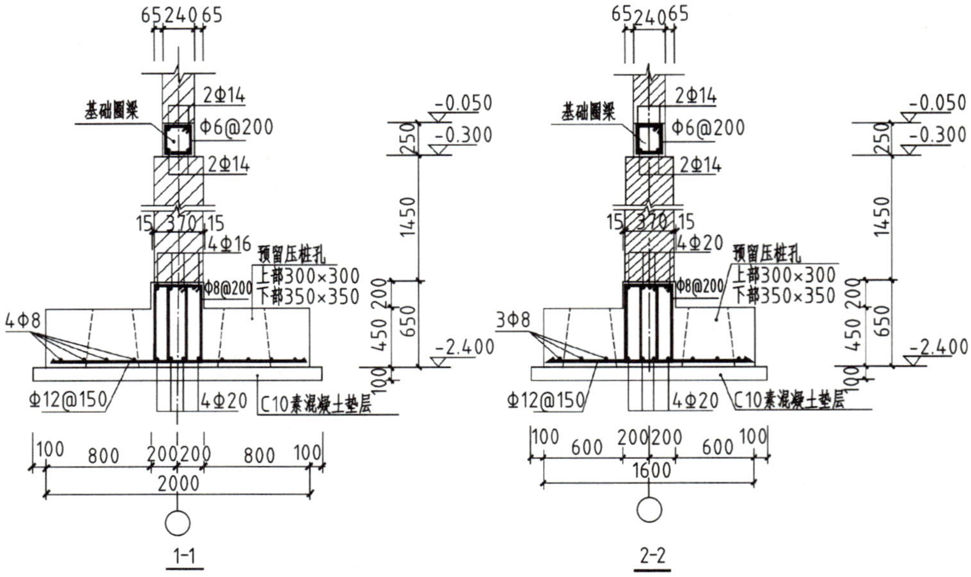

图 2.2.1 绘制图形

任务 3 形体投影图的识读与绘制

结构施工图的识读与绘制仍然使用正投影法,可参照学习模块 1 任务 3 的内容完成如下实训题目。

①画出图 2.3.1 所示三棱锥的 *W* 面投影,并补全三棱锥表面上的折线 *FED* 的 *W* 面投影和 *H* 面投影。

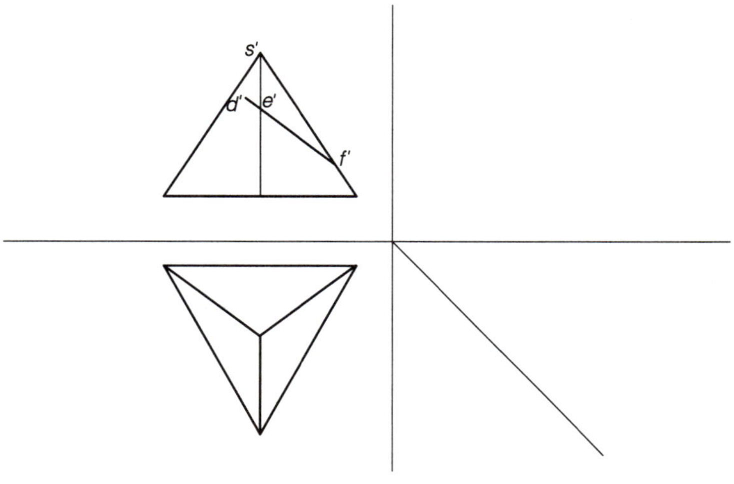

图 2.3.1 三棱锥投影

②完成被切圆柱的三面投影（图 2.3.2）。

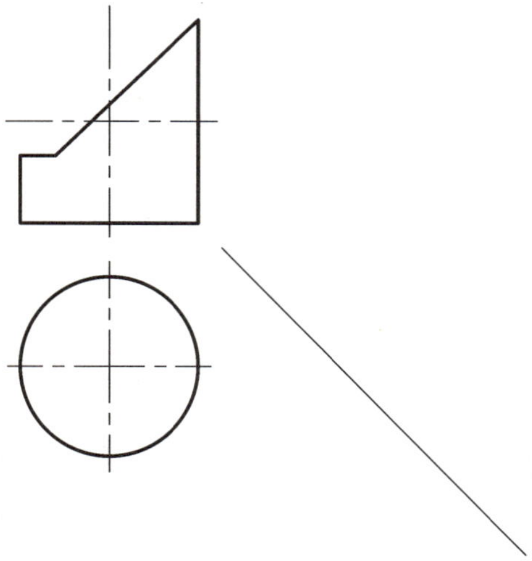

图 2.3.2　被切圆柱

③作两个三棱柱的相贯线，并补全相贯体的 V 面投影（图 2.3.3）。

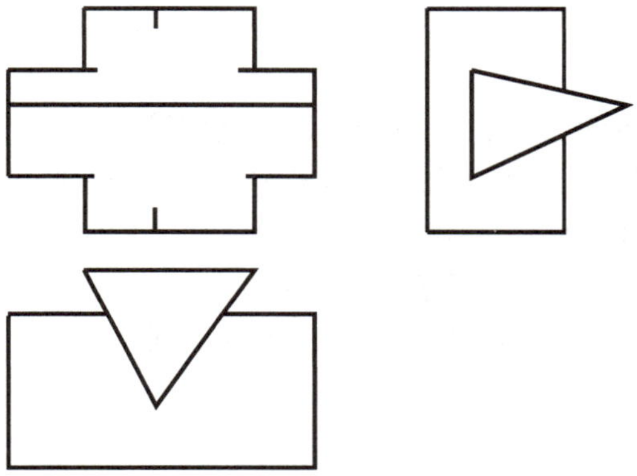

图 2.3.3　三棱柱相贯

④根据给出的投影图，作出第三投影图和轴测图（尺寸直接在投影图 2.3.4 中量取）。

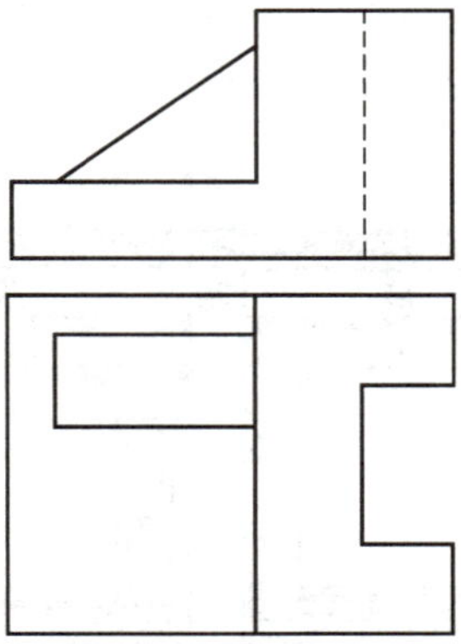

图 2.3.4　投影图

任务4 结构施工图的识读与绘制

4.1 结构施工图的作用与内容

施工图是工程师的"语言",是设计者设计意图的体现,也是施工、监理、经济核算的重要依据。而结构施工图在整个设计中占有举足轻重的作用,切不可草率从事。

扫描观看

视频:结构施工图的作用与内容

扫描下载

习题:结构施工图的作用与内容练习

4.1.1 结构施工图的作用

房屋的结构施工图是根据房屋建筑中的承重构件进行结构设计后画出的图样。结构设计时要根据建筑要求选择结构类型,并进行合理布置,再通过力学计算确定构件的断面形状、大小、材料及构造等。结构施工图须与建筑施工图密切配合,这两个施工图不能矛盾。

结构施工图与建筑施工图一样,是施工的依据,主要用于放线、挖基槽、支承模板、配钢筋、浇筑混凝土等施工过程,也是计算工程量、编制预算和施工进度计划的重要依据。

4.1.2 结构施工图的内容

根据建筑各方面的要求,进行结构选型和构件布置,再通过力学计算,确定房屋各承重构件(图2.4.1)的材料、形状、大小及内部构造等,并将设计结果绘成图样,以指导施工,这种图样称为结构施工图,简称"结施"。

结构施工图通常包括结构设计总说明(对于较小的房屋一般不必单独编写)、基础平面图及基础详图、楼层结构平面图、屋面结构平面图以及结构构件(例如梁、板、柱、楼梯、屋架等)详图。

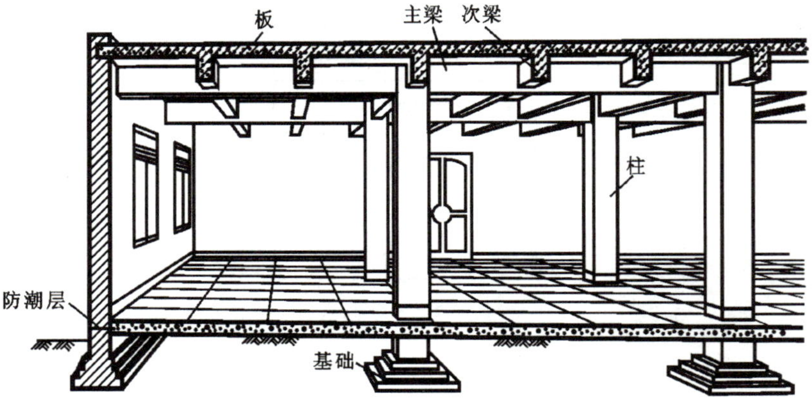

图2.4.1 钢筋混凝土结构示意

1. 结构设计说明

结构设计说明是全局性的文字说明。它包括选用材料的类型、规格、强度等级,地基情况,施工注意事项，新建建筑的结构类型、耐久年限、地震设防烈度、地基状况、材料强度等级、选用的标准图集、新结构与新工艺及特殊部位的施工顺序、方法及质量验收标准。

2. 结构平面布置图

结构平面布置图是表示房屋中各承重构件总体平面布置的图样。它包括以下几项：

①基础平面图，工业建筑通常还有设备基础布置图；

②楼层结构平面布置图，工业建筑还包括柱网、吊车梁、柱间支撑、连系梁布置等；

③屋面结构平面图，包括屋面板、天沟板、屋架、天窗架及支撑布置等。

3. 构件详图

结构构件详图表达结构构件的形状、大小、材料和具体做法，包括梁、板、柱构件详图，基础详图，屋架详图，楼梯详图和其他详图。

4.2　结构施工图常用符号

扫描观看

视频：结构施工图常用符号

扫描下载

习题：结构施工图常用符号练习

4.2.1　常用结构构件代号

在结构施工图中，结构构件的名称可用代号表示，这些代号用汉语拼音的第一个大写字母表示，代号后用阿拉伯数字标注该构件的型号或编号，也可为构件的顺序号。构件的顺序号采用不带角标的阿拉伯数字连续编排。《建筑结构制图标准》(GB/T 50105—2010)规定结构构件的代号如表 2.4.1 所示。

当采用标准、通用图集中的构件时，应用该图集中的规定代号或型号注写。

表 2.4.1　结构构件代号表

序号	名称	代号	序号	名称	代号	序号	名称	代号
1	板	B	15	吊车梁	DL	29	托架	TJ
2	屋面板	WB	16	单轨吊车梁	DDL	30	天窗架	CJ
3	空心板	KB	17	轨道连接	DGL	31	框架	KJ
4	槽形板	CB	18	车挡	CD	32	刚架	GJ
5	折板	ZB	19	圈梁	QL	33	支架	ZJ
6	密肋板	MB	20	过梁	GL	34	柱	Z
7	楼梯板	TB	21	连系梁	LL	35	框架柱	KZ
8	盖板或沟盖板	GB	22	基础梁	JL	36	构造柱	GZ
9	挡雨板或檐口板	YB	23	楼梯梁	TL	37	承台	CT
10	吊车安全走道板	DB	24	框架梁	KL	38	设备基础	SJ
11	墙板	QB	25	框支梁	KZL	39	桩	ZH
12	天沟板	TGB	26	屋面框架梁	WKL	40	挡土墙	DQ
13	梁	L	27	檩条	LT	41	地沟	DG
14	屋面梁	WL	28	屋架	WJ	42	柱间支撑	ZC

续表

序号	名称	代号	序号	名称	代号	序号	名称	代号
43	垂直支撑	CC	47	阳台	YT	51	钢筋网	W
44	水平支撑	SC	48	梁垫	LD	52	钢筋骨架	G
45	梯	T	49	预埋件	M	53	基础	J
46	雨篷	YP	50	天窗端壁	TD	54	暗柱	AZ

注:①预制钢筋混凝土构件、现浇钢筋混凝土构件、钢构件和木构件,一般可直接采用本表中的构件代号。在绘图过程中,当需要区别上述构件的材料种类时,可在构件代号前加注材料代号,并在图纸中加以说明。

②预应力钢筋混凝土构件的代号,应在构件代号前加注"Y-",如 Y-DL 表示预应力钢筋混凝土吊车梁。

4.2.2 常用材料种类及符号

1. 混凝土

混凝土是用水泥、砂子、石子、水和外加剂等多种材料按一定的配比拌合在一起,在模具中浇捣成型,并在适当的温度、湿度条件下,经过一定时间硬化而成的建筑材料。混凝土抗压强度高,其强度等级分为 C7.5,C10,C15,C20,C25,C30,C35,C40,C45,C50,C55,C60,C65,C70,C75,C80 等 16 个等级,数字越大,表示混凝土抗压强度越高。

2. 钢筋

(1)钢筋的作用与分类

1)钢筋的作用

钢筋在混凝土构件中的位置不同,其作用也各不相同。受力筋(图 2.4.2)在梁、板、柱中主要承担拉、压作用;架立筋与箍筋在梁中固定受力筋的位置;分布筋固定板中受力筋的位置。

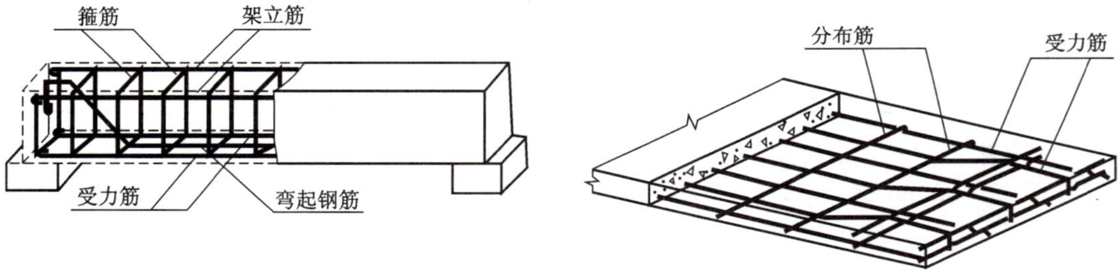

(a) (b)

图 2.4.2 梁、板内钢筋的作用

(a)梁内配筋 (b)板内配筋

2)钢筋的种类与代号

钢筋有光圆钢筋和带肋钢筋之分,热轧光圆钢筋的牌号为 HPB235;常用带肋钢筋的牌号有 HRB335、HRB400 和 RRB400 几种,如表 2.4.2 所示。

表 2.4.2 常用钢筋的种类与代号

钢筋种类	代号	钢筋种类	代号
Ⅰ级钢筋(即 Q235 光圆钢筋)	ϕ	冷拉Ⅰ级钢筋	ϕ^l
Ⅱ级钢筋(即 16 锰人字纹筋)	$\underline{\phi}$	冷拉Ⅱ级钢筋	$\underline{\phi}^l$
Ⅲ级钢筋(如 25 锰硅人字纹筋)	$\underline{\underline{\phi}}$	冷拉Ⅲ级钢筋	$\underline{\underline{\phi}}^l$

续表

钢筋种类	代号	钢筋种类	代号
Ⅳ级钢筋（光圆或螺纹筋）	Φ	冷拉Ⅳ级钢筋	Φ^{l}
Ⅴ级钢筋（热处理Ⅳ级钢筋）	Φ^{t}	冷拔低碳钢丝	ϕ^{b}

说明：目前使用软件绘图时，A 表示Ⅰ级钢筋，B 表示Ⅱ级钢筋。

扫描观看

视频：钢筋的表示方法

（2）钢筋在施工图中的图例和表示方法

1）钢筋的图例

在结构施工图中，为了突出钢筋的位置、形状和数量，钢筋一般用粗实线绘制，具体表示如表 2.4.3 所示。

表 2.4.3　钢筋的图例

序号	名称	图例	说明
1	钢筋横断面		
2	无弯钩的钢筋端部		下图表示长、短钢筋投影重叠时，短钢筋的端部用 45° 斜线表示
3	带半圆形弯钩的钢筋端部		—
4	带直钩的钢筋端部		—
5	带丝扣的钢筋端部		—
6	无弯钩的钢筋搭接		—
7	带半圆弯钩的钢筋搭接		—
8	带直钩的钢筋搭接		—
9	花篮螺丝钢筋接头	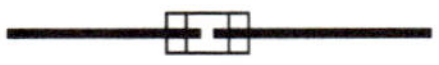	—
10	机械连接的钢筋接头		用文字说明机械连接的方式（如冷挤压或直螺纹等）

2）钢筋的标注方法

钢筋的直径、根数及相邻钢筋中心距在图样上一般采用引出线方式标注，其标注形式有下面两种。

①标注钢筋的根数和直径。

扫描观看

视频：钢筋的符号标注

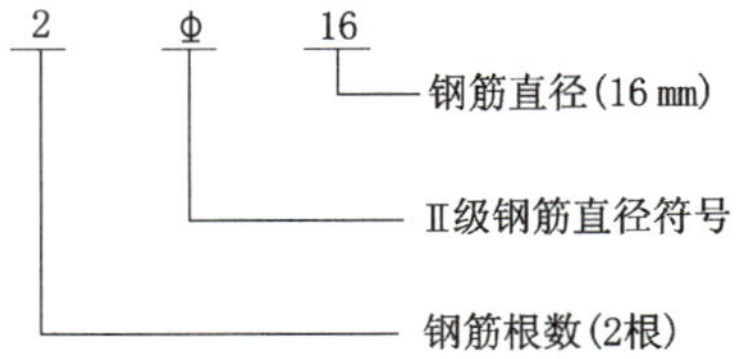

②标注钢筋的直径和相邻钢筋中心距。

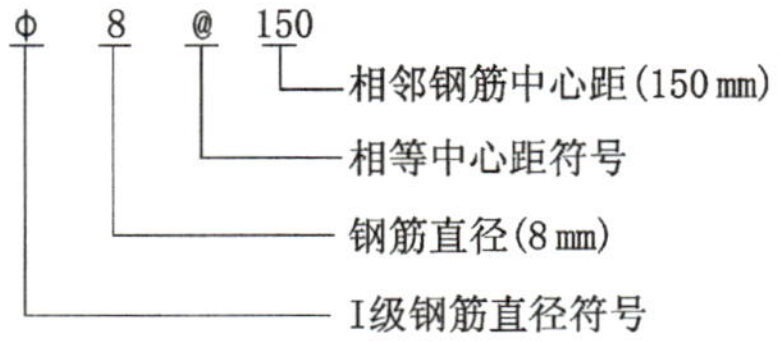

3）钢筋的表示方法及图例

为了增加钢筋与混凝土的黏结力，一般情况下光面钢筋（Ⅰ级钢筋）均应将端部做成弯钩形状。而对于螺纹或人字纹钢筋，因黏结力较好，一般端部可不做弯钩。常见的钢筋弯钩形式及画法见图 2.4.3。位于板下部钢筋的画法如图 2.4.4 所示。位于板上部钢筋的画法如图 2.4.5 所示。

扫描观看

视频：钢筋的弯钩

（3）钢筋的保护层

钢筋混凝土构件中钢筋应有一定厚度的保护层，以防止钢筋发生锈蚀，并使钢筋与混凝土进行可靠的黏结。钢筋保护层的厚度取决于构件种类及所处的使用环境等，现行规范对此有较为详细的规定。一般情况下钢筋净保护层的最小厚度为：板 15 mm，梁、柱主筋为 25 mm，且保护层厚度均不应小于受力钢筋的直径。构件保护层的厚度在施工图说明中给出。

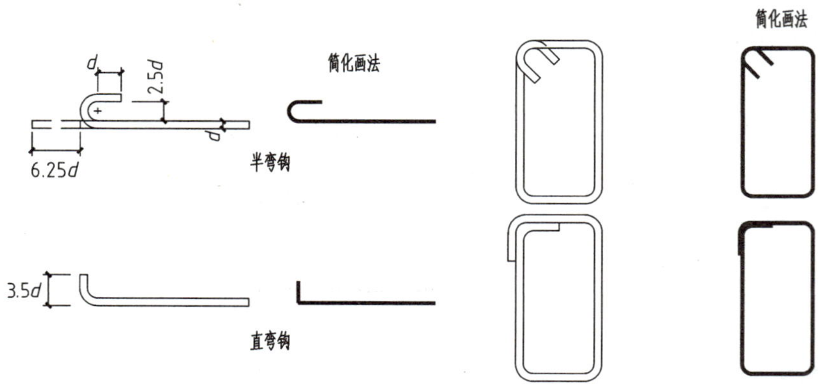

（a）　　　　（b）

图 2.4.3　钢筋和箍筋弯钩形式及画法

（a）钢筋的弯钩　（b）箍筋的弯钩

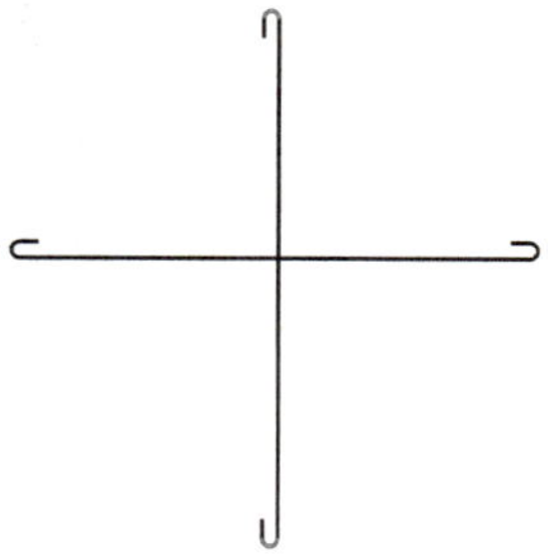

图 2.4.4　位于板下部钢筋的画法

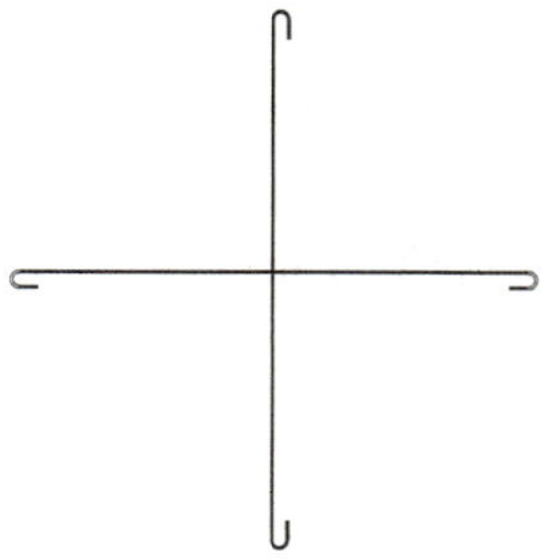

图 2.4.5　位于板上部钢筋的画法

4.3　基础平面图和基础详图

4.3.1　基础的分类

基础是建筑物地面以下承受房屋全部荷载的承重构件。基础的形式取决于上部承重结构的形式和地基情况。在民用建筑中，常见的形式有条形基础、独立基础和桩基础，如图 2.4.6 所示。

4.3.2　基础平面图

基础平面图是表示建筑物在 ±0.000 以下基础部分的平面布置和详细构造的图样，一般包括基础平面布置图与基础详图。它们是施工放线、开挖基坑、砌筑或浇筑基础的依据。基础平面图的比例一般与建筑平面图的比例相同。

视频:基础平面图

视频:基础平面图的形成

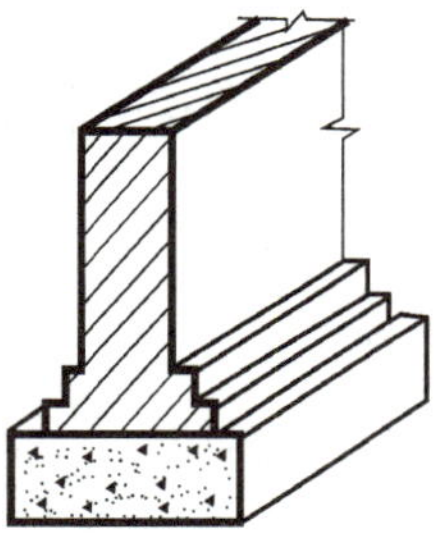

(a)

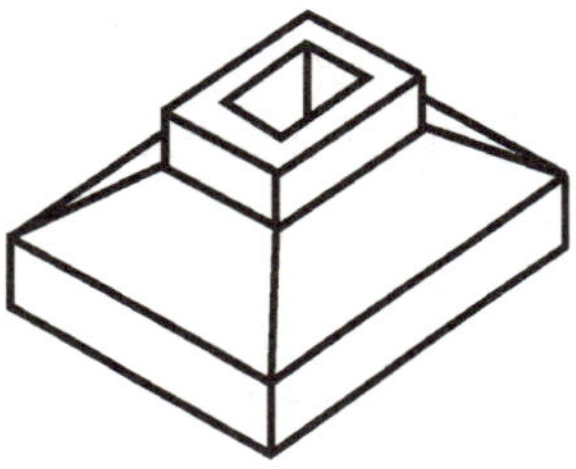

(b)

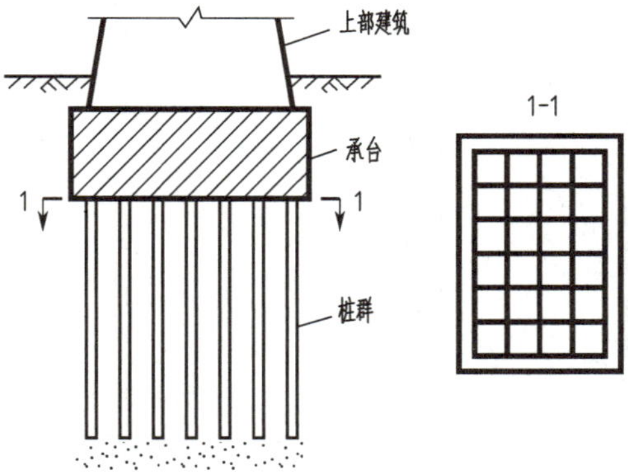

(c)

图 2.4.6　基础的类型

(a)条形基础　(b)独立基础　(c)桩基础

1. 基础平面图的形成

基础平面图是假想用一个水平面沿建筑物室内地面以下将整幢建筑物剖切后，移去建筑物上部和基坑回填土后所作的水平剖面图。

2. 基础平面图的表示方法

①在基础平面图中，只画出基础墙、柱及基础底面的轮廓线，基础的细部轮廓(如大放脚)可省略不画。

②凡被剖切到的基础墙、柱轮廓线，应画成粗实线，基础底面的轮廓线应画成中粗或中实线。

③基础平面图中采用的比例及材料图例与建筑平面图相同。

④基础平面图应注出与建筑平面图相一致的定位轴线编号和轴线尺寸。

⑤当基础墙上留有管洞时，应用虚线表示其位置，具体做法及尺寸另用详图表示。

3. 基础平面图的尺寸标注

①基础平面图的尺寸分内部尺寸和外部尺寸两部分。

②外部尺寸只标注定位轴线的间距和总尺寸。

③内部尺寸应标注各道墙的厚度、柱的断面尺寸和基础底面的宽度等。

④平面图中的轴线编号、轴线尺寸均应与建筑平面图相吻合。

4. 基础平面图的内容

基础平面图主要表示基础墙、柱、预留洞及构件布置等平面位置关系，包括以下内容。

①图名和比例。基础平面图的比例应与建筑平面图相同，常用比例为 1∶100 和 1∶200。

②基础平面图应标出与建筑平面图相一致的定位轴线及其编号和轴线之间的尺寸。

③基础的平面布置。基础平面图应反映基础墙、柱、基础底面的形状与大小及基础与轴线的尺寸关系。

扫描观看

视频：基础平面图的识读

5. 基础平面图的识读

以某商住楼基础平面图（图 2.4.7）为例，识读如下。

①图名：某商住楼基础平面图（部分），比例为 1∶50。

②与建筑平面图对照了解基础平面图的定位轴线。经比对，其基础定位轴线与建筑平面图定位轴线一致。

③基础的平面布置，结构构件的种类、位置、代号。基础①轴线有挡土墙，其余轴线有挖孔桩 ZJ1、ZJ2 等，有承台梁 JK-1、JKZ-1 等，其位置由定位轴线确定。

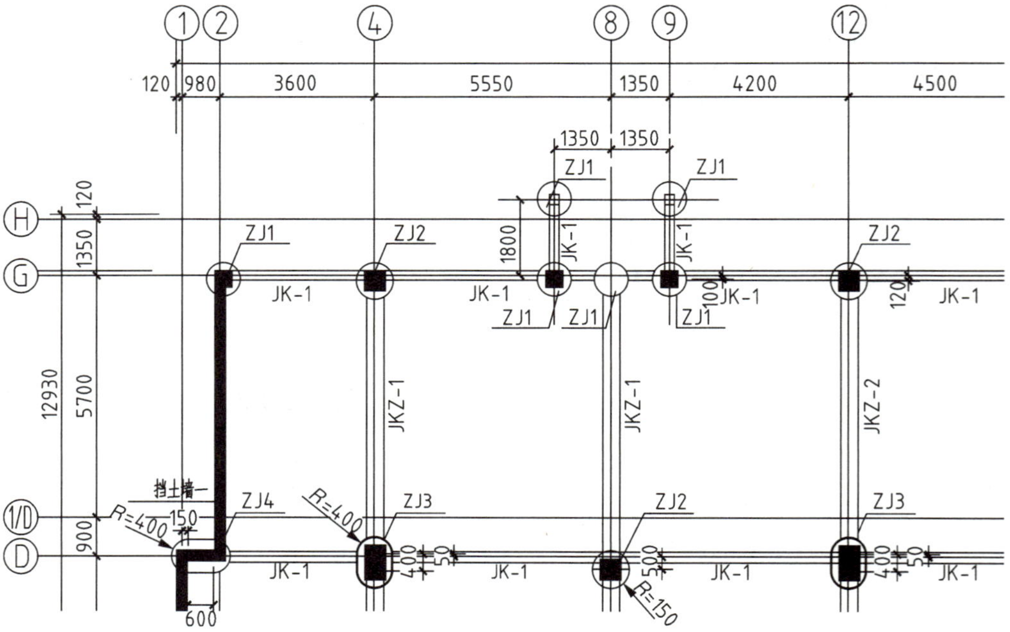

图 2.4.7　某商住楼基础平面图（部分）　1∶50

④了解剖切编号，通过剖切编号了解基础的种类，各类基础的平面尺寸。此基础平面图不是条形基础，所以没有剖切符号，但有各挖孔桩基础的大样图。

⑤阅读基础设计说明，了解基础的施工要求、用料。在附图结施 -02 中有相应的基础设计说明。

⑥联合阅读基础平面图与设备施工图，了解设备管线穿越基础的准确位置，洞口的形状、大小以及洞口上方的过梁要求。

提示：在条形基础平面图中，由于基础详图使用剖面图和断面图进行表示，所以对剖面图和断面图的编号顺序规定如下：①外墙按顺时针方向从左下角开始编号；②内横墙按从左至右、从上而下的顺序编号；③内纵墙从上而下、从左至右编号。

6. 基础平面图的绘制方法

①首先画出与建筑平面图中定位轴线完全一致的轴线和编号。

②被剖切到的基础墙、柱轮廓线应画成粗实线，基础底面的轮廓线应画成细实线，大放脚的水平投影省略不画。

③基础平面图上不可见的构件采用虚线绘制。例如既表示基础底板又表示板下桩基布置时，桩基应采用虚线。

④基础平面图一般采用 1 : 100 的比例绘制，与建筑施工图采用相同的比例。

⑤在基础上的承重墙、柱子（包括构造柱）应用中粗或粗实线表示并填充或涂黑，在承重墙上留有管洞时，可用虚线表示。

⑥基础底板的配筋应用粗实线画出。

⑦基础平面图上的构件和钢筋等应用构件代号和钢筋符号标出。

⑧基础平面图中的构件定位尺寸必须清楚，尤其注意分尺寸必须注全。

⑨在基础平面图中，当为平面对称时，可画出对称符号，图中内容可按对称方法简化，但为了放线需要，基础平面图一般要求全部画出。

4.3.3　基础详图

基础平面图只表明了基础的平面布置，而基础的形状、大小、材料、构造以及基础的埋置深度等均未表示，因此还需要画出基础详图。基础详图主要表明基础各部分的构造和详细尺寸，常用垂直剖面图表示。

扫描观看

视频:基础详图

扫描下载

习题:基础详图练习

1. 基础详图的形成

①在基础的某一处用铅垂剖切平面切开基础所得到的断面图称为基础详图。

②基础详图常用 1 : 10、1 : 20、1 : 50 的比例绘制。

③基础详图表示了基础的断面形状、大小、材料、构造、埋深及主要部位的标高等，如图 2.4.8 和图 2.4.9 所示。

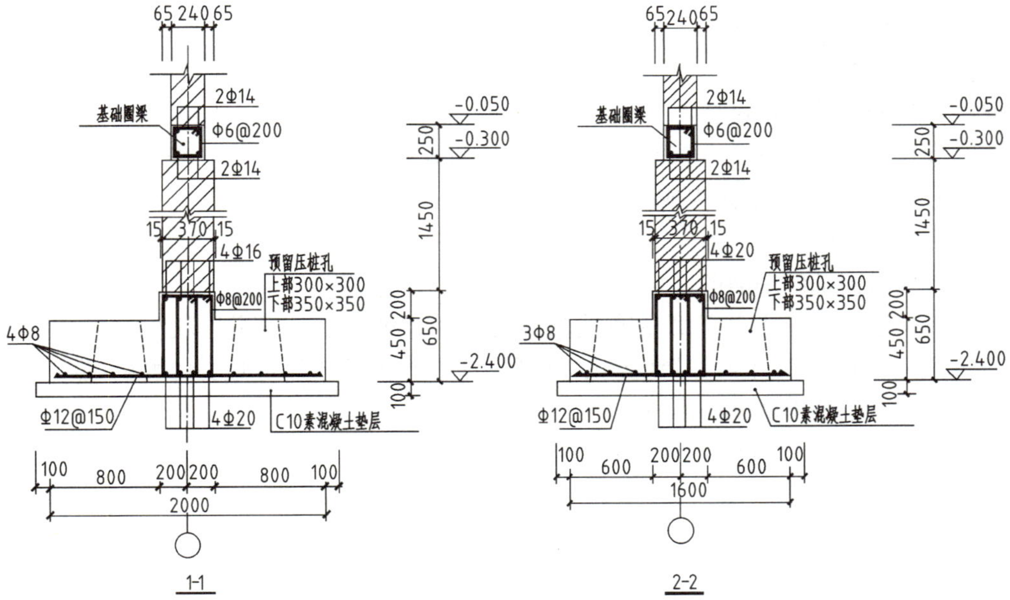

图 2.4.8　钢筋混凝土条形基础详图

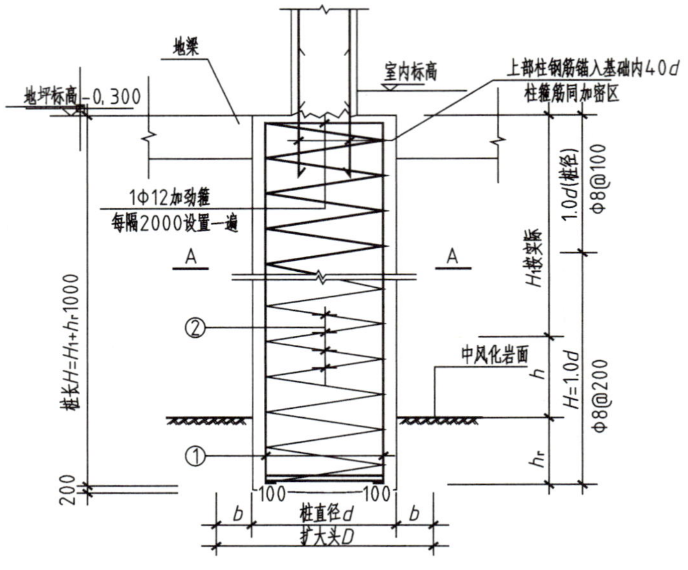

桩配筋纵剖面

图 2.4.9　钢筋混凝土桩基础详图

2. 基础详图的主要内容

①图名和比例。

②轴线及其编号。

③基础断面形状、大小、材料以及配筋。

④基础断面的详细尺寸和室内外地面标高及基础底面标高。

⑤防潮层的位置和做法。

⑥施工说明。

3. 基础详图的识读

①了解图名与比例,因基础的种类比较多,读图时,将基础详图的图名与基础平面图的剖切符号、定位轴线对照,了解该基础在建筑中的位置。

②了解基础的形状、大小与材料。

③了解基础各部位的标高,计算基础的埋置深度。

④了解基础的配筋情况。

⑤了解垫层的厚度尺寸与材料。

⑥了解基础梁的配筋情况。

⑦了解管线穿越洞口的详细做法。

图 2.4.10 为商住楼基础详图,该基础是十字交叉梁基础,基础梁用代号 DL 表示。图 2.4.11 所示为独立基础详图,该详图由平面图和剖面图组成。

4. 基础详图的绘制方法

①轴线及编号要求同基础平面图。

②剖面轮廓线一般为中粗或中实线,钢筋为粗实线。对于钢结构,因其壁厚较小,可采用细实线绘制。

③在表示钢筋配置时,混凝土应按透明绘制,其余材料按图例要求进行必要的填充。

④对于剖面详图可仅画出剖到的部位。

⑤详图的比例一般为 1:10、1:20 和 1:50。

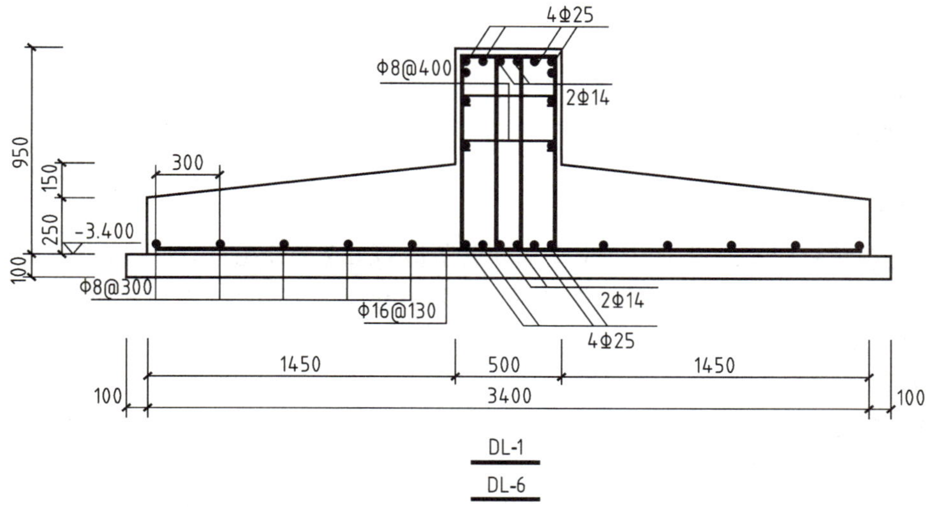

图 2.4.10　商住楼基础详图

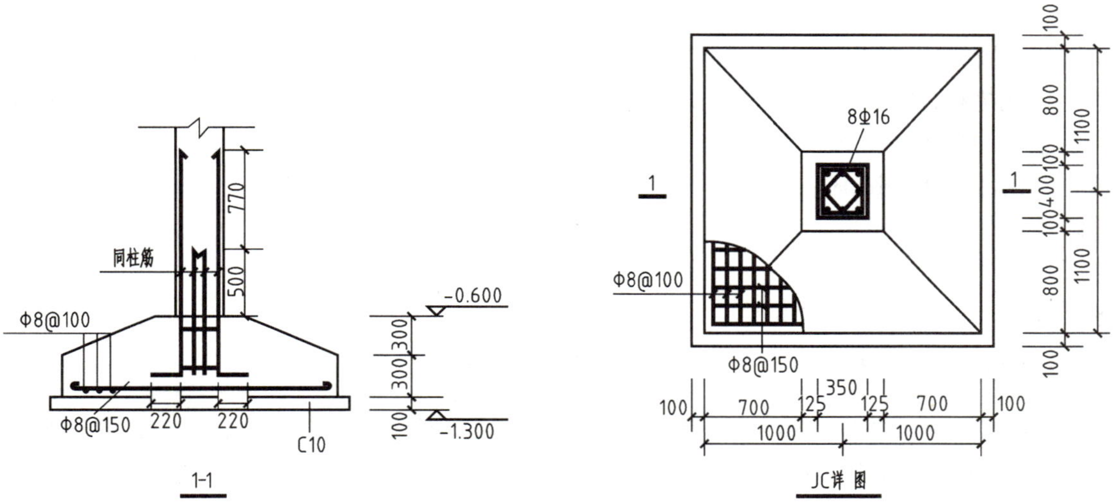

图 2.4.11　独立基础详图

实习实作：阅读附图中的结施 -02，熟悉基础平面图和基础详图的图示内容。

4.4　结构平面图

建筑物的结构平面图是表示建筑物各承重构件平面布置的图样，除基础结构平面图以外，还有楼层结构平面图、顶层结构平面图等。一般民用建筑的楼层、屋盖均采用钢筋混凝土结构，它们的结构布置和图示方法基本相同。

扫描观看　视频：楼梯结构配筋图识读

扫描观看　视频：楼梯结构平面布置图识读

扫描观看　视频：楼梯结构剖面图识读

扫描观看　视频：现浇板的图示方式

4.4.1 楼层结构平面图

楼层结构平面图,也称楼层结构平面布置图,是表示建筑物室外地面以上各层平面承重构件(如梁、板、柱、墙、门窗过梁、圈梁等)布置的图样,一般包括楼层结构平面图和屋顶结构平面图。

1. 结构平面图的形成与用途

(1)结构平面图的形成

结构平面图是假想将建筑物沿楼板面水平剖开后所得的水平剖面图,用于表示楼板及其下面的墙、梁、柱等承重构件的平面布置,或现浇楼板的构造和配筋。若各楼层结构平面布置情况相同,则可只绘出一个楼层结构平面图,但应注明合用各层的层数。

(2)结构平面图的用途

结构平面图为施工中安装梁、板、柱等各种构件提供依据,同时为现浇构件支设模板、绑扎钢筋、浇筑混凝土提供依据。

2. 结构平面图的内容

①图名和比例。

②与建筑平面图相一致的定位轴线及编号。

③墙、柱、梁、板等构件的位置及代号和编号。

④若用预制构件,则应表示预制板的跨度方向、数量、型号或编号和预留洞的大小及位置。

⑤若用现浇楼板,则应表示楼板的厚度、配筋情况。板中的钢筋用粗实线表示,板下的墙用细线表示,梁、圈梁、过梁等用粗单点长画线表示。柱、构造柱用断面(涂黑)表示。在楼层结构平面图中,未能完全表示清楚之处,需绘出结构剖面图。

⑥轴线尺寸及构件的定位尺寸。

⑦详图索引符号及剖切符号。

⑧文字说明。

4.4.2 结构平面图的绘制

①定位轴线应与所绘制的基础平面图及建筑平面图一致。当房屋沿某一轴线对称时,可只画一半,但必须说明对称关系,此时也可在对称轴左侧画楼层结构平面而右侧画屋顶结构平面。

②结构平面图的比例一般和建筑施工图一致,常为 1 : 100,单元结构平面中一般采用 1 : 50 的比例画出。当房屋为多层或高层时,往往较多的结构平面完全相同,此时可只画出一个标准层结构平面,并注明各层的标高名称即可。一般的多层房屋常常只画首层结构平面、标准层结构平面和屋顶结构平面 3 个结构平面图。

③建筑物外轮廓线一般采用中粗实线画出,承重墙和梁一般采用虚线,为区别清楚,可分别采用中粗虚线和细虚线,预制板一般采用细实线画出,钢筋应采用粗实线画出。

④定位轴线尺寸及总尺寸应注于结构平面之外。结构构件的平面尺寸及与轴线的位置关系必须注明。当梁中心线均和轴线重合时可不必一一标出,只在文字说明内注明即可。当构件为细长且沿中心线对称时,在平面上可用粗单点长画线画出(例如工业厂房中的钢屋架、檩条、支撑等)。门窗洞口一般可不画出,必须画时可用中粗虚线画出。

⑤所有构件均应在平面上注明名称代号。尤其对于需另画详图才能表达清楚的梁、柱、剪力墙、屋架等。建筑平面上的填充墙和隔墙不必画出。

⑥当平面上楼板开间和进深相同且边界条件一致,同时板的厚度和配筋完全一致时,可只画一个房间的楼板配筋,并标出楼板代号,在其他相同的房间注上同样的楼板代号,表示配筋相同。铺设预制板的房间也可采用相同方法处理。

⑦对于楼梯间和雨篷等,应画详图才能表达清楚,故在结构平面上可只画外轮廓线,并用细实线画出对角线,注上“LT—”另详和“YP—”另详字样。

⑧有时楼板配筋或楼板开洞较为复杂，在 1 : 100 的原结构平面上难以表达清楚（如卫生间、厨房、电梯机房等小房间结构平面）时，可只标出楼板代号，并采用局部放大的方法另外画图表示清楚。

⑨结构平面图中可用粗短实线注明剖切位置，并注明剖切符号，然后另画详图说明楼板与梁和竖向构件（墙、柱等）之间的关系。

⑩楼板的配筋位置应表达清楚。一般板下配筋均伸至支座中心线而不必标出，但板支座负筋必须注明和轴线的位置关系。当结构平面复杂时，可只标钢筋代号，而在钢筋表中另外注明，现浇楼板一般应画钢筋表。

⑪结构平面上所注的标高应为结构标高，即楼板上皮的标高（为建筑标高减去面层厚度，一般建筑标高为整尺寸，而结构标高为零尺寸）。标高数字以 m 为单位，且小数点后应有 3 位，以精确到 mm。屋顶结构标高（板上皮标高）一般和建筑标高一致，所以顶层层高可能为零尺寸。

⑫结构平面上的文字说明一般包括楼板材料强度等级、预制楼板的标准图集代号、楼板钢筋保护层厚度等，还包括结构设计者需表达的其他问题。

4.4.3　结构平面图的识图方法及步骤

结构平面图的识图方法及识图步骤如下：

①弄清各种文字、字母和符号的含义；

②弄清各种构件的空间位置；

③弄清各构件的数量，采用图集及详图的位置；

④弄清各构件的相互连接关系和构造做法；

⑤阅读文字说明，弄清设计意图和施工要求。

实习实作：阅读附图中的结施 -03、04、05，熟悉楼层结构平面图的图示内容。

4.5　构件详图

4.5.1　钢筋混凝土构件详图的种类

扫描观看

视频：构件详图

钢筋混凝土构件详图一般包括模板图、配筋图和钢筋表 3 部分。

1. 模板图

模板图也称外形图，它主要表明钢筋混凝土构件的外形，预埋铁件、预留钢筋、预留孔洞的位置，各部位尺寸和标高、构件以及定位轴线的位置关系等。

2. 配筋图

扫描观看

视频：钢筋混凝土梁、板的配筋

扫描观看

视频：钢筋混凝土梁配筋图和钢筋统计表

配筋图包括立面图、断面图两部分，具体表达钢筋在混凝土构件中的形状、位置与数量。在立面图和断面图中，把混凝土构件看成透明体，构件的外轮廓线用细实线表示，而钢筋用粗实线表示。配筋图是钢筋下料、绑扎的主要依据，如图 2.4.12 所示。

3. 钢筋表

①为便于编制预算，统计钢筋用料，对配筋较复杂的钢筋混凝土构件应列出钢筋表，以计算钢筋

用量。

②钢筋表的内容包括钢筋名称，钢筋简图，钢筋规格、长度、数量和质量等。图 2.4.12 中梁配筋图的钢筋表见表 2.4.4。

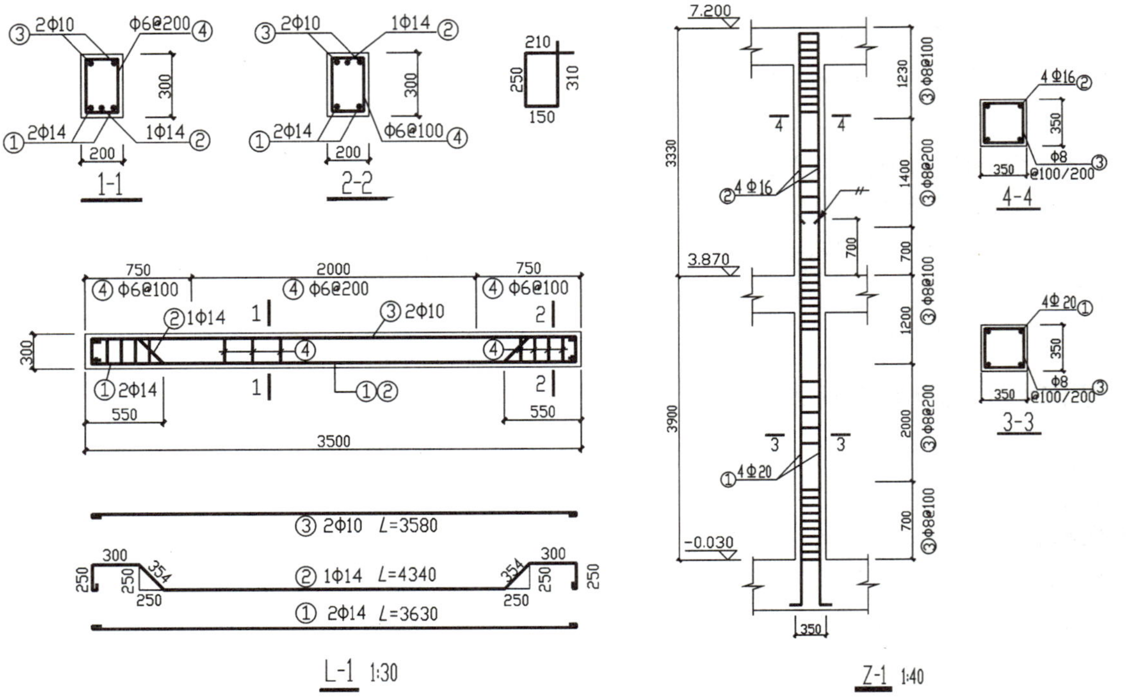

图 2.4.12　梁、柱配筋图

表 2.4.4　钢筋表

构件名称	构件数	钢筋编号	钢筋简图	钢筋规格	长度（mm）	每件根数	总根数	质量（kg）
L-1	1	1		$\phi14$	3 630	2	2	8.78
		2		$\phi14$	4 340	1	1	5.25
		3		$\phi10$	3 580	2	2	4.42
		4		$\phi6$	920	25	25	5.11
		钢筋总重						23.56

4.5.2　钢筋混凝土构件详图的内容

①构件名称或代号、比例。

②构件的定位轴线及其编号。

③构件的形状、尺寸和预埋件代号及布置。

④构件内部钢筋的布置。

⑤构件的外形尺寸、钢筋规格、构造尺寸以及构件底面标高。

⑥施工说明。

实习实作：识读附图中的构件结构详图，熟悉其图示内容。

4.6　钢筋混凝土施工图平面表示方法

4.6.1　平法设计的意义

在前面几个任务中主要运用了“单构件正投影表示方法”来表示结构施工图中构件的各个尺寸和钢筋的位置。但是这种用于教学的方法往往在结构施工图的实际设计工作中导致，同类构件的相同构造做法与异类构件的类似构造做法，将不可避免地出现大量重复，并且是简单或低级重复，造成结构施工图设计表达烦琐、图纸量巨大、设计效率低、设计成本高等现象，也给施工带来了较大的麻烦。

那么有没有一种更为通用的方法可以解决这样的问题呢？

万丈高楼平地起，楼房总是一层一层地建起来的，结构楼层的平面布置图必然是结构设计的“中心图”，而柱、梁、板等构件详图则是“派生图”。一层“中心图”一般只有一张，但是其“派生图”则很多。如果我们能用一种方式把这些重复量很大的“派生图”用一种方法表示出来，则设计和施工都会简单许多。目前我国普遍采用的就是钢筋混凝土结构“平面整体设计方法”，简称“平法”。

平法的表达形式，概括来讲，是把结构构件的尺寸和配筋等，按照平面整体表示方法制图规则，整体直接表达在各类构件的结构平面布置图上，再与标准构造详图配合，即构成一套新型完整的结构设计。

4.6.2　平法设计制图规则的适用范围

平法设计制图规则的适用范围包括建筑结构的各种类型，具体包括各类基础结构与地下结构的平法施工图，混凝土结构、钢结构、砌体结构、混合结构的主体结构平法施工图等等。具体内容涉及基础结构与地下结构、框架结构、剪力墙结构、框剪结构、框支剪力墙结构中的柱、剪力墙、梁、楼板与楼梯等。

4.6.3　梁平法施工图

1. 梁平面注写方式

梁平面注写方式，是在分标准层绘制的梁平面布置图中，直接注写截面尺寸和配筋的具体数值，整体表达该标准层梁平面施工图的一种方式。

扫描观看

视频：梁配筋图平面表示方法

对标准层上的所有梁应按表 2.4.5 的规定进行编号，并在同编号的梁中各选一根梁，在其上注写，其他相同编号梁只需要标注编号。具体参见附图中结施 -04（一层梁配筋图）。平面注写包括集中标注和原位标注。集中标注表达梁的通用数值，原位标注表达梁的特殊数值，如图 2.4.13 所示。集中标注形式如下：

KL10(10)
350×800
φ8@100/200(4)　此为集中标注形式
2Φ22+(2Φ16)
G4Φ14

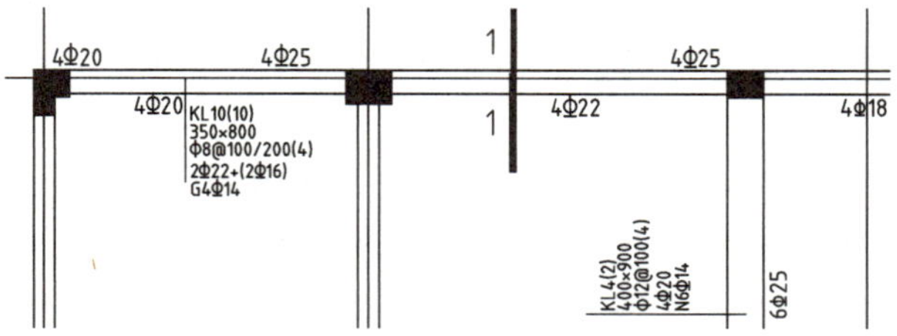

图 2.4.13　梁平面整体配筋图平面注写方式

其中，KL10（10）表示框架梁 KL10，有 10 跨（即在图纸中从②轴线到 ㉘ 轴线间的 10 跨梁）；350 × 800 表示该梁截面尺寸宽为 350 mm、高为 800 mm；ϕ8@100/200（4）表示该梁的箍筋为四肢箍，直径为 8 mm，Ⅰ级钢筋，间距为 200 mm，加密区间距为 100 mm。2 Φ 22+（2 Φ 16）表示梁上部有 2 根直径 22 mm 和 2 根直径

16 mm 的Ⅱ级通长钢筋,共 4 根,贯穿于整个 10 跨梁中。G4 ⌀ 14 表示梁截面两侧各有两根直径 14 mm 的Ⅱ级构造钢筋。

另外在梁的两端上部和梁中部还有标注,这个即为原位标注,表示此处另设有钢筋。

表 2.4.5　梁编号

梁类型	代号	序号	跨数及是否带有悬挑
楼层框架梁	KL	××	(××)、(××A)或(××B)
楼层框架扁梁	KBL	××	(××)、(××A)或(××B)
屋面框架梁	WKL	××	(××)、(××A)或(××B)
框支梁	KZL	××	(××)、(××A)或(××B)
托柱转换梁	TZL	××	(××)、(××A)或(××B)
非框架梁	L	××	(××)、(××A)或(××B)
悬挑梁	XL	××	—
井字梁	JZL	××	(××)、(××A)或(××B)

注:(××A)表示一端有悬挑,(××B)表示两端有县挑,悬挑不计入跨数。

(1)梁集中标注

梁集中标注的内容有 4 项必注值和 1 项选注值,它们的标注顺序如下。

①梁编号。梁编号为必注值,编号方法如表 2.4.5 所示。

②梁截面尺寸。梁截面尺寸为必注值,用 $b\times h$ 表示。当有悬挑梁且根部和端部的高度不相同时,用 $b\times h_1/h_2$ 表示。

③梁箍筋。梁箍筋为必注值,包括箍筋级别、直径、加密区与非加密区间距及肢数。加密区与非加密区用"/"分隔开来。肢数用括号加上数值表示,如(4)表示四肢箍。

④梁上部贯通筋和架立筋根数。梁上部贯通筋和架立筋根数为必注值,梁上部筋和下部钢筋用分号隔开,前面表示上部钢筋,分号后表示下部钢筋,如"2 ⌀ 14; 2 ⌀ 18"。当梁中有架立钢筋时,标注时与梁上部贯通筋用"+"隔开,如"2 ⌀ 22+(2 ⌀ 16)"。

⑤梁侧面纵向构造钢筋或受扭钢筋。如果有的话,为必注值,构造筋用"G"表示,受扭钢筋用"N"表示,如图 2.4.13 所示。

⑥梁顶面标高高差。梁顶面标高高差是指相对于结构层楼面标高的高差值,为选注值。

(2)梁原位标注

1)梁支座上部纵筋

①当上部纵筋多于一排时,用斜线"/"将各排纵筋自上而下分开。

②当同排纵筋有两种直径时,用加号"+"将两种直径相连,注写时将角部纵筋写在前面。

③当梁中间与支座两边的上部纵筋不同时,须在支座两边分别标注。

2)梁下部纵筋

①当下部纵筋多于一排时,用斜线"/"将各排纵筋自上而下分开。

②当同排纵筋有两种直径时,用加号"+"将两种直径的纵筋相连,注写时角筋写在前面。

③当梁下部纵筋不全部伸入支座时,将梁支座下部纵筋减少的数量写在括号内。

④若已按规定注写梁上部和下部均为通长的纵筋值,则不需在梁下部重复做原位标注。

3)附加箍筋或吊筋

附加箍筋和吊筋可直接画在平面图中的主梁上,用线引注总配筋值(图 2.4.14)。当多数附加箍筋或吊筋相同时,可在梁平法施工图上统一注明,少数与统一注明值不同时,再原位引注。

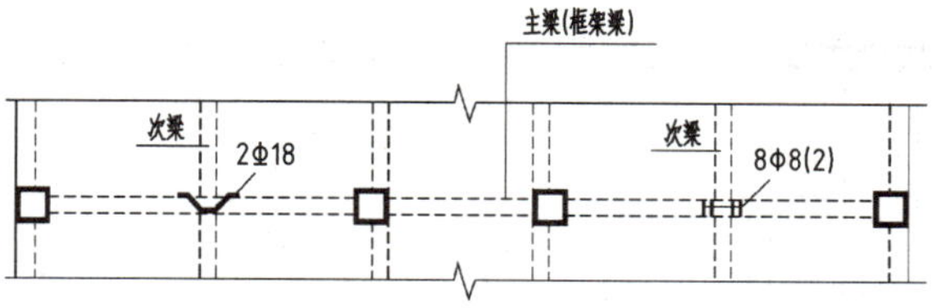

图 2.4.14　附加箍筋和吊筋的画法示例

当在梁上集中标注的内容不适用于某跨或某悬挑部分时，则将其不同数值原位标注在该跨或该悬挑部位，施工时应按原位标注数值取用。梁的原位标注和集中标注的注写位置及内容见图 2.4.15。

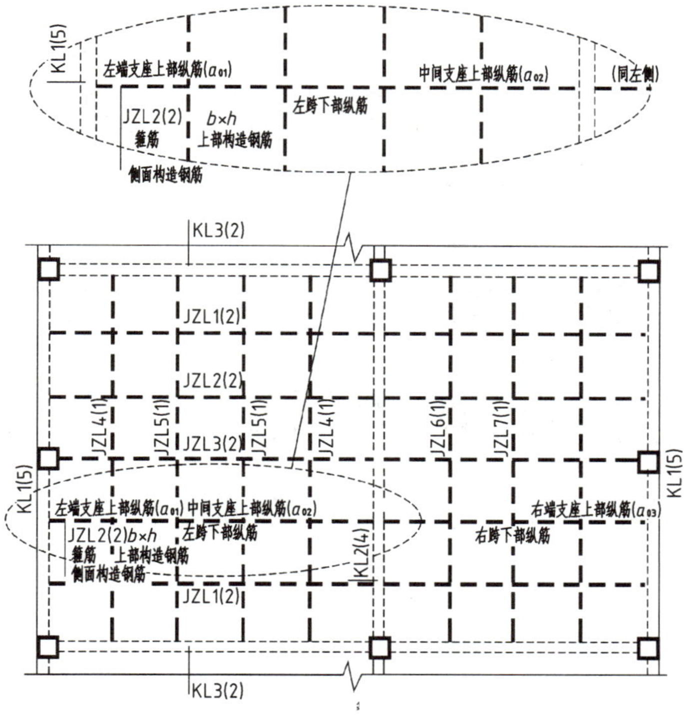

图 2.4.15　梁的标注注写位置及注写内容

梁平法施工图平面注写方式示例如图 2.4.16 所示。

2. *截面注写方式*

截面注写方式是在分标准层绘制的梁平面布置图上，分别在不同编号的梁中各选择一根梁用剖面号引出配筋图，并在其上注写截面尺寸和配筋具体数值的方式，用于表达梁平法施工图，如图 2.4.17 所示。

在截面配筋图上注写截面尺寸 $b \times h$、上部筋，下部筋、侧面筋和箍筋的具体数值时，其表达方式与平面注写方式相同。

层号	标高(m)	层高(m)
屋面2	65.670	
塔层2	62.370	3.30
屋面1 (塔层1)	59.070	3.30
16	55.470	3.60
15	51.870	3.60
14	48.270	3.60
13	44.670	3.60
12	41.070	3.60
11	37.470	3.60
10	33.870	3.60
9	30.270	3.60
8	26.670	3.60
7	23.070	3.60
6	19.470	3.60
5	15.870	3.60
4	12.270	3.60
3	8.670	3.60
2	4.470	4.20
1	-0.030	4.50
-1	-4.530	4.50
-2	-9.030	4.50

结构层楼面标高和结构层高

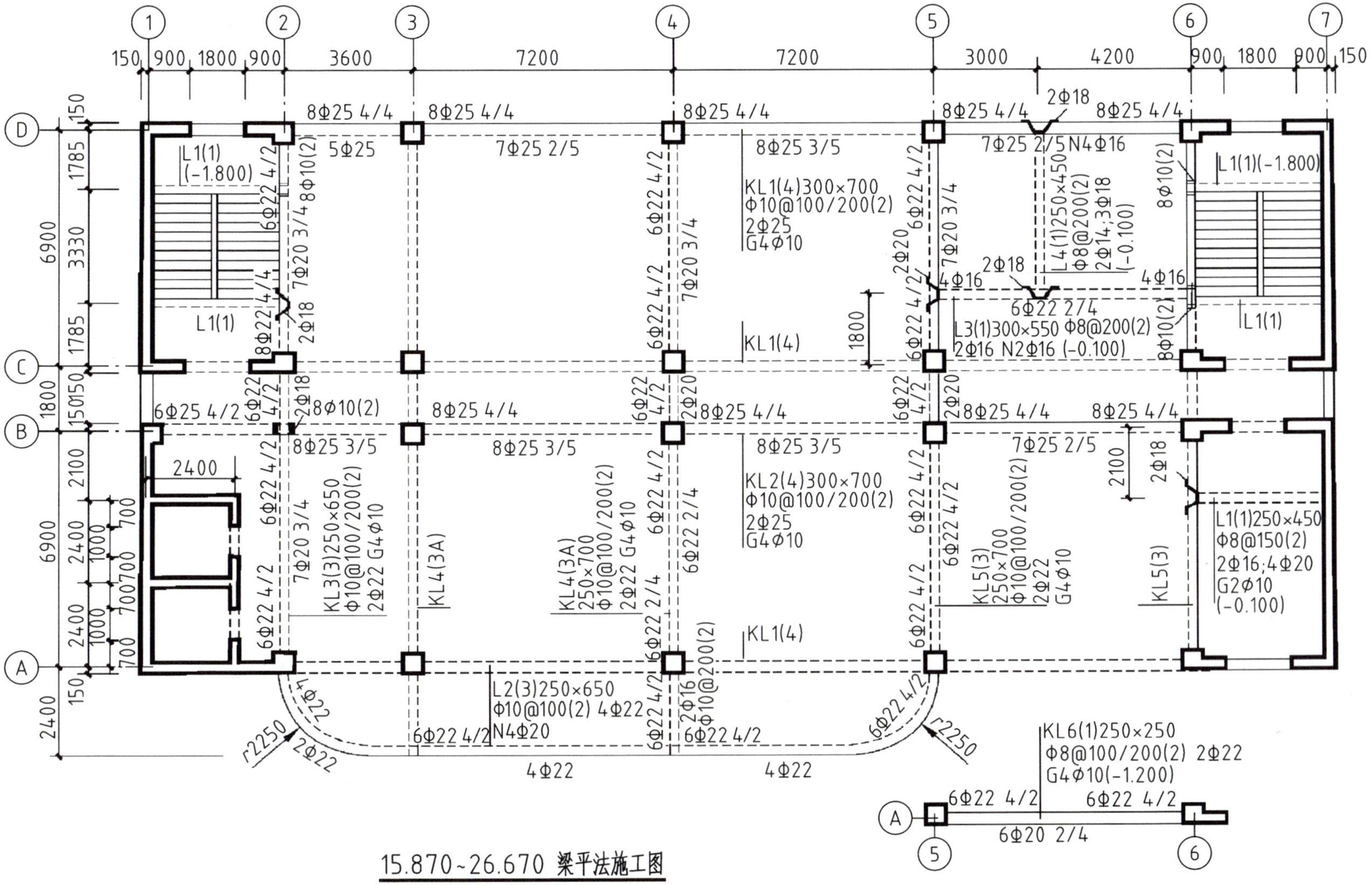

15.870~26.670 梁平法施工图

图 2.4.16 梁平法施工图平面注写方式

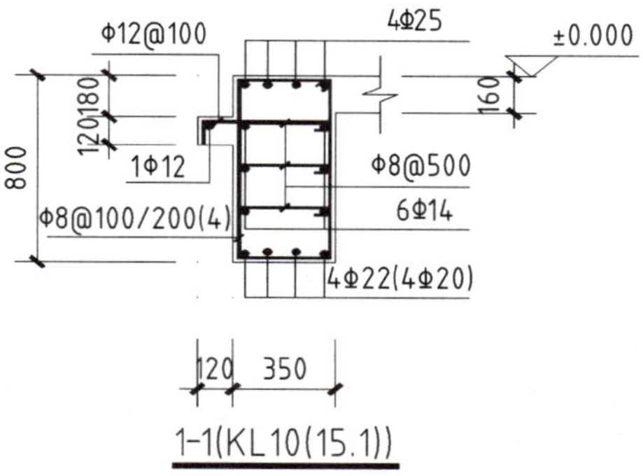

图 2.4.17 平法施工图截面注写方式

4.6.4 柱平法施工图

柱平法施工图系在柱平面布置图上采用列表方式或截面注写方式表达。

视频：柱配筋图平面表示方法　　习题：柱平法施工图练习　　习题：梁柱结构详图练习

1. *柱平法施工图列表注写方式*

列表注写方式是在柱平面布置图上，分别在同一编号的柱中选择一个截面标注几何参数代号；在柱表中注写柱号、柱段起止标高、几何尺寸与配筋的具体数值，并配以各种柱截面形状及箍筋类型图表达柱平法施工图。柱表注写的内容如下。

①柱编号。柱编号由类型编号和序号组成，编号方法如表 2.4.6 所示。

表 2.4.6 柱的编号

柱类型	代号	序号
框架柱	KZ	× ×
转换柱	ZHZ	× ×
芯柱	XZ	× ×
梁上柱	LZ	× ×
剪力墙上柱	QZ	× ×

注：编号时，当柱的总高、分段截面尺寸和配筋均对应相同，仅截面与轴线的关系不同时，仍可将其编为同一柱号，但应在图中注明截面与轴线的关系。

②各段柱的起止标高。自柱根部往上以变截面位置或截面未变但配筋改变处为界分段注写。

③截面尺寸 $b \times h$ 及轴线关系的几何参数代号 b_1、b_2 和 h_1、h_2 的具体数值必须对应于各段柱分别注写。

④柱纵筋。包括钢筋级别、直径和间距，分角筋、截面 b 边中部筋和 h 边中部筋 3 项。

柱平法施工图列表注写方式示例如图 2.4.18 所示。

2. *柱平法施工图截面注写方式*

在分标准层绘制的柱平面布置图的柱截面上，分别在同一编号的柱中选择一个截面，以直接注写截面尺寸和配筋具体数值的方式表达柱平法施工图。

柱平法施工图截面注写方式如图 2.4.19 所示。

4.6.5 剪力墙平法施工图

剪力墙平法施工图是在剪力墙平面布置图上采用列表注写方式或截面注写方式表达。

1. 列表注写方式

列表注写方式系分别在剪力墙柱表、剪力墙身表和剪力墙梁表中,对应剪力墙平面布置图上的编号,用绘制截面配筋图并注写几何尺寸与配筋具体数值的方式,来表达剪力墙平法施工图,如表 2.4.7 和表 2.4.8 所示。

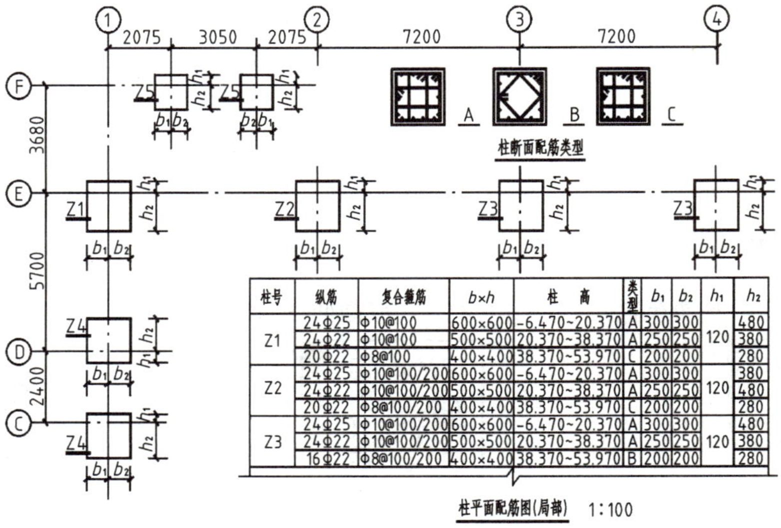

柱号	纵筋	复合箍筋	b×h	柱高	类型	b_1	b_2	h_1	h_2
Z1	24Φ25	Φ10@100	600×600	-6.470~20.370	A	300	300	120	480
	24Φ22	Φ10@100	500×500	20.370~38.370	A	250	250		380
	20Φ22	Φ8@100	400×400	38.370~53.970	C	200	200		280
Z2	24Φ25	Φ10@100/200	600×600	-6.470~20.370	A	300	300	120	380
	24Φ22	Φ10@100/200	500×500	20.370~38.370	A	250	250		480
	20Φ22	Φ8@100/200	400×400	38.370~53.970	C	200	200		280
Z3	24Φ25	Φ10@100/200	600×600	-6.470~20.370	A	300	300	120	480
	24Φ22	Φ10@100/200	500×500	20.370~38.370	A	250	250		380
	16Φ22	Φ8@100/200	400×400	38.370~53.970	B	200	200		280

图 2.4.18 柱平法施工图列表注写方式示例

表 2.4.7 墙柱编号

墙柱类型	代号	序号
约束边缘构件	YBZ	××
构造边缘构件	GBZ	××
非边缘暗柱	AZ	××
扶壁柱	FBZ	××

注:约束边缘构件包括约束边缘暗柱、约束边缘端柱、约束边缘翼墙、约束边缘转角墙 4 种。构造边缘构件包括构造边缘暗柱、构造边缘端柱、构造边缘翼墙、构造边缘转角墙 4 种。

表 2.4.8 墙梁编号

墙梁类型	代号	序号
连梁	LL	××
连梁(对角暗撑配筋)	LL(JC)	××
连梁(交叉斜筋配筋)	LL(JX)	××
连梁(集中对角斜筋配筋)	LL(DX)	××
连梁(跨高比不小于 5)	LLK	
暗梁	AL	××
边框梁	BKL	××

注:在具体过程中,当某些墙身需设置暗梁或边框梁时,宜在剪力墙平法施工图中绘制暗梁或边框梁的平面布置图并编号,以明确其具体位置。跨高比不小于 5 的连梁按框架梁设计时,代号为 LLK。

2. 截面注写方式

截面注写方式是在绘制的剪力墙平面布置图上,直接在墙柱、墙身、墙梁上注写截面尺寸和配筋具体数值来表达剪力墙平法施工图。

实习实作:识读附图中用平法表示的结构平面图,熟悉平面整体表示方法的形式和含义。

层号	标高(m)	层高(m)
屋面2	65.670	
塔层2	62.370	3.30
屋面1(塔层1)	59.070	3.30
16	55.470	3.60
15	51.870	3.60
14	48.270	3.60
13	44.670	3.60
12	41.070	3.60
11	37.470	3.60
10	33.870	3.60
9	30.270	3.60
8	26.670	3.60
7	23.070	3.60
6	19.470	3.60
5	15.870	3.60
4	12.270	3.60
3	8.670	3.60
2	4.470	4.20
1	-0.030	4.50
-1	-4.530	4.50
-2	-9.030	4.50

结构层楼面标高和层高

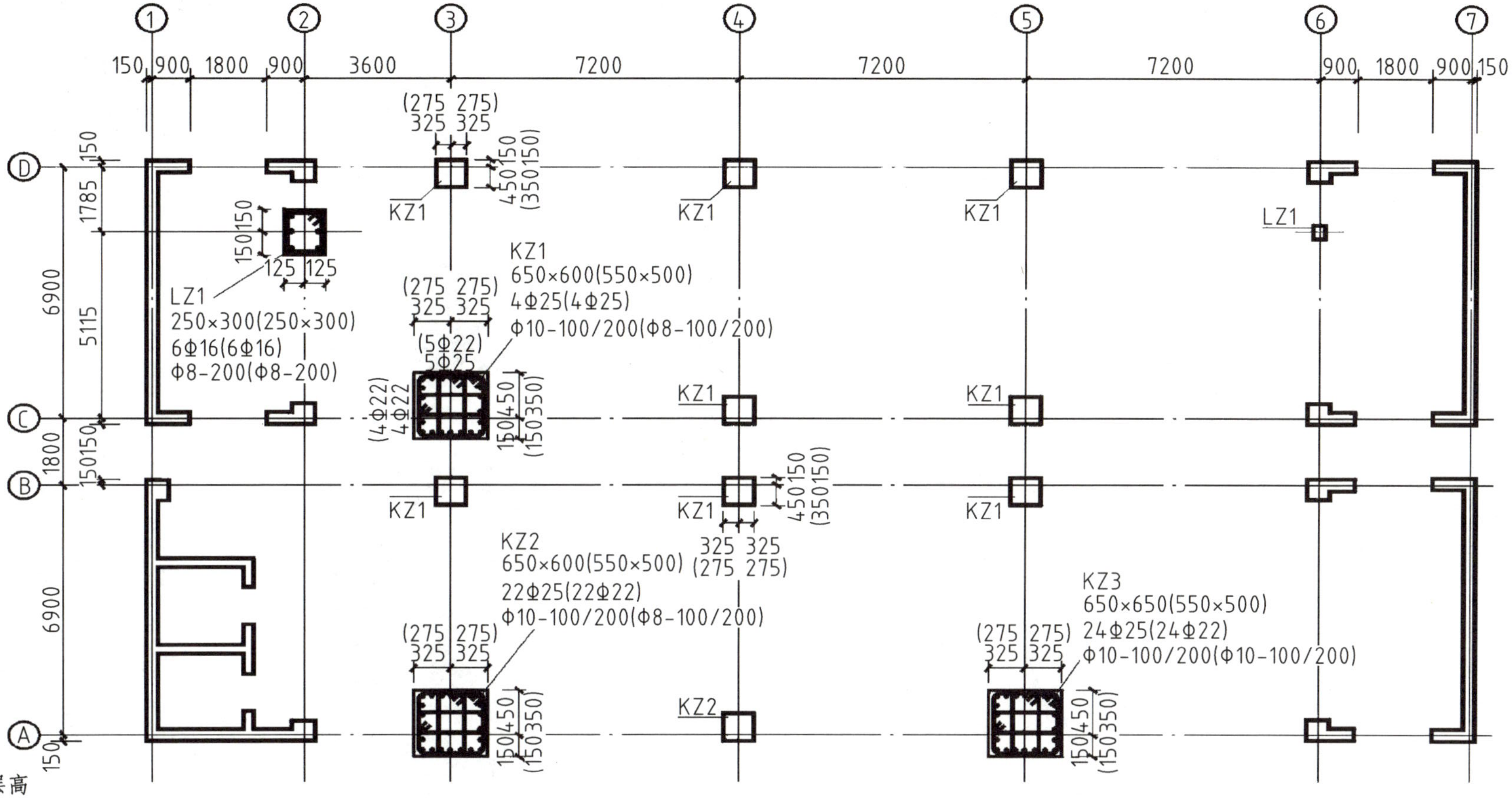

19.470~37.470
(37.470~59.070)　柱平法施工图

注：KZ3标高19.470~59.070以及KZ1和KZ2标高37.470~59.070均采用焊接封闭箍

图 2.4.19　柱平法施工图截面注写方式示例

学习模块3　安装施工图

课堂目标　能读懂建筑给排水施工图及电气施工图。

教学准备　各类线上资源或网址;建筑安装工程制图规范或标准、建筑安装工程施工图一套、开放性讨论的问题等资源。

教法建议　学生线下先行观看视频或微课并进行学习,在建筑技能实训基地或施工现场进行对照学习,课堂或线上进行讨论:建筑安装施工图与标准或规范的关系,建筑安装施工图与建筑施工图的关系,建筑安装施工图与结构施工图的关系。

思政元素　标准意识、规矩意识、创造意识、工匠精神、合作精神、劳动意识、爱国意识、关联意识、成就意识、综合思考、价值体现。

育人思政

图1为装配式建筑结构体系的施工现场,图2为PKPM-PC装配式全过程设计,近年来,随着环境保护、节能减排、可持续发展等环保理念的提出,装配式建筑成为建筑领域的发展热门,其采用标准化设计、工厂化生产、装配化施工、信息化管理、科技智能化应用,是现代工业化生产方式的代表。

图1　装配式结构体系安装

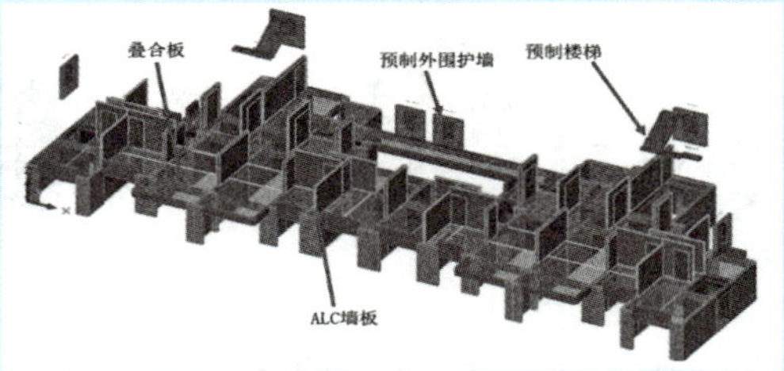

图2　PKPM-PC装配式全过程设计

图3为科技抗疫设备。突如其来的疫情,给国人带来诸多不便,检测技术和产品的迭代升级,使得抗疫效果显著提升。近年来,中国自主创新攻坚克难,在许多重大科技领域实现了一个又一个突破,不仅为全国人民的美好生活奠定了基础,也为世界协同发展提供了中国智慧与担当。"十四五"期间,立足新发展阶段,我们要继续实施科教兴国战略、人才强国战略和创新驱动发展战略,以科技创新为支撑实现高水平自立自强,始终坚信科技兴则民族兴,科技强则国家强。

图3　科技抗疫设备

扫描观看

科技创新:装配式建筑

扫描观看

科技抗疫:科技强国

1+X 考点

①能结合建筑施工图，掌握工程概况、设计依据；能掌握设计内容和范围、室内外设计参数、各系统主要技术指标及计算参数。

②能识读给水排水卫生器具、水泵、水箱等设备的平面布置和平面定位等；能识读给水排水引入管、排出管、横干管、立管、横支管等管道的平面布置、管径及立管位置和编号等；能识读给水排水、消防管道管径、平面布置；能识读屋面天沟、雨水斗、雨水管管径、坡度和编号等；能识读给水排水管道走向、管径、标高、坡度、各系统编号、立管编号等；能识读仪表、阀门等管道附件的种类、位置、标高；能识读各种设备（包括水泵、水箱等）和卫生器具接管情况、设置位置及标高等；能识读排水立管上检查口、通气帽等附件的位置及标高等。

③能识读局部管道和部件的详细结构和尺寸，局部构造的详细做法、尺寸和安装要求等；能识读管道、设备的标准做法及敷设安装要求等。

任务 1　国家制图标准基本规定及应用

建筑安装施工图图线宽度 *b* 应按《房屋建筑制图统一标准》（GB/T 50001—2017）中图线的规定选用。每个图样应根据复杂程度与比例大小，先选用适当基本线宽 *b*，再选用相应的线宽组。建筑给排水专业制图，应选用表 3.1.1 所示的图线。线宽 *b* 宜为 0.7 mm 或 1.0 mm。

表 3.1.1　线型

名称	线型	线宽	一般用途
粗实线		*b*	新设计的各种排水和其他重力流管线
粗虚线		*b*	新设计的各种排水和其他重力流管线的不可见轮廓线
中粗实线		0.7*b*	新设计的各种给水和其他压力流管线，原有的各种排水和其他重力流管线
中粗虚线		0.7*b*	新设计的各种给水和其他压力流管线及原有的各种排水和其他重力流管线的不可见轮廓线
中实线		0.5*b*	给水排水设备，零（附）件的可见轮廓线，总图中新建的建筑物和构筑物的可见轮廓线；原有的各种给水和其他压力流管线
中虚线		0.5*b*	给水排水设备，零（附）件的不可见轮廓线，总图中新建的建筑物和构筑物的不可见轮廓线；原有的各种给水和其他压力流管线的不可见轮廓线
细实线		0.25*b*	建筑物的可见轮廓线；总图中原有的建筑物和构筑物的可见轮廓线；制图中的各种标注线
细虚线		0.25*b*	建筑物的不可见轮廓线；总图中原有的建筑物和构筑物的不可见轮廓线

续表

名称	线型	线宽	一般用途
单点长画线	———— - ———— - ————	0.25*b*	定位轴线、中心线
折断线	——/\/—————/\/——	0.25*b*	断开界线
波浪线	～～～	0.25*b*	平面图中的水面线;局部构造层次范围线;保温范围示意线等

建筑给水排水专业制图常用的比例,宜符合表 3.1.2 的规定。

表 3.1.2　常用比例

名称	比例	备注
区域规划图、区域位置图	1 : 50 000、1 : 25 000、1 : 10 000、1 : 5 000、1 : 2 000	宜与总图专业一致
总平面图	1 : 1 000、1 : 500、1 : 300	宜与总图专业一致
管道纵断面图	竖向 1 : 200、1 : 100、1 : 50 纵向 1 : 1 000、1 : 500、1 : 300	—
水处理厂(站)平面图	1 : 500、1 : 200、1 : 100	—
水处理区构筑物、设备间、卫生间、泵房平、剖面图	1 : 100、1 : 50、1 : 40、1 : 30	—
建筑给水排水平面图	1 : 200、1 : 150、1 : 100	宜与总图专业一致
建筑给水排水轴测图	1 : 150、1 : 100、1 : 50	宜与总图专业一致
详图	1 : 50、1 : 30、1 : 20、1 : 10、1 : 5、1 : 2、1 : 1、2 : 1	—

在管道纵断面图中,竖向与纵向可采用不同的组合比例;在建筑给水排水轴测系统图中,如局部表达有困难,该处可不按比例绘制;水处理工艺流程断面图和建筑给水排水管道展开系统图可不按比例绘制。

参照学习模块 1 任务 1 的内容完成图形绘制(图 3.1.1)。

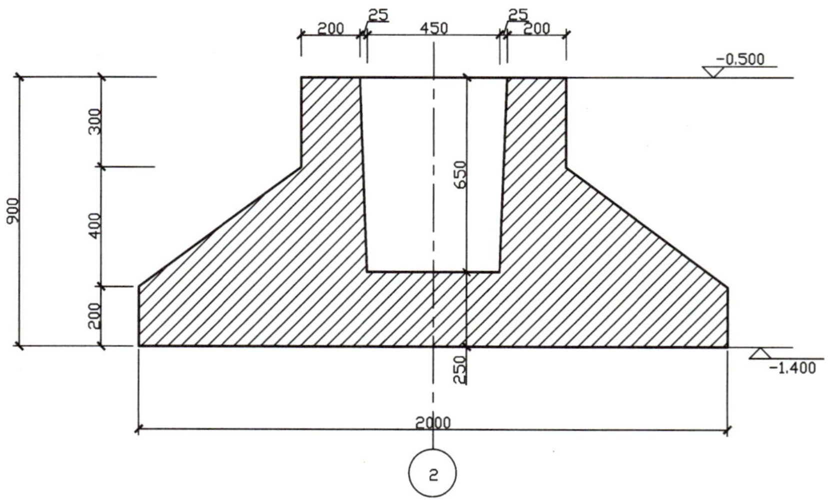

图 3.1.1　绘制图形

任务 2 仪器绘图

手工绘制建筑安装施工图时,所使用的绘图仪器、绘图工具和用品与手工绘制建筑施工图相同。参照学习模块 1 任务 2 的内容完成图形绘制(图 3.2.1)。

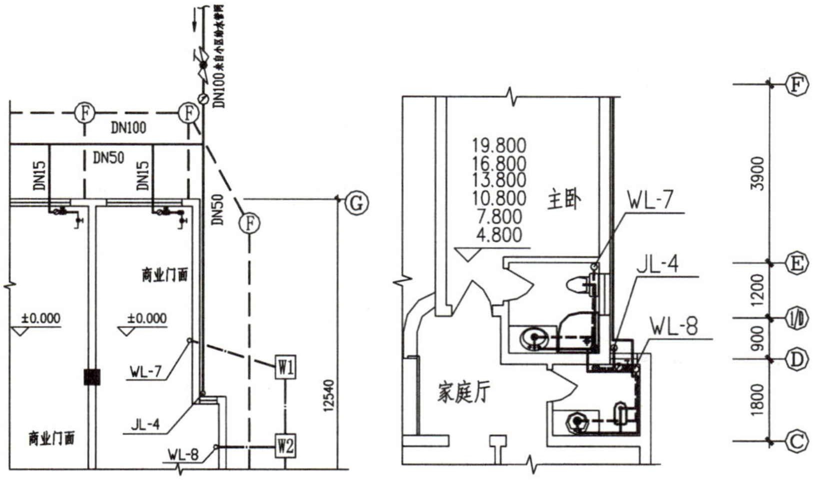

一层给排水平面图 1∶100　　二~七层给排水平面图 1∶100

图 3.2.1 绘制图形

任务 3 形体投影图的识读与绘制

建筑安装施工图的识读与绘制仍然使用正投影法,参照学习模块 1 任务 3 的内容,请完成如下实训题目。

①画出圆柱体的 H 面投影,并补全圆柱体表面上的曲线 ABC 的 W 面投影和 H 面投影(图 3.1.1)。

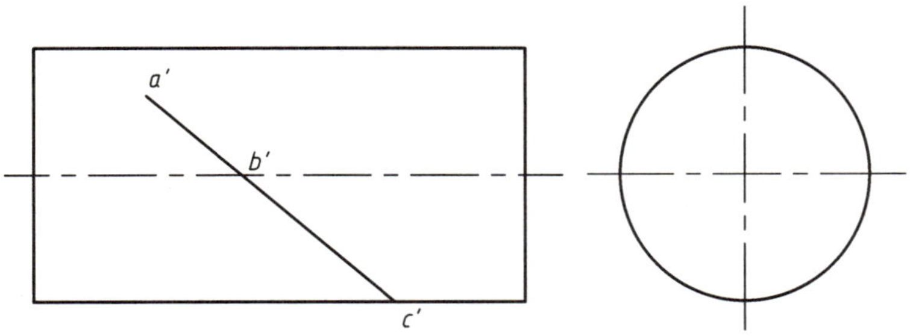

图 3.1.1 圆柱体投影

②补全切口三棱锥的三面投影图（图 3.3.2）。
③作出两柱体的交线（图 3.3.3）。

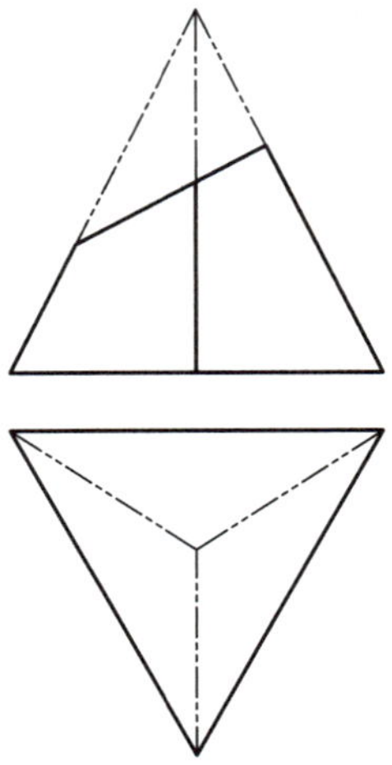

图 3.3.2　切口三棱锥

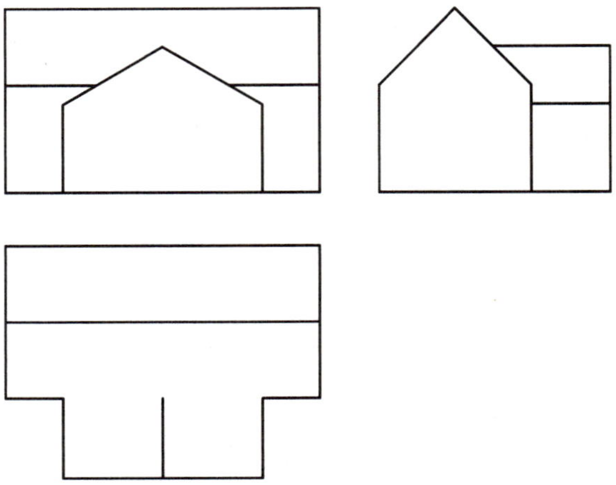

图 3.3.3　两柱体

④用简化系数作出形体的正等轴测图（图 3.3.4）。

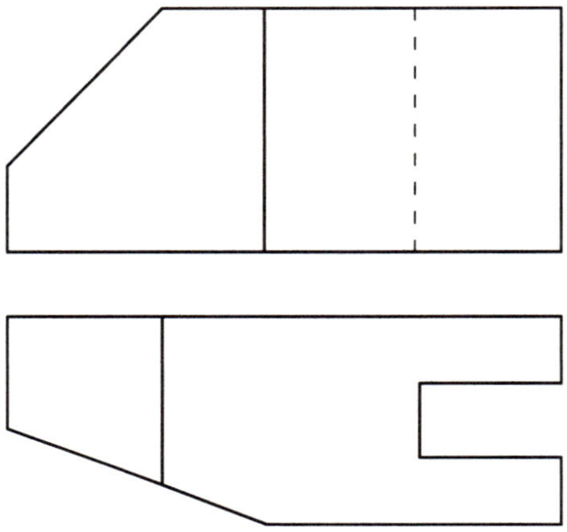

图 3.3.4　作正等轴测图

任务 4　给排水施工图的识读与绘制

4.1　室外给排水施工图

室外给排水施工图主要表达室外管网的布置情况和管道埋深、管径、管道交接、坡度等情况。

4.1.1　室外给排水施工图图示特点与内容

管道是室外给排水施工图表达的主要对象，管道细长，纵横交错。室外给排水施工图主要介绍了室外给水与排水管道在规划区域内的平面布置情况；管道交接处的附属设施；地面起伏、管道埋深、管径、坡度标高等信息的管道纵断面图。图中涉及的管道、附件、排水沟以及构筑物的表示方法、图例参照《建筑给水排水制图标准》（GB/T 50106—2010）。

4.1.2　室外给排水施工图的识读与绘制

1. 室外给排水平面图

如图 3.4.1 所示，从北面引入 DN100 的引入管，分别沿纵墙、横墙平行布置，其中沿纵墙布置的干管 DN50 分支引入室内。废水干管与外墙平行，用粗虚线表示，从室内接排出管连接到室外废水管道上，管道相交处设废水检查井，排水管最终接入小区主排水干管。

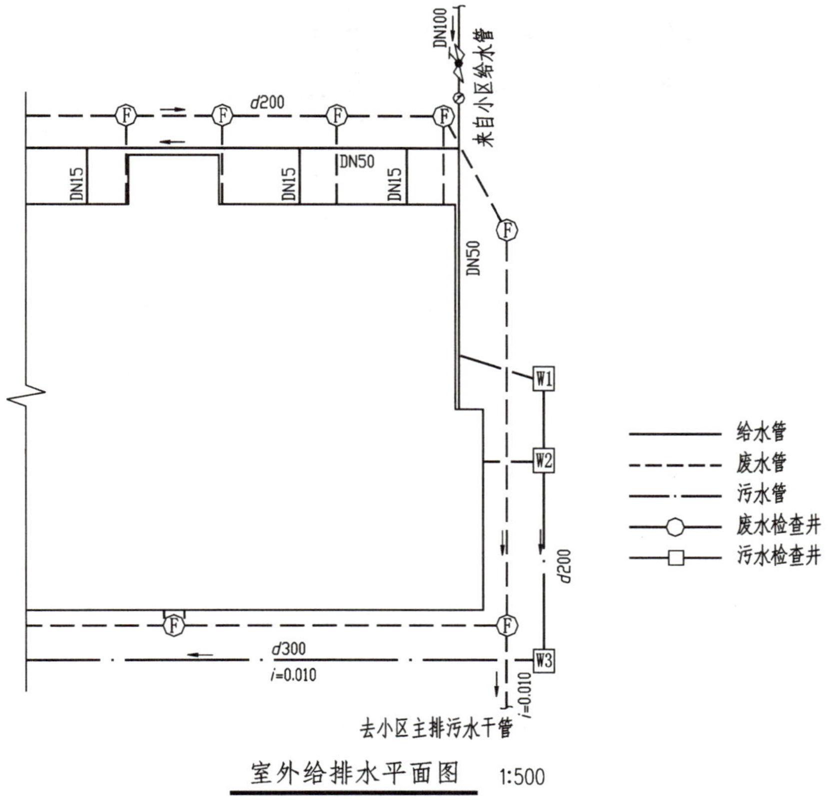

图 3.4.1　室外给排水平面图

小组实践讨论：识读给排水平面图只需根据水流方向识读即可，请同学们自己识读图中污水平面布置（室外污水管最终接入小区化粪池，化粪池未在图中表示）。

绘制给排水平面图的步骤如下。

①先抄绘建筑总平面图中各建筑物轮廓（不必画出建筑内的分隔、门窗等）、道路等布置。一般建筑总平面图由总图专业设计人员绘制，管道可直接在其上布置。

②按照新建建筑的室内给水排水底层平面图，将有关建筑中相应的给水引入管、废水排出管、污水排出管、雨水连接管等的位置在图中画出。

③画出室外给水和排水的各种管道以及水表、检查井、化粪池等附属设备。

④标注管道管径、检查井编号以及有关尺寸。

⑤标绘图例和注写说明。

2. 管道纵断面图

管道纵断面图是沿管道轴线剖切后画出的断面图，表达了有关管道的设计数据。如图 3.4.2 所示，以室外排水管为例，绘制出管道纵断面图。

图中左上角绘制出标尺，对应标尺的标高绘制地面起伏情况以及管道埋设情况。此外，绘制剖切到的检查井。在断面图下方对应管道轴线位置，用表格形式列出管道的各项设计数据。如管内底标高、管径水平距离等内容。

绘制管道纵断面图的步骤如下。

①先大致确定断面图和表格所占的图幅大小，在绘图区左上角按比例绘制出标尺。

②按照标尺所示标高确定检查井处地面标高，并将各个地面点用细实线连起来。检查井直径可以示意表示。

③根据管道埋设深度和管径对照标高绘制管道位置，并将各管段连接起来，管道用粗实线表示。

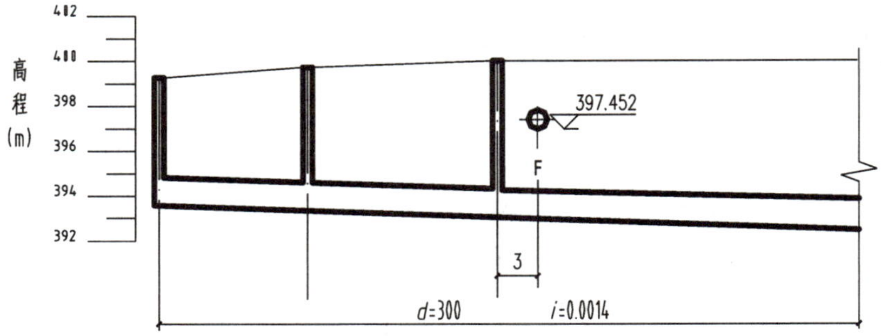

埋设深度(m)	4.06	4.20	4.65
管内底标高(m)	394.895	394.772	394.618
地面标高(m)	398.95	398.97	399.27
管道长度(m)	8	17	28
检查井编号	W1	W2	W3

污水管道纵断面图 纵向 1:200 横向 1:500

图 3.4.2　室外污水管道纵断面图

④管道横向比例和纵向比例一般不同，纵向比例为 1∶200、1∶100、1∶50，横向比例为 1∶1 000、1∶500、1∶300。根据需要对横向与纵向比例采用不同组合。

⑤绘制设计数据表格，在表格中填写相应数据。

4.2　室内给排水施工图

4.2.1　室内给排水施工图图示特点与内容

管道是建筑给排水施工图表达的主要对象，管道细长，纵横交错且管件多。室内给排水施工图主要介绍了建筑用水房间的布置情况与用水设施分布情况；管道的布置、标高、坡度、坡向、管径、规格、型号；阀门、设备的位置，构筑物的种类和位置；图中涉及的管道、附件、阀门、卫生器具及构筑物、设备、仪表采用的统一标准。根据《建筑给水排水制图标准》（GB/T 50106—2010），通常用字母 F、W、J 分别代表废水、污水和给水。

4.2.2　室内给排水施工图的识读与绘制

按照先底层平面图后各层平面图，先卫生器具后管道系统，引入管—立管—干管—支管（给水系统），器具排水管—横支管—立管—排出管（排水系统）的顺序识读。

1. 建筑给排水平面图

如图 3.4.3 所示，该图表示的住宅楼底层为商业门市，无卫生器具。二～七层为住户，每层卫生器具布置一致，管道布置相同。主卧卫生间布置有坐便器、洗脸盆、淋浴房，客厅卫生间布置有蹲式大便器、洗脸盆，均设有地漏。

底层沿东侧横墙设一条给水引入管，管径 DN100，引入管上设总水表和总阀门，引入管在东北角分两支，一支引向东侧墙角接立管 JL-4，管径 DN50，另一支平行于北纵墙布置，其上引入若干根支管进入商业门面，管径 DN15。二～七层由各立管引入各层用水房，连接各用水房（厨房、卫生间）用水设备，各层管道布置一致。

如图 3.4.3 所示，底层平面图中标示出了 WL-7 和 WL-8 的立管及排出管。二～七层平面图中，以 WL-8 为例，污水横管分别连接洗脸盆、蹲式大便器、地漏，经立管 WL-8 至排出管，排至室外检查井 W2。

实习实作：请同学们自行识读 WL-7，小组间互相提问。

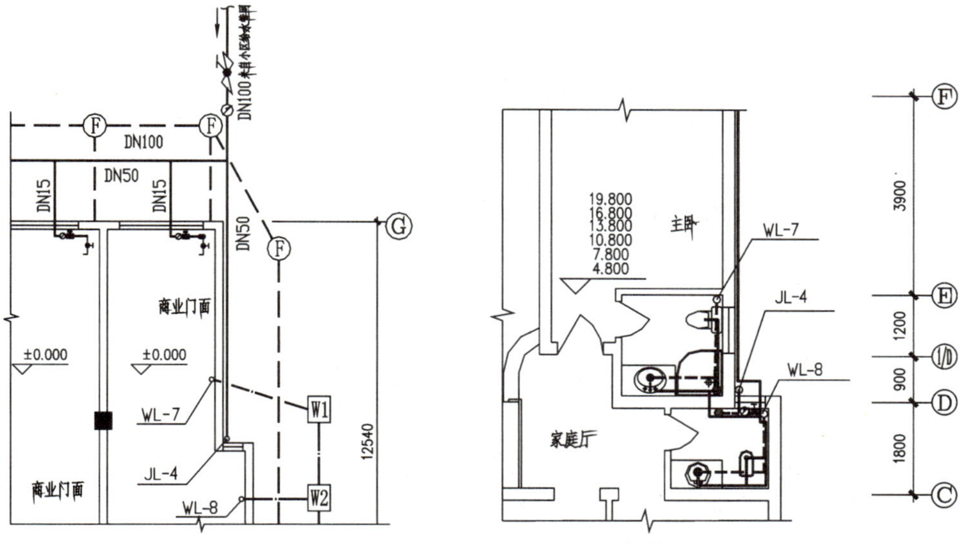

图 3.4.3　室内给排水平面图

（a）一层给排水平面图 1 : 100　（b）二～七层给排水平面图 1 : 100

绘制室内给排水施工图的步骤如下。

①先画底层给排水平面图，再画各楼层和屋顶的给排水平面图。

②在画每一层平面图时，先抄绘建筑平面图，因建筑平面图不是主要表达的内容，故用细实线表示；然后画卫生设备及水池，应按照图例绘制；接着画管道平面图，因其为主要的表达内容，故用粗实线表示，也可自设图例，给水管用粗实线，污水管用粗虚线；最后标注尺寸、符号、标高和注写文字说明。

③安装在下一层空间的管道若为本层所用，需绘制在本层平面图上。在画管道平面图时，先画立管，然后按照水流方向，画出分支管和附件，对底层平面图还应画出引入管和排出管。

提示：可用 PPT 或动画演示给排水平面图的绘制过程。

2. 建筑给排水系统图

根据《建筑给水排水制图标准》的规定，给水排水系统图（轴测图）按 45° 正面斜轴测投影法绘制，轴间角及轴伸缩系数如图 3.4.4 所示。

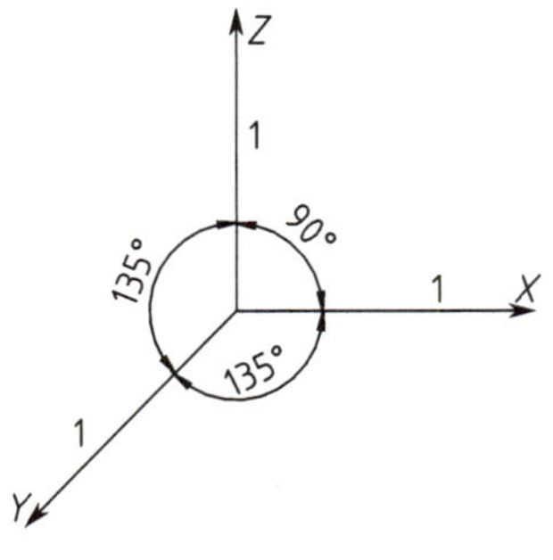

图 3.4.4　正面斜测轴的轴间角及轴伸缩系数

（1）给水系统图的识读

提示：可用 PPT 或动画演示给水系统的形成。

如图 3.4.5 所示，平面图中室内标高 ±0.000，二层平面图室内地面标高 4.800，一层层高 4.8 m，其余各层层高 3 m。在图 3.4.5 中，DN100 的给水引入管标高为 -0.500，由北向南引入，一支 DN50 向南，依次安装阀门与总水表，垂直向上穿出地坪至标高 0.300 为止。接三通，一支给水管向西向上引出 DN15，标高 1.100，穿墙进入商业门市内；另一支给水管向南至立管 JL-4 下端 90° 弯头为止，继续垂直向上至标高 22.800。

立管接出 6 条入户水管，每条管道布置形式一致。

第 1 条入户管位于 2 层楼，标高 5.900。

第 2 条入户管位于 3 层楼，标高 8.900。

第 3 条入户管位于 4 层楼,标高 11.900。

第 4 条入户管位于 5 层楼,标高 14.900。

第 5 条入户管位于 6 层楼,标高 17.900。

第 6 条入户管位于 7 层楼,标高 20.900。

(2)给水系统图的绘制

①绘图比例通常与给排水平面图相同,可直接在平面图上量取长度。

②先画各系统立管。

③定出各楼层的楼地面及屋面,各支管的位置(细实线)。

④从立管往管道进口方向转折画出引入管,然后从各支管画到水龙头、大便器的冲洗阀等;绘图过程中遇到管道交叉需做打断处理,可见管道延续,不可见管道需打断。

⑤定出穿墙的位置。

⑥标注公称管径,各楼层、屋面及管道标高等数据说明。

提示:可用 PPT 或动画演示给水系统图绘图步骤。

(3)排水系统图的识读

提示:可用 PPT 或动画演示排水系统图的形成。

如图 3.4.6 所示,DN100 排出管标高 -1.500,立管 WL-8 上接出 6 条排水横支管,每根横支管上依次连接洗脸盆、蹲式大便器的存水弯和地漏。

第 1 个标高 H-0.400,表示管底标高比同楼层标高 4.800 低 0.400 m。

第 2 个标高 H-0.400,表示管底标高比同楼层标高 7.800 低 0.400 m。

第 3 个标高 H-0.400,表示管底标高比同楼层标高 10.800 低 0.400 m。

第 4 个标高 H-0.400,表示管底标高比同楼层标高 13.800 低 0.400 m。

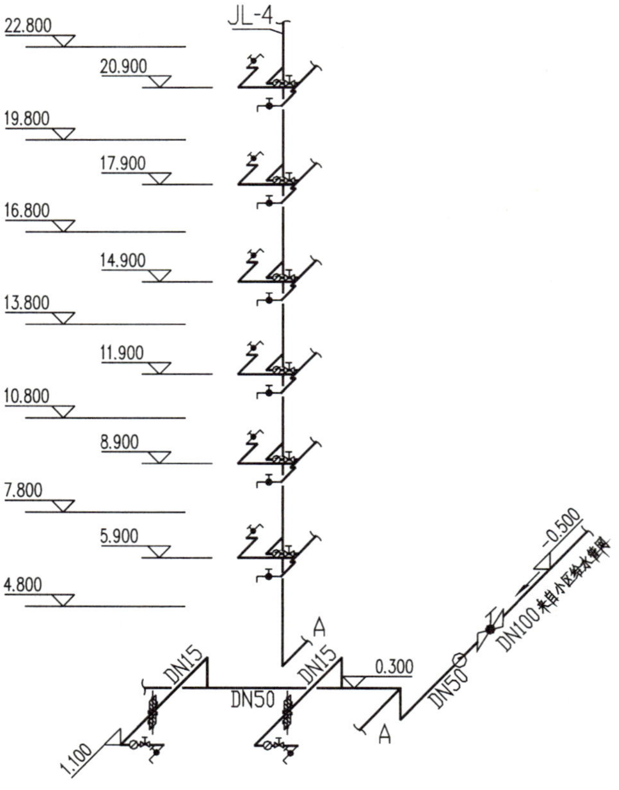

图 3.4.5　给水系统图

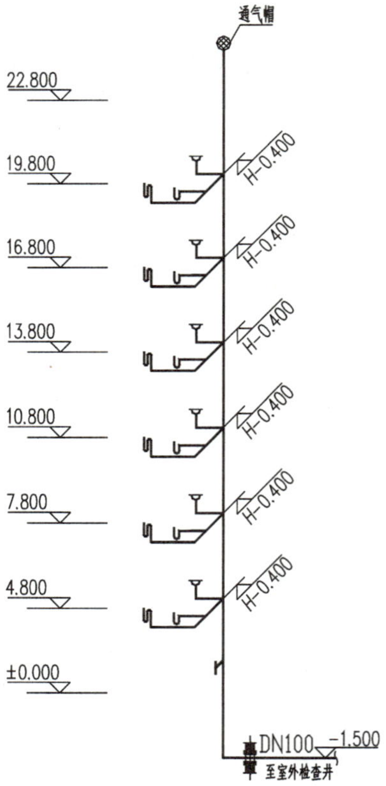

图 3.4.6　排水系统图

第 5 个标高 H-0.400,表示管底标高比同楼层标高 16.800 低 0.400 m。

第 6 个标高 H-0.400,表示管底标高比同楼层标高 19.800 低 0.400 m。

立管垂直向上支 22.800 以上设开顶通气管，加通气帽。底层设检查口，排出管接室外排水管。

(4)排水系统图的绘制

①绘图比例通常与给排水平面图相同，可直接在平面图上量取长度。

②先画各系统立管。

③定出各楼层的楼地面及屋面，各支管的位置(细实线)。

④从立管往管道出口方向转折画出排出管，然后在立管上画出各横支管及横支管上的存水弯和地漏。绘图过程中遇到管道交叉需做打断处理，可见管道延续，不可见管道需打断。

⑤定出穿墙的位置。

⑥标注公称管径，管道坡度(排水管坡度小，可画成水平管道)，各楼层、屋面及管道标高等数据说明。

提示：可用 PPT 或动画演示排水系统图绘图步骤。

实习实作：识读附图中所提供的给排水平面图和系统图，熟悉其图示内容。

任务5 电气线路布置图的识读与绘制

5.1 强电(主讲照明电)

5.1.1 建筑电气识读的基础知识

1. 电气工程图的种类

电气工程图是表达电气工程的构成、功能、电气装置的工作原理、提供安装接线和维护使用信息的施工图。由于电气工程的规模不同，该项工程电气图的种类和数量也不同。通常，电气施工工程图由基本图和详图两部分组成。

(1)基本图内容和图样

①设计说明包括供电方式、电压等级、主要线路敷设方式、防雷、接地及施工图中未能表达的各种电气安装高度、工程主要技术数据、施工和验收要求以及有关事项等。

②主要材料设备表包括工程所需的各种设备、管材、导线等的名称、型号、规格、数量等。设备材料表上所列主要材料的数量，由于与工程量的计算方法和要求不同，不能作为工程量编制预算的依据，只能作为参考。

③配电系统图又称电气系统图，用来表示整个工程或其中某一项目的供电方式和电能关系，亦可用于表示某一装置各主要组成部分的电能关系。系统图不表示电气线路中各种设备的具体情况、安装位置和接线方式。系统图有变、配电系统图，动力系统图，照明系统图，弱电系统图等。本部分主要讲解照明系统图。具体内容如下：整个配电系统的连接方式，从主干线至各分支回路的路数；主要变、配电设备的名称、型号、规格及数量；主干线路及主要分支线路的敷设方式、型号及规格。

④电气平面图。它是表示电气线路和电气设备的平面布置图，也是进行电气安装的重要依据。平面图表示电气线路中各种设备的具体情况、安装位置和接线方式，但不表示电气设备的具体形状。平面图分为变、配电平面图，动力平面图，照明平面图，弱电平面图，室外工程平面图及防雷、接地平面图等。具体内容如下：建筑物的平面布置、轴线分布、尺寸以及图纸比例；各种变、配电设备的编号、名称，各种用电设备的名称、型号，以及它们在平面图上的位置；各种配电线路的起点、敷设方式、型号、规格、根数，以及在建筑物中的走向、平面和垂直位置；建筑物和电气设备防雷、接地的安装方式以及在平面图上的位置。

⑤控制原理图。根据控制电器的工作原理，按规定的图线和图形符号绘制成的电路展开图。

(2)详图内容和图样

①电气工程详图,指配电柜(盘)的布置图和某些电气部件的安装大样图,图中对安装部件的各部位注有详细尺寸。一般是在没有标准图可选用并有特殊要求的情况下才绘制电气工程详图。

②标准图是通用性详图,表示一组设备或部件的具体图形和详细尺寸,以便于制作安装,一般编制成标准图集。

实习实作:根据附图中所提供的电气工程图,找出哪些图是基本图和详图。

2. 阅读电气施工图

读懂电气施工图,才能对整个电气工程有一个全面的了解,才能在预埋、安装工程中按计划有条不紊地施工,确保工程圆满地完成。

(1)熟悉图例符号

熟悉图例符号,搞清图例符号所代表的内容。

(2)阅读电气施工图

要阅读电气工程的所有施工图和相关资料,尤其要读懂配电系统图和电气平面图。只有这样,才能了解设计意图和工程全貌。阅读时,首先应阅读设计说明,以了解设计意图和施工要求等;然后阅读配电系统图,初步了解工程全貌;再阅读电气平面图,进一步了解电气工程的全貌和局部细节;最后阅读电气工程详图、加工图及主要材料设备表等。在阅读过程中,各种图纸和资料往往需要结合起来看,从局部到全面,再从全面到局部,反复阅读,直至弄清每个细节。

读图顺序一般为:施工说明→图例→设备材料表→系统图→平面图→接线图和原理图等。阅读每一张图样时,读图的顺序一般是进线端→变配电所→开关柜、配电屏→各配电线路→住宅配电箱(盘)→室内干线→支线→用电设备。在阅读过程中理清每条线路的根数、导线截面、敷设方式、各电气设备的安装位置以及预埋件位置等。

(3)熟悉施工程序

熟悉施工程序,对阅读施工图很有好处。如室内配线的施工程序如下。

①根据电气施工图确定电气设备安装位置、导线敷设方式、导线敷设路径及导线穿墙过楼板的位置。

②结合土建施工将各种预埋件、线管、接线盒、保护管等埋设在指定位置(暗敷时),或在抹灰前预埋好各种预埋件、支持构件、保护管等(明敷时)。

③装设绝缘支持物、线夹等,敷设导线。

④安装灯具及电气设备。

⑤测试导线绝缘、自查及试通电。

⑥验收。

(4)合理安排施工工艺

在阅读电气施工图时,还应该把电气施工图与土建施工图相结合,强电施工图和弱电施工图相结合,以详细了解各项工程的进度、要求以及它们之间的关系,以便合理安排施工工艺。

5.1.2 照明平面图的文字标注

1. 配电线路的标注方法

配电线路的标注形式为

$$a(b\times c)d\text{-}e \text{ 或 } a\text{-}b\times c\text{-}d\text{-}e$$

式中:a 为导线型号;b 为导线根数;c 为导线截面面积,mm^2;d 为敷设方式及穿管直径,mm;e 为敷设部位。

例如:BV-3×2.5-SC15-BC。BV 表示铜芯塑料线;3×2.5 表示 3 根,每根导线截面面积 2.5 mm^2;SC15 表示穿直径为 15 mm 的钢管;BC 表示暗敷设在梁内。

当需要标注引入线规格时,标注形式为

$$\frac{b\text{-}c}{d(e\times f)\text{-}g}$$

式中：*b* 为设备型号；*c* 为设备功率，kW；*d* 为导线型号；*e* 为导线根数；*f* 为导线截面面积；*g* 为敷设方式及部位。

2. 照明灯具的标注形式

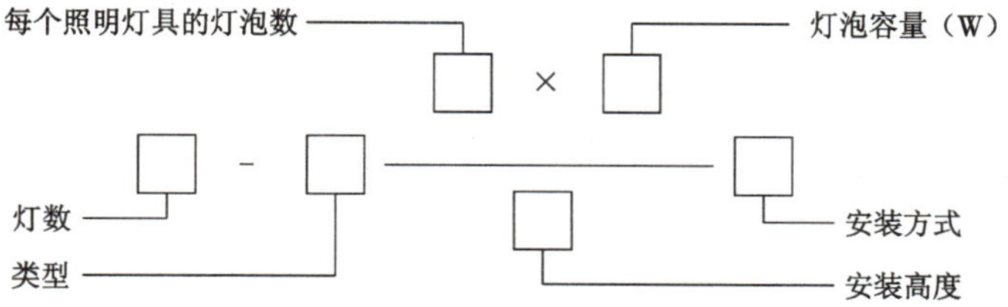

①类型符号常用拼音字母表示，照明灯具类型符号如表 3.5.1 所示。

②灯数表明有 *n* 组这样的灯具。

③灯具安装方式文字符号如表 3.5.2 所示。

表 3.5.1　照明灯具类型符号

灯具类型	符号	灯具类型	符号
普通吊灯	P	无磨砂玻璃罩万能灯	WW
吸顶灯	D	泛光灯	FD
壁灯	B	防爆灯	EX
柱灯	Z	防尘灯、防水灯	FS
花灯	H	圆球灯	YQ
投光灯	T	马路弯灯	MD
荧光灯	Y	深照灯	XD
水晶底罩灯	J	广照灯	GD
搪瓷伞罩灯	S	事故照明灯	SD

表 3.5.2　灯具安装方式文字符号

灯具安装方式	符号	灯具安装方式	符号
线吊式	CP	嵌入式	R
自在器线吊式	CP	吸顶或直附式	S
固定线吊式	CP1	台上安装	T
防水线吊式	CP2	顶棚内安装	CR
吊线器式	CP3	墙壁内安装	WR
吊链式	CH	支架上安装	SP
吊杆式	P	柱上安装	CL
壁装式	W	座装	HM

④安装高度指从地面到灯具的高度（m），若为吸顶形式安装，安装高度及安装方式可简化为“-”。例如，在电气照明平面图中标有

$$2-\mathrm{Y}\frac{2\times 30}{2.5}\mathrm{L}$$

表示有两组荧光灯，每组由 2 根 30 W 的灯管组成，采用链条吊装形式，吊装高度为 2.5 m。

5.1.3　阅读电气照明图

工程实例：下面以某住宅小区照明图（图 3.5.1）为例讲解如何识读电气照明图。了解建筑电气设计说

明、设备材料表(图 3.5.2)及图例符号。

××苑电气设计说明

一、强电设计部分

(一) 设计依据

1. 根据建设方提供的设计任务书。
2. 根据国家现行规程规范：
   JGJ16—2008《民用建筑电气设计规范》；
   GB50054—2011《低压配电设计规范》；
   GB50057—2017《建筑物防雷设计规范》。
3. 根据各专业提供的设计资料。

(二) 设计范围

1. 供配电系统。
2. 防雷接地系统。

(三) 供电设计

1. ××苑小区由多栋建筑组成，本建筑为其中1栋，本建筑由普通民用住宅及少量商业门面、地下停车库组成，楼梯、车库内应急照明按照二级负荷供电，其余住宅按三级负荷供电。消防控制室及其他消防用电来自小区集中消防电源。
2. 供电电源由小区变电所电缆埋地引入，穿钢管引入A单元楼内总配电箱。户内线路穿PVC管暗敷设。楼内供电采用三相五线制380V/220V供电，专用保护线路。备用电源采用TYJX-500应急照明电源箱。
3. 楼梯间照明正常时由市电供电，应急时由应急照明电源箱供电。楼道照明灯具均采用20W电子节能灯吸顶安装。开关采用声光控制带延时开关，以节约电能。
4. 为保证供电电源质量，本工程采用在变电所内低压集中补偿方式调整功率因数，补偿总容量根据小区整体负荷定。
5. 总配电箱采用-25×4镀锌扁钢作为接地保护线；设备接地保护与防雷接地共用一组接地极。各分节点必须和接地线可靠连接。
6. 所有住宅照明配电箱、计量箱均为暗装，室外距地高度1.8 m，室内距地1.5 m，为方便用户装修，户内配电只设到户内配电箱开关处，其余根据装修需要自配。

(四) 防雷接地系统

1. 本工程为三类防雷建筑，屋面设置避雷带，突出屋面的金属构架、管道等一并与防雷装置可靠连接。
   防雷、接地引下线利用钢筋混凝土柱内主筋，做法参见《建筑电气安装图集》。
2. 大楼采用以建筑物基础钢筋为接地体的综合接地系统，即保护接地、工作接地、过电压接地共用一接地体，其接地电阻$R<1$欧姆，其做法参见《建筑电气安装工程图集》。

二、弱电设计部分

(一) 设计依据

1. 《民用建筑设计防火规范》。
2. 《火灾自动报警系统设计规范》。
3. 各专业提供的设计资料。

(二) 报警系统设计

本工程根据规范在地下汽车库内设置自动消防报警系统，配置JB-QB-FT6001系列区域火灾报警系统，详见消防设计部分。

(三) 电视电话系统

1. 电话按每户1~2部设置接线箱和电缆，总交接箱设在A单元底层，由总交接箱用两根50、30对电缆引至B、C单元交接箱。一层消防控制室内设直通119的值班电话。
2. 宽带网络线路敷设系统与电话系统同，本图中未画出。
3. 安装方式：主交接箱明装，安装高度距地1.8 m，各层分线箱明装高度距地2.5 m。各用户插座距地0.3 m安装。电视各元件盒暗装，安装高度距地1.8 m，用户插座距地0.3 m安装，弱电线路敷设在各单元楼梯间内。

图 3.5.1　电气设计说明

专业：

设 备 及 材 料 表

编号	设备名称	型号规格	单位	数量	备注	图例
1	总配电箱、单元配电箱	根据箱内配置选择型号	个	4	MF0 MF10 MF20 MF30	
2	楼层配电箱	根据箱内配置选择型号	个	21	MF11~17（MF21~27、MF31~37）	
3	车库配电箱	根据箱内配置选择型号	个	1	MF-1	
4	路灯配电箱	根据箱内配置选择型号	个	3	MF-1D（2D、3D）	
5	住户室内配电箱	根据箱内配置选择型号	个	42		
6	应急照明电源箱	TYJX-500	个	3		
7	电子节能灯	交流250 V 20 W	套	42	⊗	配声光控带延时开关
8	吸顶格栅灯	交流250 V 40 W×2	个	18	⊞	12套配声光控带延时开关
9	暗装双极开关	交流250 V 5 A	个	3		
10	自带电源应急照明灯	交流250 V 15 W×2	套	5		
11	安全出口标志灯		套	3	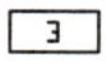	
12	方向指示灯		套	3		
13	镀锌扁钢	-25X4	米	20		
14	PVC 塑料管	管路（规格见系统图）	米		施工预算定（长度）	
15	电话交接箱	XF501-100	只	1		
16	电话交接箱	XF501-50	只	1		
17	电话交接箱	XF501-30	只	1		
18	三分配器	JZ3SP	只	1		
19	二分配器	JZ2SP	只	1		
20	线路放大器	XF05	只	1	手动可调	
21	二分支器		只	24		
22	电视线路	HYKV-75-9	m	预算定		
23	电视线路	HYKV-75-5	m	预算定		
24	电话线路	HYA-50(2×0.5)	m	预算定		
25	电话线路	HYA-30(2×0.5)	m	预算定		
26	电话线路	HYA-100(2×0.5)	m	预算定		
27	电话线路	HYA-2(2×0.5)	m	预算定		
28	电话分线盒	规格见系统图	只	预算定		
29	镀锌圆钢	φ12	m	预算定		
30	镀锌钢管	φ50　L=2.5 m	根	12		
31	避雷断接卡		套	2		
32	消防报警系统	JB-QB　FT6001	套	1		地下车库用
33						
34						

图 3.5.2　电气设备及材料表

1. 阅读系统图

从图 3.5.3 可以看出,住宅总配电箱为 MF0,单元配电箱为 MF10、MF20,楼层配电箱为 MF11~MF17、MF21~MF27,车库配电箱为 MF-1,楼梯照明配电箱为 MF-1D、MF-2D,住宅室内配电箱根据箱内配置选型。

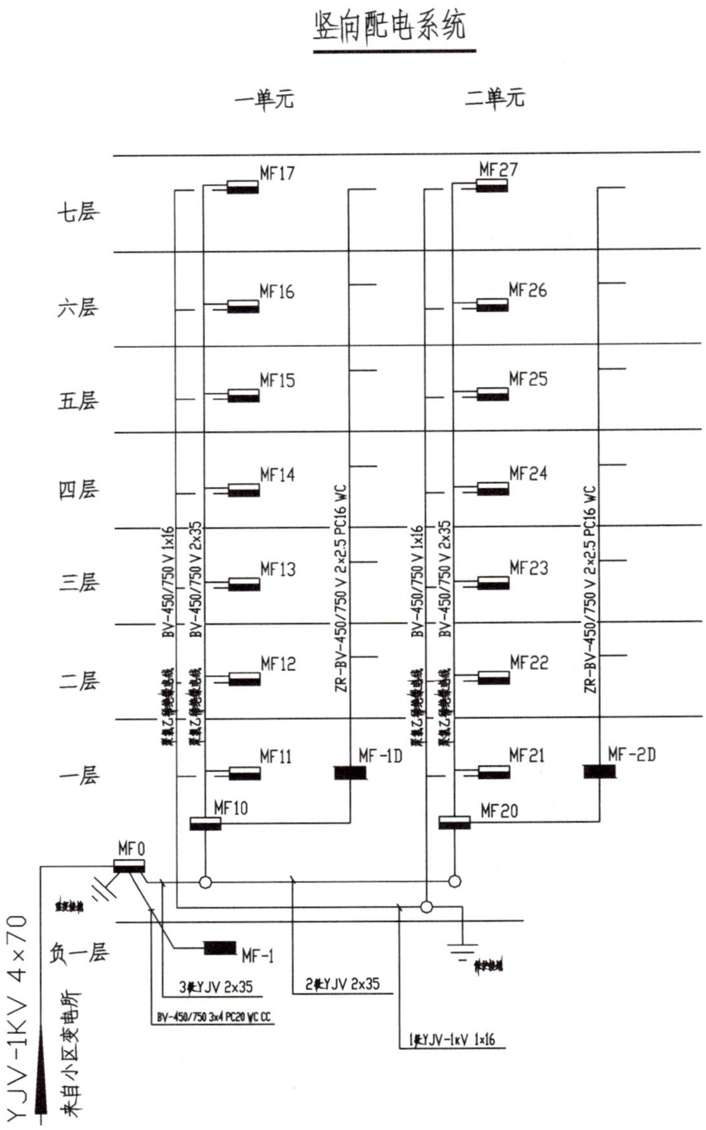

图 3.5.3　竖向配电系统图

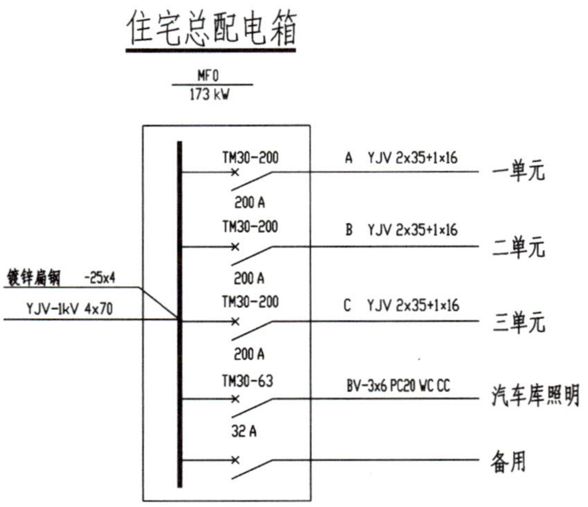

图 3.5.4　住宅总配电箱系统图

从图 3.5.4 可以看出,本住宅楼电源由交联电缆 YJV-1kV 4×70 从小区变电所引入,引入至总配电箱 MF0,然后从 MF0 引出,其中两路分别至 MF10 和 MF20,即引至各单元配电箱,一路至车库照明,还有一路备用。至单元配电箱采用交联电缆 YJV 2×35+1×16;至车库采用 BV-3×6, PC20 套管,暗敷。

从图 3.5.5 中可以看出,每个单元配电箱,如 MF10 出线,一路为 BV-2×35+1×16,穿 PC40 套管,暗敷,引至住户各层配电箱;一路为 BV-3×4, PC20 套管,暗敷,引至楼梯照明配电箱。

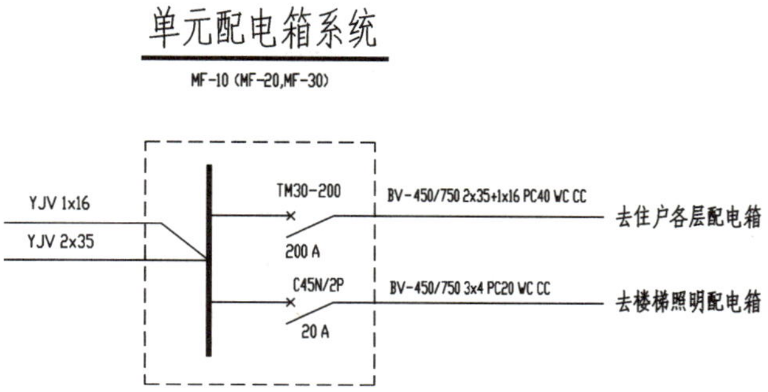

图 3.5.5　单元配电系统图

从图 3.5.6 中可以看出，楼层配电箱，如 MF21 出线，两路均为 BV-3×10，PC25 套管，暗敷，引至一梯两户住户配电箱。

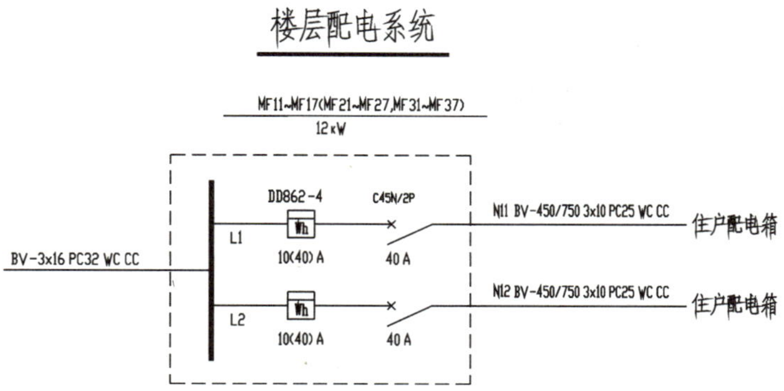

图 3.5.6　楼层配电系统图

从图 3.5.7 中可以看出，车库配电箱 MF-1 出线，一路为 N11，BV-3×4，PC20 套管，暗敷，引至车库照明；另一路为 N12，BV-3×4，PC20 套管，暗敷，备用。

从图 3.5.8 中可以看出，住宅室内配电箱出线，一回路为 BV-2×2.5，PC20 套管，暗敷，引至灯；一回路为 BV-3×4，PC20 套管，暗敷，引至插座；一回路为 BV-3×6，PC20 套管，暗敷，引至空调；一回路为 BV-3×4，PC20 套管，暗敷，引至厨房插座。

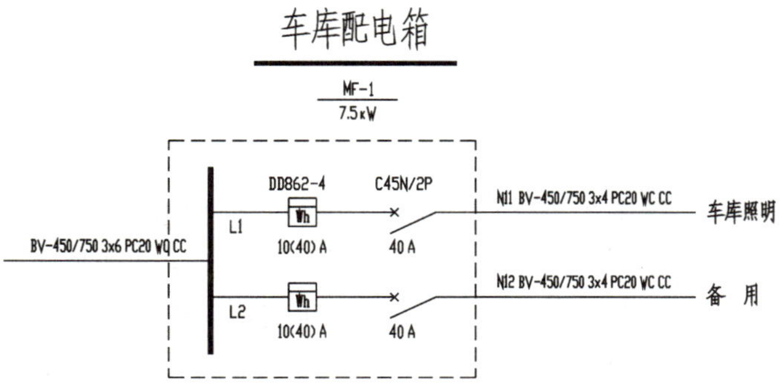

图 3.5.7　车库配电箱系统图

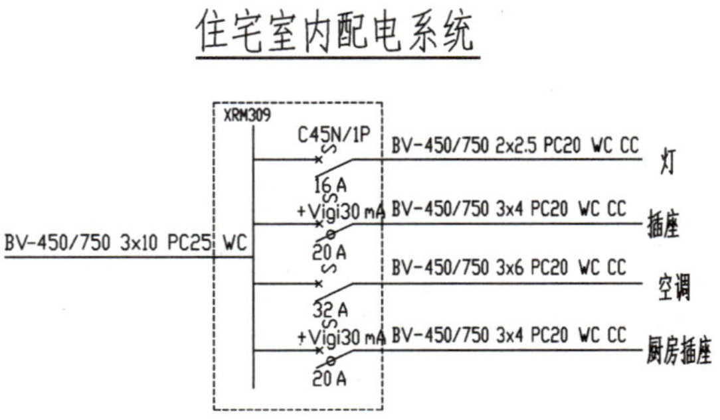

图 3.5.8　住宅室内配电系统图

实习实作：阅读图 3.5.10、图 3.5.11、图 3.5.12，熟悉其图示内容。

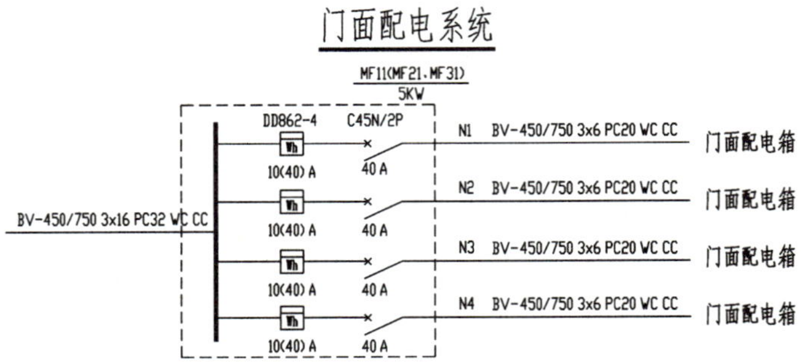

图 3.5.9 门面配电系统图

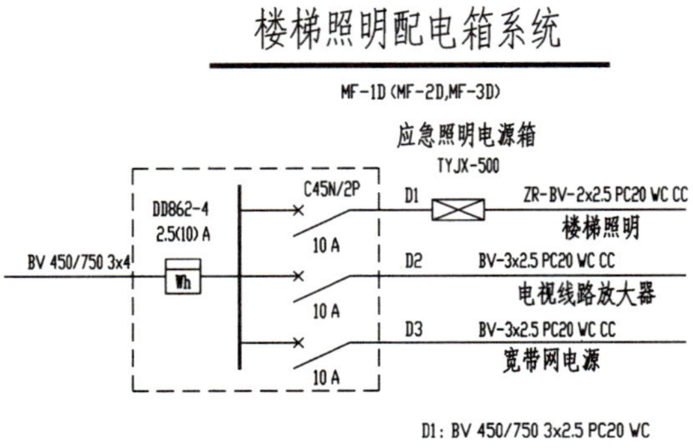

图 3.5.10 楼梯照明配电箱系统图

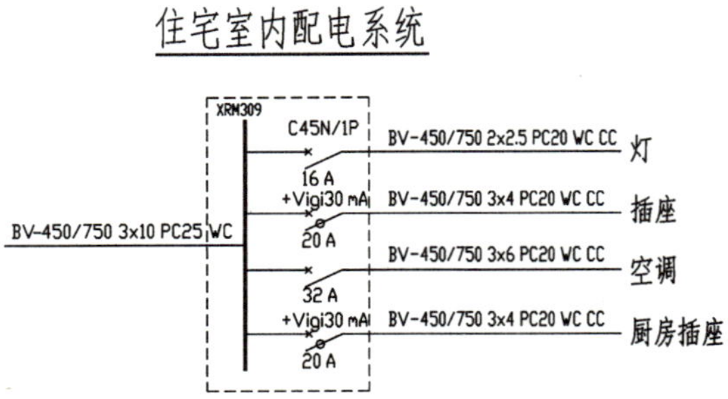

图 3.5.11 门面室内配电系统图

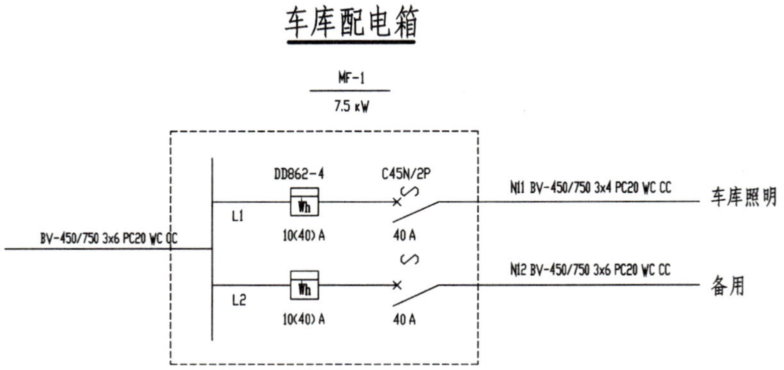

图 3.5.12 车库配电箱系统图

2. 阅读平面图

在图 3.5.13 中找到一层平面图中电源引入处,结合系统图可知,供电电源由小区变电所电缆埋地引出,穿钢管引入 A 单元楼内总配电箱。户内线路穿 PVC 管暗敷设。首先引至总配电箱,位于一单元楼梯间,然后由此向下配线引至单元配电箱 MF10~MF30,本图中只绘出两个单元的平面图,即 MF10 和 MF20。经单元配电箱 MF10 引至楼层配电箱 MF11~MF17。从一层平面图中可知,楼层配电箱 MF11 出线至一单元的 4 个门面配电箱 MM1~MM4,结合系统图知配线为 BV-3×6, PC20 套管,暗敷。另外经一单元一楼配电箱引至楼道照明配电箱 MF-1D,再经此配电箱引至该单元所有楼道照明;同样,经二单元一楼配电箱引至楼道照明配电箱 MF-2D。

从图 3.5.14 中可知,楼层配电箱 MF12~MF17,各楼层配电箱出线分别出线引至楼道两边的户内配电箱。户内配电箱的具体配电情况由住户装修确定。

从图 3.5.15 中可知,从一层总配电箱 MF0 引至负一层车库配电箱 MF-1,然后由此出线,引至车库的所有照明灯具和开关。根据图例符号可知,负一层共有 12 个吸顶格栅灯及相应开关。

从电气设计说明可知,所有住宅照明配电箱、计量箱均为暗装,室外距地高度 1.8 m,室内距地 1.5 m。

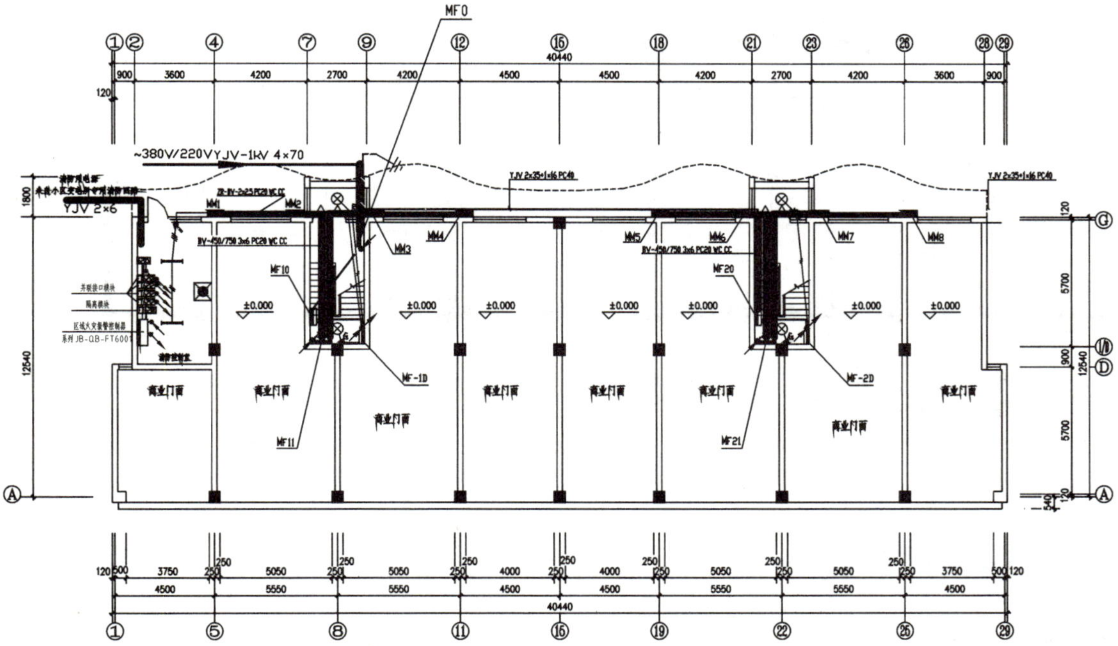

图 3.5.13　一层配电平面图

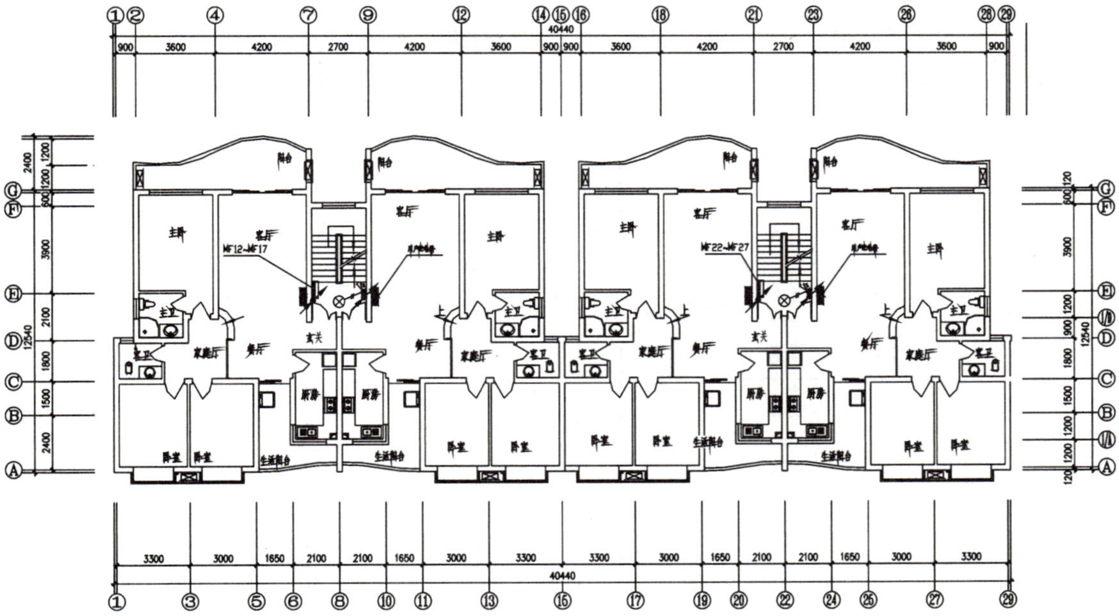

图 3.5.14　二～七层配电平面图

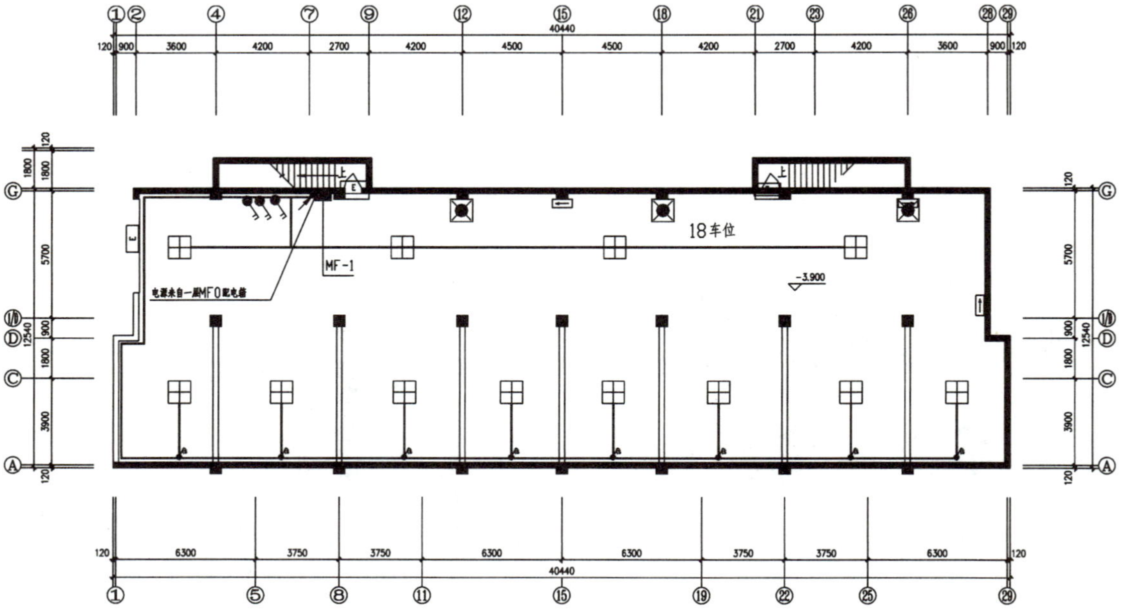

图 3.5.15　负一层配电平面图

5.2　弱电、防雷和接地

1. 共用电视天线系统

共用电视天线系统是多台电视机共用一组天线设备的电视接收系统。因为工程大多采用射频电缆、光缆或其组合来传输、分配和交换声音、图像及数据信号等,因此,也称为有线电视系统或电缆电视系统。

共用电视天线系统包括的范围:信号输入(接收天线、公共有线电视网等)—前端设备—传输管线—用户终端等。

有线电视系统工程图识读:从图 3.5.16 中可以看出,本商住楼有线电视系统从小区外电视网接入,经过均衡器和放大器后,主干线使用 SYKV-75-9 光缆,利用三分配器给商业门面、A 单元、B 单元分配信号。入户支线使用 SYKV-75-5 光缆,每一楼层使用二分支器(一梯二户)进入用户。

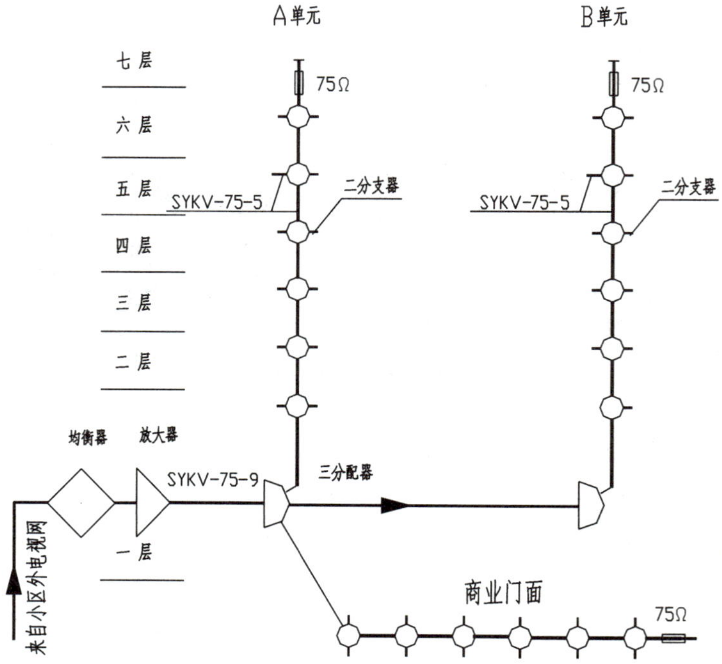

注:所有主干线为 SYKV-75-9,所有入户支线为 SYKV-75-5.

图 3.5.16　有线电视系统图

2. 建筑电话系统

建筑电话系统是指建筑物或企事业内部自成体系的电话系统，它包括的范围是：电话进线电缆—电话交换设备（交换机、交换箱等）—传送分配管线和设备—接收和发送设备（电话机、传真机等）。

电话信号的传输与电视信号传输不同，电视信号传输是共用系统，一个信号可以分配给多个用户，而电话信号是独立信号，两部电话之间必须有两根导线直接连接。因此有一部电话机就要有两根（一对）电话线。从各用户到电话交换机的电话线路数量很大，这不像供电线路，只要几根导线就可以连接许多用电户。一台交换机可以接入电话机的数量用门计算，如 200 门交换机，800 门交换机。如果建筑物内没有交换机，那么进入建筑物的就是接各部电话机的线路，楼内有多少部电话机，就需要有多少对线路引入。

（1）电话通信线路的组成

电话通信线路从进户管线一直到用户出线盒，一般由以下几部分组成。

①引入（进户）电缆管路。它又分为地下进户和外墙进户两种方式。

②交接设备或总配线设备。它是引入电缆进屋后的终端设备，有设置与不设置用户交换机两种情况，如设置用户交换机，采用总配线箱或总配线架；如不设用户交换机，常用交接箱或交接间，交接设备宜装在建筑的一、二层，如有地下室，且较干燥、通风，才可考虑设置在地下室。

③上升电缆管路。它有上升管路、上升房和竖井 3 种建筑类型。

④楼层电缆管路。

⑤配线设备。如电缆接头箱、过路箱、分线箱、用户出线盒，是通信线路分支、中间检查、终端用设备。

（2）配线方式

建筑物的电话线路包括主干电缆、分支电缆和用户线路 3 部分，其配线方式应根据建筑物的结构及用户的需要，选用技术上先进、经济上合理的方案，做到便于施工和维护管理且安全可靠。

干线电缆的配线方式有单独式、复接式、递减式、交接式和合用式。

（3）电话系统使用的材料

1）电缆

电话系统的干线使用电话电缆。常用电缆有 HYA 型综合护层塑料绝缘电缆和 HPVV 铜芯全聚氯乙烯电缆，电缆规格标注为 HYA10×2×0.5，其中 HYA 为型号，10 表示缆内 10 对电话线，2×0.5 表示每对线为 2 根直径 0.5 mm 的导线。电缆的对数为 5~2 400 对，线芯有两种规格，直径 0.5 mm 和 0.4 mm。

2）光缆

光导纤维通信是一种崭新的信号传输手段，利用激光通过超纯石英拉制成的光导纤维进行通信。光缆由多芯光纤、铜导线、护套组成。

3）电话线

管内暗敷设使用的电话线，常用的是 RVB 型塑料并行软导线或 RVS 型双绞线，规格为 2×0.2~2×0.5 mm^2，要求较高的系统使用 HPW 型并行线，规格为 2×0.5 mm^2，也可以使用 HBV 型绞线，规格为 2×0.6 mm^2。

4）分线箱

电话系统干线电缆与进户连接要使用电话分线箱，也叫电话组线箱或电话交接箱。

5）用户出线盒

室内用户要安装用户出线盒，出线盒面板规格如 86 型、75 型等。

（4）电话系统工程图识读举例

从图 3.5.17 中可以看出，本商住楼从小区市话网 HYA 型综合护层塑料绝缘电缆接入，电话按每户 1~2 部设置接线箱和电缆，总交接箱设在 A 单元底层，由总交接箱用两根 50 和 30 对电缆引至 A、B 单元交接箱。

具体安装方式：主交接箱明装，安装高度距地 1.8 m，各层分线箱明装，安装高度距地 2.5 m。各用户插座安装高度距地 0.3 m。电视各元件盒暗装，安装高度距地 1.8 m。弱电线路敷设在各单元楼梯间内。

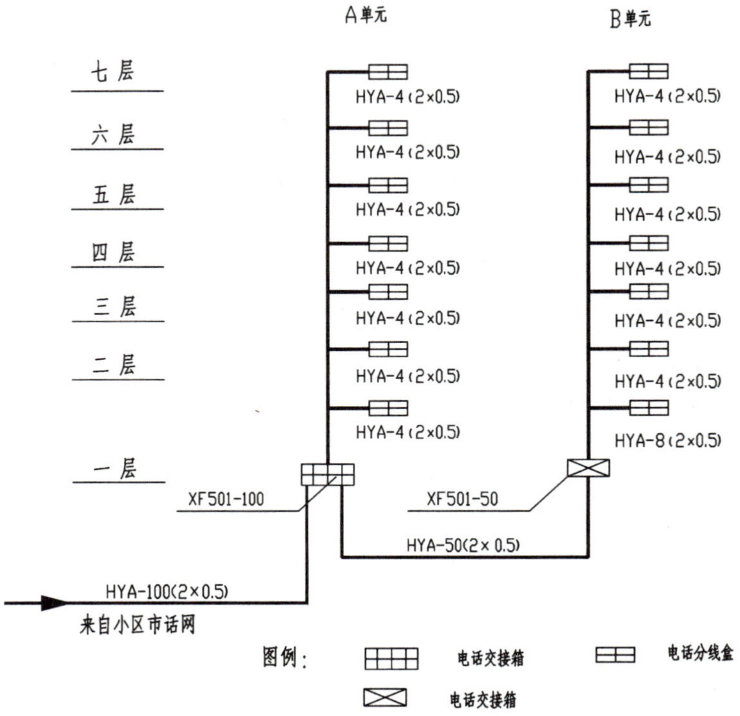

图 3.5.17 电话系统图

3. 广播音响系统

广播音响系统是指建筑物或企事业内部自成体系的有线广播系统。它所包括的范围是:前端设备—广播分线箱—传输管线—输出变压器—扬声器。

4. 安全用电与建筑防雷

(1)安全用电基础

电流对人体的伤害是电气事故中最为常见的一种。基本上可以分为电击和电伤两大类。

1)电击和电伤

①电击:人体接触带电部分,电流通过人体并使人体内部器官受到损伤的现象,称为电击,可分为单相触电、两相触电、跨步电压触电。

②电伤:由电弧以熔化、蒸发的金属微粒对人体外表造成的伤害,称为电伤。

2)安全电压等级

①发生触电时的危险程度与通过人体电流的大小、电流的频率、通电时间的长短、电流在人体中的路径等多方面因素有关。

②人体的安全电流为 10 mA。

③我国规定的安全电压有 3 个等级:12 V、24 V、36 V。

3)影响安全电压的因素

①因人而异。

②与触电时间长短有关。

③与皮肤接触的面积和压力大小有关。

④与工作环境有关。

(2)建筑电气设备的保护

1)工作接地与接地电阻的要求和敷设

①在三相四线制的配电系统中,将配电变压器副边中性点通过接地装置与大地直接连接,叫工作接地。工作接地时,可以降低每相电源的对地电压。

②埋入接地体时,应将周围填土夯实,不得回填砖石、灰渣之类的杂土。

③接地体均采用镀锌钢材。

2)保护接地

①对于中性点不接地的供电系统,可采用保护接地措施。

保护接地是将电动机、家用电器等用电设备的金属外壳通过导体与埋入地下的金属接地连在一起。这种方法适用于变压器中性点不接地系统。

②不装保护接地时用电危险;装有保护接地时用电安全。

3)保护接零

对于中性点接地的供电系统,可采用保护接零措施。

保护接零时将电动机、家用电器等用电设备的金属外壳通过导线与供电系统的零线连接在一起。这种方法适用于变压器中性接地系统。

提示:中性点接地和中性点不接地的相关知识,请同学们自行拓展。

4)重复接地

①在接零的配电系统中,将设备的零线 2 再一次接地,则相对于第一处接地线 1 而言,称为重复接地。

②一旦发生零线断开时,设备外壳因重复接地 2 重新回到零电位,故使熔断器马上熔断,故障设备迅速脱离电源,同时保证系统中其他用电设备的安全。

(3)建筑防雷

1)雷电定义

所谓雷电现象,就是雷云和雷云之间,以及雷云和大地之间的一种放电现象,闪电现象就是放电时产生的强烈的光和热,雷声就是巨大的热量使空气在极短的时间内急剧膨胀而产生的爆炸声响。

2)雷电分类

根据造成危害的形式,雷电一般可以分为直接雷和间接雷两大类。直接雷是指雷云对地面直接放电。间接雷是雷云的二次作用造成的危害。

3)防雷原理

①防直接雷:一般采用避雷针、避雷带和避雷网,优先考虑采用避雷针。当建筑物上不允许装设高出屋顶的避雷针同时屋顶面积不大时,可采用避雷带,若面积较大,采用避雷网。

讨论:建筑物防直接雷,为什么说要优先考虑采用避雷针?

②防间接雷:雷云通过静电感应效应可在建筑物上产生很高的感应高压,可采用将建筑物的金属屋顶以及房屋中的大型金属物品,全部加以良好的接地处理来消除。雷电流通过电磁效应在周围空间产生的强大电磁场,使金属间隙因感应电动势而产生火花放电,使金属回路因感应电流而产生发热现象,可通过将相互靠近的金属物体全部可靠地连成一体并加以接地的办法来消除。

(4)防雷设计

1)防雷设计的目的

①保护建筑物内部的人身安全。

②保护建筑物不被破坏和烧毁。

③保护建筑物内部存放的危险物品不被损坏、燃烧和爆炸。

④保护建筑物内部的电气设备和系统不被损坏。

2)防雷保护的对象

设置防雷装置需要一定数量的钢材,因此增加了建筑物的造价。为了降低对建筑物的投资,不可能对所有建筑物都采用防雷措施。同时,在不发生雷击现象和极少发生雷击现象的地区,也没有必要考虑建筑防雷的问题。应根据当地的雷电活动情况、建筑物本身的重要性和周围环境特点,综合考虑确定是否安装防雷装置及安装何种类型的防雷装置。

3)形成雷击的因素

①地质条件:形成雷击的主要因素。

②地形条件:建筑群中高耸建筑和空旷的孤立建筑易遭雷击。

③建筑物的构造及其附属构件条件:建筑物本身所积蓄的电荷越多,越容易接闪雷电。

④建筑物外部设备的条件:建筑物外部的金属管道设备越多,越容易遭雷击。

讨论:发生雷电时,我们应在何处躲避雷击?应注意什么?

4)防雷的主要装置

①接闪器:避雷针、避雷带、避雷网。

②引下线:又称引流器,接闪器通过引下线与接地装置相连。引下线的作用是将接闪器“接”来的雷电流引入大地,它能保证通过雷电流而不被熔化。

③接地体:人工接地体、自然接地体、基础接地体。

(5)屋面防雷平面图识读举例

1)识读防雷设计说明

本工程为三类防雷建筑,屋面设防雷带,屋面防雷带为 ϕ12 镀锌圆钢,沿女儿墙及屋顶突出部位边缘暗装,并与引下线进行可靠的电气连接,垂直引下线可利用图示位置构造柱(框架柱)内主筋,主筋通长焊接,搭接长度不小于 80 mm。不可利用处引下线采用 -25×4 镀锌扁钢沿墙固定后埋入抹灰层内,引下线距地 1.8 m 处引出做暗盒,盒内作断接卡连接,供测量接地电阻用。屋顶所有的金属凸出物均应与避雷带可靠焊接,通过引下线引至地梁两根主筋焊接一周,引至接地极。专用防雷接地电阻不得大于 30 Ω;和其他接地合用接地电阻不得大于 4 Ω。如接地电阻达不到要求请采用降阻剂或采用换土解决。

以上这段文字为一商住楼的防雷设计说明,从中可以看出对防雷设计的相关要求。

2)防雷平面图的识读

从图 3.5.18 中可以看出防雷带的走向,该案例共设置 5 组接地极,每组 3 根。详细做法请参见《建筑电气安装工程图集》JD10“防雷与接地装置”的有关内容。

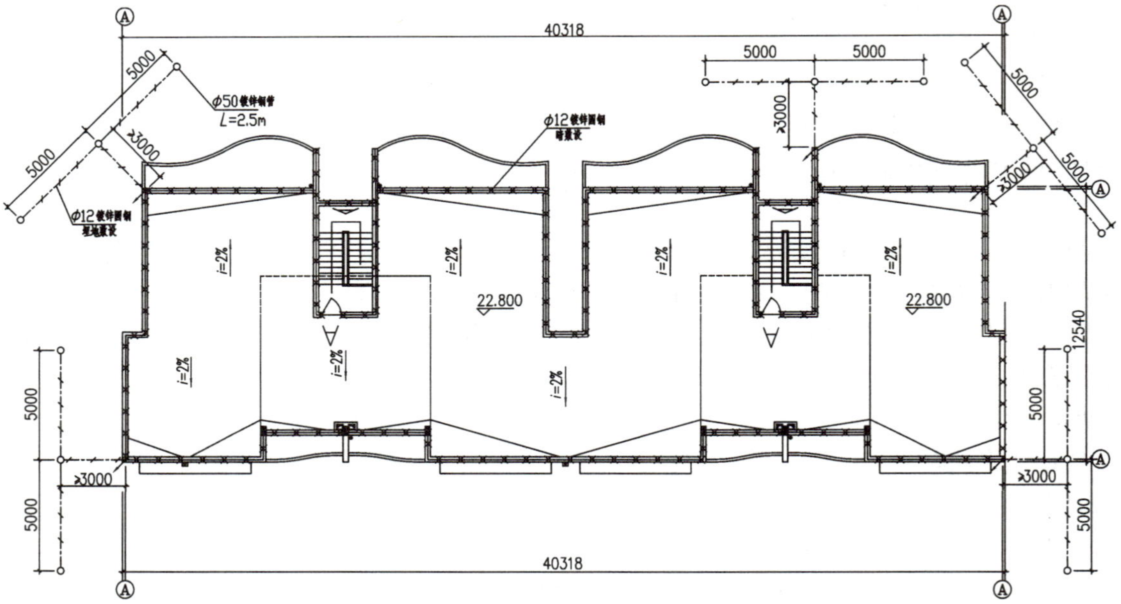

图 3.5.18　屋面防雷平面图

5.3　消防联动

5.3.1　室内消防系统

1. 室内消防给水的设置原则

《高层建筑设计防火规范》规定,高层建筑物须设置室内、室外消火栓给水系统。除无可燃物的设备层外,高层建筑和裙房均应设置室内消火栓。

2. 室内消火栓灭火系统

（1）消火栓给水系统与组成

消火栓给水系统的组成：消防水源、室内消火栓、消火栓箱、消防管道、消防水泵、水池、水泵接合器。

①室内消火栓设备有消火栓、水枪、水龙带、消火栓箱。

②室内消防管道。

③消防水泵：室内消火栓灭火系统的消防水泵宜与其他水泵房合建，以便于管理。高层建筑的室内消防水泵宜设在建筑物的底层。

④消防水箱：消防水箱的设置，应根据室外管网的水压和水量来确定，设有能满足室内消防要求的高压给水系统的建筑物可不设消防水箱；设置临时高压和低压给水系统的建筑物应设有消防水箱或气压给水装置。

⑤水泵结合器：水泵结合器是消防车从室外水源或从给水管取水向室内消防管网供水的接口。

⑥消防水池：当市政给水管道的进水管不能满足室内外消防用水量或天然水源因水位过低、水量太少和枯水季节等不能满足室内外消防用水量时，市政给水管网为枝状或只有一条进水管，且室内外消防用水量之和大于 25 L/s 时，应设消防水池。

（2）消火栓给水系统的给水方式

①直接给水方式（无加压水泵和水箱的消火栓灭火系统）。

②设有加压水泵和水箱的消火栓灭火系统。

③采用不分区的消火栓灭火系统。

④采用分区的消火栓灭火系统来加强供水安全和保证火场供水。

⑤单设水箱的消火栓灭火系统。

（3）消火栓的布置

室内消火栓应设置在建筑内各层明显、易取用和经常有人出入的地方，如楼梯间、走廊、大厅、车间出入口。

室内消火栓布置应能保证有两支水枪的充实水柱同时达到室内任何部位，建筑高度小于或等于 24 m、且体积小于或等于 500 m^3 的库房，可用 1 支充实水枪水柱到达室内任何部位。消火栓栓口处出水压力不宜超过 0.5 MPa，否则应采取减压措施。

5.3.2　自动喷水灭火系统

1. 闭式自动喷水灭火系统

（1）湿式自动喷水灭火系统

湿式自动喷水灭火系统由闭式喷头、水流指示器、湿式报警阀、配水管网、延迟器、火灾报警装置及消防水泵和水箱组成。

（2）干式自动喷水灭火系统

干式自动喷水灭火系统由闭式喷头、干式报警阀、气压保持器、配水管网和报警装置组成。

2. 开式自动喷水灭火系统

其按喷水形式分雨淋灭火系统和水幕灭火系统，通常用于火势猛烈、蔓延迅速的某些严重危险级建筑物或场所。

5.3.3　消防系统案例

该案例设计说明如下。

1. 火灾自动报警系统

①本套设计为消防自动报警及联动系统。采用 JB-QB-FT6001 型消防报警主机及其系统设备。

②该系统主要功能为探测火灾信号，在火灾发生初期及时自动报警、手动报警、发出联动声光信号及联动设备运行，提示人员疏散，防患于未然。

③为防止火灾的发生或者引起系统误报警,整个市场内严禁吸烟,严禁一切引起感温探测器误动作的活动。

④本套系统采用区域报警控制形式,控制器与各总线编码设备采用二总线无极性连接方式。

⑤消防控制主机设于一层专用消防控制室内,要求相关人员 24 h 值班。

2. 自动喷淋灭火系统

①本车库属于Ⅳ类车库,本设计按照火灾中相应危险级Ⅰ设计该工程消防喷淋系统。火灾延续时间(自动喷水持续时间)按 1 h 计算。

②喷头布置于车库吊顶平面内,采用 68° 下喷淋喷头。根据需要配置 ϕ400 吸热盘。

③设计在车库入口附近安装室外消火栓,并设置两套水泵接合器用于系统补水,以便消防车给车库喷淋系统补水。

④喷淋管路安装时可根据实际情况适当调整位置。

该案例为消防联动系统图,读懂此类工程图的前提仍然是熟悉图例符号,如图 3.5.19 所示。该消防系统的水源来自小区室外消防水网,经由热镀锌钢管 DN100 进入室内消防管网,然后分别送至地上各层消火栓箱以及地下负一层车库喷淋系统。

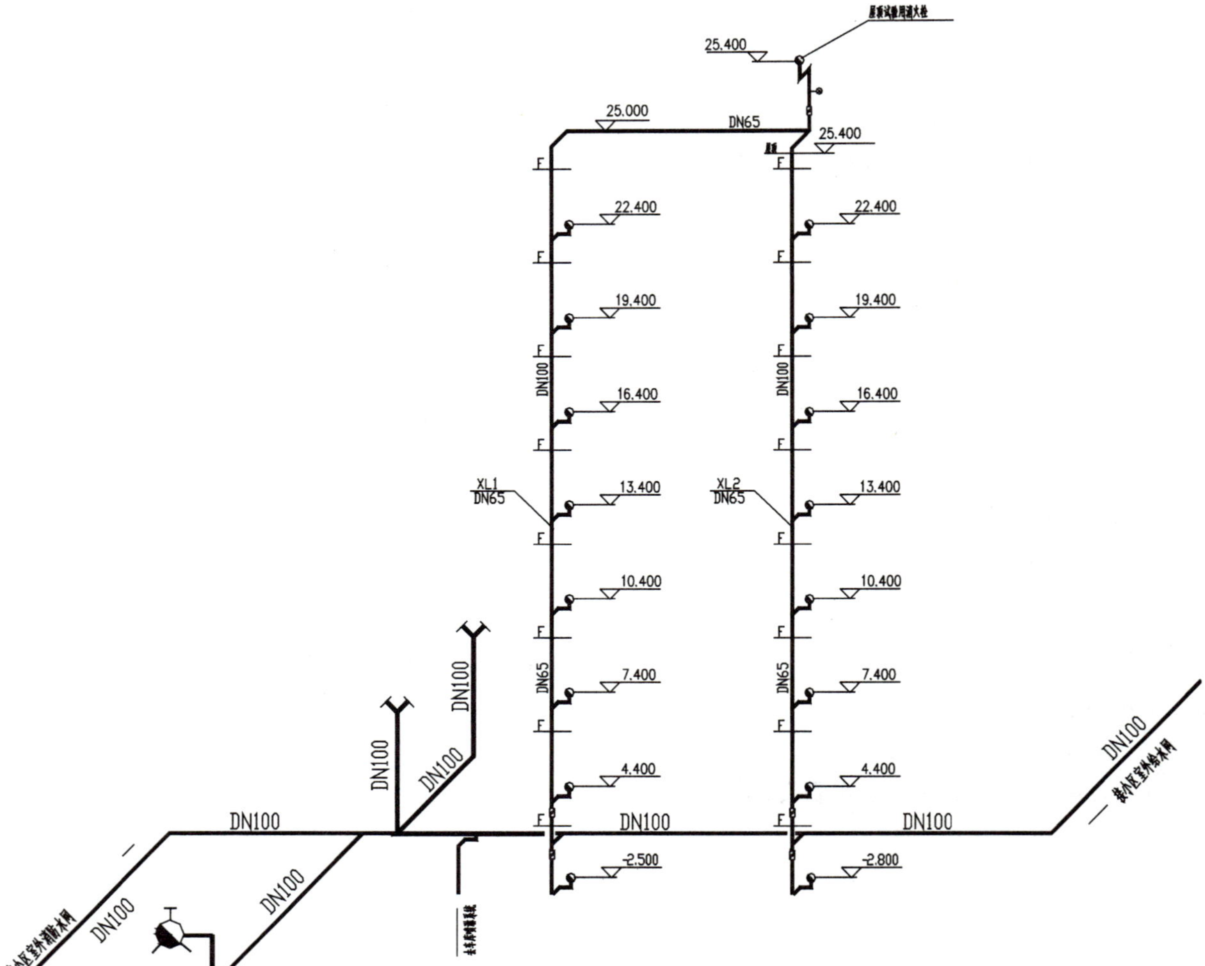

图 3.5.19　消防给水系统图

实习实作:识读图 3.5.19 至图 3.5.22,熟悉消防系统图、喷淋图和报警图的图示内容。

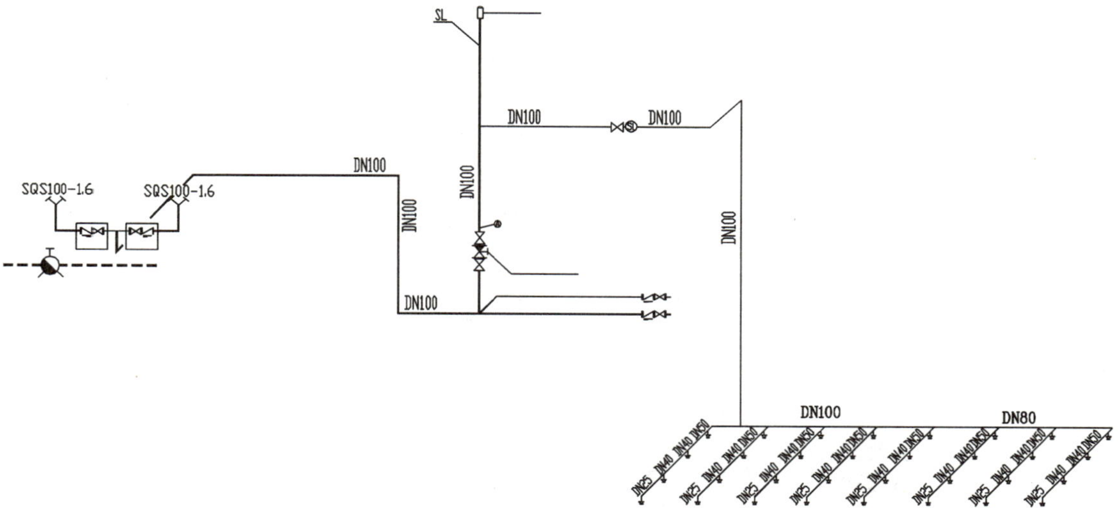

图 3.5.20　负一层车库喷淋原理图

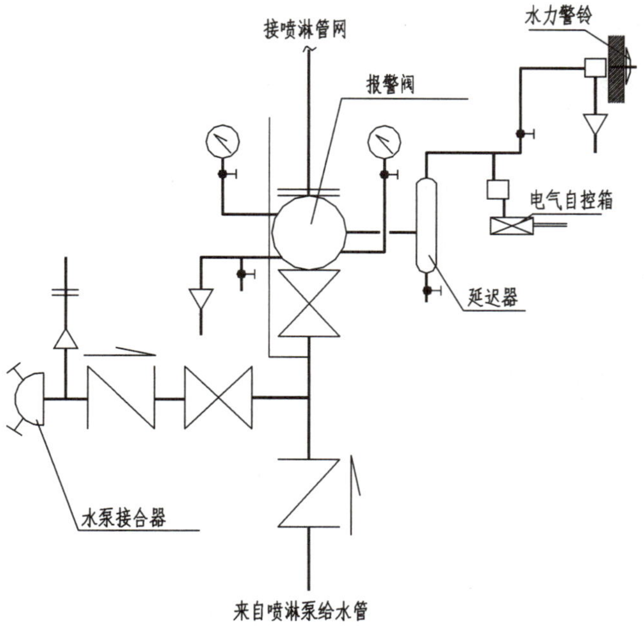

图 3.5.21　湿式报警阀原理图

名称	图例	型号规格	数量	备注
闭式喷头	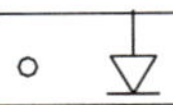		预算定	
蝶阀			预算定	
止回阀		DN100	预算定	
减压阀			预算定	
水流指示器	SL	DN100	预算定	
压力开关	YL		预算定	
水压表			预算定	
截止阀			预算定	
湿式报警阀		ZSS100/1.6	预算定	
水泵接合器	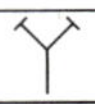	SQS—100	预算定	
室外消火栓		SS100	预算定	
光电感温探测器			预算定	
编码手动报警按钮		J-SAP-FT6202	预算定	
声光讯响器			预算定	
水流指示器	SL		预算定	
总线隔离器	FT6201	FT6201	预算定	
输入接口模块	FT6204	FT6204	预算定	
单输入单输出模块	FT6205	FT6205	预算定	
并联接口模块	FT6212	FT6212	预算定	
钢管(喷淋用)	DN50			
钢管(喷淋用)	DN40			
钢管(喷淋用)	DN25			

图 3.5.22　消防喷淋主要材料表

学习模块 4　装饰装修施工图

课堂目标　①能结合建筑施工图,掌握工程概况、设计依据;能掌握装饰设计内容和范围、设计参数。

②能识读装饰设计平面图、立面图、剖面图、详图等。

③根据任务要求,应用 CAD 绘图软件绘制中型建筑工程装饰设计平面图、立面图、剖面图、详图等。

教学准备　各类线上资源或网址;建筑装饰装修制图规范或标准、建筑工程配套装饰施工图一套、开放性讨论的问题等资源。

教法建议　学生线下先行观看视频或微课并进行学习,建筑技能实训基地或施工现场进行对照学习,课堂或线上进行讨论:建筑装饰施工图与标准或规范的关系,建筑装饰施工图与建筑施工图的关系,建筑装饰施工图与结构施工图的关系。

思政元素　标准意识、规矩意识、创造意识、工匠精神、合作精神、劳动意识、选择意识、定位意识、合理意识。

育人思政

图 1 至图 4 为我国古建筑的瑰宝,不论是光影效果下的窗棂,还是故宫太和殿屋脊上的脊兽,抑或屋檐下的瓦当,这一系列的传统装饰,都是我国优秀文化的精髓,它们的构思,在不知不觉中从建筑文化传统中汲取丰富的营养,在润物无声中体现着我国的人文素养。人文素养即人的文化素质与修养,是社会个体在以"人"为中心的各种文化方面所表现出的素质与修养,即其在所拥有的文化基础上形成的先进的价值观及规范。

图 1　古建筑窗棂

图 2　古建筑脊兽

图 3　古建筑彩绘

图 4　古建筑瓦当

正是文化艺术的多样性,我国古建筑向世人展示了丰富的传统文化和精神内涵,有力地诠释了我国的人文素养。作为新时代的建筑匠人,我们应多多发现生活中的美,传承优秀建筑文化,学会用艺术手法表达,培养细心观察、精致绘图的能力,在劳动中建立职业自信,热爱祖国文化,伴随着时代的革新,立志为我国现代化建设添砖加瓦做贡献。

扫描观看

人文素养:中国古建筑之美

1+X 考点

装饰装修施工图绘制流程如下：原始结构图→结构改造图→平面布置图→地面铺装图→顶棚镜像图→装饰立面图→装饰详图。

随着人民生活水平的提高和居住环境的改善，装饰装修工程走入寻常百姓家。小到居家装饰装修，大到公共建筑的装饰装修，都和我们的日常生活紧密相关。这些场所在装饰装修前，都要有装饰装修施工图。那么，装饰施工图是怎样形成的？有什么作用和特点？装饰施工图中常用的图例和符号及装饰施工图的分类有哪些？下面，我们就来学习有关装饰施工图的知识。

任务 1　国家制图标准基本规定及应用

装饰装修工程制图沿用了《房屋建筑制图统一标准》（GB/T 50001—2017），以保证建筑装饰工程图和建筑工程图相统一，便于识读、审核和管理。装饰工程所涉及的范围很广，除了与建筑有关，还与家具等设施及不同材质的铝、铜、铁、钢、木等的结构处理有关，所以，装饰施工图中有建筑制图、家具制图和机械制图等多种画法及符号并存的现象，形成了自身的特点。

装饰施工图与建筑施工图的区别在于部分图线的用途方面，具体如表 4.1.1 所示，参照学习模块 1 中的任务 1 完成图形绘制（如图 4.1.1 所示）。

表 4.1.1　装饰施工图中的线型、线宽及用途

名称		线型	线宽	一般用途
实线	特粗		1.25*b*	立面图及剖面图中的地平线
	粗		*b*	主要可见轮廓线；平面图及剖面图上被剖到部分的轮廓线、建筑物或构筑物的外轮廓线、剖面位置线、详图符号的圆圈、图纸的图框线；装饰设备中的管道表达
	中		0.5*b*	剖面图中未被剖到但仍能看到且需要画出的轮廓线、尺寸起止符号、剖面图及立面图上门窗等构配件的外轮廓线、家具和装饰结构的轮廓线
	细		0.25*b*	尺寸线、尺寸界线、引出线及材料图例线、索引符号的圆圈、标高符号线、重合断面的轮廓线、较小图样中的中心线
	特细		0.1*b*	填充线、装饰材料的分隔线，木材、皮革、石材的纹理表达
虚线	粗		*b*	装饰设备中的管道表达
	中		0.5*b*	不可见轮廓线
	细		0.25*b*	不可见轮廓线图例线等
单点长画线	粗		*b*	参见有关专业制图标准
	中		0.5*b*	参见有关专业制图标准
	细		0.25*b*	中心线、对称线等

续表

名称		线型	线宽	一般用途
双点长画线	粗		b	参见有关专业制图标准
	中		$0.5b$	参见有关专业制图标准
	细		$0.25b$	假想轮廓线、成型前原始轮廓线
波浪线	细		$0.25b$	断开界线
折断线	细		$0.25b$	断开界线

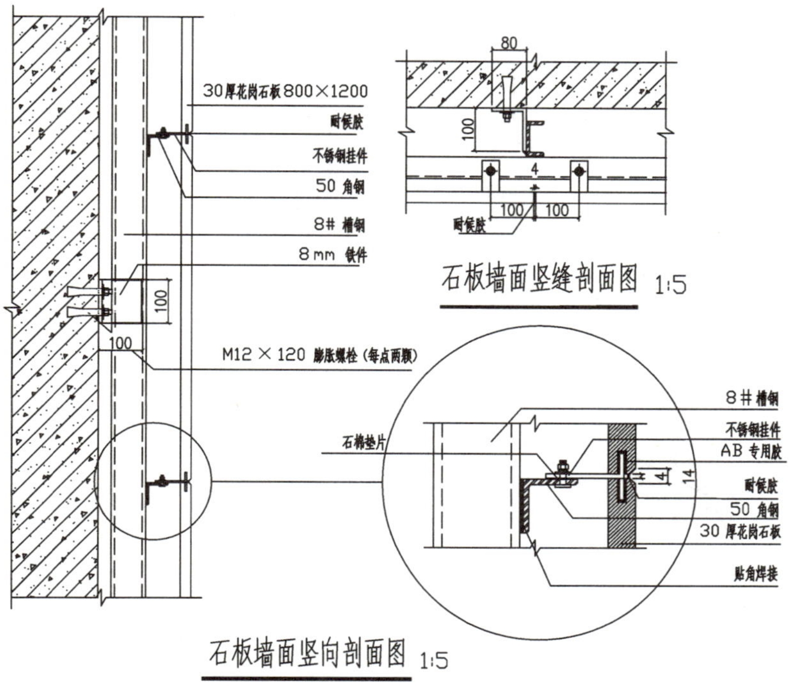

图 4.1.1　绘制图形

任务 2　仪器绘图

建筑和装饰工程图样一般都是借助绘图工具和仪器进行绘制，因此，了解它们的性能、熟练掌握它们的正确使用方法、经常维护和保养，才能保证制图质量、提高绘图速度。

常用的绘图工具和仪器有丁字尺或一字尺、三角板、比例尺、圆规、分规、绘图笔、橡皮、装饰模板等。它们的使用方法详见学习模块 1 中的任务 2。请完成图形绘制（图 4.2.1）。

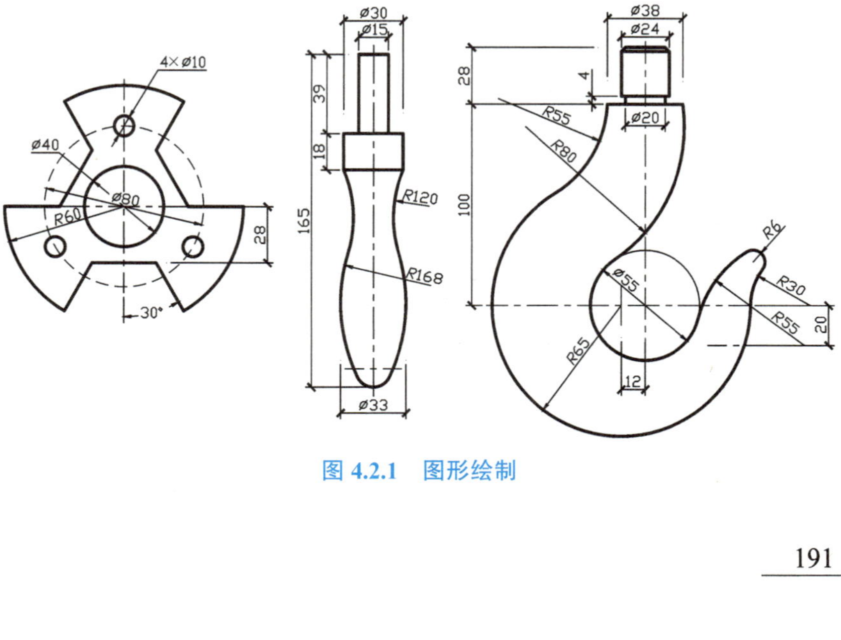

图 4.2.1　图形绘制

任务 3 形体投影图的识读与绘制

装饰工程中涉及的基本形体,如家具、水电设施等的投影较多,它们的三面投影画法和建筑工程中形体的投影绘制方法相同。根据学习模块 1 中的任务 3 完成如下实训题目。

①补全物体的第三面投影(图 4.3.1)。

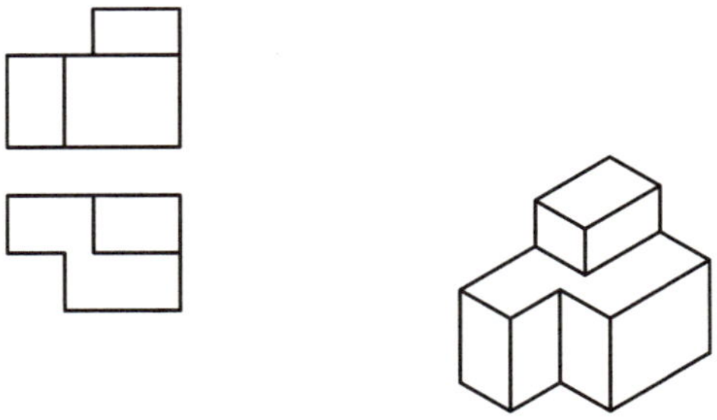

图 4.3.1 物体 1

②补全切口三棱锥的三面投影图(图 4.3.2)。

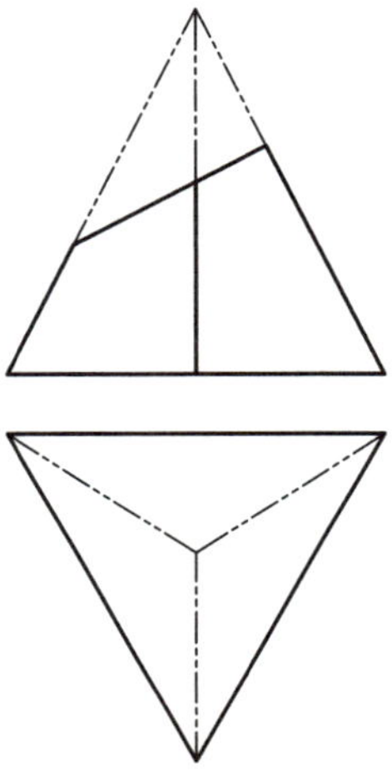

图 4.3.2 切口三棱锥

③补全物体的第三面投影(图 4.3.3)。

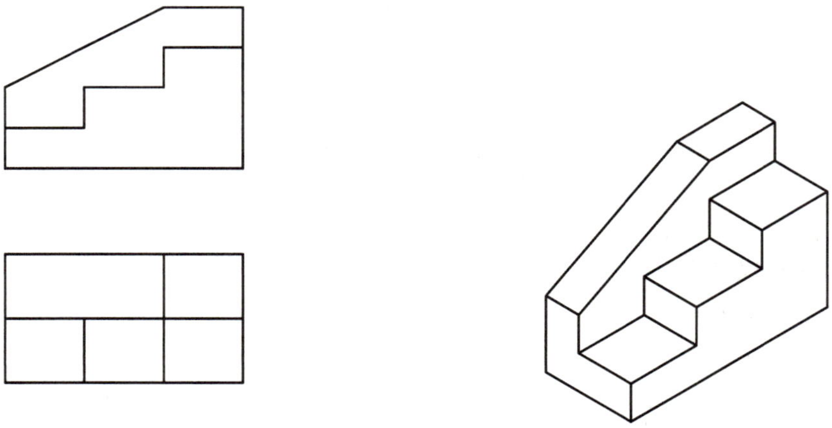

图 4.3.3 物体 2

④用简化系数作出形体的正等轴测图。

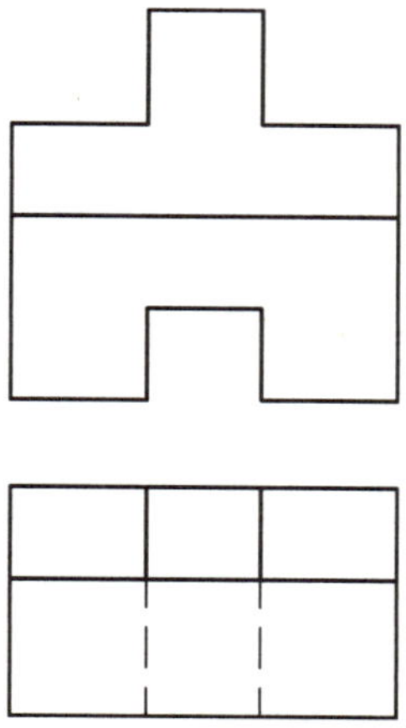

图 4.3.4　作正等轴测图

任务 4　装饰装修施工图的识读与绘制

4.1　装饰装修施工图概述

4.1.1　装饰施工图的形成和作用

装饰施工图是设计人员按照投影原理,用线条、数字、文字、符号及图例在图纸上画出的图样? 用来表达设计构思和艺术观点,空间布置与装饰构造以及造型、饰面、尺度、选材等,并准确体现装饰工程施工方案和方法。

装饰施工图是装饰施工的“技术语言”,是装饰工程造价的重要依据;是建筑装饰工程设计人员的设计意图付诸实施的依据,是工程施工人员从事材料选择和技术操作的依据,也是工程验收的依据。

4.1.2　装饰施工图的特点

装饰施工图与建筑施工图密切相关,因为装饰工程必须依赖建筑施工图,所以装饰施工图和建筑施工图既有联系又有区别。装饰施工图主要反映的是“面”,即外表的内容,但构成和内容较复杂,多用文字或其他符号作为辅助说明,而对结构构件及内部组成反映得较少。在学习了建筑施工图的内容后,对装饰施工图原则性的知识已经大致掌握。

装饰施工图的主要特点如下。

①装饰施工图是按照投影原理,用点、线、面构成各种图形,表达装饰内容。

②装饰施工图套用了建筑设计的制图标准,如图例、符号等。

③装饰施工图中采用的图例符号尚未完全规范。

④装饰施工图中大多数采用文字注写来补充图的不足。

4.1.3　装饰施工图的分类

一套完整的装饰施工图,一般包括装饰平面图、装饰立面图、装饰详图和家具图。

4.1.4 装饰施工图中常用的图例和符号

在建筑装饰蓬勃发展的今天,对建筑装饰图例的应用尤为突出。室内装饰设计包括的室内项目,如家具、设施、织物、绿化、摆设等内容很多,不能以实物的原形出现在图纸上,只有借助图例表示。装饰施工图中有一些常用图例,在建筑施工图中应用不多,仅仅是设计者自制自用,但目前具有一定的普遍意义。

1. 常用装饰材料图例

常用装饰材料图例如表 4.4.1 所示。

表 4.4.1 装饰材料图例

序号	名称	图例	说明
1	毛石		—
2	天然石材	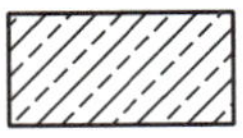	包括岩层、砌体、铺地、贴面等石材
3	金属	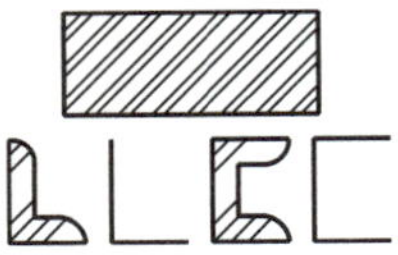	在一般装饰结构中的金属剖面符号,按建筑制图规则画。图形小时可涂黑
4	铝合金	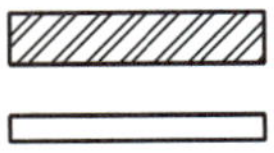	在铝合金结构和有机械装置的结构中,剖面符号按机械制图规则画
5	饰面砖	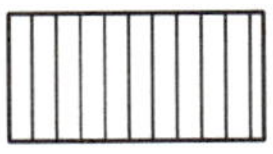	包括铺地砖、瓷砖、陶瓷锦砖、人造大理石
6	木材	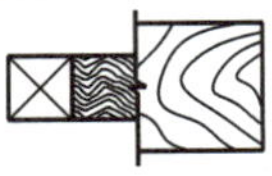	木材纵剖时若影响图面清晰可不画剖面符号
7	胶合板(不分层次)	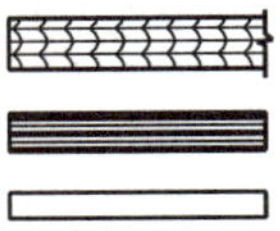	夹板材断面不用交叉直线符号,层数用文字注明,在投影图中很薄时可不画剖面符号
8	纤维板	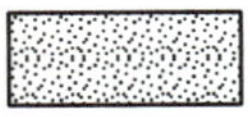	—
9	细木工板	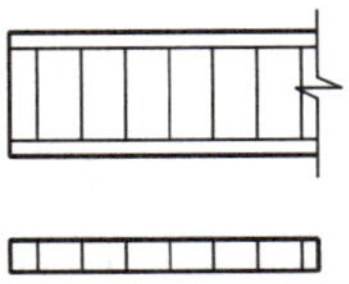	在投影图中很薄时,可不画剖面符号
10	覆面刨花板	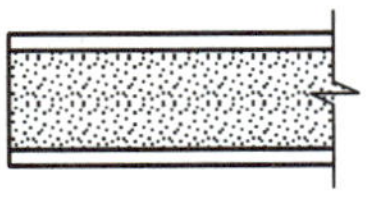	—
11	塑料、有机玻璃、橡胶	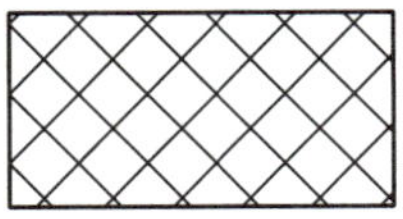	—
12	软质填充料	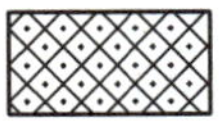	棉花、泡沫塑料、棕丝等
13	玻璃	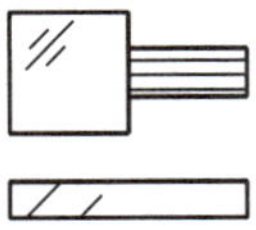	包括平板玻璃、夹丝玻璃、钢化玻璃等

续表

序号	名称	图例	说明
14	镜子	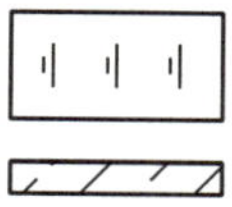	——
15	编竹	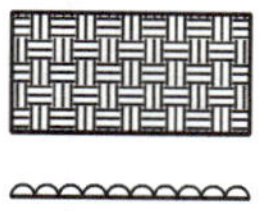	上图为平面，下图为剖面
16	藤编	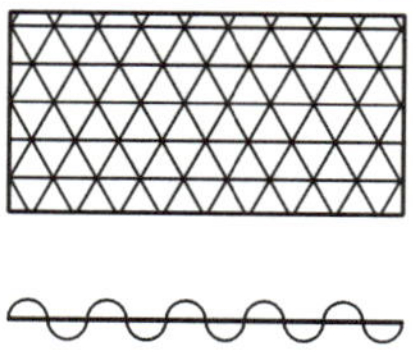	上图为平面，下图为剖面
17	网状材料	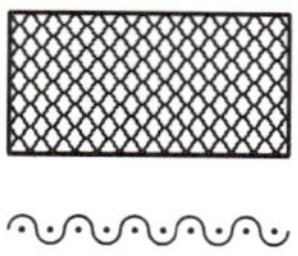	包括金属、塑料等网状材料，图纸中注明具体材料
18	石膏板	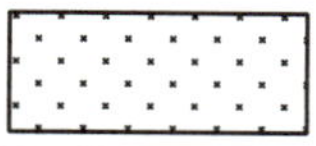	——
19	栏杆		上图为非金属扶手，下图为金属扶手
20	水磨石	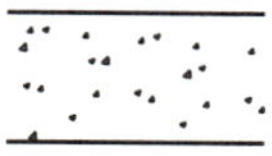	——
21	壁纸中常见符号	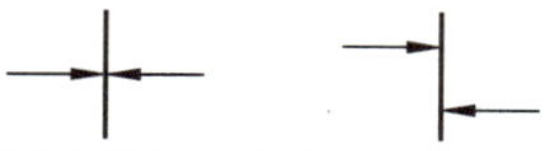	左图为对花壁纸，右图为错位对花壁纸
			左图为水洗壁纸，右图为可擦洗壁纸
			左图背面已有刷胶粉，右图为防褪色壁纸
			左图可在再次装饰时撕去，右图为有相应色布料的壁纸

2. 家具、摆设物及绿化图例

家具、摆设物及绿化图例如表 4.4.2 所示。

表 4.4.2　家具、摆设物及绿化图例

序号	名　称	图　例	说　明
1	双人床		所有家具在设计中按比例画出
2	单人床		——
3	沙发	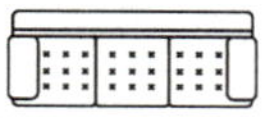	——
4	凳、椅	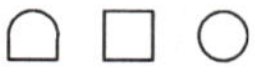	选用家具，可根据实际情况绘制其造型轮廓
5	桌		——

续表

序号	名　称	图　例	说　明
6	钢琴	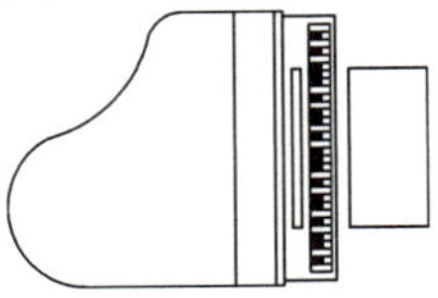	—
7	吊柜		—
8	地毯	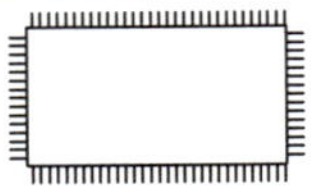	满铺地毯在地面用文字说明
9	花盆		—
10	环境绿化		乔木
11	隔断墙	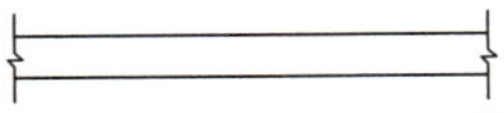	注明材料
12	玻璃隔断、木隔断	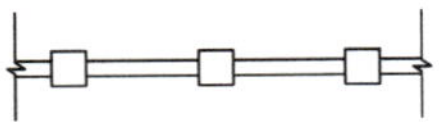	注明材料
13	金属网隔断	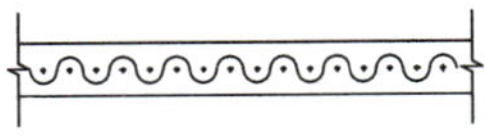	—
14	雕塑	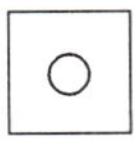	—
15	其他家具	长板凳　食品柜　酒柜	其他家具可在矩形或实际轮廓中用文字说明
16	投影符号		箭头方向表示该方向投影面，圆圈内的字母表示投影面的编号

3. 水暖卫图例

水暖图例如表 4.4.3 所示，卫生设备图例如表 4.4.4 所示。

表 4.4.3　水暖图例

名称	图例	名称	图例
管道	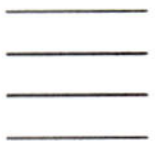	闸阀	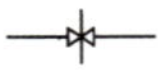
		交叉管	
三通连接		四通连接	
软管		保温	
存水弯		通气帽	
截止阀		阀门	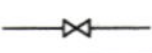
电动阀		室内消火栓(单口)	
流量表		消防报警阀	
球阀		消防喷头(闭式)	

续表

名称	图例	名称	图例
止回阀		开水器	
放水龙头	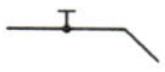	回风口	
肘式开头		窗式空调	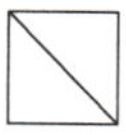
室外消火栓		压缩机	
室内消火栓（双口）		减压阀	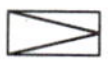
消防喷头（开式）		风管止回阀	
热交换器		排风管	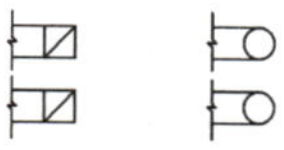
温度计		压力表	
空调		散热器	
风管	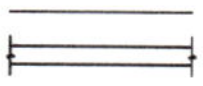	风机	
送风口	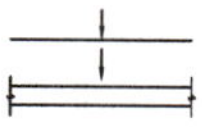	散热器三通阀	
气动阀	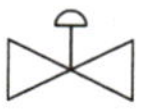	暖风机	
旋塞阀		送风管	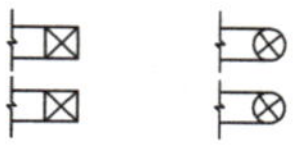
压力调节阀		防火阀	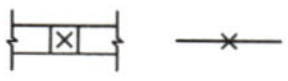
延时自闭冲洗阀		消声器	
洒水龙头		疏水器	
脚踏开关		自动排气阀	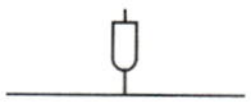

表 4.4.4　卫生设备图例

序号	名称	平面	立面	侧面
1	洗脸盆	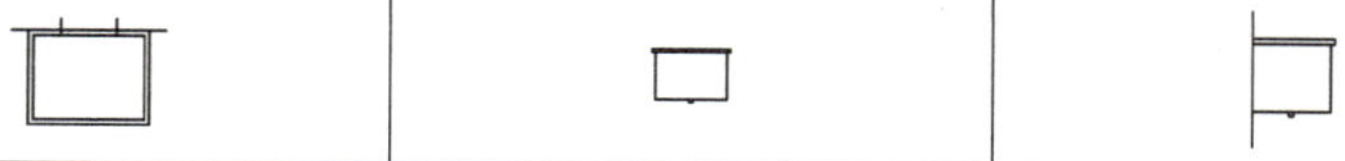		
2	立式洗脸盆（洗面器）			
3	浴盆	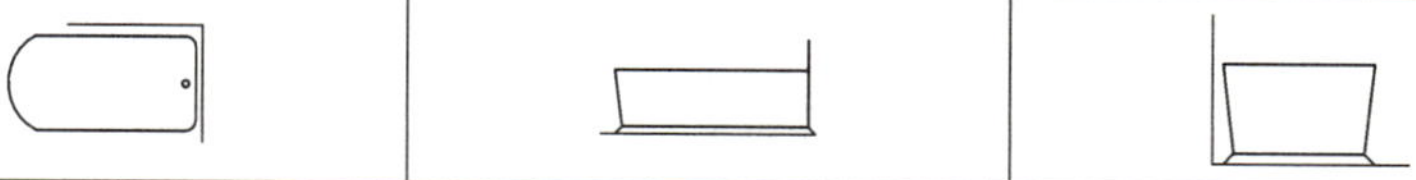		
4	方沿浴盆	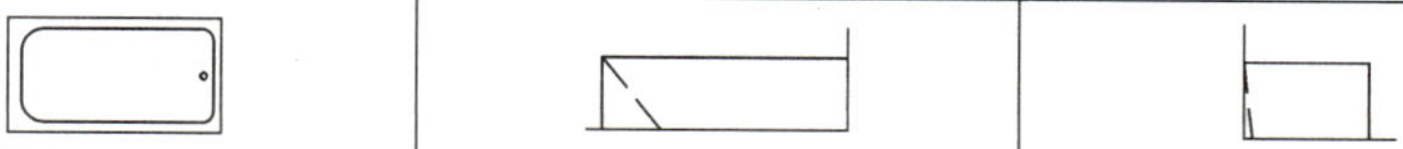		
5	净身盆（坐洗器）			

续表

序号	名称	平面	立面	侧面
6	立式小便器			
7	蹲式大便器			
8	坐式大便器			
9	洗涤槽			
10	淋浴喷头			
11	斗式小便器			
12	地漏			
13	污水池		其他设备依设计的实际情况绘制	

4. 电器、照明图例

常用电器、照明图例如表 4.4.5 所示。

表 4.4.5　电器、照明图例

名称	图例	名称	图例
开关		电视	
配电盘		吊灯	
地板出线口		荧光管灯	
灯的一般符号		电风扇	
顶棚灯座		壁灯	
电话 电话插孔		日光灯带	
洗衣机	洗衣机	吸顶灯(顶棚灯)	
门铃 门铃按钮		墙上灯座	
避雷针		吊式风扇	
电源引线		镜灯	

续表

名称	图例	名称	图例
插座		电视电线盒	
刀开关		接地、重复接地	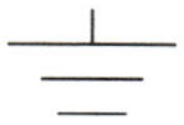
电线			

4.2　装饰平面图

装饰平面图是装饰施工图的首要图纸，其他图样均以平面图为依据而设计绘制。装饰平面图包括楼、地面装饰平面图和顶棚装饰平面图。

4.2.1　楼、地面装饰平面图

1. 楼、地面装饰平面图图示方法

楼、地面装饰平面图与建筑平面图的投影原理基本相同，两者的重要区别是所表达的内容不完全相同。建筑平面图用于反映建筑基本结构，而楼、地面装饰平面图在反映建筑基本结构的同时，主要反映地面装饰材料、家具和设备等布局，以及相应的尺寸和施工说明，如图 4.4.1 所示为某家庭装饰工程平面图。

为了不使图纸过于繁杂，在平面图上剖切到的装饰面都用两条细实线表示，并加以文字说明，而细部结构则在装饰详图中表示清楚。

装饰平面图一般都采用简化建筑结构、突出装饰布局的画图方法，对结构用粗实线或涂黑表示。

2. 楼、地面装饰平面图图示内容

图 4.4.1 所示为某家庭装饰工程平面图，图中主要反映的内容如下。

①通过定位轴线及编号，表明装饰空间在建筑空间内的平面位置及其与建筑结构的相互关系尺寸。

②表明装饰空间的结构形式、平面形状和长宽尺寸。

③表明门窗的位置、平面尺寸、门的开启方式及墙柱的断面形状及尺寸。

④表明室内家具、设施（电气设备、卫生设备等）、织物、摆设（如雕像等）、绿化、地面铺设等平面布置的具体位置，并说明其数量、规格和要求。

⑤表明楼（地）面所使用的装饰材料和工艺要求。

⑥表明与此平面图相关的各立面图的视图投影关系和视图的位置编号。

⑦表明各种房间的位置及功能。

实习实作：分小组识读某家装平面图，再针对图示内容相互进行提问。

4.2.2　顶棚平面图

1. 顶棚平面图图示方法

顶棚平面图常采用镜像投影法绘制。该投影图的纵横定位轴线的排列与水平投影图表示的轴线完全相同，只是所画的图形是顶棚，如图 4.4.2 所示为某家庭装饰工程顶棚平面图。

2. 顶棚平面图图示内容

顶棚平面图图示内容如下。

①表明顶棚装饰造型平面形状和尺寸。

②说明顶棚装饰所用的装饰材料及规格。

③表明灯具的种类、规格及布置形式和安装位置以及顶棚的净空高度。

④表明空调送风口的位置、消防自动报警系统及与吊顶有关的音响设施的平面布置形式及安装位置。

⑤对需要另画剖面详图的顶棚平面图，应注明剖切符号或索引符号。

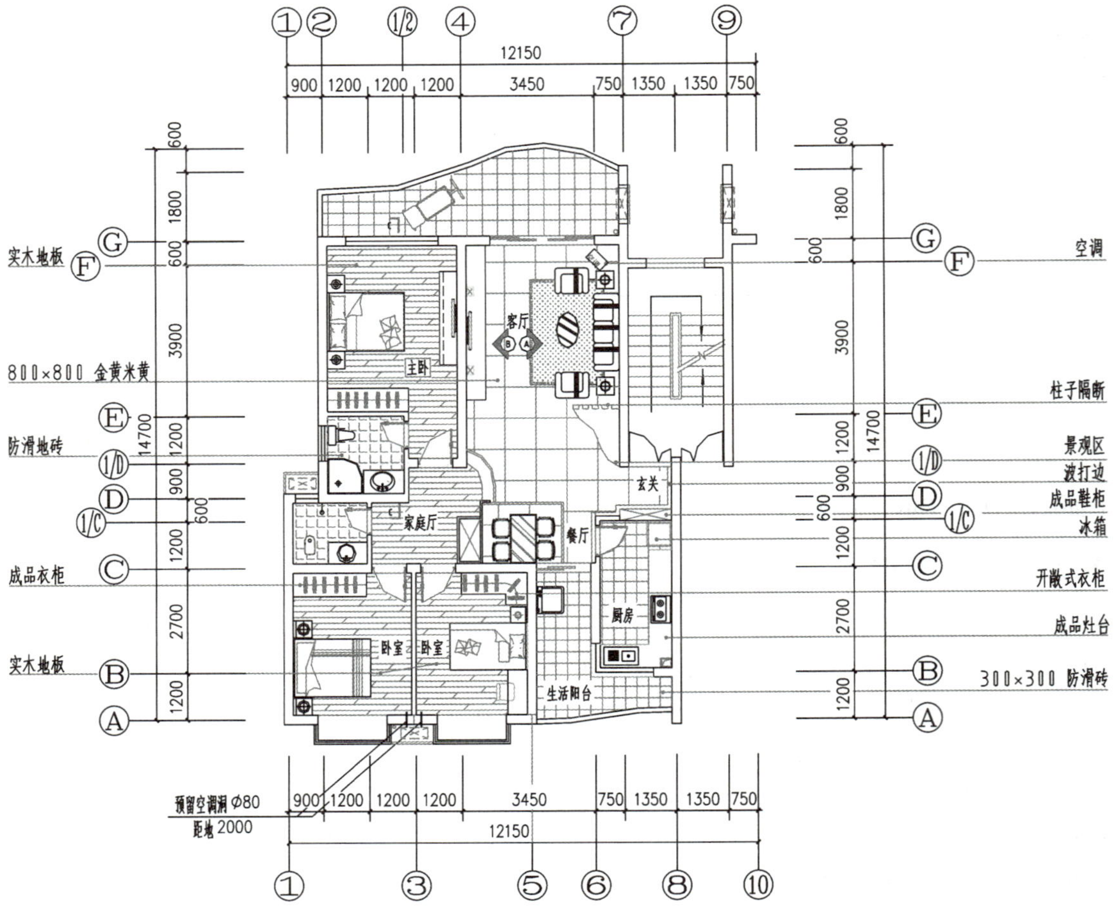

某家装平面图 1:100

图 4.4.1　某家庭装饰工程平面图

实习实作：分小组识读某家装顶棚平面图，再针对图示内容相互进行提问。

4.2.3　装饰平面图的识读要点

装饰平面图是装饰施工图中的主要图样，其他图样都是以装饰平面图为依据，进行装饰设计的其他工作。识读装饰施工图与识读建筑施工图一样，首先看装饰平面图。其要点如下。

①先看标题栏，认定为何种平面图，进而了解整个装饰空间的各房间功能、面积及门窗过道等主要位置尺寸。

②明确为满足各房间功能要求所设置的家具与设施的种类、数量、大小及位置尺寸，应熟悉图例。

③通过对平面图的文字说明，明确各装饰面的结构材料及饰面材料的种类、品牌和色彩要求，了解装饰面材料间的衔接关系。

④通过平面图上的投影符号，明确投影图的编号和投影方向，进一步查阅各投影方向的立面图。

⑤通过平面图上的索引符号（或剖切符号），明确剖切位置及剖切后的投影方向，进一步查阅装饰详图。

⑥识读顶棚平面图，需明确面积、功能、装饰造型尺寸，装饰面的特点及顶面各种设施的位置等关系尺寸。此外要注意顶棚的构造方式，应同时结合对施工现场的勘察。

总之，在装饰平面图中所表现的内容主要有 3 大类：第 1 类是建筑结构及尺寸；第 2 类是装饰布局和装饰结构以及尺寸关系；第 3 类是设施、家具安放位置。

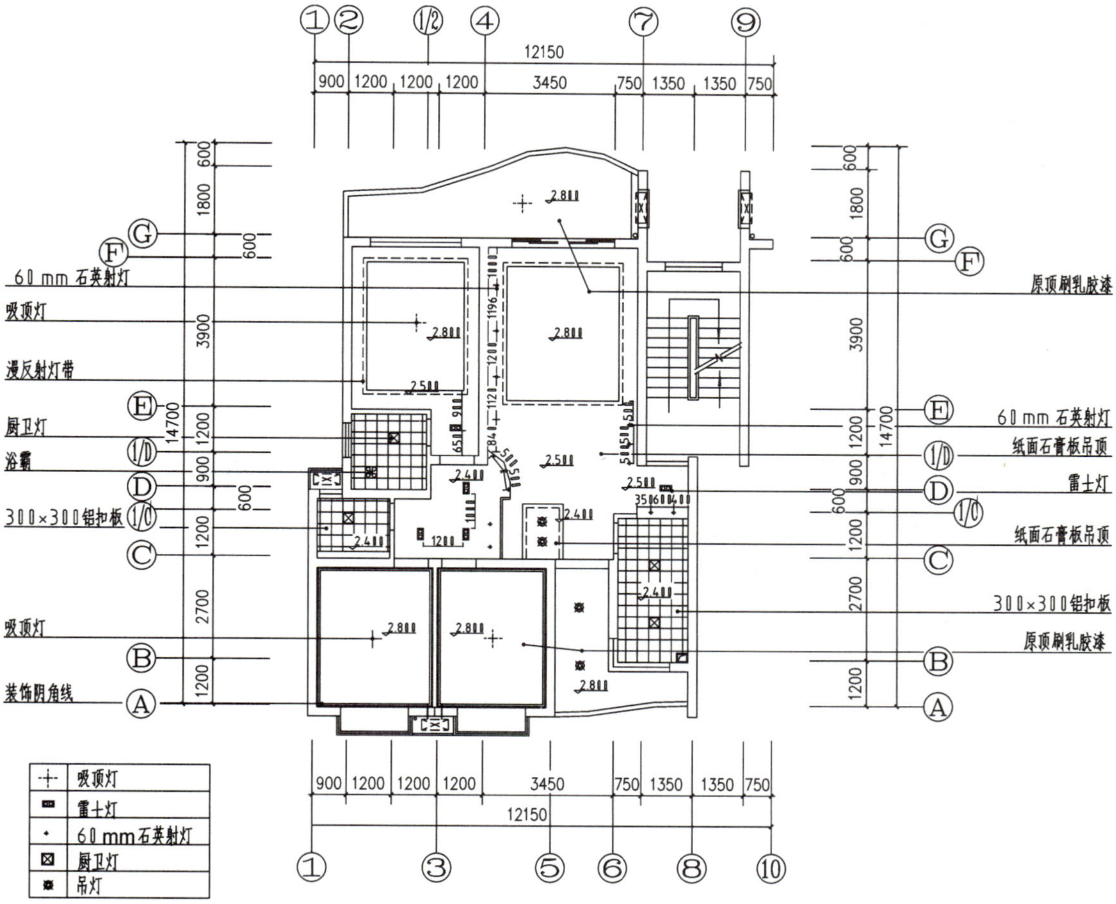

某家装顶棚图 1:100

图 4.4.2　某家庭装饰工程顶棚平面图

4.3　装饰立面图

4.3.1　装饰立面图图示方法

装饰立面图是建筑外观墙面及内部墙面装饰的正立面投影图，用以表明建筑内外墙面门窗洞口、各种装饰图样、相关尺寸、相关位置和选用的装饰材料等；用以表现建筑内部装饰的各立面图，实际上都是建筑物竖向剖切平面的正立投影图，与剖面图相似，各剖切面的位置及投影符号均在楼、地面装饰平面图上标出，如图 4.4.1 中投影符号所示位置。

如果墙面没有什么特殊装饰，只是一般的装饰（如粉刷、贴壁纸等），其立面图可以省略。装饰立面图表现方法：外墙表现方法同建筑立面图；单纯在室内空间见到的内墙面的图示，若只表现单一空间的装饰立面图，以粗实线画出这一空间的周边断面轮廓线（即楼板、地面、相邻墙交线），表现出墙面、门窗装饰、内视立面中的家具、陈设、壁画以及有关施工的内容，如图 4.4.3 所示，力求图样与尺寸标注完善。

立面图多表现单一室内空间，易扩展到相邻的空间，在立面图中不仅要图示墙面布置和工程内容，还必须把空间可见的家具、摆设、悬吊的装饰物都表现出来，投影图轴线编号、控制标高、必要的尺寸数据、详图索引符号等都应标注详细，图名应与投影符号编号一致（图 4.4.3 至图 4.4.5 即为图 4.4.1 中视点立面图中的 A、B 视点立面图及 C-C 剖面图）。

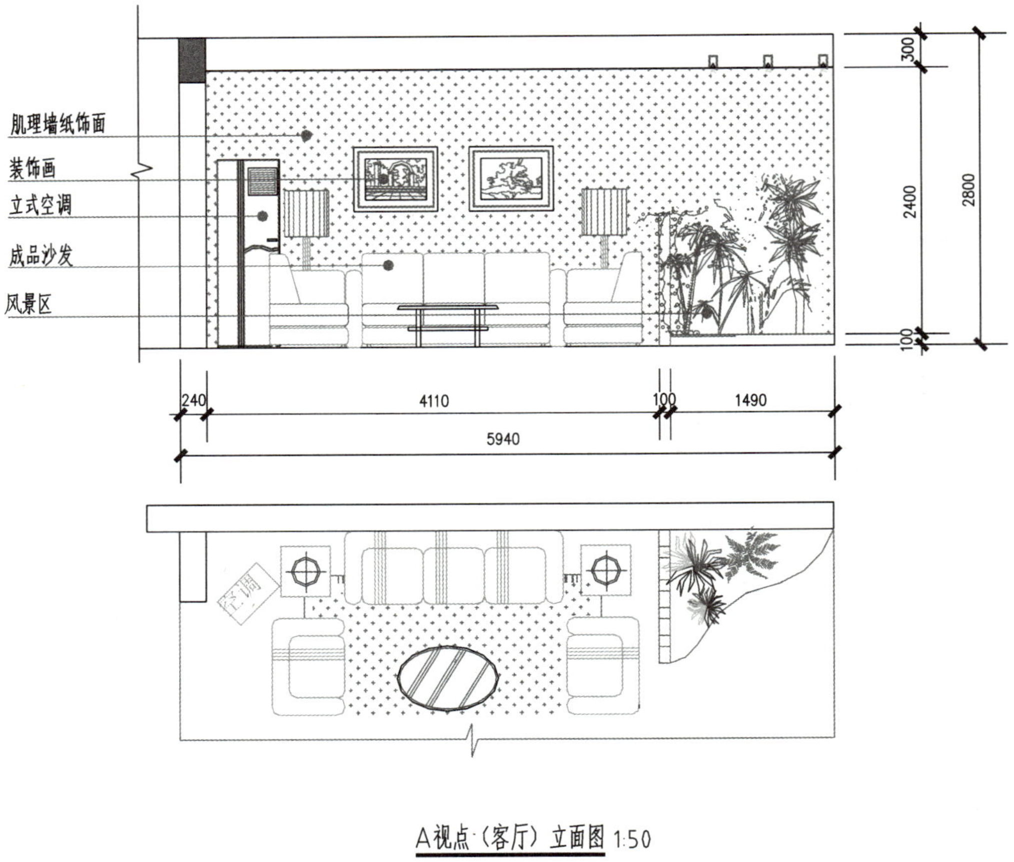

图 4.4.3　某家庭装饰工程 A 视点(客厅)立面图

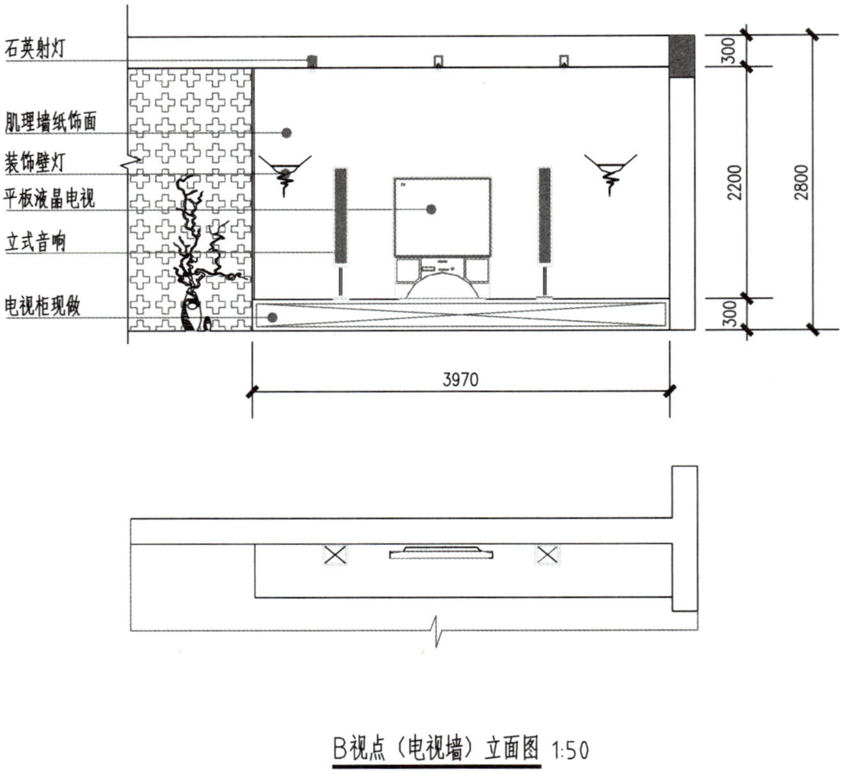

图 4.4.4　某家庭装饰工程 B 视点(电视墙)立面图

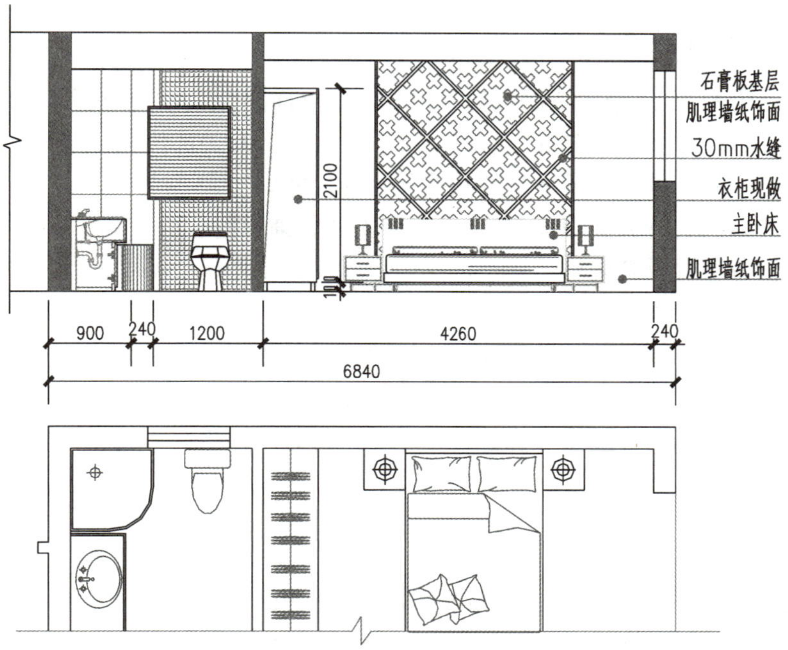

C-C剖面图 1:50

图 4.4.5　某家庭装饰工程 C-C(卫生间、卧室)剖立面图

上述所示立面图只表现一面墙的图样，有些工程常需要同时看到所围绕的各个墙面的整体图样。根据展开图的原理，在室内某一墙角处竖向剖开，将室内空间所环绕的墙面依次展开在一个立面上，所画出的图样称为室内立面展开图。使用这种图样可以研究各墙面间的统一和对比效果，可以看出各墙面的相互关系，可以了解各墙面的相关装饰做法，给读图者以整体印象，获得一目了然的效果。

提示：室内立面展开图的线型要求：用特粗实线画出地面线（或楼面线），用粗实线把连续墙面外轮廓线和面与面转折的阴角线画出，用中、细实线有主次区别地画出各墙面的正投影图样。

为了区别墙面位置，要在图的两端和墙阴角处的下方标注与平面图相一致的轴线编号。还要标注各种有用的尺寸数据和标高、详图索引符号、引出线上的文字说明。装饰施工的具体做法主要在装饰详图上表现。这种立面展开图多用大比例表现，图名应以表达厅、室的名称为好。如图 4.4.6 所示为某卫生间立面展开图。

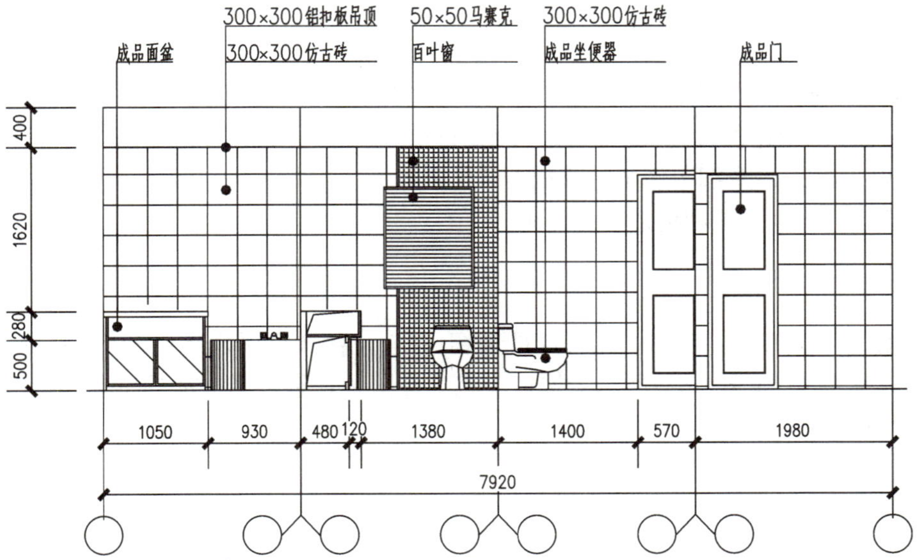

某卫生间立面展开图 1:50

图 4.4.6　某卫生间立面展开图

4.3.2 装饰立面图图示内容

图 4.4.3 至图 4.4.5 为图 4.4.1 豪华三居室套房部分装饰立面图,图示内容如下。

①使用相对标高,以室内地坪为零标高点,进而标明装饰立面有关部位的标高。

②标明装饰吊顶顶棚的高度尺寸及造型的构造关系和尺寸。

③标明墙面装饰造型的构造方式,并用文字说明所需的装饰材料。

④标明墙面所用设备位置及其规格尺寸。

⑤标明墙面与吊顶的衔接收口方式。

⑥标明门、窗、隔墙、装饰隔断物等设施的高度尺寸和安装尺寸。

⑦标明景园组织及其他艺术造型的高低错落位置尺寸。

⑧标明建筑结构与装饰结构的连接方式、衔接方法及其相关尺寸。

4.3.3 装饰立面图识读要点

装饰立面图识读方法如下。

①读图时,先看装饰平面图,了解室内装饰设施及家具的平面布置位置,由投影符号查看立面图。

②明确地面标高、楼面标高、楼梯平台等与装饰工程有关的标高尺寸。

③清楚每个立面有几种不同的装饰面,这些装饰面所选用的材料及施工要求。

④立面上各装饰面之间的衔接收口较多,应注意收口的方式、工艺和所用材料。这些收口的方法,一般由索引符号去查找节点详图。

⑤装饰结构与建筑结构的连接方式和固定方法应搞清楚。

⑥要注意有关装饰设施在墙体上的安装位置,如电源开关、插座的安装位置和安装方式,如需预留的,应明确所留位置和尺寸。

⑦根据装饰工程规模大小,一项工程往往需要多幅立面图才可满足施工要求,这些立面图的投影符号均在楼、地面装饰平面图上标出。

因此,装饰立面图识读时,须结合平面图查对,细心地进行相应的分析研究,再结合其他图纸逐项审核,掌握装饰立面的具体施工要求。

实习实作:绘制并识读院学术报告厅或会议室的装饰立面图。

4.4 装饰详图

在装饰平面图、装饰立面图中,隐蔽位置的详细构造材料、尺寸及工艺要求难以表达清楚,需画详图说明,尤其是一些另行加工制作的设施,需要另画大比例的装饰详图。装饰详图是对装饰平面图、装饰立面图的深化和补充,是装饰施工以及细部施工的依据。

装饰详图包括装饰剖面详图和构造节点详图。

4.4.1 图示方法

装饰剖面详图是将装饰面整个剖切或者局部剖切,并按比例放大画出剖面图(断面图),以精确表达其内部构造做法及详细尺寸,如图 4.4.7 所示。构造节点大样图则是将装饰构造的重要连接部位,以垂直或水平方向切开,或把局部立面按一定比例放大画出的图样,如图 4.4.8、图 4.4.9 所示。

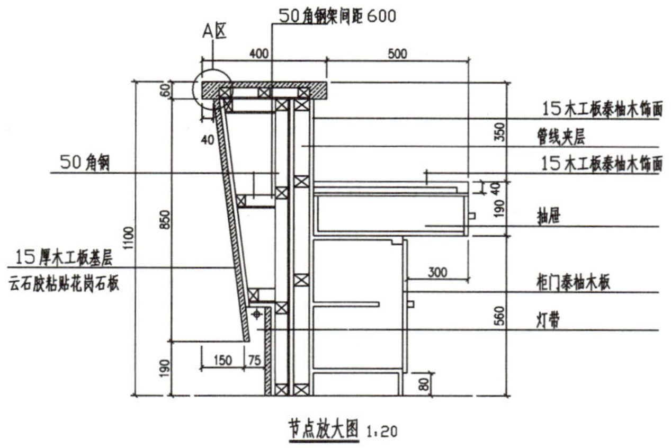

图 4.4.7　装饰剖面详图

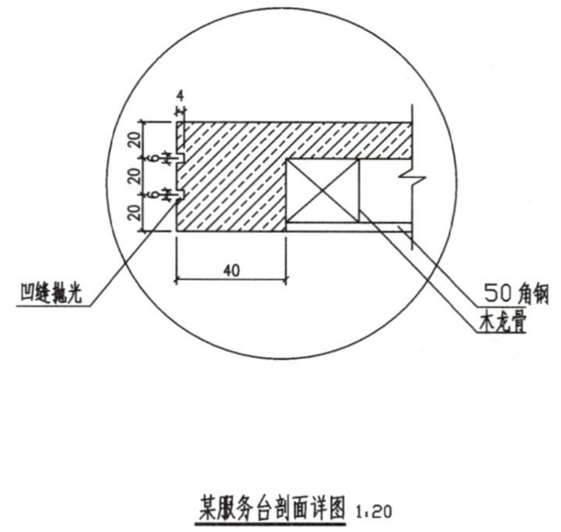

图 4.4.8　A 区节点大样图

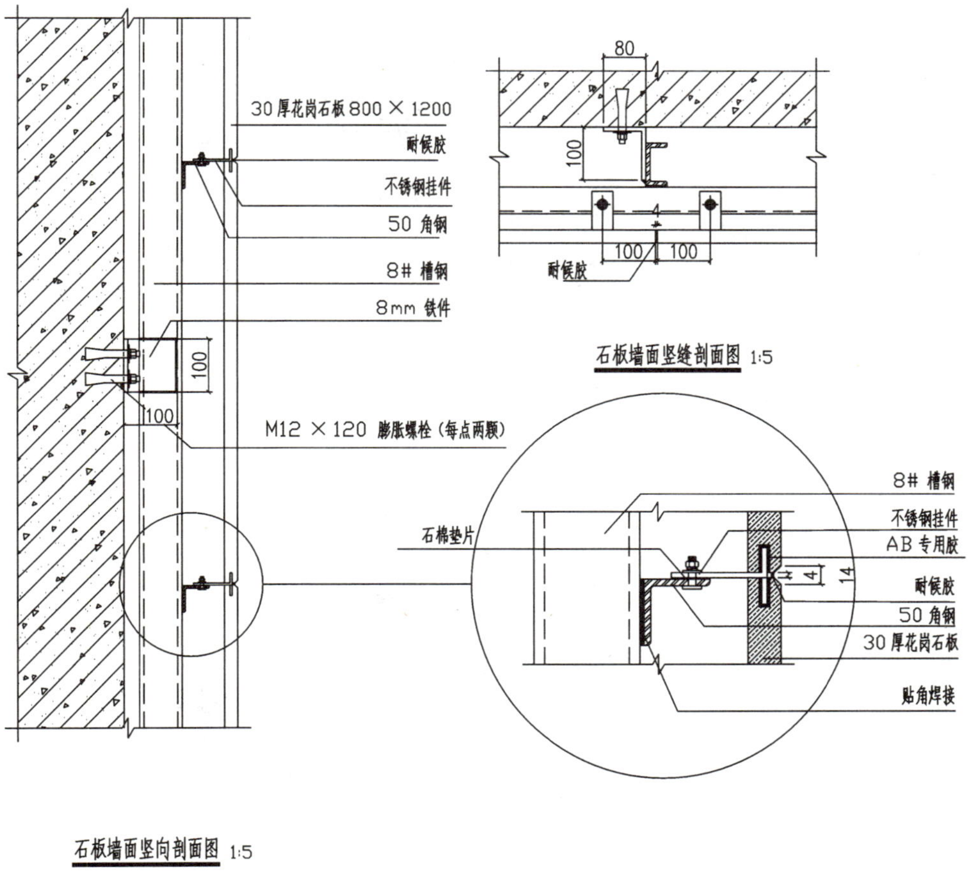

图 4.4.9　局部剖切及节点大样图

4.4.2　装饰详图图示内容

装饰详图所表现的图示内容如下。

①标明装饰面或装饰造型的结构形式和构造形式，饰面材料与支承构件的相互关系。

②标明重要部位的装饰构件、配件的详细尺寸、工艺做法和施工要求。

③标明装饰结构与建筑主体结构之间的连接方式及衔接尺寸。

④标明装饰面之间的拼接方式及封边、盖缝、收口和嵌条等处理的详细尺寸和做法要求。

4.4.3　装饰详图识读要点

①结合装饰平面图和装饰立面图，了解装饰详图源自何部位的剖切，找出与之相对应的剖切符号和索引

符号。

②熟悉和研究装饰详图所示内容,进一步明确装饰工程各组成部位或其他图纸难以表明的关键性细部做法。

③由于装饰工程的工程特点和施工特点,表示其细部做法的图纸往往比较复杂,不能像土建和安装工程图纸那样广泛运用国标、省标及市标等标准图册,所以读图时要反复查阅图纸,特别注意剖面详图和节点图中各种材料的组合方式以及工艺要求等。

4.4.4 家具图

家具是人们生活中不可缺少的日用品,人们在学习、工作、娱乐、休息等日常生活中,都使用家具。因此,家具与人们的生活有着密切的联系。另外,家具既是日用品,又是工艺美术品。一件新颖美观的家具,能起到美化住房、装点环境的作用。在室内装饰工程中,为了与装饰格调和色彩协调配套,室内的配套家具需要在室内装修时一并做出,如电视柜、椅子、酒吧台、接待台等。这就需要有家具图来指导施工,图 4.4.10 所示为方桌施工图。

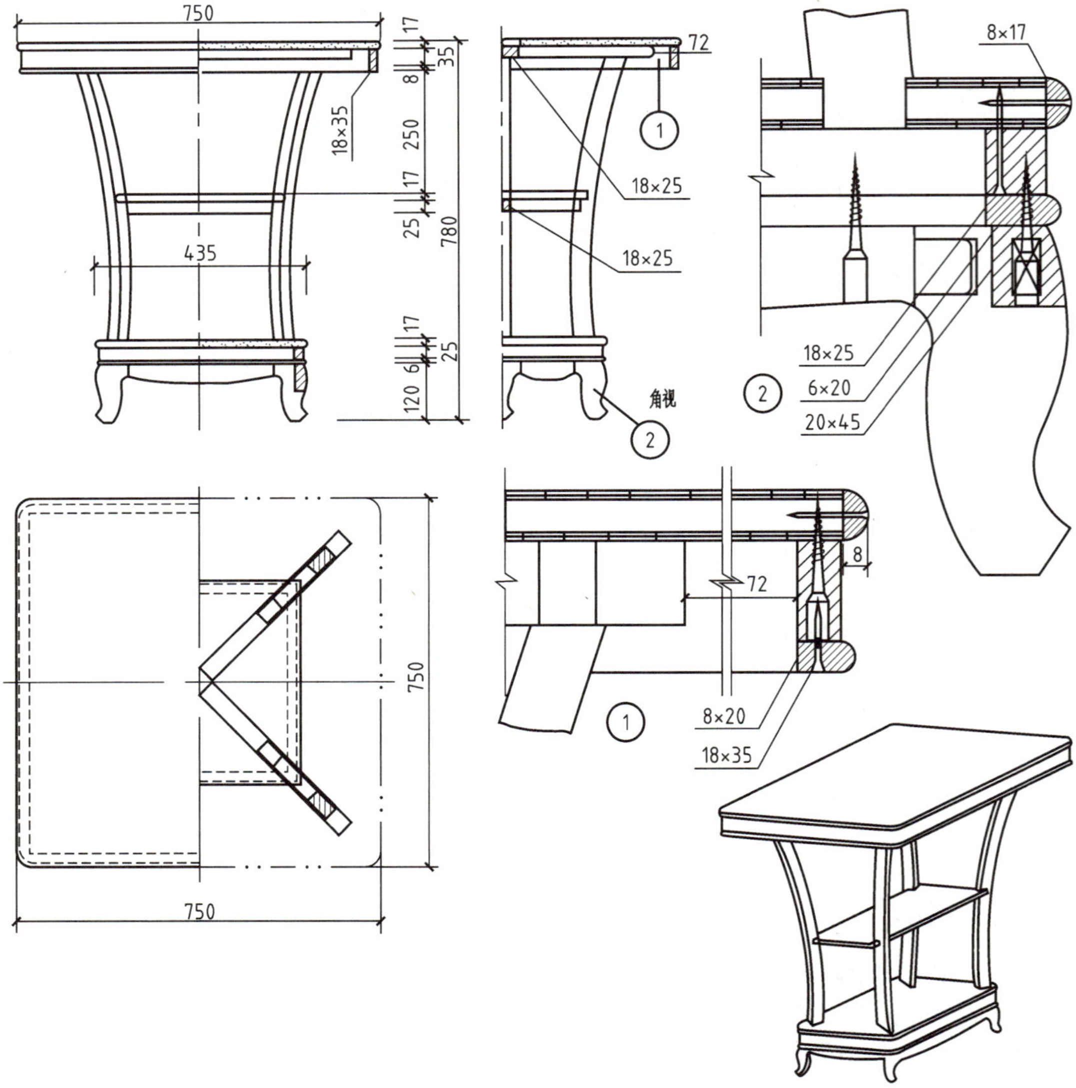

图 4.4.10 方桌施工图

常见的家具图包括立体图、结构装配图、节点大样图。

1. 立体图

立体图，也叫示意图，采用透视图或轴测图，能直观地表示家具的外形，能直观地看到家具正面、侧面和顶面，能直观了解家具的形状和式样，而内部结构，特别是零件之间的装配关系一般不画。仅仅有立体图是不能制作家具的。

立体图通常放在结构图或部件图的空位处，作为结构装配图的辅助图样，便于读图者对认识家具和理解图纸。

2. 结构装配图

结构装配图，又称为施工图，简称装配图。它是家具图中最重要的图样，它能够全面表达家具的结构和装配关系。它由平面图、正立面图、侧立面图组成。

结构装配图的作用：表明家具使用材料种类、接合方法（榫接合、钉接合或胶接合）；家具饰面材料、线脚镶嵌装饰、装饰要求和色彩要求；装配工序所用的尺寸。

3. 节点大样图

为了清楚地表达家具面与面的交接处、收口部分、零部件等重要的结构形式以及连接和固定方式，而将这些关键部位以局部剖面图画出。

在装饰施工图中，家具图以详图的形式予以重点说明，有利于单独制作和处理。它的绘制和识读与装饰剖面图、节点图、平面图和立面图等相同。

附录　教材附图(含建施图、结施图、设施图)

某生态住宅小区E型工程建施图目录表

新出图	20××-××		工程名称	某生态住宅小区		单项名称	小区商住楼
工种	建筑	设计阶段	施工图	结构类型	砖混结构	完成日期	年 月 日

序号	图别	图号	图纸名称	张数			图纸规格	备注
				新设计	利用图			
					旧图	标准图		
18	建施	18	厨厕大样图	1			A2	
17	建施	17	①~⑦轴大样图	1			A2	
16	建施	16	墙身详图及节点大样图	1			A2	
15	建施	15	楼梯间2 1-1剖面图	1			A2	
14	建施	14	楼梯间2平面图	1			A2	
13	建施	13	楼梯间1平面图、剖面图	1			A2+	
12	建施	12	2-2剖面图、屋构等平面大样	1			A2	
11	建施	11	Ⓐ~Ⓖ轴立面图、1-1剖面图	1			A2+	
10	建施	10	㉙~①轴立面图	1			A2+	
9	建施	09	①~㉙轴立面图	1			A2+	
8	建施	08	屋构架平面图	1			A2+	
7	建施	07	屋面层平面图	1			A2+	
6	建施	06	三~七层平面图	1			A2+	
5	建施	05	二层平面图	1			A2+	
4	建施	04	一层平面图	1			A2+	
3	建施	03	负一层平面图	1			A2+	
2	建施	02	建筑设计说明、门窗表	1			A2	
1	建施	01	总平面图	1			A3	
利用标准图集代号：西南J212、J312、J412、J501、J515、J516、J517、J611、J802、J812								

某建筑设计事务所(甲级)	填 表		设 计		工 号		出 图 日 期	20××年××月
	校 对		组 长		建 施	00		

扫描下载

教材附图

参考文献

[1] 张岩. 建筑工程制图 [M]. 北京:中国建筑工业出版社,2013.
[2] 陈文斌,顾生其. 建筑工程制图 [M]. 上海:同济大学出版社,2015.
[3] 王建. 建筑工程制图与识图 [M]. 北京:机械工业出版社,2017.

图书资源使用说明

如何防伪

在书的封底，刮开防伪二维码（图 1）涂层，打开微信中的“扫一扫”（图 2），进行扫描。如果您购买的是正版图书，关注官方微信，根据页面提示将自动进入图书的资源列表。

关注“天津大学出版社”官方微信，您可以在“服务”→“我的书库”（图 3）中管理您所购买的本社全部图书。

特别提示：本书防伪码采用一书一码制，一经扫描，该防伪码将与您的微信账号绑定，其他微信账号将无法使用您的资源。请您使用常用的微信账号进行扫描。

图 1

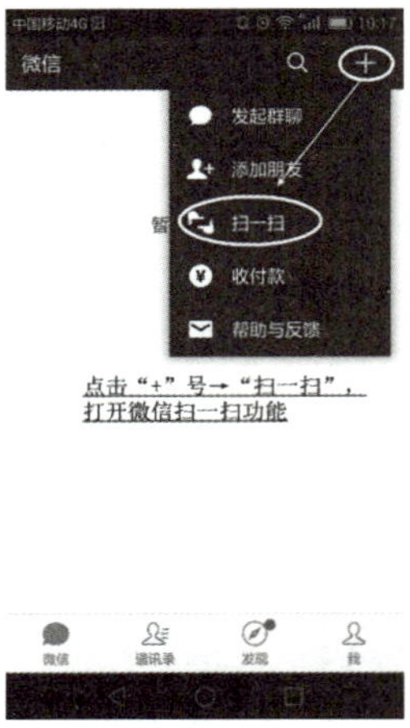

图 2

图 3

如何获取资源

完成第一步防伪认证后，您可以通过以下方式获取资源。

第一种方式：打开微信中的“扫一扫”，扫描书中各章节内不同的二维码，根据页面提示进行操作，获取相应资源。（每次观看完视频后请重新打开“扫一扫”进行扫描）

第二种方式：登录“天津大学出版社”官方微信，进入“服务”→“我的书库”，选择图书，您将看到本书的资源列表，可以选择相应的资源进行播放。

第三种方式：使用电脑登录“天津大学出版社”官网（http://www.tjupress.com.cn），使用微信登录，搜索图书，在图书详情页中点击“多媒体资源”即可查看相关资源。

其他

为了更好地服务读者，本书将根据实际需要实时调整视频讲解的内容。同时我们也欢迎社会各界有出版意向的仁人志士来我处投稿或洽谈出版事宜等。我们将为大家提供更优质全面的服务，期待您的来电。

通信地址：天津市南开区卫津路 92 号天津大学校内　天津大学出版社 212 室

联系人：崔成山　　QQ：273926790　　邮箱：ccshan2008@sina.com